咸阳师范学院学术著作出版基金资助项目

不确定动态系统估计与融合

BUQUEDING DONGTAI XITONG GUJI YU RONGHE

杨衍婷 著

西安交通大学出版社
XI'AN JIAOTONG UNIVERSITY PRESS

内容简介

近年来，电子、通信、计算机、控制理论等快速发展，由于在网络控制系统、智能体、赛博网、目标跟踪等方面的应用，不确定动态系统的滤波问题受到了广泛关注。本书针对线性、非线性动态系统，主要研究特定环境下系统的估计器设计和融合问题，从而丰富和拓展了信息融合理论。本书的主要内容是作者研究工作的总结，同时也兼顾了国内外最新研究成果。全书共六章，主要内容包括：不等式约束下线性动态系统状态估计、跳变马尔可夫线性系统最优滤波器设计、具有非高斯噪声跳变马尔可夫线性系统高斯混合平滑器设计、跳变马尔可夫非线性系统高斯和滤波器设计、非线性系统分布式融合等理论。

本书可供从事信息融合、信息处理及系统工程等专业的科技人员，以及数学与信息科学等相关专业的高年级学生、教师阅读和使用。

图书在版编目(CIP)数据

不确定动态系统估计与融合/ 杨衍婷著．--西安：西安交通大学出版社，2024.12．--ISBN 978-7-5693-2447-1

Ⅰ．N94

中国国家版本馆 CIP 数据核字第 20241VU268 号

书　　名　不确定动态系统估计与融合
著　　者　杨衍婷
责任编辑　郭鹏飞
责任校对　王　娜
封面设计　任加盟

出版发行　西安交通大学出版社
（西安市兴庆南路 1 号　邮政编码 710048）
网　　址　http://www.xjtupress.com
电　　话　(029)82668357 82667874(市场营销中心)
(029)82668315(总编办)
传　　真　(029)82668280
印　　刷　西安金鼎包装设计制作印务有限公司

开　　本　787 mm×1092 mm　1/16　**印张** 9.5　**字数** 234 千字
版次印次　2024 年 12 月第 1 版　2025 年 1 月第 1 次印刷
书　　号　ISBN 978-7-5693-2447-1
定　　价　78.00 元

如发现印装质量问题，请与本社市场营销中心联系。
订购热线：(029)82665248　(029)82667874
投稿热线：(029)82668818
读者信箱：21645470@qq.com

前言

近年来，复杂系统的估计与融合问题广泛存在于航空航天、信号处理、工业过程等诸多领域。由于探测对象的日益多样、探测任务的日益精细、探测环境的日益复杂多变、探测手段的日益丰富，以及人为对抗干扰的不可预知等因素，被估计系统越来越多地呈现出诸多不确定复杂特性。这些不确定性因素会导致先验的标称模型与实际对象之间的模型失配。这种失配往往使得获得的量测数据不准确，并且很难建立具体模型对系统进行较精确的刻画。虽然多模型建模策略可以在一定程度上改善建模精度，但却面临着先验运动模型集合难以满足完备性要求，模型参数相互耦合难以设计等诸多困难。现有的跟踪器很大一部分是基于卡尔曼滤波及其改进型的，其估计最优性和有效性完全依赖模型与实际的匹配。如果不能有效地估计和抑制这种模型失配，则会导致较大的跟踪偏差。因此，本书针对动态不确定复杂系统，主要研究特定环境下系统的估计器设计和融合问题。

全书共6章，第1章是介绍背景和理论基础。

第2章介绍不等式约束下线性动态系统状态估计问题，包括两部分，第一部分利用 sine 函数把区间约束转化为等式约束，所产生的等式约束包含未知参数，即 sine 函数中的相应角度，不能在等式约束滤波的框架下直接处理，通过最大化关于初始状态，模型误差，量测和角度的代价函数，最小化关于状态估计的代价函数，解析得到最优区间约束 H_∞ 滤波。第二部分将状态约束问题等价转化为无约束问题，区间约束诱导出存在于重构动态模型中的未知参数，乘性噪声和区间不确定引起的未知输入共存，基于线性矩阵不等式，设计一种递推上限结构，基于不同程度放缩新息协方差的对角子块和非对角子块矩阵，通过参数凸优化实现估计误差协方差的递推上界。

第3章介绍跳变马尔可夫线性系统最优滤波器设计。包括两部分，第一部分针对具有随机参数和估计反馈的马尔可夫跳变线性系统，设计 LMMSE 估计器，并将其应用于机动目标跟踪中，即利用前一时刻的状态估计对落入(重叠)检验区的虚假回波进行建模，利用随机参数描述目标与可能回波之间的不确定性，提出了一种用于多机动目标跟踪的状态估计和数据关联的滤波框架。第二部分研究了具有多步相关加性噪声和乘性随机参数的离散马尔可夫跳变线性系统的状态估计问题。基于状态和模式不确定性之间的状态扩维，在线估计多步相关加性噪声，推导了递推线性最优滤波器。

第4章介绍具有非高斯噪声跳变马尔可夫线性系统高斯混合平滑器设计。在分解当前和下一个采样时刻两个相邻马尔可夫参数处的全概率的前提下，递推导出平滑状态的后验概率密度。通过将两个高斯混合的商变换为两个高斯混合在可能相邻的两个马尔可夫模式下的乘积，提出了一种递推高斯混合平滑器，其中每个假设下状态的条件后验概率密度由高斯混合近似。

第 5 章介绍噪声相关下跳变马尔可夫非线性系统的高斯和滤波器的设计。给出更加一般意义下的多模型框架，在新的框架中，定义了由相邻两个时刻不同跳变马尔可夫参数取值构成的可能假设。在每个假设下状态后验概率采取高斯近似的基础上，推导了一种新的高斯和滤波器。最后利用诸如无迹变换等数值积分方法，获得状态估计的递推数值解。

第 6 章介绍非线性系统分布式融合。包括两部分，第一部分研究了传感器网络中具有有色量测噪声的离散非线性系统的分布滤波问题。在集中融合结构中，利用统计线性回归处理模型非线性，利用量测差分方法克服有色量测噪声引起的噪声相关性，提出了一种新的块分解信息滤波器。同时，通过分块矩阵逆运算实现高维分块矩阵分解，直接递推估计所设计信息滤波器中系统状态的信息向量和信息矩阵，从而具有良好的数值稳定性。然后，在保证每个传感器节点通过平均共识的有限次迭代直接获得传感网中共享变量的平均值条件下，提出了滤波器的有限时间分布式实现，其中每个传感器节点的最终滤波估计与集中滤波结果一致。最后，在统计线性回归和高斯后验概率密度近似的前提下，导出了后验 Cramér-Rao 下界，表明所提出的滤波器达到了最优的理论性能界。第二部分针对传感网中具有乘性参数和随机延迟量测的非线性不确定系统，提出了一种基于信息滤波的分布式融合方法。所考虑系统是一个典型的非线性和非高斯随机系统，具有多重不确定性，包括非线性、乘性参数和随机延迟，以及加性噪声。在估计均方误差最小的准则下，提出了通过高斯混合实现的集中信息滤波器。通过对非线性量测模型进行统计线性回归，重构一个新的具有线性形式的等效滤波器。然后，通过平均一致性设计分布式实现，对各成分的权重进行分布式更新，以保证各处理单元中后验概率密度的高斯混合分布尽可能接近于集中融合中的对应分布。同时，对所提出的滤波方法进行了 d 步滞后状态平滑，进一步提高了估计精度。

本书是咸阳师范学院杨衍婷近年来在不确定动态系统状态估计和融合领域的部分工作总结，书中大部分内容已经正式发表。由于作者水平有限，对书中的不足之处，希望各位专家学者提出宝贵意见。

最后，感谢咸阳师范学院学术著作出版基金(2024XSYZ013)资助。

作　者
2024 年 9 月

目 录

第 1 章 绪论……1
1.1 背景……1
1.2 概率论与数理统计基础……2
1.3 估计理论概述……13
第 2 章 不等式约束下线性动态系统状态估计……22
2.1 不等式约束下线性动态系统鲁棒 H_∞ 滤波……22
2.2 不等式约束下带乘性噪声线性动态系统上限滤波……33
参考文献……46
第 3 章 跳变马尔可夫线性系统最优滤波器设计……50
3.1 具有随机参数和估计反馈的马尔可夫跳变线性系统的 LMMSE 估计……50
3.2 具有多步相关噪声和乘性随机参数的马尔可夫跳变线性系统的递归线性最优滤波器……59
参考文献……75
第 4 章 具有非高斯噪声跳变马尔可夫线性系统高斯混合平滑器设计……78
4.1 引言……78
4.2 问题描述……79
4.3 高斯混合平滑器……80
4.4 机动目标跟踪实例……87
参考文献……88
第 5 章 跳变马尔可夫非线性系统高斯和滤波器设计……91
5.1 引言……91
5.2 问题形成……92
5.3 高斯和滤波器设计……92
5.4 数值仿真……97
参考文献……99

第6章　非线性系统分布式融合……………………………………………………………… 101
6.1　有色量测噪声非线性系统的有限时间分布式块分解信息滤波器 ……………… 101
6.2　具有乘性参数和随机时延非线性不确定系统的分布式融合 …………………… 121
参考文献……………………………………………………………………………………… 139

第1章 绪 论

1.1 背 景

估计是指从带有误差的量测数据中按照某种最优准则重构出感兴趣的量。它广泛应用于航空航天、自动控制、跟踪导航、信号处理及工业生产领域。

实际中，物理系统的运行常常受到随机干扰，传感器同样也会受到随机噪声的影响，使量测值产生误差，因此动态系统具有不确定特性。例如，目标机动、欺骗、隐身、伪装等引起信息内容的冲突，多平台自定位、授时同步不精确引起信息时空变换误差，传感器有限精度以及环境的复杂变化引起信息观测误差等。

随着电子信息、自动控制、复合材料等技术的发展，动态系统呈现出诸多复杂不确定特性。例如，在目标跟踪中，将弱机动非合作目标建模为匀速运动时，建模误差实际代表相应加速度。此时，根据被跟踪对象(如无人机、作战飞机、舰船等)的不同，其最大、最小加速度往往有界，并且不允许超过边界值。这时，利用服从一定统计规律的随机噪声来刻画动态模型和量测模型不确定具有一定的局限性，动态模型和量测模型误差有时需要统计特性未知的有界扰动来描述。在对目标进行测距/测角时，量测的准确性不仅依赖于传感器的自身精度，而且与目标和传感器之间的相对位置有关，这导致了量测建模时需要考虑乘性噪声和加性噪声的共存。在天波超视距雷达等装备中，经电离层传播的目标散射信号受到电离层随机调制影响，存在多路径情况，这样使得量测方程中存在多模不确定。进一步地，实际中，目标机动运动有时建模为多个典型运动的一阶马尔可夫跳变过程。这时，机动目标跟踪转化为典型模式下状态估计与在线辨识不确定模式的联合处理，从而在系统动态方程中不可避免地引入了多模不确定。在实际应用中，动态系统演化异常复杂，如果直接用简单的线性模型进行刻画，则非常不准确，若想要获得满意的估计精度，需要对不确定系统进行非线性建模。随着实际环境的复杂变化，系统规模的与日俱增，估计精度需求的日益提升，利用单平台、单传感器提供的量测信息对复杂系统状态在线估计很难满足要求，因此，需要利用多传感器、多平台构成大规模感知系统对动态系统状态进行协同估计与融合。一般情况下，不同坐标、传感器、平台间的转化往往依赖于当前时刻系统状态，导致系统中存在非线性。综上所述，动态系统中蕴含多种不确定特性，而这些不确定性因素会给估计和融合带来严峻挑战，因此，本书主要针对复杂不确定系统，研究相应的估计理论与方法。

估计理论以概率统计理论为基础，所以，我们首先介绍概率统计基础的知识。

1.2 概率论与数理统计基础

1.2.1 随机试验及样本空间

在一定条件下必然发生的现象称为确定性现象。在一定条件下,可能出现这个结果,也可能出现那个结果,事先不能预知出现哪一个结果,呈现出不确定性,然而,多次重复观察的结果却具有规律性,这类现象称为随机现象。

满足下列三个特点的试验称为随机试验:

(1)可以在相同的条件下重复进行;

(2)每次试验的可能结果不止一个,并且,在试验之前能明确试验的所有可能结果;

(3)进行一次试验之前不能预知哪一个结果会出现。

一个试验的所有可能结果组成的集合称为这个试验的样本空间,记为 S ,S 中的元素,即试验的每个可能结果,称为样本点。称试验 E 的样本空间 S 的子集为 E 的随机事件,随机事件简称为事件。在一次试验中,当且仅当这一子集中的一个样本点出现时,称这一事件发生。由一个样本点组成的单点集称为基本事件。

样本空间包含所有样本点,它在每次试验中都发生,称为必然事件。空集不包含任何样本点,它在每次试验中都不发生,称为不可能事件。

1.2.2 事件间的关系与事件的运算

(1)若 $A \subset B$,则称事件 B 包含事件 A ,即事件 A 发生时事件 B 必然发生。

(2)若 $A \subset B$ 且 $B \subset A$,即 $A = B$,则称事件 A 与事件 B 相等。

(3)事件 $A \cup B = \{x \mid x \in A$ 或 $x \in B\}$ 称为事件 A 与事件 B 的和事件。当且仅当 A、B 中至少有一个发生时,事件 $A \cup B$ 发生。

(4)事件 $A \cap B = \{x \mid x \in A, x \in B\}$ 称为事件 A 与事件 B 的积事件。当且仅当 A、B 同时发生时,事件 $A \cap B$ 发生。$A \cap B$ 也记作 AB 。

(5)事件 $B - A = \{x \mid x \in B, x \notin A\}$ 称为事件 A 与事件 B 的差事件。当且仅当 B 发生且 A 不发生时,事件 $B - A$ 发生。

(6)若 $A \cap B = \varnothing$,则称事件 A 与事件 B 是互不相容的。即事件 A 与事件 B 不能同时发生。基本事件是两两不相容的。

(7)若 $A \cup B = S$ 且 $A \cap B = \varnothing$,则称事件 A 与事件 B 互为逆事件或对立事件。即事件 A、B 中必有一个发生且仅有一个发生。A 的对立事件记作 $\overline{A}$ 。

运算定律包括交换律:$A \cup B = B \cup A$,$A \cap B = B \cap A$;

结合律:$A \cup (B \cup C) = (A \cup B) \cup C$,$A \cap (B \cap C) = (A \cap B) \cap C$;

分配率:$A \cup (B \cap C) = (A \cup B) \cap (A \cup C)$,$A \cap (B \cup C) = (A \cap B) \cup (A \cap C)$;

德摩根律:$\overline{A \cup B} = \overline{A} \cap \overline{B}$,$\overline{A \cap B} = \overline{A} \cup \overline{B}$ 。

1.2.3 概率及概率公理

在相同的条件下，进行了 n 次试验，设随机事件 A 在这 n 次试验中出现 n_A 次，n_A 称为 A 在这 n 次试验中出现的频数，比值 $\frac{n_A}{n}$，记为 $f_n(A)$，称为事件 A 在这 n 次试验中出现的频率。

频率具有三条性质：设试验 E 的样本空间是 S，A、B 是 E 的两个事件，则有

(1) $0 \leqslant f_n(A) \leqslant 1$；

(2) $f_n(S) = 1$；

(3)对于互不相容事件 A、B，有 $f_n(A \cup B) = f_n(A) + f_n(B)$。

设 E 是随机试验，S 是它的样本空间，对于 E 的每一个事件 A 赋予一个实数，记为 $P(A)$，称为事件 A 的概率，如果它满足概率公理：

(1)对于任意事件 A，$0 \leqslant P(A) \leqslant 1$；

(2)对于必然事件 S，$P(S) = 1$；

(3)对于任意两两互不相容事件 $A_k(k = 1,2,\cdots)$ 有

$$P(A_1 \cup A_2 \cup \cdots \cup A_n) = P(A_1) + P(A_2) + \cdots + P(A_n)$$

$$P(A_1 \cup A_2 \cup \cdots) = P(A_1) + P(A_2) + \cdots$$

称为概率的有限可加性和可列可加性。

在相当广泛条件下，当 $n \to \infty$ 时，频率 $f_n(A)$ 在一定意义下接近于概率 $P(A)$。

概率具有以下性质：

性质1 （逆事件的概率）设 $\overline{A}$ 是 A 的对立事件，则 $P(\overline{A}) = 1 - P(A)$。

性质2 设 $A \subset B$，则 $P(B - A) = P(B) - P(A)$，$P(B) \geqslant P(A)$。

性质3 $P(\varnothing) = 0$。

性质4 （加法公式）对于任意两个事件 A、B，有

$$P(A \cup B) = P(A) + P(B) - P(AB)$$

设 A、B 为试验 E 的两个事件，且 $P(B) > 0$，则称 $P(A \mid B) = \frac{P(AB)}{P(B)}$ 为事件 B 已经发生的条件下事件 A 的条件概率。

条件概率符合概率定义中的三个条件：

(1) $0 \leqslant P(A \mid B) \leqslant 1$；

(2) $P(S \mid B) = 1$；

(3)对于任意两两互不相容事件 $A_k(k = 1,2,\cdots)$ 有

$$P(A_1 \cup A_2 \cup \cdots \cup A_n \mid B) = P(A_1 \mid B) + P(A_2 \mid B) + \cdots + P(A_n \mid B)$$

$$P(A_1 \cup A_2 \cup \cdots \mid B) = P(A_1 \mid B) + P(A_2 \mid B) + \cdots$$

设试验 E 的样本空间为 S，$B_1, B_2, \cdots, B_n$ 为两两互不相容事件，且有 $B_1 \cup B_2 \cup \cdots \cup B_n = S$，$P(B_i) > 0, i = 1,2,\cdots,n$，则对于任意事件 A，有

$$P(A) = P(A \mid B_1)P(B_1) + P(A \mid B_2)P(B_2) + \cdots + P(A \mid B_n)P(B_n)$$

上式称为全概率公式。

设 $P(A)>0$，$P(B_i \mid A)=\dfrac{P(B_iA)}{P(A)}=\dfrac{P(A \mid B_i)P(B_i)}{P(A)}$，则

$$P(B_i \mid A)=\frac{P(A \mid B_i)P(B_i)}{\sum_{i=1}^{n}P(A \mid B_i)P(B_i)}$$

称为贝叶斯公式。

根据全概率与贝叶斯公式有

$$P(A)=P(A \mid B)P(B)+P(A \mid \overline{B})P(\overline{B})$$

$$P(B \mid A)=\frac{P(A \mid B)P(B)}{P(A \mid B)P(B)+P(A \mid \overline{B})P(\overline{B})}$$

设 A、B 为试验 E 的两个事件，若 $P(B)>0$，可以定义 $P(A \mid B)$，一般来说，B 的发生对 A 发生的概率是有影响的，这时 $P(A \mid B)\neq P(A)$，只有在这种影响不存在时才会有 $P(A \mid B)=P(A)$，这时，$P(AB)=P(A \mid B)P(B)=P(A)P(B)$。

设 A、B 是两事件，若 $P(AB)=P(A)P(B)$，则称 A、B 是相互独立的。

设 A、B 是两事件，且 $P(B)>0$，若 A、B 相互独立，则 $P(A \mid B)=P(A)$；反之亦然。

设 $A_1,A_2,\cdots,A_n$ 是 $n(n>2)$ 个事件，如果对于任意 $k(2\leqslant k\leqslant n)$ 个事件的积事件的概率等于各个事件概率之积，则称 $A_1,A_2,\cdots,A_n$ 是相互独立的。

1.2.4 随机变量

设 E 是随机试验，它的样本空间是 $S=\{e\}$。如果对于每一个 $e\in S$ 有一个实数 $X(e)$ 与之对应，这样得到一个定义在 S 上的实值单值函数 $X(e)$。$X=X(e)$ 称为随机变量。

随机变量的全部可能取值是有限个或可列无限个。

设离散型随机变量 X 所有可能取值为 $x_1,x_2,\cdots,x_k,\cdots$。$X$ 取各个可能值的概率，即事件

$$P\{X=x_k\}=p_k \quad k=1,2,\cdots,$$

则 p_k 满足以下两个条件：

(1) $p_k\geqslant 0 \quad k=1,2,\cdots$；

(2) $\sum_{k=1}^{\infty}p_k=1$；

称为离散型随机变量 X 的分布律或概率分布律。

下面介绍三种重要的离散型随机变量的概率分布。

1. (0～1)分布

设随机变量 X 只可能取值 0 与 1，它的分布律为

$$P\{X=k\}=p^k(1-p)^{1-k}, k=0,1,\ 0<p<1,$$

则称 X 服从参数为 p 的(0～1)分布。

2. 伯努利试验与二项分布

试验 E 有两个可能结果：A 及 $\overline{A}$，设 $P(A)=p$，此时

$$P(\overline{A})=1-p=q(0<p<1)$$

将 E 独立地重复进行 n 次，则称这一串重复的独立试验为 n 重伯努利试验。

以 X 表示 n 重伯努利试验中事件 A 发生的次数，X 的所有可能取值为 $0,1,2,\cdots,n$ 。由于各次试验是相互独立的，因此，事件 A 在指定的 $k(0\leqslant k\leqslant n)$ 次试验中发生，而其他 $n-k$ 次试验中不发生（例如，前 k 次试验中 A 发生，后 $n-k$ 次试验中 A 不发生）的概率为 $pp\cdots p(1-p)(1-p)\cdots(1-p)=p^k(1-p)^{n-k}$ ，由于这种指定方式共有 C_n^k 种，它们是两两互不相容的，故在 n 次试验中 A 恰好发生 k 次的概率为 $C_n^kp^k(1-p)^{n-k}$ ，即 $P\{X=k\}=C_n^kp^k(1-p)^{n-k},k=0,1,2,\cdots,n$ 。

$C_n^kp^kq^{n-k}(q=1-p)$ 是二项式 $(p+q)^n$ 展开式中的第 $k+1$ 项，故称随机变量 X 服从参数为 n,p 的二项分布，记为 $X\sim b(n,p)$ 。

3. 泊松分布

设随机变量 X 的所有可能取值为 $0,1,2,\cdots$ ，而取各个值的概率为

$$P\{X=k\}=\frac{\lambda^k e^{-\lambda}}{k!},k=0,1,2,\cdots,$$

其中 $\lambda>0$ 是常数，则称 X 服从参数为 λ 的泊松分布，记为 $X\sim\pi(\lambda)$ 。

设 X 是一个随机变量，x 是任意实数，函数

$$F(x)=P\{X\leqslant x\},-\infty<x<+\infty$$

称为 X 的分布函数。

对于任意区间 $(x_1,x_2]$ ，有

$$P\{x_1<X\leqslant x_2\}=P\{X\leqslant x_2\}-P\{X\leqslant x_1\}=F(x_2)-F(x_1)$$

因此，若已知 X 的分布函数，就能知道 X 落在任意区间 $(x_1,x_2]$ 上的概率。

分布函数的性质：

(1) $F(x)$ 是一个不减函数

$$F(x_2)-F(x_1)=P\{x_1<X\leqslant x_2\}\geqslant 0(x_2>x_1)$$

(2) $0\leqslant F(x)\leqslant 1$，且有

$$F(-\infty)=\lim_{x\to-\infty}F(x)=0,F(+\infty)=\lim_{x\to+\infty}F(x)=1$$

(3) $F(x+0)=F(x)$ ，即 $F(x)$ 是右连续的。

如果对于随机变量 X 的分布函数 $F(x)$ ，存在非负函数 $f(x)$ ，使得对于任意实数 x ，有 $F(x)=\int_{-\infty}^{x}f(x)\mathrm{d}x$ ，则称 X 为连续型随机变量，其中函数 $f(x)$ 称为 X 的概率密度函数，简称密度函数。

连续型随机变量的分布函数是连续函数。

概率密度具有性质：

(1) $f(x)\geqslant 0$；

(2) $\int_{-\infty}^{+\infty}f(x)\mathrm{d}x=1$；

(3) $P\{x_1<X\leqslant x_2\}=F(x_2)-F(x_1)=\int_{x_1}^{x_2}f(x)\mathrm{d}x(x_1\leqslant x_2)$ ；

(4)在 $f(x)$ 的连续点 x 处有 $F'(x)=f(x)$ 。

4. 正态分布

设连续型随机变量 X 的概率密度为 $f(x)=\frac{1}{\sqrt{2\pi}\sigma}e^{-\frac{(x-\mu)^2}{2\sigma^2}}$ ，$-\infty<x<+\infty$

其中 $\mu,\sigma(\sigma>0)$ 为常数，则称 X 服从参数为 μ,σ 的正态分布或高斯分布，记为 $X\sim N(\mu,\sigma^2)$ 。

当 $\mu=0,\sigma=1$ 时，称 X 服从标准正态分布，其密度函数 $\varphi(x)$ 和分布函数 $\Phi(x)$ 分别为

$$\varphi(x)=\frac{1}{\sqrt{2\pi}}e^{-\frac{x^2}{2}}\text{，}\Phi(x)=\frac{1}{\sqrt{2\pi}}\int_{-\infty}^{x}e^{-\frac{x^2}{2}}dx$$

若 $X\sim N(\mu,\sigma^2)$ ，则 $Z=\frac{X-\mu}{\sigma}\sim N(0,1)$ 。

5. 指数分布

设连续型随机变量 X 的概率密度为

$$f(x)=\begin{cases}\frac{1}{\theta}e^{-x/\theta}, & x>0\\ 0, & \text{其他}\end{cases}$$

其中 $\theta>0$，则称 X 服从参数为 θ 的指数分布。

指数分布的分布函数为 $F(x)=\begin{cases}1-e^{-x/\theta}, & x>0\\ 0, & \text{其他}\end{cases}$ 。

6. 均匀分布

设连续型随机变量 X 的概率密度为

$$f(x)=\begin{cases}\frac{1}{b-a}, & a<x<b\\ 0, & \text{其他}\end{cases}$$

则称 X 在区间 (a,b) 服从均匀分布，记为 $X\sim U(a,b)$ 。

指数分布的分布函数为 $F(x)=\begin{cases}0, & x<a\\ \frac{x-a}{b-a}, & a\leqslant x<b\\ 1, & x\geqslant b\end{cases}$ 。

1.2.5 多维随机变量

设 E 是一个随机试验，它的样本空间为 $S=\{e\}$ ，设 $X=X(e)$ 和 $Y=Y(e)$ 是定义在 S 上的随机变量，由它们构成一个向量 (X,Y) ，叫作二维随机变量或二维随机向量。

二维随机变量可以扩充为 n 维随机向量，即向量 $(X_1,X_2,\cdots,X_n)$ ，叫作 n 维随机向量。

设 $(X_1,X_2,\cdots,X_n)$ 是 n 维随机向量，$x_1,x_2,\cdots,x_n$ 是任意实数，n 元函数

$$\begin{aligned}F(x_1,x_2,\cdots,x_n)&=P\{(X_1\leqslant x_1)\cap(X_2\leqslant x_2)\cap\cdots\cap(X_n\leqslant x_n)\}\\&=P\{X_1\leqslant x_1,X_2\leqslant x_2,\cdots,X_n\leqslant x_n\},-\infty<x_i<\infty,i=1,2,\cdots,n\text{，}\end{aligned}$$

称为 n 维随机向量 $(X_1,X_2,\cdots,X_n)$ 的分布函数，或称为随机向量 $(X_1,X_2,\cdots,X_n)$ 的联合

分布函数。

如果 n 维随机变量 $(X_1,X_2,\cdots,X_n)$ 的所有可能取值是有限对或可列无限对时，则称 $(X_1,X_2,\cdots,X_n)$ 是离散型随机向量。

设 n 维离散型随机向量 $(X_1,X_2,\cdots,X_n)$ 所有可能取值为

$$(x_{j_1},x_{j_2},\cdots,x_{j_n}),j_1=1,2,\cdots;j_2=1,2,\cdots;\cdots;j_n=1,2,\cdots$$

令 $P\{X_1=x_{j_1},X_2=x_{j_2},\cdots,X_n=x_{j_n}\}=p_{j_1j_2\cdots j_n},j_1=1,2,\cdots;j_2=1,2,\cdots;\cdots;j_n=1,2,\cdots$ 则有

$$p_{j_1j_2\cdots j_n}\geqslant 0,\sum_{j_1=1}^{\infty}\sum_{j_2=1}^{\infty}\cdots\sum_{j_n=1}^{\infty}p_{j_1j_2\cdots j_n}=1$$

$P\{X_1=x_{j_1},X_2=x_{j_2},\cdots,X_n=x_{j_n}\}=p_{j_1j_2\cdots j_n},j_1=1,2,\cdots;j_2=1,2,\cdots;\cdots;j_n=1,2,\cdots$ 称为 n 维随机向量 $(X_1,X_2,\cdots,X_n)$ 的分布律或概率分布律，或称为 $(X_1,X_2,\cdots,X_n)$ 的联合分布律。

对于 n 维随机向量 $(X_1,X_2,\cdots,X_n)$ 的分布函数 $F(x_1,x_2,\cdots,x_n)$，如果存在非负函数 $f(x_1,x_2,\cdots,x_n)$，使得对于任意的 $(x_1,x_2,\cdots,x_n)$，有

$$F(x_1,x_2,\cdots,x_n)=\int_{-\infty}^{x_n}\cdots\int_{-\infty}^{x_2}\int_{-\infty}^{x_1}f(x_1,x_2,\cdots,x_n)\mathrm{d}x_1\mathrm{d}x_2\cdots\mathrm{d}x_n,$$

则称 $(X_1,X_2,\cdots,X_n)$ 为连续型 n 维随机向量。函数 $f(x_1,x_2,\cdots,x_n)$ 称为 n 维随机向量 $(X_1,X_2,\cdots,X_n)$ 的概率密度或称为随机向量 $(X_1,X_2,\cdots,X_n)$ 的联合概率密度。

设 n 维离散型随机向量 $(X_1,X_2,\cdots,X_n)$ 具有分布律

$P\{X_1=x_{j_1},X_2=x_{j_2},\cdots,X_n=x_{j_n}\}=p_{j_1j_2\cdots j_n},j_1=1,2,\cdots;j_2=1,2,\cdots;\cdots;j_n=1,2,\cdots$，则 $(X_1,X_2,\cdots,X_n)$ 都是离散型随机向量，其分布律为

$$\begin{aligned}P\{X_i=x_{j_i}\}&=\sum_{j_1=1}^{\infty}\cdots\sum_{j_{i-1}=1}^{\infty}\sum_{j_{i+1}=1}^{\infty}\cdots\sum_{j_n=1}^{\infty}P\{X_1=x_{j_1},\cdots,X_{i-1}=x_{j_{i-1}},X_i=x_{j_i},X_{i+1}=x_{j_{i+1}},\cdots,X_n=x_{j_n}\}\\&=\sum_{j_1=1}^{\infty}\cdots\sum_{j_{i-1}=1}^{\infty}\sum_{j_{i+1}=1}^{\infty}\cdots\sum_{j_n=1}^{\infty}p_{j_1j_2\cdots j_n},i=1,2,\cdots,\end{aligned}$$

称为 $(X_1,X_2,\cdots,X_n)$ 的边缘分布律。

设 n 维连续型随机向量 $(X_1,X_2,\cdots,X_n)$ 具有概率密度 $f(x_1,x_2,\cdots,x_n)$，则 $(X_1,X_2,\cdots,X_n)$ 是连续型随机向量，其概率密度为

$$f_{X_i}(x_1,x_2,\cdots,x_n)=\int_{-\infty}^{\infty}\cdots\int_{-\infty}^{\infty}\int_{-\infty}^{\infty}\cdots\int_{-\infty}^{\infty}f(x_1,x_2,\cdots,x_n)\mathrm{d}x_1\cdots\mathrm{d}x_{i-1}\mathrm{d}x_{i+1}\cdots\mathrm{d}x_n,$$

称为 $(X_1,X_2,\cdots,X_n)$ 的边缘密度函数。

1.2.6　随机向量的独立性

设 $F_X(x)$、$F_Y(y)$ 和 $F(x,y)$ 分别是随机变量 X、Y 及二维随机向量 (X,Y) 的分布函数，若对于所有的 x,y，有 $P\{X\leqslant x,Y\leqslant y\}=P\{X\leqslant x\}P\{Y\leqslant y\}$，即

$$F(x,y)=F_X(x)F_Y(y)$$

则称随机变量 X 和 Y 是相互独立的。

若 X 和 Y 是相互独立的，则当 (X,Y) 是离散型随机变量时，对于所有可能的取值

(x_i,y_j)，$i,j=1,2,\cdots$，有

$$P\{X=x_i,Y=y_j\}=P\{X=x_i\}P(Y=y_j\}$$

当 (X,Y) 是连续型随机变量时，有 $f(x,y)=f_X(x)f_Y(y)$ 在平面上几乎处处成立，其中，f,f_X,f_Y 是 (X,Y) 的概率密度函数和边缘密度函数。

二维随机向量的独立性可以推广到 n 维随机向量的独立性。

1.2.7 数学期望

设离散型随机变量 X 的分布律为

$$P\{X=x_k\}=p_k,k=1,2,\cdots$$

若级数 $\sum_{k=1}^{\infty}x_kp_k$ 绝对收敛，则称级数 $\sum_{k=1}^{\infty}x_kp_k$ 为 X 的数学期望，记为 $E(X)$，即

$$E(X)=\sum_{k=1}^{\infty}x_kp_k$$

设连续型随机变量 X 的概率密度为 $f(x)$，若积分 $\int_{-\infty}^{\infty}xf(x)\mathrm{d}x$ 绝对收敛，则称积分 $\int_{-\infty}^{\infty}xf(x)\mathrm{d}x$ 为 X 的数学期望，记为 $E(X)$，即

$$E(X)=\int_{-\infty}^{\infty}xf(x)\mathrm{d}x$$

数学期望简称为期望或均值。

设 Y 是随机变量 X 的函数：$Y=g(X)$

(1) X 是离散型随机变量，它的分布律为 $P\{X=x_k\}=p_k,k=1,2,\cdots$，若 $\sum_{k=1}^{\infty}g(x_k)p_k$ 绝对收敛，则 $E(Y)=E(g(X))=\sum_{k=1}^{\infty}g(x_k)p_k$。

(2) X 是连续型随机变量，它的密度函数为 $f(x)$，若 $\int_{-\infty}^{\infty}g(x)f(x)\mathrm{d}x$ 绝对收敛，则 $E(Y)=E(g(X))=\int_{-\infty}^{\infty}g(x)f(x)\mathrm{d}x$。

设 Z 是随机变量 X,Y 的函数：$Z=g(X,Y)$，则 Z 也是一个随机变量，若二维随机变量 (X,Y) 是连续型的，其密度函数为 $f(x,y)$，则有

$$E(Z)=E(g(X,Y))=\int_{-\infty}^{\infty}\int_{-\infty}^{\infty}g(x,y)f(x,y)\mathrm{d}x\mathrm{d}y$$

若二维随机变量 (X,Y) 是离散型的，其分布律为 $P\{X=x_i,Y=y_j\}=p_{ij},i,j=1,2,\cdots$，则有

$$E(Z)=E(g(X,Y))=\sum_{j=1}^{\infty}\sum_{i=1}^{\infty}g(x_i,y_j)p_{ij}$$

数学期望具有性质：

(1)设 C 是常数，则 $E(C)=C$；

(2)设 X 是随机变量，C 是常数，则 $E(CX)=CE(X)$；

(3)设 X,Y 是任意两个随机变量,则 $E(X+Y)=E(X)+E(Y)$;

(4)设 X,Y 是两个相互独立的随机变量,则 $E(XY)=E(X)E(Y)$;

(5)(Cauchy - Schwarz 不等式)设 X,Y 是任意两个随机变量,且 $E(X^2)<\infty$,$E(Y^2)<\infty$,则 $E(XY)$ 存在,且 $[E(XY)]^2 \leqslant E(X^2)E(Y^2)$ 。

1.2.8 方差

设 X 是一个随机变量,若 $E\{[X-E(X)]^2\}$ 存在,则称 $E\{[X-E(X)]^2\}$ 为 X 的方差,记为 $D(X)$ 或 $\text{cov}(X)$,即 $D(X)=\text{cov}(X)=E\{[X-E(X)]^2\}$ 。

$\sqrt{D(X)}$ 为 X 的标准差或均方差。

对于离散型随机变量 X ,有 $D(X)=\sum_{k=1}^{\infty}[x_k-E(X)]^2 p_k$,其中 $p_k=P\{X=x_k\}$,$k=1,2,\cdots$ 为 X 的分布律。

对于连续型随机变量 X ,有 $D(X)=\int_{-\infty}^{\infty}[x-E(X)]^2 f(x)\mathrm{d}x$,其中 $f(x)$ 是 X 的概率密度。

方差具有性质:

(1)设 C 是常数,则 $D(C)=0$。

(2)设 X 是随机变量,C 是常数,则 $D(CX)=C^2D(X)$ 。

(3)设 X、Y 是两个相互独立的随机变量,则 $D(X+Y)=D(X)+D(Y)$ 。

对于随机变量 X_i、X_j ,如果 $E[X_i-E(X_i)][X_j-E(X_j)]$ 存在,称为 X_i、X_j 的协方差,记作

$$\text{cov}(X_i,X_j)=E[X_i-E(X_i)][X_j-E(X_j)]$$

对于随机向量 $(X_1,X_2,\cdots,X_n)$,由协方差 $\text{cov}(X_i,X_j)(i,j=1,2,\cdots,n)$ 构成的 n 阶方阵

$$\begin{bmatrix} \text{cov}(X_1,X_1) & \text{cov}(X_1,X_2) & \cdots & \text{cov}(X_1,X_n) \\ \text{cov}(X_2,X_1) & \text{cov}(X_2,X_2) & \cdots & \text{cov}(X_2,X_n) \\ \cdots & \cdots & \cdots & \cdots \\ \text{cov}(X_n,X_1) & \text{cov}(X_n,X_2) & \cdots & \text{cov}(X_n,X_n) \end{bmatrix},$$

称为 $(X_1,X_2,\cdots,X_n)$ 的协方差矩阵。

随机变量 X、Y ,若 $D(X)>0,D(Y)>0$,则称 $\rho=\dfrac{\text{cov}(X,Y)}{\sqrt{D(X)D(Y)}}$ 为随机变量 X、Y 的相关系数。

设 $X_1,X_2,\cdots,X_n$ 是 n 个相互独立的随机变量,且 $X_i \sim N(\mu_i,\sigma_i^2)$,$i=1,2,\cdots,n$,则它们的线性函数 $Y=C_0+C_1X_1+C_2X_2+\cdots+C_nX_n$ (其中 $C_0,C_1,C_2,\cdots,C_n$ 均为常数,且 C_1,$C_2,\cdots,C_n$ 中至少有一个不为零)服从正态分布 $N(C_0+\sum_{i=1}^{n}C_i\mu_i,\sum_{i=1}^{n}C_i^2\sigma_i^2)$ 。

若随机向量 $(X_1,X_2,\cdots,X_n)$ 服从 n 维正态分布 $N(\boldsymbol{a},\boldsymbol{B})$,则其任一子向量 $(X_{k_1},X_{k_2},\cdots,X_{k_m})(m<n)$ 也服从正态分布 $N(\tilde{\boldsymbol{a}},\tilde{\boldsymbol{B}})$,其中 $\tilde{\boldsymbol{a}}=(a_{k_1},a_{k_2},\cdots,a_{k_m})$,$\tilde{\boldsymbol{B}}$ 为 $\boldsymbol{B}$ 中保留第 k_1,

$k_2,\cdots,k_m$ 行及列所得的 m 阶方阵。特别地，X_l 服从1维正态分布 $N(a_l,DX_l)$，$1\leqslant l\leqslant n$ 。

随机向量 $(X_1,X_2,\cdots,X_n)$ 服从 n 维正态分布 $N(\boldsymbol{a},\boldsymbol{B})$，则随机变量 $X_1,X_2,\cdots,X_n$ 相互独立充分必要条件是它们两两不相关。

随机向量 $(X_1,X_2,\cdots,X_n)$ 服从 n 维正态分布 $N(\boldsymbol{a},\boldsymbol{B})$，则随机变量 $X_1,X_2,\cdots,X_n$ 相互独立充分必要条件是它的任一线性组合 $\sum_{i=1}^{n}l_iX_i$ 服从一维正态分布 $N(\sum_{i=1}^{n}l_ia_i,\sum_{k=1}^{n}\sum_{i=1}^{n}l_il_k\operatorname{cov}(X_i,X_k))$ 。

随机向量 $\boldsymbol{X}=(X_1,X_2,\cdots,X_n)$ 服从 n 维正态分布 $N(\boldsymbol{a},\boldsymbol{B})$，$m$ 维随机向量 $\boldsymbol{Y}=\boldsymbol{CX}$，$\boldsymbol{C}$ 是 $m\times n$ 矩阵，则 $\boldsymbol{Y}$ 服从 m 维正态分布 $N(\boldsymbol{Ca},\boldsymbol{CBC}^{\mathrm{T}})$ 。

设 X 是随机变量，若 $E(X^k)$，$k=1,2,\cdots$ 存在，称它为 X 的 k 阶原点矩或 k 阶矩。若 $E\{[X-E(X)]^k\}$，$k=2,3,\cdots$ 存在，称它为 X 的 k 阶中心矩。

1.2.9 大数定律

(1)切比雪夫不等式　设有随机变量 X，$E(X)=\mu$，$D(X)=\sigma^2$，则对任一实数 $\varepsilon>0$，恒有 $P\{|X-\mu|\geqslant\varepsilon\}\leqslant\frac{\sigma^2}{\varepsilon^2}$，或者写成等价的形式：

$$P\{|X-\mu|<\varepsilon\}\geqslant 1-\frac{\sigma^2}{\varepsilon^2}$$

设 X_n 为一随机变量序列，a 为一常数，若对任意的 $\varepsilon>0$，有

$$\lim_{n\to\infty}P\{|X_n-a|<\varepsilon\}=1$$

则称 X_n 依概率收敛于 a，记作 $X_n\xrightarrow{p}a$，其等价形式 $\lim_{n\to\infty}P\{|X_n-a|\geqslant\varepsilon\}=0$。

(2)伯努里(Bernoulli)大数定律　设 n_A 是 n 次独立重复试验中事件 A 出现的次数，p 是事件 A 在每次试验中发生的概率，则对于任意给定的正数 $\varepsilon>0$，

$$\lim_{n\to\infty}P\left\{\left|\frac{n_A}{n}-p\right|<\varepsilon\right\}=1$$

伯努里大数定律的意义是在概率的统计定义中，事件 A 发生的频率 $\frac{n_A}{n}$ “稳定于”事件 A 在一次试验中发生的概率，频率 $\frac{n_A}{n}$ 与 p 有较大偏差 $\left(\left|\frac{n_A}{n}-p\right|\geqslant\varepsilon\right)$ 是小概率事件，因而在 n 足够大时，可以用频率近似代替 p，这种稳定称为依概率稳定。

(3)切比雪夫大数定律　设随机变量序列 $X_1,X_2,\cdots,X_n,\cdots$ 相互独立(指任意给定 $n>1$，$X_1,X_2,\cdots,X_n$ 相互独立)且具有相同的数学期望和方差：

$$E(X_k)=\mu,\ D(X_k)=\sigma^2,\quad k=1,2,\cdots,$$

则 $\forall\varepsilon>0$，有

$$\lim_{n\to\infty}P\left(\left|\frac{1}{n}\sum_{k=1}^{n}X_k-\mu\right|\geqslant\varepsilon\right)=0$$

或

$$\lim_{n\to\infty}P\left(\left|\frac{1}{n}\sum_{k=1}^{n}X_k-\mu\right|<\varepsilon\right)=1$$

(4)辛钦大数定律　设 $X_1,X_2,\cdots,X_n,\cdots$ 相互独立,服从同一分布,且具有数学期望 $E(X_k)=\mu,k=1,2,\cdots$,则对任意正数 $\varepsilon>0$,有

$$\lim_{n\to\infty}P\left\{\left|\frac{1}{n}\sum_{k=1}^{n}X_k-\mu\right|<\varepsilon\right\}=1$$

1.2.10　中心极限定理

(1)中心极限定理　设随机变量 $X_1,X_2,\cdots,X_n,\cdots$ 相互独立,服从同一分布,且具有数学期望和方差,$E(X_k)=\mu$,$D(X_k)=\sigma^2\neq 0,k=1,2,\cdots$,随机变量

$$Y_n=\frac{\sum_{k=1}^{n}X_k-E\left(\sum_{k=1}^{n}X_k\right)}{\sqrt{D\left(\sum_{k=1}^{n}X_k\right)}}=\frac{\sum_{k=1}^{n}X_k-n\mu}{\sqrt{n}\sigma}$$

的分布函数记为 $F_n(x)$,则对于任意 x,有

$$\lim_{n\to\infty}F_n(x)=\lim_{n\to\infty}P\left\{\frac{\sum_{k=1}^{n}X_k-n\mu}{\sqrt{n}\sigma}\leqslant x\right\}=\int_{-\infty}^{x}\frac{1}{\sqrt{2\pi}}e^{-\frac{t^2}{2}}dt$$

(2)德莫佛-拉普拉斯定理　设随机变量 $\eta_n(n=1,2,\cdots)$ 服从参数为 n,$p(0<p<1)$ 的二项分布,则对于任意 x,有

$$\lim_{n\to\infty}P\left\{\frac{\eta_n-np}{\sqrt{np(1-p)}}\leqslant x\right\}=\frac{1}{\sqrt{2\pi}}\int_{-\infty}^{x}e^{-\frac{t^2}{2}}dt$$

该定理表明,正态分布是二项分布的极限分布,若 $\eta_n\sim b(n,p)$,对于充分大的 n,有 $\eta_n\sim N(np,np(1-p))$。

(3)李雅普诺夫(Liapunov)定理　设 $\{X_k\}$ 是相互独立的随机变量序列,它们具有数学期望 $EX_k=\mu_k$ 和方差 $DX_k=\sigma_k^2>0(k=1,2,\cdots)$,记 $B_n^2=\sum_{k=1}^{n}\sigma_k^2$,若存在正数 δ,当 $n\to\infty$ 时,有

$$\frac{1}{B_n^{2+\delta}}\sum_{k=1}^{n}E\{|X_k-\mu_k|^{2+\delta}\}\to 0$$

则有

$$\lim_{n\to\infty}F_n(x)=\lim_{n\to\infty}P\left\{\frac{\sum_{k=1}^{n}X_k-\sum_{k=1}^{n}\mu_k}{B_n}\leqslant x\right\}=\int_{-\infty}^{x}\frac{1}{\sqrt{2\pi}}e^{\frac{-t^2}{2}}dt=\Phi(x)$$

李雅普诺夫定理表明,在定理的条件下,当 n 充分大时,随机变量

$$\frac{\sum_{k=1}^{n}X_k-\sum_{k=1}^{n}\mu_k}{B_n}\sim N(0,1)$$

即 $\sum_{k=1}^{n} X_k \sim N\left(\sum_{k=1}^{n} \mu_k, B_n^2\right)$ 。中心极限定理表明，在一般的条件下，当独立随机变量的个数增加时，其和的分布趋于正态分布。这一事实阐明正态分布的重要性。

1.2.11 条件数学期望

设 X、Y 是离散型随机变量，如果 $E(|Y|) < \infty$，称

$$E(Y \mid X = x) = \sum_j y_j p_{Y|X}(y_j \mid x)$$

为离散型随机变量 Y 关于 $\{X = x\}$ 的条件数学期望。

设 X、Y 是连续型随机变量，如果 $E(|Y|) < \infty$，称

$$E(Y \mid X = x) = \int_{-\infty}^{\infty} y f_{Y|X}(y \mid x) \mathrm{d}y$$

为连续型随机变量 Y 关于 $\{X = x\}$ 的条件数学期望。

设 $X_1, X_2, \cdots, X_n, Y$ 是离散型随机变量，如果 $E(|Y|) < \infty$，称

$$E(Y \mid X_1 = x_1, X_2 = x_2, \cdots, X_n = x_n) = \sum_j y_j p_{Y|(X_1, X_2, \cdots, X_n)}(y_j \mid x_1, x_2, \cdots, x_n)$$

为离散型随机变量 Y 关于 $(X_1 = x_1, X_2 = x_2, \cdots, X_n = x_n)$ 的条件数学期望。

设 $X_1, X_2, \cdots, X_n, Y$ 是连续型随机变量，如果 $E(|Y|) < \infty$，称

$$E(Y \mid X_1 = x_1, X_2 = x_2, \cdots, X_n = x_n) = \int_{-\infty}^{\infty} y f_{Y|(X_1, X_2, \cdots, X_n)}(y \mid x_1, x_2, \cdots, x_n) \mathrm{d}y$$

为连续型随机变量 Y 关于 $(X_1 = x_1, X_2 = x_2, \cdots, X_n = x_n)$ 的条件数学期望。

1.2.12 假设检验

假设检验问题通常分为参数假设检验和非参数假设检验。

假设检验问题叙述为如下形式：

$$H_0: \theta \in \Theta_0 \leftrightarrow H_1: \theta \in \Theta_1$$

其中 $\Theta_0 \subset \Theta$、$\Theta_1 \subset \Theta$，$\Theta_0 \cap \Theta_1 = \varnothing$，把上述假设 $H_0: \theta \in \Theta_0$ 称为“零假设”或“原假设”。当零假设被拒绝时，从逻辑上讲就意味着接受一个与之不同的假设（称为“备择假设”），记为 H_1。如果事先不指明备择假设，则拒绝 H_0 的含义就是接受备择假设 $H_1: \theta \in \Theta_1$，$\Theta_1 \subset \Theta$。但在一些实际问题中，常常指明备择假设 $H_1: \theta \in \Theta_1$，$\Theta_1 \subset \Theta$。当 $\Theta_1 = \Theta - \Theta_0$ 时，备择假设称为零假设的对立假设，这时 H_1 可以不用写出。若 Θ_0、Θ_1 只含有一个值，例如 $H_0: \theta = \theta_0$、$H_1: \theta = \theta_1$，其中 θ_0、θ_1 是已知的，则称 H_0、H_1 是简单假设，否则称 H_0、H_1 是复合假设。

假设检验又可以分为单边假设检验和双边假设检验。形如

$$H_0: \theta = \theta_0, H_1: \theta > \theta_0$$

$$H_0: \theta = \theta_0, H_1: \theta < \theta_0$$

$$H_0: \theta > \theta_0, H_1: \theta \leqslant \theta_0$$

$$H_0: \theta < \theta_0, H_1: \theta \geqslant \theta_0$$

的假设称为单边假设检验。形如

$$H_0: \theta = \theta_0, H_1: \theta \neq \theta_0$$

的假设称为双边假设检验。

假设检验的基本步骤为

(1)根据实际问题的要求,提出原假设 H_0 及备择假设 H_1;

(2)构造适当的检验统计量 T,要求在 H_0 成立的条件下,统计量 T 的分布是确定和已知的;

(3)给定显著性水平 α,确定临界值 λ 和拒绝域 W;

(4)由样本观测值计算统计量 T 的值 t;

(5)做出判断:若 $t \in W$,则拒绝 H_0,否则,接受 H_0。

由于样本的随机性,我们根据样本提供的信息,可能做出正确的判断,也可能做出错误的判断。正确的判断是原假设 H_0 成立时接受 H_0,或者原假设 H_0 不成立时拒绝 H_0。错误的判断是原假设 H_0 成立时但拒绝 H_0,或原假设 H_0 不成立时接受 H_0。假设检验可能犯错误的概率包括第一类错误:零假设成立时,由于样本落在拒绝域中而错误地拒绝零假设。第一类错误又可称为"弃真错误",其发生的概率称为犯第一类错误的概率。第二类错误:零假设不成立时,由于样本落在接受域中而错误地接受零假设。第二类错误又可称为"纳伪错误",其发生的概率称为犯第二类错误的概率。一个好的检验法则总希望犯两类错误的概率越小越好,但当样本容量固定时,在一般情况下很难同时减小两类犯错误的概率。减少其中一个,另一个必然增大。

1.3　估计理论概述

根据获得的状态估计值与量测值在时间上的不同关系,估计问题分为三种。

(1)滤波问题:希望得到的状态估计值的时间 t 与最后的量测时间 T 重合;

(2)平滑问题:希望得到的状态估计值的时间 t 处于所得到的量测数据时间间隔 $0 \sim T$;

(3)预测问题:希望得到的状态估计值的时间 t 在最后的量测时间 T 之后。

估计理论是根据一组与未知参数有关的量测数据推算出未知参数的值。估计理论大体分为参数估计和状态估计两个分支,其中参数估计属于静态估计,状态估计属于动态估计。状态估计是对目标过去的运动状态(包括位置、速度、加速度等)进行平滑,对目标现在的运动状态进行滤波以及对目标未来的运动状态进行预测。

1.3.1　参数估计

设 x 是待估计量,z_j 是在随机噪声 w_j 下获得 x 的一组量测,

$$z_j = h_j(x, w_j), j = 1, 2, \cdots, k$$

依据某种最优准则,构造函数

$$\hat{x}_k \triangleq \hat{x}_k(Z_{1:k})$$

是对参数 x 的估计,其中,$Z_{1:k} \triangleq \{z_j\}_{j=1}^{k}$ 为直到 k 时刻的累积量测集合。

参数估计存在两类参数模型:随机参数模型,主要指贝叶斯法,以及非随机参数模型,主要指非贝叶斯法或费舍尔法。按照估计采用的不同原则,参数估计包括以下四种基本方法,即最大后验估计(MAP)、最大似然估计(ML)、最小均方误差估计(MMSE)以及最小二乘估计(LS)。最大后验估计和最小均方误差估计属于贝叶斯法,而最大似然估计和最小二乘估计属

于非贝叶斯法。

对于随机参数，已知其先验概率密度函数 $p(x)$ ，由贝叶斯准则

$$p(x \mid Z_{1:k})=\frac{p(Z_{1:k} \mid x)p(x)}{p(Z_{1:k})}$$

可得其后验概率密度函数，使后验概率密度函数达到最大的 x 值称为参数 x 的最大后验估计，即

$$\hat{x}^{\mathrm{MAP}}(k)=\arg\max_{x} p(x \mid Z_{1:k})=\arg\max_{x}[p(Z_{1:k} \mid x)p(x)]$$

最大后验估计的意义是在给定量测 $Z_{1:k}$ 的条件下，参数 x 落在最大后验估计 $\hat{x}^{\mathrm{MAP}}$ 某个邻域内的概率要比落在其他任何值相同邻域内的概率大。

使似然函数 $p(Z_{1:k} \mid x)$ 达到最大的 x 值称为参数 x 的最大似然估计，即

$$\hat{x}^{\mathrm{ML}}(k)=\arg\max_{x} p(Z_{1:k} \mid x)$$

最大似然估计的意义是当 $x=\hat{x}^{\mathrm{ML}}$ 时，累积量测集合 $Z_{1:k}$ 的出现概率达到最大，而现在观测到量测集合 $Z_{1:k}$ ，则可判断这些观测量是由使它最可能出现的那个参量 $\hat{x}^{\mathrm{ML}}$ 引起的。

使均方误差 $E[(\hat{x}-x)^2 \mid Z_{1:k}]$ 达到极小的 x 值的估计称为最小均方误差估计，即

$$\hat{x}^{\mathrm{MMSE}}(k)=\arg\min_{x} E[(\hat{x}-x)^2 \mid Z_{1:k}]$$

它的解是条件平均，用条件概率密度函数表示为

$$\hat{x}^{\mathrm{MMSE}}(k)=E[x \mid Z_{1:k}]=\int x p(x \mid Z_{1:k})\mathrm{d}x$$

最小均方估计的均方误差阵小于或等于任何其他估计准则所得到的均方误差阵，所以最小均方估计具有最小的估计误差方差阵，因此，最小均方估计又称为最小方差估计。

对于量测

$$z_j=h_j(x)+w_j, j=1,2,\cdots,k$$

k 时刻参数 x 的最小二乘估计是指使该时刻误差的平方和达到最小的 x 值，即

$$\hat{x}^{\mathrm{LS}}(k)=\arg\min_{x}\sum_{j=1}^{k}[z_j-h_j(x)]^2$$

最小二乘估计是把参量估计问题当做确定性的最优化问题来处理，完全不需要知道噪声和待估计量的任何统计知识。

1.3.2 估计的性质

1. 无偏性

对于具有真实值 x_0 的非随机参数 x ，若 $E[\hat{x}]=x_0$，则称估计 $\hat{x}$ 是无偏的。若在 $k\to\infty$ 的极限情况下上述结果仍然成立，则称估计是渐进无偏的，否则称为有偏估计。对于具有先验概率密度函数 $p(x)$ 的随机变量 x ，若 $E[\hat{x}]=E[x]$ ，则称估计 $\hat{x}$ 是无偏的，其中 $E[x]$ 是关于联合概率密度函数 $p(Z^k,x)$ 的数学期望，$E[x]$ 是关于先验概率密度函数 $p(x)$ 的数学期望。若在 $k\to\infty$ 的极限情况下上述结果仍然成立，则称估计是渐进无偏的，否则称为有偏估计。

2. 估计的方差

估计的质量用它的方差来度量。对于具有真实值 x_0 的非随机参数 x 的无偏估计 $\hat{x}$，其方差为 $\mathrm{cov}(\hat{x})=E[(\hat{x}-x_0)^2]$。对随机参数 x 的无偏估计 $\hat{x}$，其方差为 $\mathrm{cov}(\hat{x})=E[(\hat{x}-x)^2]$。

3. 一致估计

一致估计是指随着可利用的量测数据量的增加，估计器给出的估计值越来越趋近于真实值，即估计值不同于真实值的概率趋于零。

如果非随机参数满足

$$\lim_{k\to\infty} E\{[\hat{x}(k)-x_0]^2\}=0$$

则估计为一致估计。

如果随机参数满足

$$\lim_{k\to\infty} E\{[\hat{x}(k)-x]^2\}=0$$

则估计为一致估计。

对于非随机参数和随机参数而言，若它的估计在某种意义上收敛于真实值，则该参数的估计是一致的。

4. 有效估计

若参数估计对应的均方误差不小于 Cramer - Rao 下界(CRLB)，则称该估计为有效估计。若非随机参数 x 的估计 $\hat{x}(k)$ 是无偏估计，并且方差是有界的，即

$$E\{[\hat{x}(k)-x_0]^2\}\geqslant J^{-1}$$

则非随机参数 x 的估计为有效估计。其中，

$$J=-E\left[\frac{\partial^2 \ln\Lambda_k(x)}{\partial x^2}\right]_{x=x_0}=E\left[\frac{\partial \ln\Lambda_k(x)}{\partial x}\right]^2_{x=x_0}$$

是 Fisher 信息，$\Lambda_k(x)$ 是似然函数，x_0 是 x 的真实值。

若随机参数 x 的估计 $\hat{x}(k)$ 是无偏估计，并且方差是有界的，即

$$E\{[\hat{x}(k)-x]^2\}\geqslant J^{-1}$$

则非随机参数 x 的估计为有效估计。其中，

$$J=-E\left[\frac{\partial^2 \ln p(Z^k,x)}{\partial x^2}\right]=E\left[\frac{\partial \ln p(Z^k,x)}{\partial x}\right]^2$$

J^{-1} 叫做 CRLB，是与似然函数有关的一个确定的量。

1.3.3 线性动态系统状态估计

1. 卡尔曼(Kalman)滤波

离散时间系统的动态方程(状态方程)可表示为

$$\boldsymbol{x}_{k+1}=\boldsymbol{F}_k\boldsymbol{x}_k+\boldsymbol{G}_k\boldsymbol{u}_k+\boldsymbol{w}_k$$

式中，$\boldsymbol{x}_k$ 为状态向量；$\boldsymbol{F}_k$ 为状态转移矩阵；$\boldsymbol{G}_k$ 为输入控制项矩阵；$\boldsymbol{u}_k$ 为已知输入或控制信号；$\boldsymbol{w}_k$ 是零均值，白高斯过程噪声序列，其协方差为 $\boldsymbol{Q}_k$，

$$E[\boldsymbol{w}_k\boldsymbol{w}_j^{\mathrm{T}}]=\boldsymbol{Q}_k\delta_{kj}$$

δ_{kj} 为克罗内克 δ 函数，即不同时刻的过程噪声是相互独立的。

离散时间系统的量测方程为

$$\boldsymbol{z}_{k+1}=\boldsymbol{H}_{k+1}\boldsymbol{x}_{k+1}+\boldsymbol{v}_{k+1}$$

式中，$\boldsymbol{H}_{k+1}$ 为量测矩阵；$\boldsymbol{v}_{k+1}$ 为具有协方差 $\boldsymbol{R}_{k+1}$ 的零均值，白高斯噪声序列，即

$$E[\boldsymbol{v}_k\boldsymbol{v}_j^{\mathrm{T}}]=\boldsymbol{R}_k\delta_{kj}$$

即不同时刻的量测噪声是相互独立的。

该系统包含以下先验信息：

(1)初始状态 $\boldsymbol{x}_0$ 是高斯的，具有均值 $\hat{\boldsymbol{x}}_{0|0}$ 和协方差 $\boldsymbol{P}_{0|0}$；

(2)初始状态与过程噪声和量测噪声序列不相关；

(3)过程噪声和量测噪声序列互不相关。

在上述条件下，讨论系统的滤波问题。

状态的一步预测

$$\hat{\boldsymbol{x}}_{k+1|k}=\boldsymbol{F}_k\hat{\boldsymbol{x}}_{k|k}+\boldsymbol{G}_k\boldsymbol{u}_k$$

预测协方差

$$\boldsymbol{P}_{k+1|k}=\boldsymbol{F}_k\boldsymbol{P}_{k|k}\boldsymbol{F}_k^{\mathrm{T}}+\boldsymbol{Q}_k$$

量测的一步预测

$$\hat{\boldsymbol{z}}_{k+1|k}=\boldsymbol{H}_k\hat{\boldsymbol{x}}_{k+1|k}$$

新息

$$\boldsymbol{s}_{k+1}=\boldsymbol{z}_{k+1}-\hat{\boldsymbol{z}}_{k+1|k}$$

新息协方差

$$\boldsymbol{S}_{k+1}=\boldsymbol{H}_{k+1}\boldsymbol{P}_{k+1|k}\boldsymbol{H}_{k+1}^{\mathrm{T}}+\boldsymbol{R}_{k+1}$$

增益

$$\boldsymbol{K}_{k+1}=\boldsymbol{P}_{k+1|k}\boldsymbol{H}_{k+1}^{\mathrm{T}}\boldsymbol{S}_{k+1}^{-1}$$

状态更新

$$\hat{\boldsymbol{x}}_{k+1|k+1}=\hat{\boldsymbol{x}}_{k+1|k}+\boldsymbol{K}_{k+1}\boldsymbol{s}_{k+1}$$

协方差更新

$$\boldsymbol{P}_{k+1|k+1}=\boldsymbol{P}_{k+1|k}-\boldsymbol{K}_{k+1}\boldsymbol{S}_{k+1}\boldsymbol{K}_{k+1}^{\mathrm{T}}$$

2. 卡尔曼平滑

离散时间系统的动态方程(状态方程)可表示为

$$\boldsymbol{x}_{k+1}=\boldsymbol{F}_k x_k+\boldsymbol{\Gamma}_k\boldsymbol{w}_k$$

$$\boldsymbol{z}_{k+1}=\boldsymbol{H}_{k+1}\boldsymbol{x}_{k+1}+\boldsymbol{v}_{k+1}$$

式中，$\boldsymbol{w}_k$，$\boldsymbol{v}_k$ 均是零均值，白高斯过程噪声序列，且互不相关，同时，

$$E[\boldsymbol{w}_k\boldsymbol{w}_j^{\mathrm{T}}]=\boldsymbol{Q}_k\delta_{kj}$$

$$E[\boldsymbol{v}_k\boldsymbol{v}_j^{\mathrm{T}}]=\boldsymbol{R}_k\delta_{kj}$$

δ_{kj} 为克罗内克 δ 函数。

初始状态 $\boldsymbol{x}_0$ 是高斯的，具有均值 $\hat{\boldsymbol{x}}_{0|0}$ 和协方差 $\boldsymbol{P}_{0|0}$，且初始状态与过程噪声和量测噪声序列互不相关。

针对上述系统，如果已知量测值 $\boldsymbol{z}_1,\boldsymbol{z}_2,\cdots,\boldsymbol{z}_j$，要求 $\boldsymbol{x}_k$ 的估计 $\hat{\boldsymbol{x}}_{k|j}$，当 $k<j$ 时，称为平滑。根据 k 和 j 的具体变化情况，平滑问题分为三种：

(1)固定区间平滑。固定 $j=N$，变化 k，并令 $k<j$，即 $k=0,1,2,\cdots,N-1$。

固定区间平滑的计算顺序：首先利用卡尔曼滤波公式，按 $k=0,1,2,\cdots,N-1$ 顺时针方向计算 $\hat{\boldsymbol{x}}_{k|k},\boldsymbol{P}_{k|k},\boldsymbol{P}_{k+1|k}$，给出终端值 $\hat{\boldsymbol{x}}_{N|N},\boldsymbol{P}_{N|N}$。其次，利用公式

$$\boldsymbol{A}_k=\boldsymbol{P}_{k|k}\boldsymbol{F}_k^{\mathrm{T}}\boldsymbol{P}_{k+1|k}^{-1}$$

$$\hat{\boldsymbol{x}}_{k|N}=\hat{\boldsymbol{x}}_{k|k}+\boldsymbol{A}_k(\hat{\boldsymbol{x}}_{k+1|N}-\boldsymbol{F}_k\hat{\boldsymbol{x}}_{k|k})$$

$$\boldsymbol{P}_{k|N}=\boldsymbol{P}_{k|k}+\boldsymbol{A}_k(\boldsymbol{P}_{k+1|N}-\boldsymbol{P}_{k+1|k})\boldsymbol{A}_k^{\mathrm{T}}$$

按 $k=N-1,N-2,\cdots,0$ 逆时针计算平滑值 $\boldsymbol{P}_{k|N}$ 和 $\hat{\boldsymbol{x}}_{k|N}$，其中，边界条件分别是 $k=N-1$ 时的滤波 $\hat{\boldsymbol{x}}_{k+1|N}=\hat{\boldsymbol{x}}_{N|N}$ 和协方差 $\boldsymbol{P}_{k+1|N}=\boldsymbol{P}_{N|N}$。

(2)固定点平滑。固定点平滑是利用量测数据 $\boldsymbol{z}_1,\boldsymbol{z}_2,\cdots,\boldsymbol{z}_j$，对量测时间区间内的某一固定时间点 $N(0\leqslant N<j)$ 上的系统状态 $\boldsymbol{x}_N$ 进行估计。

固定点平滑的计算顺序：对于固定的 N 和 $j=N+1,N+2,\cdots$

$$\hat{\boldsymbol{x}}_{N|j}=\hat{\boldsymbol{x}}_{N|j-1}+\boldsymbol{B}_{N|j}(\boldsymbol{P}_{j|j}-\boldsymbol{P}_{j|j-1})$$

初始条件为 $\hat{\boldsymbol{x}}_{N|N}$。

对于 $j=N+1,N+2,\cdots$，固定点平滑增益矩阵

$$\boldsymbol{B}_{N|j}=\sum_{i=N}^{j-1}\boldsymbol{A}_i=\boldsymbol{B}_{N|j-1}+\boldsymbol{A}_{j-1}$$

且 $\boldsymbol{B}_{N|N}=\boldsymbol{I},\boldsymbol{A}_i=\boldsymbol{P}_{i|i}\boldsymbol{F}_i^{\mathrm{T}}\boldsymbol{P}_{i+1|i}^{-1}$。

对于 $j=N+1,N+2,\cdots$，固定点平滑误差方差矩阵

$$\boldsymbol{P}_{N|j}=\boldsymbol{P}_{N|j-1}+\boldsymbol{B}_{N|j}(\boldsymbol{P}_{j|j}-\boldsymbol{P}_{j|j-1})\boldsymbol{B}_{N|j}^{\mathrm{T}}$$

(3)固定滞后平滑。固定滞后平滑是在滞后最新量测时间一个固定时间间隔 N 的时间点上给出状态的估计。固定滞后平滑利用量测 $\boldsymbol{z}_1,\boldsymbol{z}_2,\cdots,\boldsymbol{z}_{k+N}$ 求 $\boldsymbol{x}_k$ 的估计。它可由固定点平滑和固定区间平滑联合得到。

固定区间平滑的计算顺序：由前 N 个时刻量测获得区间平滑值 $\hat{\boldsymbol{x}}_{0|N}$。以 N 时刻的估计值 $\hat{\boldsymbol{x}}_{0|N}$ 为初值，计算 $\hat{\boldsymbol{x}}_{1|N+1}$。在已知 $\hat{\boldsymbol{x}}_{k|k+N}$ 的情况下，计算 $\hat{\boldsymbol{x}}_{k+1|k+1+N}$。

$$\hat{\boldsymbol{x}}_{k+1|k+1+N}=\boldsymbol{F}_k\hat{\boldsymbol{x}}_{k|k+N}+\boldsymbol{B}_{k+1|k+1+N}\boldsymbol{K}_{k+1+N}(\boldsymbol{z}_{k+1+N}-\boldsymbol{H}_{k+1+N}\hat{\boldsymbol{x}}_{k+1+N|k+N})+\boldsymbol{G}_k(\hat{\boldsymbol{x}}_{k|k+N}-\hat{\boldsymbol{x}}_{k|k})$$

$$k=0,1,2,\cdots$$

式中，$\boldsymbol{G}_k=\boldsymbol{\Gamma}_k\boldsymbol{Q}_k\boldsymbol{F}_k^{\mathrm{T}}\boldsymbol{P}_{k|k}^{-1}$；$\boldsymbol{K}_{k+1+N}$ 为卡尔曼滤波增益；$\boldsymbol{B}_{k+1|k+1+N}$ 为固定点平滑增益矩阵；初始条件为 $\hat{\boldsymbol{x}}_{0|N}$。

固定滞后平滑误差矩阵

$$\boldsymbol{P}_{k+1|k+1+N}=\boldsymbol{P}_{k+1|k+N}-\boldsymbol{B}_{k+1|k+1+N}\boldsymbol{K}_{k+1+N}\boldsymbol{H}_{k+1+N}\boldsymbol{P}_{k+1+N|k+N}\boldsymbol{B}_{k+1|k+1+N}^{\mathrm{T}}-\boldsymbol{A}_k^{-1}\boldsymbol{P}_{k|k+N}\boldsymbol{A}_k^{-\mathrm{T}}$$

$$k=0,1,2,\cdots$$

初始条件为 $\boldsymbol{P}_{0|N}$。

1.3.4 非线性动态系统状态估计

1. 扩展卡尔曼滤波

考虑非线性离散时间系统

$$\boldsymbol{x}_k=\boldsymbol{f}_{k-1}(\boldsymbol{x}_{k-1},\boldsymbol{w}_{k-1})$$
$$\boldsymbol{z}_k=\boldsymbol{h}_k(\boldsymbol{x}_k,\boldsymbol{v}_k)$$

式中，$\boldsymbol{w}_k$ 和 $\boldsymbol{v}_k$ 均为零均值高斯白噪声，且互不相关，统计特性如下

$$E[\boldsymbol{w}_k\boldsymbol{w}_j^{\mathrm{T}}]=\boldsymbol{Q}_k\delta_{kj}$$
$$E[\boldsymbol{v}_k\boldsymbol{v}_j^{\mathrm{T}}]=\boldsymbol{R}_k\delta_{kj}$$

δ_{kj} 为克罗内克 δ 函数。初始状态 $\boldsymbol{x}_0$ 独立于 $\boldsymbol{w}_k$ 和 $\boldsymbol{v}_k$，且具有均值 $\hat{\boldsymbol{x}}_{0|0}$ 和协方差 $\boldsymbol{P}_{0|0}$。

将非线性状态函数 $\boldsymbol{f}_{k-1}$ 在滤波 $\hat{\boldsymbol{x}}_{k-1|k-1}$ 处展开成泰勒级数，略去二阶以上项，则有

$$\boldsymbol{x}_k\approx\boldsymbol{f}_{k-1}(\hat{\boldsymbol{x}}_{k-1|k-1},\boldsymbol{0})+\left.\frac{\partial\boldsymbol{f}_{k-1}(\boldsymbol{x}_{k-1},\boldsymbol{w}_{k-1})}{\partial\boldsymbol{x}_{k-1}}\right|_{\substack{\boldsymbol{x}_{k-1}=\hat{\boldsymbol{x}}_{k-1|k-1}\\ \boldsymbol{w}_{k-1}=\boldsymbol{0}}}(\boldsymbol{x}_k-\hat{\boldsymbol{x}}_{k-1|k-1})+\left.\frac{\partial\boldsymbol{f}_{k-1}(\boldsymbol{x}_{k-1},\boldsymbol{w}_{k-1})}{\partial\boldsymbol{w}_{k-1}}\right|_{\substack{\boldsymbol{x}_{k-1}=\hat{\boldsymbol{x}}_{k-1|k-1}\\ \boldsymbol{w}_{k-1}=\boldsymbol{0}}}\boldsymbol{w}_{k-1}$$

令

$$\left.\frac{\partial\boldsymbol{f}_{k-1}(\boldsymbol{x}_{k-1},\boldsymbol{w}_{k-1})}{\partial\boldsymbol{x}_{k-1}}\right|_{\substack{\boldsymbol{x}_{k-1}=\hat{\boldsymbol{x}}_{k-1|k-1}\\ \boldsymbol{w}_{k-1}=0}}=\boldsymbol{F}_{k-1}$$

$$\left.\frac{\partial\boldsymbol{f}_{k-1}(\boldsymbol{x}_{k-1},\boldsymbol{w}_{k-1})}{\partial\boldsymbol{w}_{k-1}}\right|_{\substack{\boldsymbol{x}_{k-1}=\hat{\boldsymbol{x}}_{k-1|k-1}\\ \boldsymbol{w}_{k-1}=0}}=\boldsymbol{\Gamma}_{k-1}$$

$$\boldsymbol{f}_{k-1}(\hat{\boldsymbol{x}}_{k-1|k-1},\boldsymbol{0})-\left.\frac{\partial\boldsymbol{f}_{k-1}(\boldsymbol{x}_{k-1},\boldsymbol{w}_{k-1})}{\partial\boldsymbol{x}_{k-1}}\right|_{\substack{\boldsymbol{x}_{k-1}=\hat{\boldsymbol{x}}_{k-1|k-1}\\ \boldsymbol{w}_{k-1}=0}}\hat{\boldsymbol{x}}_{k-1|k-1}=\boldsymbol{U}_{k-1}$$

则非线性状态函数一阶线性化后，状态方程变为

$$\boldsymbol{x}_k=\boldsymbol{F}_{k-1}\boldsymbol{x}_{k-1}+\boldsymbol{U}_{k-1}+\boldsymbol{\Gamma}_{k-1}\boldsymbol{w}_{k-1}$$

同样地，将非线性量测函数 $\boldsymbol{h}_k$ 在滤波预测 $\hat{\boldsymbol{x}}_{k|k-1}$ 处展开成泰勒级数，略去二阶以上项，则有

$$\boldsymbol{z}_k\approx\boldsymbol{h}_k(\hat{\boldsymbol{x}}_{k|k-1},\boldsymbol{0})+\left.\frac{\partial\boldsymbol{h}_k(\boldsymbol{x}_k,\boldsymbol{v}_k)}{\partial\boldsymbol{x}_k}\right|_{\substack{\boldsymbol{x}_k=\hat{\boldsymbol{x}}_{k|k-1}\\ \boldsymbol{v}_k=0}}(\boldsymbol{x}_k-\hat{\boldsymbol{x}}_{k-1|k-1})+\left.\frac{\partial\boldsymbol{h}_k(\boldsymbol{x}_k,\boldsymbol{v}_k)}{\partial\boldsymbol{v}_k}\right|_{\substack{\boldsymbol{x}_k=\hat{\boldsymbol{x}}_{k|k-1}\\ \boldsymbol{v}_k=0}}\boldsymbol{v}_k$$

令

$$\left.\frac{\partial \boldsymbol{h}_k(\boldsymbol{x}_k,\boldsymbol{v}_k)}{\partial \boldsymbol{x}_k}\right|_{\substack{x_k=\hat{x}_{k|k-1}\\ v_k=0}}=\boldsymbol{H}_k$$

$$\left.\frac{\partial \boldsymbol{h}_k(\boldsymbol{x}_k,\boldsymbol{v}_k)}{\partial \boldsymbol{v}_k}\right|_{\substack{x_k=\hat{x}_{k|k-1}\\ v_k=0}}=\boldsymbol{\Xi}_k$$

$$\boldsymbol{h}_k(\hat{\boldsymbol{x}}_{k|k-1},0)-\left.\frac{\partial \boldsymbol{h}_k(\boldsymbol{x}_k,\boldsymbol{v}_k)}{\partial \boldsymbol{x}_k}\right|_{\substack{x_k=\hat{x}_{k|k-1}\\ v_k=0}}\hat{\boldsymbol{x}}_{k|k-1}=\boldsymbol{V}_{k-1}$$

则非线性量测函数一阶线性化后,量测方程变为

$$\boldsymbol{z}_k=\boldsymbol{H}_k\boldsymbol{x}_k+\boldsymbol{V}_k+\boldsymbol{\Xi}_k\boldsymbol{v}_k$$

上述方程应用卡尔曼滤波可得扩展卡尔曼滤波:

$$\hat{\boldsymbol{x}}_{k|k}=\hat{\boldsymbol{x}}_{k|k-1}+\boldsymbol{K}_k(\boldsymbol{z}_k-\hat{\boldsymbol{z}}_{k|k-1})$$

$$\hat{\boldsymbol{x}}_{k|k-1}=\boldsymbol{F}_{k-1}\hat{\boldsymbol{x}}_{k-1|k-1}+\boldsymbol{U}_{k-1}=\boldsymbol{f}_{k-1}(\hat{\boldsymbol{x}}_{k-1|k-1},\boldsymbol{0})$$

$$\hat{\boldsymbol{z}}_{k|k-1}=\boldsymbol{H}_k\hat{x}_{k|k-1}+\boldsymbol{V}_k=\boldsymbol{h}_k(\hat{\boldsymbol{x}}_{k|k-1},\boldsymbol{0})$$

$$\boldsymbol{K}_k=\boldsymbol{P}_{k|k-1}\boldsymbol{H}_k^{\mathrm{T}}(\boldsymbol{H}_k\boldsymbol{P}_{k|k-1}\boldsymbol{H}_k^{\mathrm{T}}+\boldsymbol{\Xi}_k\boldsymbol{R}_k\boldsymbol{\Xi}_k^{\mathrm{T}})^{-1}$$

$$\boldsymbol{P}_{k|k-1}=\boldsymbol{F}_{k-1}\boldsymbol{P}_{k-1|k-1}\boldsymbol{F}_{k-1}^{\mathrm{T}}+\boldsymbol{\Gamma}_{k-1}\boldsymbol{Q}_{k-1}\boldsymbol{\Gamma}_{k-1}^{\mathrm{T}}$$

$$\boldsymbol{P}_{k|k}=(\boldsymbol{I}-\boldsymbol{K}_k\boldsymbol{H}_k)\boldsymbol{P}_{k|k-1}$$

2. 无迹卡尔曼滤波

无迹变换通过采样策略选取一定数量的 Sigma 采样点,这些样本点具有同系统状态分布相同的均值和协方差,理论上,这些 Sigma 采样点经过非线性变换后可以至少以二阶泰勒精度逼近任何非线性系统状态的后验均值和协方差。

设 $\boldsymbol{x}$ 为 n 维随机向量,$\boldsymbol{y}=\boldsymbol{f}(\boldsymbol{x})$ 是 m 维非线性随机向量函数,$\boldsymbol{x}$ 的统计特性为 $(\bar{\boldsymbol{x}},\boldsymbol{P}_x)$,通过非线性函数 $\boldsymbol{f}$ 进行传播得到 $\boldsymbol{y}$ 的统计特性 $(\bar{\boldsymbol{y}},\boldsymbol{P}_y)$。由于 $\boldsymbol{f}$ 非线性,一般很难精确得到 $\boldsymbol{y}$ 的统计特性,因此对 $(\bar{\boldsymbol{y}},\boldsymbol{P}_y)$ 采取近似。根据 $(\bar{\boldsymbol{x}},\boldsymbol{P}_x)$,设计点 $\boldsymbol{\xi}_i,i=0,1,2,\cdots,L$,称为 Sigma 点,经过 $\boldsymbol{f}$ 传播得到 $\boldsymbol{\eta}_i,i=0,1,2,\cdots,L$,基于 $\boldsymbol{\eta}_i$,计算 $(\bar{\boldsymbol{y}},\boldsymbol{P}_y)$。

常用的对称采样策略描述如下。

对称采样 Sigma 点的数量为 $2n+1$,Sigma 点及其权重系数表示为

$$\xi_0=\bar{\boldsymbol{x}},\ \boldsymbol{\xi}_i=\bar{\boldsymbol{x}}+(\sqrt{(n+\kappa)\boldsymbol{P}_x})_i,\ \boldsymbol{\xi}_{i+n}=\bar{\boldsymbol{x}}-(\sqrt{(n+\kappa)\boldsymbol{P}_x})_i,\ i=1,2,\cdots,n$$

对应于 $\boldsymbol{\xi}_i(i=0,1,2,\cdots,2n)$ 的权重为

$$W_i^m=W_i^c=\begin{cases}\dfrac{\kappa}{n+\kappa}, & i=0\\[2ex] \dfrac{1}{2(n+\kappa)}, & i\neq 0\end{cases}$$

其中,κ 为比例系数,用于调节 Sigma 点和 $\bar{\boldsymbol{x}}$ 的距离。$(\sqrt{(n+\kappa)\boldsymbol{P}_x})_i$ 为 $(n+\kappa)\boldsymbol{P}_x$ 的平方根

矩阵的第 i 行或列。

无迹变换实现过程如下：

(1)根据所选择的采样策略，利用 $\boldsymbol{x}$ 的统计特性 $(\bar{\boldsymbol{x}},\boldsymbol{P}_x)$ 计算 Sigma 采样点及其权重系数。设对应于 $\boldsymbol{\xi}_i(i=0,1,2,\cdots,L)$ 的权重为 W_i^m 和 W_i^c，它们分别为求一阶和二阶统计特性时的权重系数。

(2)计算 Sigma 点通过非线性函数 $\boldsymbol{f}$ 的传播结果

$$\boldsymbol{\eta}_i=\boldsymbol{f}(\boldsymbol{\xi}_i)\quad i=0,1,2,\cdots,L$$

从而得到随机变量 $\boldsymbol{x}$ 经非线性函数 $\boldsymbol{f}$ 传递后的均值 $\bar{\boldsymbol{y}}$，协方差 $\boldsymbol{P}_y$ 及互协方差 $\boldsymbol{P}_{xy}$

$$\bar{\boldsymbol{y}}=\sum_{i=0}^{L}W_i^m\boldsymbol{\eta}_i$$

$$\boldsymbol{P}_y=\sum_{i=0}^{L}W_i^c(\boldsymbol{\eta}_i-\bar{\boldsymbol{y}})(\boldsymbol{\eta}_i-\bar{\boldsymbol{y}})^{\mathrm{T}}$$

$$\boldsymbol{P}_{xy}=\sum_{i=0}^{L}W_i^c(\boldsymbol{\xi}_i-\bar{\boldsymbol{x}})(\boldsymbol{\eta}_i-\bar{\boldsymbol{y}})^{\mathrm{T}}$$

考虑非线性离散时间系统

$$\boldsymbol{x}_k=\boldsymbol{f}_{k-1}(\boldsymbol{x}_{k-1})+\boldsymbol{w}_{k-1}$$
$$\boldsymbol{z}_k=\boldsymbol{h}_k(\boldsymbol{x}_k)+\boldsymbol{v}_k$$

其中 $\boldsymbol{w}_k$ 和 $\boldsymbol{v}_k$ 均为零均值高斯白噪声，且互不相关，统计特性如下：

$$E[\boldsymbol{w}_k\boldsymbol{w}_j^{\mathrm{T}}]=\boldsymbol{Q}_k\delta_{kj}$$
$$E[\boldsymbol{v}_k\boldsymbol{v}_j^{\mathrm{T}}]=\boldsymbol{R}_k\delta_{kj}$$

δ_{kj} 为克罗内克 δ 函数。初始状态 $\boldsymbol{x}_0$ 独立于 $\boldsymbol{w}_k$ 和 $\boldsymbol{v}_k$，且服从高斯分布。

无迹卡尔曼滤波公式如下：

(1)初始状态统计特性为 $\hat{\boldsymbol{x}}_{0|0}=E(\boldsymbol{x}_0)$，$\boldsymbol{P}_{0|0}=E(\boldsymbol{x}_0-\hat{\boldsymbol{x}}_{0|0})(\boldsymbol{x}_0-\hat{\boldsymbol{x}}_{0|0})^{\mathrm{T}}$；

(2)选择无迹变换中 Sigma 点的采样策略；

(3)时间更新方程。由 $\hat{\boldsymbol{x}}_{k-1|k-1}$ 和 $\boldsymbol{P}_{k-1|k-1}$ 计算 Sigma 点 $\boldsymbol{\xi}_{i,k-1|k-1}(i=0,1,2,\cdots,L)$，通过非线性状态函数 $\boldsymbol{f}_{k-1}$ 传播为 $\boldsymbol{\eta}_{i,k|k-1}$，由 $\boldsymbol{\eta}_{i,k|k-1}$ 获得一步状态预测 $\hat{\boldsymbol{x}}_{k|k-1}$ 及预测误差协方差矩阵 $\boldsymbol{P}_{k|k-1}$

$$\boldsymbol{\eta}_{i,k|k-1}=\boldsymbol{f}_{k-1}(\boldsymbol{\xi}_{i,k-1|k-1}),i=0,1,2,\cdots,L$$

$$\hat{\boldsymbol{x}}_{k|k-1}=\sum_{i=0}^{L}W_i^m\boldsymbol{\eta}_{i,k|k-1}=\sum_{i=0}^{L}W_i^m\boldsymbol{f}_{k-1}(\boldsymbol{\xi}_{i,k-1|k-1})$$

$$\boldsymbol{P}_{k|k-1}=\sum_{i=0}^{L}W_i^c(\boldsymbol{\eta}_{i,k|k-1}-\hat{\boldsymbol{x}}_{k|k-1})(\boldsymbol{\eta}_{i,k|k-1}-\hat{\boldsymbol{x}}_{k|k-1})^{\mathrm{T}}+\boldsymbol{Q}_{k-1}$$

(4)量测更新。利用 $\hat{\boldsymbol{x}}_{k|k-1}$ 及误差协方差矩阵 $\boldsymbol{P}_{k|k-1}$，根据采样策略计算 Sigma 点 $\boldsymbol{\xi}_{i,k|k-1}(i=0,1,2,\cdots,L)$，通过非线性量测函数 $\boldsymbol{h}_k$ 传播为 $\boldsymbol{\gamma}_{i,k|k-1}$，由 $\boldsymbol{\gamma}_{i,k|k-1}$ 可以得到预测 $\hat{\boldsymbol{z}}_{k|k-1}$ 及自协方差矩阵 $\boldsymbol{P}_{\tilde{z}_k}$ 和互协方差矩阵 $\boldsymbol{P}_{\tilde{x}_k\tilde{z}_k}$。

$$\boldsymbol{\gamma}_{i,k|k-1}=\boldsymbol{h}_k(\boldsymbol{\xi}_{i,k|k-1}),(i=0,1,2,\cdots,L),$$

$$\hat{\boldsymbol{z}}_{k|k-1}=\sum_{i=0}^{L}W_i^m\boldsymbol{\gamma}_{i,k|k-1}=\sum_{i=0}^{L}W_i^m\boldsymbol{h}_k(\boldsymbol{\xi}_{i,k|k-1}),$$

$$\boldsymbol{P}_{\tilde{z}_k}=\sum_{i=0}^{L}W_i^c(\boldsymbol{\gamma}_{i,k|k-1}-\hat{\boldsymbol{z}}_{k|k-1})(\boldsymbol{\gamma}_{i,k|k-1}-\hat{\boldsymbol{z}}_{k|k-1})^{\mathrm{T}}+\boldsymbol{R}_k\ ,$$

$$\boldsymbol{P}_{\tilde{x}_k\tilde{z}_k}=\sum_{i=0}^{L}W_i^c(\boldsymbol{\xi}_{i,k|k-1}-\hat{\boldsymbol{x}}_{k|k-1})(\boldsymbol{\gamma}_{i,k|k-1}-\hat{\boldsymbol{z}}_{k|k-1})^{\mathrm{T}}$$

获得新的量测 $\boldsymbol{z}_k$ 后进行滤波量测更新

$$\hat{\boldsymbol{x}}_{k|k}=\hat{\boldsymbol{x}}_{k|k-1}+\boldsymbol{K}_k(\boldsymbol{z}_k-\hat{\boldsymbol{z}}_{k|k-1})\ ,$$

$$\boldsymbol{K}_k=\boldsymbol{P}_{\tilde{x}_k\tilde{z}_k}\boldsymbol{P}_{\tilde{z}_k}^{-1}\ ,$$

$$\boldsymbol{P}_{k|k}=\boldsymbol{P}_{k|k-1}-\boldsymbol{K}_k\boldsymbol{P}_{\tilde{z}_k}\boldsymbol{K}_k^{\mathrm{T}}$$

其中 $\boldsymbol{K}_k$ 是滤波增益矩阵。

第2章　不等式约束下线性动态系统状态估计

2.1　不等式约束下线性动态系统鲁棒 H_∞ 滤波

2.1.1　引　　言

作为动态系统信息处理的基础，状态估计问题的目的是得到一种估计，作为累积量测的函数，在某种度量(例如，最小方差或者 H_∞ 指标)下追求真实值的最优近似[1]。近些年来，由于状态实际上受到等式和不等式约束[2]，例如，在飞行器姿态控制[3]或道路目标跟踪[4]中，因而约束滤波成为估计的一个热门问题。把约束当成一种不同于传统传感器获得的特殊信息，约束滤波是异类数据融合的一个具有挑战性的问题[5-6]。在滤波框架下发展了许多方法，主要包括以下两大类：等式约束和不等式约束。

等式约束可以通过系统模型缩减[7]、伪量测处理[8]或估计投影[9]来处理。在模型缩减中，通过去除状态向量中相互关联的分量，将原始模型转换为维数较低的无约束模型[10]。此外，作为一种模型重构方法，基于线性等式约束和辅助动态，推导出最优的无约束模型，从而得到相应的线性最小均方误差(MMSE)估计[11]。但是，转化的状态可能会失去物理意义[12]。在伪测量处理中，等式约束被认为是没有任何测量误差的确定性测量，因此可以在估计更新时进行扩维[13-14]。然而，对应的测量噪声协方差矩阵是奇异的，在计算矩阵逆[12]时可能会引发数值不稳定问题。在估计投影中，将无约束的状态估计投影到等式约束[15]张成的子空间上。然而，由此产生的估计并不是最优的，因为接近无约束估计并不等于接近真实的约束状态[2]。一般来说，上述所有方法都不能推广到不等式约束的情况。

为了处理具有加性高斯噪声的线性随机系统的不等式约束问题，滤波器重新设定为搜索一个估计点，该点在满足约束条件下，按照最大似然或最小均方误差指标，最接近无约束MMSE点[16]。所得到的递推解是卡尔曼滤波器和二次规划的组合。处理具有加性高斯噪声或概率密度已知的非线性随机系统的不等式约束问题，常见的策略是确定性或随机抽样，只有那些满足约束条件的样本被保留用来构造状态后验概率密度或其前两阶矩[17-18]。基于贝叶斯准则，这些约束滤波是通过修定标准卡尔曼滤波、无迹卡尔曼滤波或粒子滤波获得的，因此它们具有共同的前提条件，模型不确定性是随机的，相应的概率密度(或前两阶矩阵)先验已知。

实际上，模型的不确定性可以表示为有界的形式。以目标跟踪为例，将无机动目标运动建模为匀速运动。建模误差实际上是相应加速度，它是有界的，并且不超过最大允许值。考虑具有有界参数不确定性和输入/输出不确定性的不等式约束线性系统，滤波器设定为在线博弈，在最差的不确定性情形下追求最小误差估计[19]。然而，不等式约束 H_∞ 滤波需要检查不等式是否有效，其中未知状态必须由相应的预测代替。这种替代由于存在估计误差，不可避免地会带来决策风险并导致最优性损失。因此，迫切需要发展最优约束 H_∞ 滤波。

2.1.2　问题描述

不等式区间约束广泛存在于实际应用中。例如，移动目标具有最大和最小速度；编队飞行具有最大和最小的相对距离；民用飞机被限制在预定航线内飞行。考虑一般的区间不等式约束问题

$$\text{动态模型：}\boldsymbol{x}_{k+1}=\boldsymbol{F}_k\boldsymbol{x}_k+\boldsymbol{G}_k\boldsymbol{w}_k \tag{2-1-1}$$

$$\text{传感器模型：}\boldsymbol{y}_k=\boldsymbol{H}_k\boldsymbol{x}_k+\boldsymbol{v}_k \tag{2-1-2}$$

$$\text{约束：}|\boldsymbol{C}_{i,k}\boldsymbol{x}_k-d_{i,k}|\leqslant\delta_{i,k},\quad i=1,2,\cdots,n_k \tag{2-1-3}$$

式中，$\boldsymbol{x}_k$ 是状态向量；$\boldsymbol{y}_k$ 是测量向量；$\boldsymbol{F}_k$，$\boldsymbol{G}_k$ 和 $\boldsymbol{H}_k$ 是适当维数的已知矩阵；$d_{i,k}$ 和 $\delta_{i,k}$ 是已知的有界标量；$\boldsymbol{C}_k=\mathrm{col}\{\boldsymbol{C}_{i,k},i=1,2,\cdots,n_k\}$ 是一个已知的矩阵且行满秩；$\boldsymbol{w}_k$ 和 $\boldsymbol{v}_k$ 分别是有界建模和传感器误差。给定量测，我们的目标是估计状态的线性组合 $\boldsymbol{z}_k=\boldsymbol{L}_k\boldsymbol{x}_k$，其中 $\boldsymbol{L}_k$ 列满秩。对于状态估计，用户定义的矩阵 $\boldsymbol{L}_k$ 等于单位矩阵；对于状态反馈控制，$\boldsymbol{z}_k$ 是输出反馈量。

对于物理上可实现的系统，其建模和传感器误差总是有界的。以目标跟踪为例，一方面，将弱机动非合作目标建模为匀速运动时，建模误差实际代表相应加速度，此时，根据被跟踪对象的不同，其最大最小加速度往往有界，另一方面，由于非合作目标的运动行为是事先未知的，因此很难先验地获得误差统计。换句话说，$\boldsymbol{w}_k$ 和 $\boldsymbol{v}_k$ 被认为是范数有界的。

式(2-1-3)中的约束具有一般意义。令 $d_{i,k}=\dfrac{f_{i,k}+g_{i,k}}{2}$ 和 $\delta_{i,k}=\dfrac{g_{i,k}-f_{i,k}}{2}$，式(2-1-3)能代表任何双边不等式 $f_{i,k}\leqslant\boldsymbol{C}_{i,k}\boldsymbol{x}_k\leqslant g_{i,k}$。令 $\delta_{i,k}=0$，式(2-1-3)可以表示任何等式约束 $\boldsymbol{C}_{i,k}\boldsymbol{x}_k=d_{i,k}$。

现有的区间约束滤波方法大多是在随机框架下推导的，其中 $\boldsymbol{w}_k$ 和 $\boldsymbol{v}_k$ 是具有已知统计特性的噪声。因此，它们不适用于式(2-1-1)至式(2-1-3)中定义的系统。文献[19]中的方法也考虑了式(2-1-1)至式(2-1-3)中的模型，并使用了只有那些有效的不等式约束才能影响最优性的事实。换句话说，第 i 个约束 $\boldsymbol{C}_{i,k}\boldsymbol{x}_k\leqslant d_{i,k}$ 在有效情况下等价于 $\boldsymbol{C}_{i,k}\boldsymbol{x}_k=d_{i,k}$。为了决定第 i 个不等式约束是否有效，必须使用一个判别规则 $\|\boldsymbol{C}_{i,k}\hat{\boldsymbol{x}}_k^- - d_{i,k}\|<\varepsilon$，其中 $\hat{\boldsymbol{x}}_k^-$ 是状态预测，ε 是一个预先定义的小正标量。显然，它可能带来决策风险，从而破坏最优性，特别是在状态预测偏离实际状态的情况下。

对于范数有界的不确定性，常用的滤波器设计方法是基于 H_∞ 性能指标，即追求最坏情况下的最优估计。这里，我们考虑系统在式(2-1-1)和式(2-1-2)中的有界系统

$$\frac{\sum\limits_{k=0}^{N-1}\|\boldsymbol{z}_k-\hat{\boldsymbol{z}}_k\|_{\boldsymbol{S}_k^{-1}}^2}{\|\boldsymbol{x}_0-\hat{\boldsymbol{x}}_0\|_{\boldsymbol{P}_0^{-1}}^2+\sum\limits_{k=0}^{N-1}(\|\boldsymbol{w}_k\|_{\boldsymbol{Q}_k^{-1}}^2+\|\boldsymbol{v}_k\|_{\boldsymbol{R}_k^{-1}}^2)}<\frac{1}{\theta} \tag{2-1-4}$$

式中，$\boldsymbol{S}_k>\boldsymbol{0}$、$\boldsymbol{P}_0>\boldsymbol{0}$、$\boldsymbol{Q}_k>\boldsymbol{0}$ 且 $\boldsymbol{R}_k>\boldsymbol{0}$ 是权重正定矩阵；θ 是用户定义的性能界限；$\|\cdot\|$ 是 l_2 范数。式(2-1-4)等价于

$$J=\frac{-1}{\theta}\|\boldsymbol{x}_0-\hat{\boldsymbol{x}}_0\|_{\boldsymbol{P}_0^{-1}}^2+\sum_{k=0}^{N-1}\left[\|\boldsymbol{z}_k-\hat{\boldsymbol{z}}_k\|_{\boldsymbol{S}_k^{-1}}^2-\frac{1}{\theta}(\|\boldsymbol{w}_k\|_{\boldsymbol{Q}_k^{-1}}^2+\|\boldsymbol{v}_k\|_{\boldsymbol{R}_k^{-1}}^2)\right]<0 \tag{2-1-5}$$

在博弈论方法中，H_∞ 滤波可以解释为极大极小问题，即

$$\min_{\hat{z}_k}\max_{w_k,v_k,x_0} J \tag{2-1-6}$$

根据 $\boldsymbol{z}_k=\boldsymbol{L}_k\boldsymbol{x}_k$，选择 $\hat{\boldsymbol{z}}_k=\boldsymbol{L}_k\hat{\boldsymbol{x}}_k$ 寻找最小化 J 的 $\hat{\boldsymbol{x}}_k$。因此，式(2-1-6)等价于

$$\min_{\hat{x}_k}\max_{w_k,y_k,x_0} J \tag{2-1-7}$$

式中，

$$J=\frac{1}{\theta}\|\boldsymbol{x}_0-\hat{\boldsymbol{x}}_0\|^2_{\boldsymbol{P}_0^{-1}}+\sum_{k=0}^{N-1}\left[\|\boldsymbol{x}_k-\hat{\boldsymbol{x}}_k\|^2_{\bar{\boldsymbol{S}}_k}-\frac{1}{\theta}(\|\boldsymbol{w}_k\|^2_{\boldsymbol{Q}_k^{-1}}+\|\boldsymbol{y}_k-\boldsymbol{H}_k\boldsymbol{x}_k\|^2_{\boldsymbol{R}_k^{-1}})\right] \tag{2-1-8}$$

$$\bar{\boldsymbol{S}}_k=\boldsymbol{L}_k^{\mathrm{T}}\boldsymbol{S}_k^{-1}\boldsymbol{L}_k \tag{2-1-9}$$

为了避免风险，将区间约束转换为以下的等式约束

$$\boldsymbol{C}_{i,k}\boldsymbol{x}_k=d_{i,k}+\delta_{i,k}\sin\alpha_{i,k}\qquad i=1,2,\cdots,n_k \tag{2-1-10}$$

或其等价形式

$$\boldsymbol{C}_k\boldsymbol{x}_k=\boldsymbol{d}_k+\boldsymbol{\delta}_k\boldsymbol{\tau}_k \tag{2-1-11}$$

式中，$\boldsymbol{C}_{i,k}$ 和 $d_{i,k}$ 分别是矩阵 $\boldsymbol{C}_k$ 和向量 $\boldsymbol{d}_k$ 的第 i 行；$\alpha_{i,k}(i=1,2,\cdots,n_k)$ 是未知角；$\boldsymbol{\tau}_k=\mathrm{col}\{\sin\alpha_{i,k},i=1,2,\cdots,n_k\}$；$\boldsymbol{\delta}_k=\mathrm{diag}\{\delta_{i,k},i=1,2,\cdots,n_k\}$。为了保证状态及其估计值在约束意义下的一致性，状态估计值应满足

$$|\boldsymbol{C}_{i,k}\hat{\boldsymbol{x}}_k-d_{i,k}|\leqslant\delta_{i,k}\qquad i=1,2,\cdots,n_k \tag{2-1-12}$$

或其等价形式

$$\boldsymbol{C}_k\hat{\boldsymbol{x}}_k=\boldsymbol{d}_k+\boldsymbol{\delta}_k\boldsymbol{\eta}_k \tag{2-1-13}$$

式中，$\boldsymbol{\eta}_k=\mathrm{col}\{\sin\zeta_{i,k},i=1,2,\cdots,n_k\}$。

如上所示，由于存在未知的角度 $\alpha_{i,k}$ 和 $\zeta_{i,k}$，式(2-1-11)和式(2-1-13)不是标准等式约束。为了在未知参数 $\boldsymbol{w}_k$、$\boldsymbol{v}_k$、$\boldsymbol{x}_0$、$\alpha_{i,k}$、$\zeta_{i,k}$ 和 $\hat{\boldsymbol{x}}_k$ 的存在下获得在最坏情况下的最佳估计，我们提出以下最大最小优化问题。在约束式(2-1-3)和式(2-1-12)下，式(2-1-7)中的 H_∞ 滤波优化问题等价于

$$\min_{\hat{x}_k}\max_{w_k,y_k,x_0,\alpha_{i,k},\zeta_{i,k}} J \tag{2-1-14}$$

这里，我们通过引入拉格朗日乘子 $\boldsymbol{\lambda}$，$\boldsymbol{\beta}$ 和 $\boldsymbol{\gamma}$ 来解决约束动态优化问题式(2-1-14)，从而得到如下的代价函数 J_a

$$\begin{aligned}J_a=&\sum_{k=0}^{N-1}\left[\|\boldsymbol{x}_k-\hat{\boldsymbol{x}}_k\|^2_{\bar{\boldsymbol{S}}_k}-\frac{1}{\theta}(\|\boldsymbol{w}_k\|^2_{\boldsymbol{Q}_k^{-1}}+\|\boldsymbol{y}_k-\boldsymbol{H}_k\boldsymbol{x}_k\|^2_{\boldsymbol{R}_k^{-1}})\right]+\\&\sum_{k=1}^{N-1}\frac{2\boldsymbol{\beta}_k^{\mathrm{T}}}{\theta}(\boldsymbol{C}_k\boldsymbol{x}_k-\boldsymbol{d}_k-\boldsymbol{\delta}_k\boldsymbol{\tau}_k)+\sum_{k=1}^{N-1}\frac{2\boldsymbol{\gamma}_k^{\mathrm{T}}}{\theta}(\boldsymbol{C}_k\hat{\boldsymbol{x}}_k-\boldsymbol{d}_k-\boldsymbol{\delta}_k\boldsymbol{\eta}_k)+\\&\sum_{k=0}^{N-1}\frac{2\boldsymbol{\lambda}_{k+1}^{\mathrm{T}}}{\theta}(\boldsymbol{F}_k\boldsymbol{x}_k+\boldsymbol{G}_k\boldsymbol{w}_k-\boldsymbol{x}_{k+1})-\frac{1}{\theta}\|\boldsymbol{x}_0-\hat{\boldsymbol{x}}_0\|^2_{\boldsymbol{P}_0^{-1}}\end{aligned} \tag{2-1-15}$$

基于拉格朗日乘子法，在约束式(2-1-3)和式(2-1-12)下的最大最小优化问题式(2-1-14)等价于

$$\min_{\hat{x}_k} \max_{w_k, y_k, x_0, \alpha_{i,k}, \zeta_{i,k}} J_a \tag{2-1-16}$$

2.1.3　H_∞ 滤波器设计

由于 J_a 是二次可微的，通过计算偏导数来寻找静态点。为了简化推导，我们首先确定 J 关于 $\boldsymbol{x}_0$ 和 $\boldsymbol{w}_k$ 的约束静态点，然后获得 J 关于 $\hat{\boldsymbol{x}}_k$、$\alpha_{i,k}$、$\zeta_{i,k}$ 和 $\boldsymbol{y}_k$ 的约束静态点。下面的定理给出 J 关于 $\boldsymbol{x}_0$ 和 $\boldsymbol{w}_k$ 的约束静态点。

定理 2.1.1　给定 $\boldsymbol{P}_0 > \boldsymbol{0}$，假设 $\boldsymbol{P}_0^{-1} - \theta\bar{\boldsymbol{S}}_0 + \boldsymbol{H}_0^{\mathrm{T}}\boldsymbol{R}_0^{-1}\boldsymbol{H}_0$ 非奇异，令

$$\widetilde{\boldsymbol{P}}_k = [\boldsymbol{P}_k^{-1} - \theta\bar{\boldsymbol{S}}_k + \boldsymbol{H}_k^{\mathrm{T}}\boldsymbol{R}_k^{-1}\boldsymbol{H}_k]^{-1}$$

对于 $\boldsymbol{P}_{k+1} = \boldsymbol{F}_k\widetilde{\boldsymbol{P}}_k\boldsymbol{F}_k^{\mathrm{T}} + \boldsymbol{G}_k\boldsymbol{Q}_k\boldsymbol{G}_k^{\mathrm{T}}$，如果存在唯一解 $\boldsymbol{P}_{k+1} > \boldsymbol{0}$ 且 $\boldsymbol{P}_{k+1}^{-1} - \theta\bar{\boldsymbol{S}}_{k+1} + \boldsymbol{H}_{k+1}^{\mathrm{T}}\boldsymbol{R}_{k+1}^{-1}\boldsymbol{H}_{k+1}$ 非奇异，则 J 关于 $\boldsymbol{x}_0$ 和 $\boldsymbol{w}_k$ 的约束静态点具有最优参数

$$\boldsymbol{x}_0 = \hat{\boldsymbol{x}}_0 + \boldsymbol{P}_0\boldsymbol{\lambda}_0 \tag{2-1-17}$$

$$\boldsymbol{w}_k = \boldsymbol{Q}_k\boldsymbol{G}_k^{\mathrm{T}}\boldsymbol{\lambda}_{k+1} \tag{2-1-18}$$

$$\boldsymbol{\lambda}_k = \boldsymbol{P}_k^{-1}\widetilde{\boldsymbol{P}}_k[\boldsymbol{F}_k^{\mathrm{T}}\boldsymbol{\lambda}_{k+1} + \theta\bar{\boldsymbol{S}}_k(\boldsymbol{\mu}_k - \hat{\boldsymbol{x}}_k) + \boldsymbol{H}_k^{\mathrm{T}}\boldsymbol{R}_k^{-1}(\boldsymbol{y}_k - \boldsymbol{H}_k\boldsymbol{\mu}_k) + \boldsymbol{C}_k^{\mathrm{T}}\boldsymbol{\beta}_k] \tag{2-1-19}$$

$$\boldsymbol{\mu}_{k+1} = \boldsymbol{F}_k\boldsymbol{\mu}_k + \boldsymbol{F}_k\widetilde{\boldsymbol{P}}_k[\theta\bar{\boldsymbol{S}}_k(\boldsymbol{\mu}_k - \hat{\boldsymbol{x}}_{\mathrm{k}}) + \boldsymbol{H}_k^{\mathrm{T}}\boldsymbol{R}_k^{-1}(\boldsymbol{y}_k - \boldsymbol{H}_k\boldsymbol{\mu}_k) + \boldsymbol{C}_k^{\mathrm{T}}\boldsymbol{\beta}_k] \tag{2-1-20}$$

式中，$\boldsymbol{\lambda}_N = \boldsymbol{0}$，$\boldsymbol{\mu}_0 = \hat{\boldsymbol{x}}_0$。

证明　设 J_a 关于 $\boldsymbol{x}_k$、$\boldsymbol{w}_k$ 和 $\boldsymbol{\lambda}_k$ 的偏导数等于 $\boldsymbol{0}$，得到 J 关于 $\boldsymbol{x}_0$ 和 $\boldsymbol{w}_k$ 的约束静态点。构建状态估计

$$\hat{\boldsymbol{x}}_0 = \boldsymbol{x}_0 - \boldsymbol{P}_0\boldsymbol{\lambda}_0 \tag{2-1-21}$$

式中，$\boldsymbol{P}_0$ 是用户设计的参数；$\boldsymbol{\lambda}_0$ 是待确定的向量。根据 $\dfrac{\partial J_a}{\partial \boldsymbol{x}_0} = \boldsymbol{0}$，可以得到

$$\frac{-2}{\theta}\boldsymbol{P}_0^{-1}(\boldsymbol{x}_0 - \hat{\boldsymbol{x}}_0) + 2\bar{\boldsymbol{S}}_0(\boldsymbol{x}_0 - \hat{\boldsymbol{x}}_0) + \frac{2}{\theta}\boldsymbol{H}_0^{\mathrm{T}}\boldsymbol{R}_0^{-1}(\boldsymbol{y}_0 - \boldsymbol{H}_0\boldsymbol{x}_0) + \frac{2}{\theta}\boldsymbol{F}_0^{\mathrm{T}}\boldsymbol{\lambda}_1 = \boldsymbol{0} \tag{2-1-22}$$

基于式(2-1-21)和式(2-1-22)，根据 $\boldsymbol{\lambda}_1$ 得到 $\boldsymbol{\lambda}_0$。由 $\dfrac{\partial J_a}{\partial \boldsymbol{x}_N} = \boldsymbol{0}$，有 $\boldsymbol{\lambda}_N = \boldsymbol{0}$。根据

$$\frac{\partial J_a}{\partial \boldsymbol{w}_k} = \boldsymbol{0}$$

得到 $\dfrac{-2}{\theta}\boldsymbol{Q}_k^{-1}\boldsymbol{w}_k + \dfrac{2}{\theta}\boldsymbol{G}_k^{\mathrm{T}}\boldsymbol{\lambda}_{k+1} = \boldsymbol{0}$，即

$$\boldsymbol{w}_k = \boldsymbol{Q}_k\boldsymbol{G}_k^{\mathrm{T}}\boldsymbol{\lambda}_{k+1} \tag{2-1-23}$$

把式(2-1-23)代入式(2-1-1)得到

$$\boldsymbol{x}_{k+1} = \boldsymbol{F}_k\boldsymbol{x}_k + \boldsymbol{G}_k\boldsymbol{Q}_k\boldsymbol{G}_k^{\mathrm{T}}\boldsymbol{\lambda}_{k+1} \tag{2-1-24}$$

令

$$\boldsymbol{\mu}_k = \boldsymbol{x}_k - \boldsymbol{P}_k\boldsymbol{\lambda}_k \tag{2-1-25}$$

式中，$\boldsymbol{\mu}_k$ 是待确定的参数，初始条件 $\boldsymbol{\mu}_0 = \hat{\boldsymbol{x}}_0$；$\boldsymbol{P}_k$ 是满足定理 2.1.1 中的条件的正定矩阵。根据 $\dfrac{\partial J_a}{\partial \boldsymbol{x}_k} = \boldsymbol{0}(k = 1, 2, \cdots, N-1)$，得到

$$\frac{2}{\theta}\boldsymbol{\lambda}_k=2\bar{\boldsymbol{S}}_k(\boldsymbol{x}_k-\hat{\boldsymbol{x}}_k)+\frac{2}{\theta}\boldsymbol{H}_k^{\mathrm{T}}\boldsymbol{R}_k^{-1}(\boldsymbol{y}_k-\boldsymbol{H}_k\boldsymbol{x}_k)+\frac{2}{\theta}\boldsymbol{F}_k^{\mathrm{T}}\boldsymbol{\lambda}_{k+1}+\frac{2}{\theta}\boldsymbol{C}_k^{\mathrm{T}}\boldsymbol{\beta}_k$$

$$\boldsymbol{\lambda}_k=\boldsymbol{F}_k^{\mathrm{T}}\boldsymbol{\lambda}_{k+1}+\theta\bar{\boldsymbol{S}}_k(\boldsymbol{x}_k-\hat{\boldsymbol{x}}_k)+\boldsymbol{H}_k^{\mathrm{T}}\boldsymbol{R}_k^{-1}(\boldsymbol{y}_k-\boldsymbol{H}_k\boldsymbol{x}_k)+\boldsymbol{C}_k^{\mathrm{T}}\boldsymbol{\beta}_k \tag{2-1-26}$$

把式(2-1-25)代入式(2-1-24),得

$$\boldsymbol{\mu}_{k+1}+\boldsymbol{P}_{k+1}\boldsymbol{\lambda}_{k+1}=\boldsymbol{F}_k\boldsymbol{\mu}_k+\boldsymbol{F}_k\boldsymbol{P}_k\boldsymbol{\lambda}_k+\boldsymbol{G}_k\boldsymbol{Q}_k\boldsymbol{G}_k^{\mathrm{T}}\boldsymbol{\lambda}_{k+1} \tag{2-1-27}$$

把式(2-1-25)代入式(2-1-26) 得

$$\boldsymbol{\lambda}_k=\boldsymbol{F}_k^{\mathrm{T}}\boldsymbol{\lambda}_{k+1}+\theta\bar{\boldsymbol{S}}_k(\boldsymbol{\mu}_k+\boldsymbol{P}_k\boldsymbol{\lambda}_k-\hat{\boldsymbol{x}}_k)+\boldsymbol{H}_k^{\mathrm{T}}\boldsymbol{R}_k^{-1}[\boldsymbol{y}_k-\boldsymbol{H}_k(\boldsymbol{\mu}_k+\boldsymbol{P}_k\boldsymbol{\lambda}_k)]+\boldsymbol{C}_k^{\mathrm{T}}\boldsymbol{\beta}_k \tag{2-1-28}$$

在 $\boldsymbol{P}_k$ 正定且 $\boldsymbol{P}_k^{-1}-\theta\bar{\boldsymbol{S}}_k+\boldsymbol{H}_k^{\mathrm{T}}\boldsymbol{R}_k^{-1}\boldsymbol{H}_k$ 非奇异的情况下,$\boldsymbol{I}-\theta\bar{\boldsymbol{S}}_k\boldsymbol{P}_k+\boldsymbol{H}_k^{\mathrm{T}}\boldsymbol{R}_k^{-1}\boldsymbol{H}_k\boldsymbol{P}_k$ 非奇异。基于 $[\boldsymbol{I}-\theta\bar{\boldsymbol{S}}_k\boldsymbol{P}_k+\boldsymbol{H}_k^{\mathrm{T}}\boldsymbol{R}_k^{-1}\boldsymbol{H}_k\boldsymbol{P}_k]^{-1}=\boldsymbol{P}_k^{-1}\tilde{\boldsymbol{P}}_k$,根据式(2-1-28)得到

$$\boldsymbol{\lambda}_k=\boldsymbol{P}_k^{-1}\tilde{\boldsymbol{P}}_k[\boldsymbol{F}_k^{\mathrm{T}}\boldsymbol{\lambda}_{k+1}+\theta\bar{\boldsymbol{S}}_k(\boldsymbol{\mu}_k-\hat{\boldsymbol{x}}_k)+\boldsymbol{H}_k^{\mathrm{T}}\boldsymbol{R}_k^{-1}(\boldsymbol{y}_k-\boldsymbol{H}_k\boldsymbol{\mu}_k)+\boldsymbol{C}_k^{\mathrm{T}}\boldsymbol{\beta}_k] \tag{2-1-29}$$

把 $\boldsymbol{\lambda}_k$ 的表达式代入式(2-1-27),得到

$$\begin{aligned}\boldsymbol{\mu}_{k+1}+\boldsymbol{P}_{k+1}\boldsymbol{\lambda}_{k+1}=\;&\boldsymbol{F}_k\boldsymbol{\mu}_k+\boldsymbol{G}_k\boldsymbol{Q}_k\boldsymbol{G}_k^{\mathrm{T}}\boldsymbol{\lambda}_{k+1}+\boldsymbol{F}_k\tilde{\boldsymbol{P}}_k[\boldsymbol{F}_k^{\mathrm{T}}\boldsymbol{\lambda}_{k+1}+\\&\theta\bar{\boldsymbol{S}}_k(\boldsymbol{\mu}_k-\hat{\boldsymbol{x}}_k)+\boldsymbol{H}_k^{\mathrm{T}}\boldsymbol{R}_k^{-1}(\boldsymbol{y}_k-\boldsymbol{H}_k\boldsymbol{\mu}_k)+\boldsymbol{C}_k^{\mathrm{T}}\boldsymbol{\beta}_k]\end{aligned} \tag{2-1-30}$$

上式重新整理为

$$\begin{aligned}&\boldsymbol{\mu}_{k+1}-\boldsymbol{F}_k\boldsymbol{\mu}_k-\boldsymbol{F}_k\tilde{\boldsymbol{P}}_k[\theta\bar{\boldsymbol{S}}_{\mathrm{k}}(\boldsymbol{\mu}_k-\hat{\boldsymbol{x}}_k)+\boldsymbol{H}_k^{\mathrm{T}}\boldsymbol{R}_k^{-1}(\boldsymbol{y}_k-\boldsymbol{H}_k\boldsymbol{\mu}_k)+\boldsymbol{C}_k^{\mathrm{T}}\boldsymbol{\beta}_k]\\&=[-\boldsymbol{P}_{k+1}+\boldsymbol{F}_k\tilde{\boldsymbol{P}}_k\boldsymbol{F}_k^{\mathrm{T}}+\boldsymbol{G}_k\boldsymbol{Q}_k\boldsymbol{G}_k^{\mathrm{T}}]\boldsymbol{\lambda}_{k+1}\end{aligned} \tag{2-1-31}$$

根据定理 2.1.1 的条件,式(2-1-31)的右边必须为 **0**。因此,式(2-1-31)的左边必须为 **0**。从而

$$\boldsymbol{\mu}_{k+1}=\boldsymbol{F}_k\boldsymbol{\mu}_k+\boldsymbol{F}_k\tilde{\boldsymbol{P}}_k[\theta\bar{\boldsymbol{S}}_k(\boldsymbol{\mu}_k-\hat{\boldsymbol{x}}_k)+\boldsymbol{H}_k^{\mathrm{T}}\boldsymbol{R}_k^{-1}(\boldsymbol{y}_k-\boldsymbol{H}_k\boldsymbol{\mu}_k)+\boldsymbol{C}_k^{\mathrm{T}}\boldsymbol{\beta}_k] \tag{2-1-32}$$

$\boldsymbol{x}_0$ 和 $\boldsymbol{w}_k$ 的值给出了 J 的约束静态点。我们能找到 J 的约束静态点这一事实表明假设 $\boldsymbol{x}_k$ 是 $\boldsymbol{\lambda}_k$ 的仿射函数是合理的。

记

$$\boldsymbol{A}_k=\bar{\boldsymbol{S}}_k+\theta\bar{\boldsymbol{S}}_k\tilde{\boldsymbol{P}}_k\bar{\boldsymbol{S}}_k,\boldsymbol{B}_k=\bar{\boldsymbol{S}}_k\tilde{\boldsymbol{P}}_k\boldsymbol{H}_k^{\mathrm{T}}\boldsymbol{R}_k^{-1},\boldsymbol{D}_k=\boldsymbol{R}_k^{-1}\boldsymbol{H}_k\tilde{\boldsymbol{P}}_k\boldsymbol{H}_k^{\mathrm{T}}\boldsymbol{R}_k^{-1}-\boldsymbol{R}_k^{-1}$$

$$\mathfrak{A}_k=(\boldsymbol{A}_k-\theta\boldsymbol{B}_k\boldsymbol{D}_k^{-1}\boldsymbol{B}_k^{\mathrm{T}})^{-1},\mathfrak{B}_k=(\boldsymbol{C}_k\boldsymbol{A}_k^{-1}\boldsymbol{C}_k^{\mathrm{T}})^{-1},\mathfrak{D}_k=(\boldsymbol{D}_k-\theta\boldsymbol{B}_k^{\mathrm{T}}\boldsymbol{A}_k^{-1}\boldsymbol{B}_k)^{-1}$$

$$\mathbb{A}_k=\boldsymbol{C}_k\tilde{\boldsymbol{P}}_k\bar{\boldsymbol{S}}_k,$$

$$\mathbb{B}_k=\boldsymbol{C}_k\tilde{\boldsymbol{P}}_k\boldsymbol{H}_k^{\mathrm{T}}\boldsymbol{R}_k^{-1},$$

$$\mathbb{D}_k=\mathfrak{A}_k[(\boldsymbol{I}-\boldsymbol{C}_k^{\mathrm{T}}\mathfrak{B}_k\boldsymbol{C}_k\boldsymbol{A}_k^{-1})\mathbb{A}_k^{\mathrm{T}}-\boldsymbol{A}_k^{-1}\boldsymbol{B}_k\mathfrak{D}_k\mathbb{B}_k^{\mathrm{T}}](\boldsymbol{C}_k\tilde{\boldsymbol{P}}_k\boldsymbol{C}_k^{\mathrm{T}})^{-1},$$

$$\boldsymbol{\Phi}_k=\boldsymbol{\mu}_k-\hat{\boldsymbol{x}}_k,\boldsymbol{\Psi}_k=\boldsymbol{y}_k-\boldsymbol{H}_k\boldsymbol{\mu}_k。$$

下面的定理就给出 J 关于 $\hat{\boldsymbol{x}}_k$、$\boldsymbol{y}_k$、$\alpha_{i,k}$ 和 $\zeta_{i,k}$ 的约束静态点。

定理 2.1.2 给定 $\boldsymbol{P}_0>\boldsymbol{0}$,假设 $\boldsymbol{P}_0^{-1}-\theta\bar{\boldsymbol{S}}_0+\boldsymbol{H}_0^{\mathrm{T}}\boldsymbol{R}_0^{-1}\boldsymbol{H}_0>\boldsymbol{0}$,令

$$\tilde{\boldsymbol{P}}_k=[\boldsymbol{P}_k^{-1}-\theta\bar{\boldsymbol{S}}_k+\boldsymbol{H}_k^{\mathrm{T}}\boldsymbol{R}_k^{-1}\boldsymbol{H}_k]^{-1}$$

对于 $\boldsymbol{P}_{k+1}=\boldsymbol{F}_k\tilde{\boldsymbol{P}}_k\boldsymbol{F}_k^{\mathrm{T}}+\boldsymbol{G}_k\boldsymbol{Q}_k\boldsymbol{G}_k^{\mathrm{T}}$,如果存在唯一解 $\boldsymbol{P}_{k+1}>\boldsymbol{0}$ 且

$$\boldsymbol{P}_{k+1}^{-1}-\theta\bar{\boldsymbol{S}}_{k+1}+\boldsymbol{H}_{k+1}^{\mathrm{T}}\boldsymbol{R}_{k+1}^{-1}\boldsymbol{H}_{k+1}>\boldsymbol{0}$$

则最优递推鲁棒区间不等式约束 H_∞ 滤波器设计如下

$$\hat{\boldsymbol{z}}_k=\boldsymbol{L}_k\hat{\boldsymbol{x}}_k \tag{2-1-33}$$

其中

$$\hat{\boldsymbol{x}}_k=[\boldsymbol{I}-\theta\mathbb{D}_k\mathbb{A}_k]^{\dagger}[\boldsymbol{\mu}_k-\frac{1}{\theta}\mathfrak{A}_k\boldsymbol{C}_k^{\mathrm{T}}\mathfrak{B}_k(-\theta\tilde{\tilde{\boldsymbol{d}}}_k+\theta\boldsymbol{C}_k\boldsymbol{\mu}_k+\theta\boldsymbol{C}_k\boldsymbol{A}_k^{-1}\boldsymbol{B}_k\boldsymbol{\varPsi}_k)$$

$$+\mathbb{D}_k(\tilde{\boldsymbol{d}}_k-\boldsymbol{C}_k\boldsymbol{\mu}_k-\theta\mathbb{A}_k\boldsymbol{\mu}_k-\mathbb{B}_k\boldsymbol{\varPsi}_k)] \tag{2-1-34}$$

$$\boldsymbol{\beta}_k=(\boldsymbol{C}_k\tilde{\boldsymbol{P}}_k\boldsymbol{C}_k^{\mathrm{T}})^{-1}(\tilde{\boldsymbol{d}}_k-\boldsymbol{C}_k\boldsymbol{\mu}_k-\theta\mathbb{A}_k\Phi_k-\mathbb{B}_k\boldsymbol{\varPsi}_k) \tag{2-1-35}$$

$$\boldsymbol{\gamma}_k=\mathfrak{B}_k(-\theta\tilde{\tilde{\boldsymbol{d}}}_k+\theta\boldsymbol{C}_k\boldsymbol{\mu}_k+\theta\boldsymbol{C}_k\boldsymbol{A}_k^{-1}\boldsymbol{B}_k\boldsymbol{\varPsi}_k+\theta\boldsymbol{C}_k\boldsymbol{A}_k^{-1}\mathbb{A}_k^{\mathrm{T}}\boldsymbol{\beta}_k) \tag{2-1-36}$$

其中，$\boldsymbol{\beta}_0=\boldsymbol{0}$；$\tilde{d}_{i,k}=d_{i,k}+\delta_{i,k}\operatorname{sign}(-\beta_{i,k})$；$\tilde{\tilde{d}}_{i,k}=d_{i,k}+\delta_{i,k}\operatorname{sign}(-\gamma_{i,k})$。

证明　讨论 J 关于 $\hat{\boldsymbol{x}}_k$、$\boldsymbol{y}_k$、$\alpha_{i,k}$ 和 $\zeta_{i,k}$ 的约束静态点。由于 $\boldsymbol{P}_k>\boldsymbol{0}$，根据

$$\boldsymbol{\lambda}_k=\boldsymbol{P}_k^{-1}(\boldsymbol{x}_k-\boldsymbol{\mu}_k),$$

$$\boldsymbol{\lambda}_k=\boldsymbol{P}_k^{-1}(\boldsymbol{x}_k-\boldsymbol{\mu}_k),\boldsymbol{\lambda}_0=\boldsymbol{P}_0^{-1}(\boldsymbol{x}_0-\boldsymbol{\mu}_0),$$

得到 $\|\boldsymbol{\lambda}_0\|_{\boldsymbol{P}_0}^2=\|\boldsymbol{x}_0-\hat{\boldsymbol{x}}_0\|_{\boldsymbol{P}_0^{-1}}^2$，$\boldsymbol{w}_k^{\mathrm{T}}\boldsymbol{Q}_k^{-1}\boldsymbol{w}_k=\|\boldsymbol{Q}_k\boldsymbol{G}_k^{\mathrm{T}}\boldsymbol{\lambda}_{k+1}\|_{\boldsymbol{Q}_k^{-1}}^2$。因此，

$$J=\frac{-1}{\theta}\|\boldsymbol{\lambda}_0\|_{\boldsymbol{P}_0}^2-\frac{1}{\theta}\sum_{k=0}^{N-1}\|\boldsymbol{Q}_k\boldsymbol{G}_k^{\mathrm{T}}\boldsymbol{\lambda}_{k+1}\|_{\boldsymbol{Q}_k^{-1}}^2+\sum_{k=0}^{N-1}\|\boldsymbol{\mu}_k+\boldsymbol{P}_k\boldsymbol{\lambda}_k-\hat{\boldsymbol{x}}_k\|_{\bar{\boldsymbol{S}}_k}^2$$

$$-\frac{1}{\theta}\sum_{k=0}^{N-1}\|\boldsymbol{y}_k-\boldsymbol{H}_k(\boldsymbol{\mu}_k+\boldsymbol{P}_k\boldsymbol{\lambda}_k)\|_{\boldsymbol{R}_k^{-1}}^2 \tag{2-1-37}$$

由于 $\boldsymbol{\lambda}_N=\boldsymbol{0}$，从而

$$\sum_{k=0}^{N}\boldsymbol{\lambda}_k^{\mathrm{T}}\boldsymbol{P}_k\boldsymbol{\lambda}_k-\sum_{k=0}^{N-1}\boldsymbol{\lambda}_k^{\mathrm{T}}\boldsymbol{P}_k\boldsymbol{\lambda}_k=0 \tag{2-1-38}$$

式(2-1-38)可以表示为

$$\boldsymbol{\lambda}_0^{\mathrm{T}}\boldsymbol{P}_0\boldsymbol{\lambda}_0+\sum_{k=1}^{N}\boldsymbol{\lambda}_k^{\mathrm{T}}\boldsymbol{P}_k\boldsymbol{\lambda}_k-\sum_{k=0}^{N-1}\boldsymbol{\lambda}_k^{\mathrm{T}}\boldsymbol{P}_k\boldsymbol{\lambda}_k$$

$$=\boldsymbol{\lambda}_0^{\mathrm{T}}\boldsymbol{P}_0\boldsymbol{\lambda}_0+\sum_{k=0}^{N-1}\boldsymbol{\lambda}_{k+1}^{\mathrm{T}}\boldsymbol{P}_{k+1}\boldsymbol{\lambda}_{k+1}-\sum_{k=0}^{N-1}\boldsymbol{\lambda}_k^{\mathrm{T}}\boldsymbol{P}_k\boldsymbol{\lambda}_k$$

$$=\frac{-1}{\theta}\|\boldsymbol{\lambda}_0\|_{\boldsymbol{P}_0}^2-\frac{1}{\theta}\sum_{k=0}^{N-1}(\boldsymbol{\lambda}_{k+1}^{\mathrm{T}}\boldsymbol{P}_{k+1}\boldsymbol{\lambda}_{k+1}-\boldsymbol{\lambda}_k^{\mathrm{T}}\boldsymbol{P}_k\boldsymbol{\lambda}_k)=0 \tag{2-1-39}$$

代价函数(2-1-37)减去上述零项，得到

$$J=\sum_{k=0}^{N-1}[\frac{1}{\theta}(\boldsymbol{\lambda}_{k+1}^{\mathrm{T}}\boldsymbol{P}_{k+1}\boldsymbol{\lambda}_{k+1}-\boldsymbol{\lambda}_k^{\mathrm{T}}\boldsymbol{P}_k\boldsymbol{\lambda}_k)-\frac{1}{\theta}\sum_{k=0}^{N-1}\|\boldsymbol{y}_k-\boldsymbol{H}_k(\boldsymbol{\mu}_k+\boldsymbol{P}_k\boldsymbol{\lambda}_k)\|_{\boldsymbol{R}_k^{-1}}^2]$$

$$+\sum_{k=0}^{N-1}[-\frac{1}{\theta}\|\boldsymbol{Q}_k\boldsymbol{G}_k^{\mathrm{T}}\boldsymbol{\lambda}_{k+1}\|_{\boldsymbol{Q}_k^{-1}}^2+\|\boldsymbol{\mu}_k+\boldsymbol{P}_k\boldsymbol{\lambda}_k-\hat{\boldsymbol{x}}_k\|_{\bar{\boldsymbol{S}}_k}^2]$$

$$=\sum_{k=0}^{N-1}[\boldsymbol{\Phi}_k^{\mathrm{T}}\bar{\boldsymbol{S}}_k\boldsymbol{\Phi}_k+2\boldsymbol{\Phi}_k^{\mathrm{T}}\bar{\boldsymbol{S}}_k\boldsymbol{P}_k\boldsymbol{\lambda}_k+\boldsymbol{\lambda}_k^{\mathrm{T}}\boldsymbol{P}_k^{\mathrm{T}}\bar{\boldsymbol{S}}_k\boldsymbol{P}_k\boldsymbol{\lambda}_k+\frac{1}{\theta}\boldsymbol{\lambda}_{k+1}^{\mathrm{T}}(\boldsymbol{P}_{k+1}-\boldsymbol{G}_k\boldsymbol{Q}_k\boldsymbol{G}_k^{\mathrm{T}})\boldsymbol{\lambda}_{k+1}$$

$$-\frac{1}{\theta}\boldsymbol{\lambda}_k^{\mathrm{T}}\boldsymbol{P}_k\boldsymbol{\lambda}_k-\frac{1}{\theta}\boldsymbol{\varPsi}_k^{\mathrm{T}}\boldsymbol{R}_k^{-1}\boldsymbol{\varPsi}_k+\frac{2}{\theta}\boldsymbol{\varPsi}_k^{\mathrm{T}}\boldsymbol{R}_k^{-1}\boldsymbol{H}_k\boldsymbol{P}_k\boldsymbol{\lambda}_k-\frac{1}{\theta}\boldsymbol{\lambda}_k^{\mathrm{T}}\boldsymbol{P}_k\boldsymbol{H}_k^{\mathrm{T}}\boldsymbol{R}_k^{-1}\boldsymbol{H}_k\boldsymbol{P}_k\boldsymbol{\lambda}_k]$$

$$\tag{2-1-40}$$

把 $\boldsymbol{P}_{k+1}=\boldsymbol{F}_k\widetilde{\boldsymbol{P}}_k\boldsymbol{F}_k^{\mathrm{T}}+\boldsymbol{G}_k\boldsymbol{Q}_k\boldsymbol{G}_k^{\mathrm{T}}$ 代入式(2-1-40)中的 $\boldsymbol{\lambda}_{k+1}^{\mathrm{T}}(\boldsymbol{P}_{k+1}-\boldsymbol{G}_k\boldsymbol{Q}_k\boldsymbol{G}_k^{\mathrm{T}})\boldsymbol{\lambda}_{k+1}$，有

$$\begin{aligned}\boldsymbol{\lambda}_{k+1}^{\mathrm{T}}(\boldsymbol{P}_{k+1}-\boldsymbol{G}_k\boldsymbol{Q}_k\boldsymbol{G}_k^{\mathrm{T}})\boldsymbol{\lambda}_{k+1}&=\boldsymbol{\lambda}_{k+1}^{\mathrm{T}}(\boldsymbol{F}_k\widetilde{\boldsymbol{P}}_k\boldsymbol{F}_k^{\mathrm{T}}+\boldsymbol{G}_k\boldsymbol{Q}_k\boldsymbol{G}_k^{\mathrm{T}}-\boldsymbol{G}_k\boldsymbol{Q}_k\boldsymbol{G}_k^{\mathrm{T}})\boldsymbol{\lambda}_{k+1}\\&=\boldsymbol{\lambda}_{k+1}^{\mathrm{T}}\boldsymbol{F}_k\widetilde{\boldsymbol{P}}_k\boldsymbol{F}_k^{\mathrm{T}}\boldsymbol{\lambda}_{k+1},\end{aligned}\tag{2-1-41}$$

把 $\boldsymbol{F}_k^{\mathrm{T}}\boldsymbol{\lambda}_{k+1}$ 的表达式

$$\boldsymbol{F}_k^{\mathrm{T}}\boldsymbol{\lambda}_{k+1}=\boldsymbol{\lambda}_k-\theta\bar{\boldsymbol{S}}_k(\boldsymbol{\mu}_k+\boldsymbol{P}_k\boldsymbol{\lambda}_k-\hat{\boldsymbol{x}}_k)-\boldsymbol{H}_k^{\mathrm{T}}\boldsymbol{R}_k^{-1}[\boldsymbol{y}_k-\boldsymbol{H}_k(\boldsymbol{\mu}_k+\boldsymbol{P}_k\boldsymbol{\lambda}_k)]-\boldsymbol{C}_k^{\mathrm{T}}\boldsymbol{\beta}_k$$

代入式(2-1-41)，有

$$\begin{aligned}&\boldsymbol{\lambda}_{k+1}^{\mathrm{T}}(\boldsymbol{P}_{k+1}-\boldsymbol{G}_k\boldsymbol{Q}_k\boldsymbol{G}_k^{\mathrm{T}})\boldsymbol{\lambda}_{k+1}\\&=\{\boldsymbol{\lambda}_k-\theta\bar{\boldsymbol{S}}_k(\boldsymbol{\mu}_k+\boldsymbol{P}_k\boldsymbol{\lambda}_k-\hat{\boldsymbol{x}}_k)-\boldsymbol{H}_k^{\mathrm{T}}\boldsymbol{R}_k^{-1}[\boldsymbol{y}_k-\boldsymbol{H}_k(\boldsymbol{\mu}_k+\boldsymbol{P}_k\boldsymbol{\lambda}_k)]-\boldsymbol{C}_k^{\mathrm{T}}\boldsymbol{\beta}_k\}^{\mathrm{T}}\\&\quad\widetilde{\boldsymbol{P}}_k\{\boldsymbol{\lambda}_k-\theta\bar{\boldsymbol{S}}_k(\boldsymbol{\mu}_k+\boldsymbol{P}_k\boldsymbol{\lambda}_k-\hat{\boldsymbol{x}}_k)-\boldsymbol{H}_k^{\mathrm{T}}\boldsymbol{R}_k^{-1}[\boldsymbol{y}_k-\boldsymbol{H}_k(\boldsymbol{\mu}_k+\boldsymbol{P}_k\boldsymbol{\lambda}_k)]-\boldsymbol{C}_k^{\mathrm{T}}\boldsymbol{\beta}_k\}\\&=\{\boldsymbol{\lambda}_k^{\mathrm{T}}(\boldsymbol{I}-\theta\boldsymbol{P}_k\bar{\boldsymbol{S}}_k+\boldsymbol{P}_k\boldsymbol{H}_k^{\mathrm{T}}\boldsymbol{R}_k^{-1}\boldsymbol{H}_k)-\theta(\boldsymbol{\mu}_k-\hat{\boldsymbol{x}}_k)^{\mathrm{T}}\bar{\boldsymbol{S}}_k-(\boldsymbol{y}_k-\boldsymbol{H}_k\boldsymbol{\mu}_k)^{\mathrm{T}}\boldsymbol{R}_k^{-1}\boldsymbol{H}_k-\boldsymbol{\beta}_k^{\mathrm{T}}\boldsymbol{C}_k\}\\&\quad\widetilde{\boldsymbol{P}}_k\{\boldsymbol{\lambda}_k^{\mathrm{T}}(\boldsymbol{I}-\theta\boldsymbol{P}_k\bar{\boldsymbol{S}}_k+\boldsymbol{P}_k\boldsymbol{H}_k^{\mathrm{T}}\boldsymbol{R}_k^{-1}\boldsymbol{H}_k)-\theta(\boldsymbol{\mu}_k-\boldsymbol{x}_k)^{\mathrm{T}}\bar{\boldsymbol{S}}_k-(\boldsymbol{y}_k-\boldsymbol{H}_k\boldsymbol{\mu}_k)^{\mathrm{T}}\boldsymbol{R}_k^{-1}\boldsymbol{H}_k-\boldsymbol{\beta}_k^{\mathrm{T}}\boldsymbol{C}_k\}^{\mathrm{T}}\end{aligned}$$

注意到 $\boldsymbol{I}-\theta\boldsymbol{P}_k\bar{\boldsymbol{S}}_k+\boldsymbol{P}_k\boldsymbol{H}_k^{\mathrm{T}}\boldsymbol{R}_k^{-1}\boldsymbol{H}_k=\boldsymbol{P}_k\widetilde{\boldsymbol{P}}_k^{-1}$ ，则有

$$\begin{aligned}&\boldsymbol{\lambda}_{k+1}^{\mathrm{T}}(\boldsymbol{P}_{k+1}-\boldsymbol{G}_k\boldsymbol{Q}_k\boldsymbol{G}_k^{\mathrm{T}})\boldsymbol{\lambda}_{k+1}=\boldsymbol{\lambda}_k^{\mathrm{T}}\boldsymbol{P}_k\widetilde{\boldsymbol{P}}_k^{-1}\boldsymbol{P}_k\boldsymbol{\lambda}_k-2\theta(\boldsymbol{\mu}_k-\hat{\boldsymbol{x}}_k)^{\mathrm{T}}\bar{\boldsymbol{S}}_k\boldsymbol{P}_k\boldsymbol{\lambda}_k-\\&2(\boldsymbol{y}_k-\boldsymbol{H}_k\boldsymbol{\mu}_k)^{\mathrm{T}}\boldsymbol{R}_k^{-1}\boldsymbol{H}_k\boldsymbol{P}_k\boldsymbol{\lambda}_k-2\boldsymbol{\beta}_k^{\mathrm{T}}\boldsymbol{C}_k\boldsymbol{P}_k\boldsymbol{\lambda}_k+\theta^2(\boldsymbol{\mu}_k-\hat{\boldsymbol{x}}_k)^{\mathrm{T}}\bar{\boldsymbol{S}}_k\widetilde{\boldsymbol{P}}_k\bar{\boldsymbol{S}}_k(\boldsymbol{\mu}_k-\hat{\boldsymbol{x}}_k)+\\&2\theta(\boldsymbol{y}_k-\boldsymbol{H}_k\boldsymbol{\mu}_k)^{\mathrm{T}}\boldsymbol{R}_k^{-1}\boldsymbol{H}_k\widetilde{\boldsymbol{P}}_k\bar{\boldsymbol{S}}_k(\boldsymbol{\mu}_k-\hat{\boldsymbol{x}}_k)+2\theta\boldsymbol{\beta}_k^{\mathrm{T}}\boldsymbol{C}_k\widetilde{\boldsymbol{P}}_k\bar{\boldsymbol{S}}_k(\boldsymbol{\mu}_k-\hat{\boldsymbol{x}}_k)+\\&(\boldsymbol{y}_k-\boldsymbol{H}_k\boldsymbol{\mu}_k)^{\mathrm{T}}\boldsymbol{R}_k^{-1}\boldsymbol{H}_k\widetilde{\boldsymbol{P}}_k\boldsymbol{H}_k^{\mathrm{T}}\boldsymbol{R}_k^{-1}(\boldsymbol{y}_k-\boldsymbol{H}_k\boldsymbol{\mu}_k)+\\&2\boldsymbol{\beta}_k^{\mathrm{T}}\boldsymbol{C}_k\widetilde{\boldsymbol{P}}_k\boldsymbol{H}_k^{\mathrm{T}}\boldsymbol{R}_k^{-1}(\boldsymbol{y}_k-\boldsymbol{H}_k\boldsymbol{\mu}_k)+\boldsymbol{\beta}_k^{\mathrm{T}}\boldsymbol{C}_k\widetilde{\boldsymbol{P}}_k\boldsymbol{C}_k^{\mathrm{T}}\boldsymbol{\beta}_k\end{aligned}\tag{2-1-42}$$

因为

$$\widetilde{\boldsymbol{P}}_k^{-1}=[\boldsymbol{I}-\theta\bar{\boldsymbol{S}}_k\boldsymbol{P}_k+\boldsymbol{H}_k^{\mathrm{T}}\boldsymbol{R}_k^{-1}\boldsymbol{H}_k\boldsymbol{P}_k]\boldsymbol{P}_k^{-1}=\boldsymbol{P}_k^{-1}[\boldsymbol{I}-\theta\boldsymbol{P}_k\bar{\boldsymbol{S}}_k+\boldsymbol{P}_k\boldsymbol{H}_k^{\mathrm{T}}\boldsymbol{R}_k^{-1}\boldsymbol{H}_k]$$

则在式(2-1-42)中，有

$$\begin{aligned}\boldsymbol{\lambda}_k^{\mathrm{T}}\boldsymbol{P}_k\widetilde{\boldsymbol{P}}_k^{-1}\boldsymbol{P}_k\boldsymbol{\lambda}_k&=\boldsymbol{\lambda}_k^{\mathrm{T}}[\boldsymbol{I}-\theta\boldsymbol{P}_k\bar{\boldsymbol{S}}_k+\boldsymbol{P}_k\boldsymbol{H}_k^{\mathrm{T}}\boldsymbol{R}_k^{-1}\boldsymbol{H}_k]\boldsymbol{P}_k\boldsymbol{\lambda}_k\\&=\boldsymbol{\lambda}_k^{\mathrm{T}}\boldsymbol{P}_k\boldsymbol{\lambda}_k-\theta\boldsymbol{\lambda}_k^{\mathrm{T}}\boldsymbol{P}_k\bar{\boldsymbol{S}}_{\mathrm{k}}\boldsymbol{P}_k\boldsymbol{\lambda}_k+\boldsymbol{\lambda}_k^{\mathrm{T}}\boldsymbol{P}_k\boldsymbol{H}_k^{\mathrm{T}}\boldsymbol{R}_k^{-1}\boldsymbol{H}_k\boldsymbol{P}_k\boldsymbol{\lambda}_k\end{aligned}\tag{2-1-43}$$

把式(2-1-43)代入式(2-1-42)，有

$$\begin{aligned}&\boldsymbol{\lambda}_{k+1}^{\mathrm{T}}(\boldsymbol{P}_{k+1}-\boldsymbol{G}_k\boldsymbol{Q}_k\boldsymbol{G}_k^{\mathrm{T}})\boldsymbol{\lambda}_{k+1}=\boldsymbol{\lambda}_k^{\mathrm{T}}\boldsymbol{P}_k\boldsymbol{\lambda}_k-\theta\boldsymbol{\lambda}_k^{\mathrm{T}}\boldsymbol{P}_k\bar{\boldsymbol{S}}_k\boldsymbol{P}_k\boldsymbol{\lambda}_k+\boldsymbol{\lambda}_k^{\mathrm{T}}\boldsymbol{P}_k\boldsymbol{H}_k^{\mathrm{T}}\boldsymbol{R}_k^{-1}\boldsymbol{H}_k\boldsymbol{P}_k\boldsymbol{\lambda}_k-\\&2\theta(\boldsymbol{\mu}_k-\hat{\boldsymbol{x}}_k)^{\mathrm{T}}\bar{\boldsymbol{S}}_k\boldsymbol{P}_k\boldsymbol{\lambda}_k-2(\boldsymbol{y}_k-\boldsymbol{H}_k\boldsymbol{\mu}_k)^{\mathrm{T}}\boldsymbol{R}_k^{-1}\boldsymbol{H}_k\boldsymbol{P}_k\boldsymbol{\lambda}_k-2\boldsymbol{\beta}_k^{\mathrm{T}}\boldsymbol{C}_k\boldsymbol{P}_k\boldsymbol{\lambda}_k+\\&\theta^2(\boldsymbol{\mu}_k-\hat{\boldsymbol{x}}_k)^{\mathrm{T}}\bar{\boldsymbol{S}}_k\widetilde{\boldsymbol{P}}_k\bar{\boldsymbol{S}}_k(\boldsymbol{\mu}_k-\hat{\boldsymbol{x}}_k)+2\theta(\boldsymbol{y}_k-\boldsymbol{H}_k\boldsymbol{\mu}_k)^{\mathrm{T}}\boldsymbol{R}_k^{-1}\boldsymbol{H}_k\widetilde{\boldsymbol{P}}_k\bar{\boldsymbol{S}}_k(\boldsymbol{\mu}_k-\hat{\boldsymbol{x}}_{\mathrm{k}})+\\&2\theta\boldsymbol{\beta}_k^{\mathrm{T}}\boldsymbol{C}_k\widetilde{\boldsymbol{P}}_k\bar{\boldsymbol{S}}_k(\boldsymbol{\mu}_k-\hat{\boldsymbol{x}}_k)+(\boldsymbol{y}_k-\boldsymbol{H}_k\boldsymbol{\mu}_k)^{\mathrm{T}}\boldsymbol{R}_k^{-1}\boldsymbol{H}_k\widetilde{\boldsymbol{P}}_k\boldsymbol{H}_k^{\mathrm{T}}\boldsymbol{R}_k^{-1}(\boldsymbol{y}_k-\boldsymbol{H}_k\boldsymbol{\mu}_k)+\\&2\boldsymbol{\beta}_k^{\mathrm{T}}\boldsymbol{C}_k\widetilde{\boldsymbol{P}}_k\boldsymbol{H}_k^{\mathrm{T}}\boldsymbol{R}_k^{-1}(\boldsymbol{y}_k-\boldsymbol{H}_k\boldsymbol{\mu}_k)+\boldsymbol{\beta}_k^{\mathrm{T}}\boldsymbol{C}_k\widetilde{\boldsymbol{P}}_k\boldsymbol{C}_k^{\mathrm{T}}\boldsymbol{\beta}_k\end{aligned}\tag{2-1-44}$$

把式(2-1-44)代入式(2-1-40)，有

$$\begin{aligned}J=\sum_{k=0}^{N-1}\Big[&\frac{1}{\theta}(-2\boldsymbol{\beta}_k^{\mathrm{T}}\boldsymbol{C}_k\boldsymbol{P}_k\boldsymbol{\lambda}_k+2\theta\boldsymbol{\beta}_k^{\mathrm{T}}\boldsymbol{C}_k\widetilde{\boldsymbol{P}}_k\bar{\boldsymbol{S}}_k\boldsymbol{\Phi}_k+2\boldsymbol{\beta}_k^{\mathrm{T}}\boldsymbol{C}_k\widetilde{\boldsymbol{P}}_k\boldsymbol{H}_k^{\mathrm{T}}\boldsymbol{R}_k^{-1}\boldsymbol{\Psi}_k+\boldsymbol{\beta}_k^{\mathrm{T}}\boldsymbol{C}_k\widetilde{\boldsymbol{P}}_k\boldsymbol{C}_k^{\mathrm{T}}\boldsymbol{\beta}_k)+\\&(\boldsymbol{\Phi}_k^{\mathrm{T}}\bar{\boldsymbol{S}}_k\boldsymbol{\Phi}_k+\theta\Phi_k^{\mathrm{T}}\bar{\boldsymbol{S}}_k\widetilde{\boldsymbol{P}}_k\bar{\boldsymbol{S}}_k\boldsymbol{\Phi}_k+2\boldsymbol{\Phi}_k^{\mathrm{T}}\bar{\boldsymbol{S}}_k\widetilde{\boldsymbol{P}}_k\boldsymbol{H}_k^{\mathrm{T}}\boldsymbol{R}_k^{-1}\boldsymbol{\Psi}_k)+\end{aligned}$$

$$\frac{1}{\theta}(\boldsymbol{\Psi}_k^{\mathrm{T}}\boldsymbol{R}_k^{-1}\boldsymbol{H}_k\widetilde{\boldsymbol{P}}_k\boldsymbol{H}_k^{\mathrm{T}}\boldsymbol{R}_k^{-1}\boldsymbol{\Psi}_k-\boldsymbol{\Psi}_k^{\mathrm{T}}\boldsymbol{R}_k^{-1}\boldsymbol{\Psi}_k)]$$

$$=\sum_{k=0}^{N-1}[\frac{1}{\theta}(-2\boldsymbol{\beta}_k^{\mathrm{T}}\boldsymbol{C}_k\boldsymbol{P}_k\boldsymbol{\lambda}_k+2\theta\boldsymbol{\beta}_k^{\mathrm{T}}\boldsymbol{C}_k\widetilde{\boldsymbol{P}}_k\bar{\boldsymbol{S}}_k\boldsymbol{\Phi}_k+2\boldsymbol{\beta}_k^{\mathrm{T}}\boldsymbol{C}_k\widetilde{\boldsymbol{P}}_k\boldsymbol{H}_k^{\mathrm{T}}\boldsymbol{R}_k^{-1}\boldsymbol{\Psi}_k+\boldsymbol{\beta}_k^{\mathrm{T}}\boldsymbol{C}_k\widetilde{\boldsymbol{P}}_k\boldsymbol{C}_k^{\mathrm{T}}\boldsymbol{\beta}_k)+$$

$$\boldsymbol{\Phi}_k^{\mathrm{T}}(\bar{\boldsymbol{S}}_k+\theta\bar{\boldsymbol{S}}_k\widetilde{\boldsymbol{P}}_k\bar{\boldsymbol{S}}_k)\boldsymbol{\Phi}_k+2\boldsymbol{\Phi}_k^{\mathrm{T}}\bar{\boldsymbol{S}}_k\widetilde{\boldsymbol{P}}_k\boldsymbol{H}_k^{\mathrm{T}}\boldsymbol{R}_k^{-1}\boldsymbol{\Psi}_k+$$

$$\frac{1}{\theta}\boldsymbol{\Psi}_k^{\mathrm{T}}(\boldsymbol{R}_k^{-1}\boldsymbol{H}_k\widetilde{\boldsymbol{P}}_k\boldsymbol{H}_k^{\mathrm{T}}\boldsymbol{R}_k^{-1}-\boldsymbol{R}_k^{-1})\boldsymbol{\Psi}_k] \tag{2-1-45}$$

基于 J_a，有

$$\boldsymbol{\beta}_k^{\mathrm{T}}\boldsymbol{\delta}_k\boldsymbol{\tau}_k=\sum_{i=1}^{n_k}\beta_{i,k}\delta_{i,k}\sin\alpha_{i,k}$$

$$\frac{\partial\sum_{i=1}^{n_k}\beta_{i,k}\delta_{i,k}\sin\alpha_{i,k}}{\partial\alpha_{i,k}}=\beta_{i,k}\delta_{i,k}\cos\alpha_{i,k}=0$$

$$\frac{\partial^2\sum_{i=1}^{n_k}\beta_{i,k}\delta_{i,k}\sin\alpha_{i,k}}{\partial\alpha_{i,k}^2}=-\beta_{i,k}\delta_{i,k}\sin\alpha_{i,k}>0$$

因此，$\beta_{i,k}\neq 0,\sin\alpha_{i,k}=\pm 1$。同理，$\gamma_{i,k}\neq 0,\sin\zeta_{i,k}=\pm 1$。进一步，基于 $\frac{\partial J_a}{\partial\boldsymbol{\beta}_k}=0$ 和 $\frac{\partial J_a}{\partial\boldsymbol{\gamma}_k}=0$，有

$$\tilde{d}_{i,k}=d_{i,k}+\delta_{i,k}\,\mathrm{sign}(-\beta_{i,k})\text{ 和}$$

$$\tilde{\tilde{d}}_{i,k}=d_{i,k}+\delta_{i,k}\,\mathrm{sign}(-\gamma_{i,k})$$

因为当满足约束时，J_a 和 J 相等，可以得到 $\frac{\partial J}{\partial\boldsymbol{\beta}_k}=0$。基于 $\boldsymbol{C}_k\boldsymbol{\mu}_k+\boldsymbol{C}_k\boldsymbol{P}_k\boldsymbol{\lambda}_k=\tilde{\boldsymbol{d}}_k$ 和 $\frac{\partial J}{\partial\boldsymbol{\beta}_k}=0$，有

$$-(\tilde{\boldsymbol{d}}_k-\boldsymbol{C}_k\boldsymbol{\mu}_k)+\theta\mathbb{A}_k\Phi_k+\mathbb{B}_k\Psi_k+\boldsymbol{C}_k\widetilde{\boldsymbol{P}}_k\boldsymbol{C}_k^{\mathrm{T}}\boldsymbol{\beta}_k=0$$

$$\boldsymbol{\beta}_k=(\boldsymbol{C}_k\widetilde{\boldsymbol{P}}_k\boldsymbol{C}_k^{\mathrm{T}})^{-1}(\tilde{\boldsymbol{d}}_k-\boldsymbol{C}_k\boldsymbol{\mu}_k-\theta\mathbb{A}_k\Phi_k-\mathbb{B}_k\Psi_k)$$

根据 $\frac{\partial J_a}{\partial\hat{\boldsymbol{x}}_k}=\boldsymbol{0}$，有

$$-(\bar{\boldsymbol{S}}_k+\theta\bar{\boldsymbol{S}}_k\widetilde{\boldsymbol{P}}_k\bar{\boldsymbol{S}}_k)\Phi_k-\bar{\boldsymbol{S}}_k\widetilde{\boldsymbol{P}}_k\boldsymbol{H}_k^{\mathrm{T}}\boldsymbol{R}_k^{-1}\Psi_k-\bar{\boldsymbol{S}}_k\widetilde{\boldsymbol{P}}_k\boldsymbol{C}_k^{\mathrm{T}}\boldsymbol{\beta}_k+\frac{1}{\theta}\boldsymbol{C}_k^{\mathrm{T}}\boldsymbol{\gamma}_k=\boldsymbol{0} \tag{2-1-46}$$

在 $\bar{\boldsymbol{S}}_k+\theta\bar{\boldsymbol{S}}_k\widetilde{\boldsymbol{P}}_k\bar{\boldsymbol{S}}_k$ 非奇异的情况下，式(2-1-46)两边同时乘以 $\boldsymbol{C}_k(\bar{\boldsymbol{S}}_k+\theta\bar{\boldsymbol{S}}_k\widetilde{\boldsymbol{P}}_k\bar{\boldsymbol{S}}_k)^{-1}$，再根据 $\boldsymbol{C}_k\hat{\boldsymbol{x}}_k=\tilde{\tilde{\boldsymbol{d}}}_k$，有

$$\boldsymbol{\gamma}_k=\mathfrak{B}_k(-\theta\tilde{\tilde{\boldsymbol{d}}}_k+\theta\boldsymbol{C}_k\boldsymbol{\mu}_k+\theta\boldsymbol{C}_k\boldsymbol{A}_k^{-1}\boldsymbol{B}_k\Psi_k+\theta\boldsymbol{C}_k\boldsymbol{A}_k^{-1}\mathbb{A}_k^{\mathrm{T}}\boldsymbol{\beta}_k) \tag{2-1-47}$$

其中 $\mathfrak{B}_k=[\boldsymbol{C}_k(\bar{\boldsymbol{S}}_k+\theta\bar{\boldsymbol{S}}_k\widetilde{\boldsymbol{P}}_k\bar{\boldsymbol{S}}_k)^{-1}\boldsymbol{C}_k^{\mathrm{T}}]^{-1}$ 非奇异，原因是 $\boldsymbol{C}_k$ 行满秩，$\bar{\boldsymbol{S}}_{\mathrm{k}}+\theta\bar{\boldsymbol{S}}_k\widetilde{\boldsymbol{P}}_k\bar{\boldsymbol{S}}_k$ 非奇异。根据 $\frac{\partial J_a}{\partial\boldsymbol{y}_k}=\boldsymbol{0}$，有

$$\frac{1}{\theta}(\boldsymbol{R}_k^{-1}\boldsymbol{H}_k\widetilde{\boldsymbol{P}}_k\boldsymbol{H}_k^{\mathrm{T}}\boldsymbol{R}_k^{-1}-\boldsymbol{R}_k^{-1})\Psi_k+\frac{1}{\theta}\boldsymbol{R}_k^{-1}\boldsymbol{H}_k\widetilde{\boldsymbol{P}}_k\boldsymbol{C}_k^{\mathrm{T}}\boldsymbol{\beta}_k+\boldsymbol{R}_k^{-1}\boldsymbol{H}_k\widetilde{\boldsymbol{P}}_k\bar{\boldsymbol{S}}_k\Phi_k=0 \tag{2-1-48}$$

由式(2-1-46)、式(2-1-48)以及 $\boldsymbol{\beta}_k$、$\boldsymbol{\gamma}_k$ 的表达式,可以得到 $\hat{\boldsymbol{x}}_k$ 。J 关于 $\hat{\boldsymbol{x}}_k$ 的二阶偏导计算为 $\dfrac{\partial^2 J}{\partial \hat{\boldsymbol{x}}_k^2}=2(\bar{\boldsymbol{S}}_k+\theta\bar{\boldsymbol{S}}_k\tilde{\boldsymbol{P}}_k\bar{\boldsymbol{S}}_k)$ 。$\boldsymbol{S}_k$ 正定,由于 $\boldsymbol{L}_k$ 列满秩,从而 $\bar{\boldsymbol{S}}_k$ 正定。那么,$\bar{\boldsymbol{S}}_k+\theta\bar{\boldsymbol{S}}_k\tilde{\boldsymbol{P}}_k\bar{\boldsymbol{S}}_k$ 正定,从而 $\hat{\boldsymbol{x}}_k$ 是 J 的最小值点。

定理 2.1.1 和定理 2.1.2 中的条件容易满足。在 $\theta=0$ 的情况下,根据 $\boldsymbol{P}_k$ 正定,则 $\tilde{\boldsymbol{P}}_k^{-1}=\boldsymbol{P}_k^{-1}+\boldsymbol{H}_k^{\mathrm{T}}\boldsymbol{R}_k^{-1}\boldsymbol{H}_k$ 正定。如果 $\boldsymbol{P}_k$ 半正定,则状态分量的估计不是线性独立的,即至少存在一个状态分量,它的估计可以通过其他分量的估计重构。这样,不失一般性,可以用低维状态重构模型,保证相应的估计误差协方差 $\boldsymbol{P}_k>\boldsymbol{0}$,即当 θ 足够小时,能够保证 $\boldsymbol{P}_k^{-1}-\theta\bar{\boldsymbol{S}}_k+\boldsymbol{H}_k^{\mathrm{T}}\boldsymbol{R}_k^{-1}\boldsymbol{H}_k>0$。与此同时,在 $\bar{\boldsymbol{S}}_k=\boldsymbol{L}_k\boldsymbol{S}_k^{-1}\boldsymbol{L}_k^{\mathrm{T}}$ 的条件下,能够选择足够小的 $\boldsymbol{L}_k$ 或足够大的 $\boldsymbol{S}_k$ 保证 $\boldsymbol{P}_k^{-1}-\theta\bar{\boldsymbol{S}}_k+\boldsymbol{H}_k^{\mathrm{T}}\boldsymbol{R}_k^{-1}\boldsymbol{H}_k$ 的正定性。

$\beta_{i,k}$、$\gamma_{i,k}$、$\tilde{d}_{i,k}$ 和$\tilde{\tilde{d}}_{i,k}$ 的计算耦合。$\tilde{d}_{i,k}$ 和$\tilde{\tilde{d}}_{i,k}$ 的表达式之间存在非线性关系,不容易同时给出解。然而,幸运的是,$\mathrm{sign}(-\beta_{i,k})$ 和 $\mathrm{sign}(-\gamma_{i,k})$ 的取值都是二元的,即-1 或$+1$。$\tilde{d}_{i,k}$ 和$\tilde{\tilde{d}}_{i,k}$ 可以在四种不同情况下重新表示为两个线性函数。对于每种情况,我们确定 $\tilde{d}_{i,k}$ 和 $\tilde{\tilde{d}}_{i,k}$,把它们代入式(2-1-34)、式(2-1-35)和式(2-1-36),计算 $\boldsymbol{\beta}_k$ 和 $\boldsymbol{\gamma}_k$,并返回检验符号。如果匹配,将获得最终解,否则,尝试另一种情况,直到获得匹配的解。

下面为所提出的鲁棒区间约束 H_∞ 滤波(RICF)的计算过程。

步骤 1	初始化 $\boldsymbol{P}_0$、$\boldsymbol{\mu}_0$、$\boldsymbol{\beta}_0$、θ 和 $\hat{\boldsymbol{x}}_0$。
步骤 2	对于 $k\geqslant 1$,分别计算 $\tilde{\boldsymbol{P}}_{k-1}$、$\boldsymbol{P}_k$ 和 $\boldsymbol{\mu}_k$。 检验 $\boldsymbol{P}_k$ 是否满足定理 2.1.1 和定理 2.1.2 的条件。如果条件满足,进行步骤 3。否则,无解。
步骤 3	(1) 根据 $\boldsymbol{\beta}_k$ 和 $\boldsymbol{\gamma}_k$ 的四种符号组合情况,分别确定 $\tilde{d}_{i,k}$ 和$\tilde{\tilde{d}}_{i,k}$。 (2) 分别计算 $\boldsymbol{A}_k$、$\boldsymbol{B}_k$、$\boldsymbol{D}_k$、$\mathfrak{A}_k$、$\mathfrak{B}_k$、$\mathfrak{D}_k$、$\mathbb{A}_k$、$\mathbb{B}_k$、$\mathbb{D}_k$。根据式(2-1-34)、式(2-1-35)和式(2-1-36),分别计算 $\hat{\boldsymbol{x}}_k$、$\boldsymbol{\beta}_k$ 和 $\boldsymbol{\gamma}_k$。 (3) 根据式(2-1-35)和式(2-1-36),$\tilde{d}_{i,k}$ 和$\tilde{\tilde{d}}_{i,k}$ 的表达式,检验符号。如果符号正确,令 $k=k+1$,并返回步骤 2。否则,重新确定 $\tilde{d}_{i,k}$ 和$\tilde{\tilde{d}}_{i,k}$ 并返回步骤 3(3)。
步骤 4	输出 $\hat{\boldsymbol{z}}_k=\boldsymbol{L}_k\hat{\boldsymbol{x}}_k$。

2.1.4 仿真分析

在 $o-\xi\eta$ 笛卡儿坐标系中,模拟了基于道路约束的陆基车辆跟踪场景,所提算法 RICF 与文献[19]中的基于博弈和有效集法的约束 H_∞ 滤波算法(CMMF)进行比较。

车辆的状态向量是 $\boldsymbol{x}_k=(\xi_k,\eta_k,\dot{\xi}_k,\dot{\eta}_k)^{\mathrm{T}}$,其中 $(\xi_k,\eta_k)^{\mathrm{T}}$ 是相应的位置,$(\dot{\xi}_k,\dot{\eta}_k)^{\mathrm{T}}$ 是相关的速度。同时,目标的轨迹是正弦曲线,如图 2-1-1 所示。它基于一条直线,斜率为 $\tan(\pi/3)$,即 $\boldsymbol{x}_k=\boldsymbol{M}_r\boldsymbol{x}'_k$ 在第 k 个采样时刻,其中,

$\boldsymbol{M}_r=\boldsymbol{I}_2\otimes\begin{bmatrix}\cos(\pi/3) & -\sin(\pi/3)\\ \sin(\pi/3) & \cos(\pi/3)\end{bmatrix}$ 是一个坐标变换矩阵,这里 $\boldsymbol{x}'_k=(\xi'_k,\eta'_k,\dot{\xi}'_k,\dot{\eta}'_k)^{\mathrm{T}}$,

$\xi'_k = V_\xi(k-1)$，$\dot{\xi}'_k = V_\xi$，$\eta'_k = A_\eta \sin(\omega_\eta k)$，$\dot{\eta}'_k = \omega_\eta A_\eta \cos(\omega_\eta k)$。这里，$V_\xi = 30$，$A_\eta = 6$，$\omega_\eta = 0.55$。

目标运动被建模为由式(2-1-3)约束的系统式(2-1-1)和式(2-1-2)，其中

$$\boldsymbol{F}_k = \begin{bmatrix} 1 & T \\ 0 & 1 \end{bmatrix} \otimes \boldsymbol{I}_2, \boldsymbol{G}_k = \begin{bmatrix} \dfrac{T^2}{2} \\ T \end{bmatrix} \otimes \boldsymbol{I}_2, \boldsymbol{H}_k = [1 \quad 0] \otimes \boldsymbol{I}_2,$$

$$\boldsymbol{C}_k = [1 \quad -\tan(\pi/6) \quad 0 \quad 0], \boldsymbol{d}_k = \boldsymbol{0}$$

这里，$T = 1$ s。约束道路的固定宽度为 12 m，因此 $\delta_k = 12/\sqrt{3}$。此外，由于所考虑的滤波器采用了匀速运动模型，动态模型不确定性 $\boldsymbol{w}_k$ 实际上代表了未知时变加速度。根据目标跟踪系统的实际经验和测试平台，我们选择 $\rho a_{\max}^2 \boldsymbol{I}_2$ 作为 $\boldsymbol{Q}_k$ 的值，其中 $\rho \in [0.5, 1]$ 是自适应系数(此仿真中 $\rho = 0.77$)，$a_{\max}$ 是最大加速度($a_{\max} = 1.8$)，即 $\boldsymbol{Q}_k = 2.5\boldsymbol{I}_2$。这里，加速度在不同的方向是不相关的。此外，$\boldsymbol{v}_k$ 假设是具有协方差 $\boldsymbol{R}_k = 900\boldsymbol{I}_2$ 的高斯分布噪声，但是以(−90,90)为界。对于 CMMF 和 RICF，初始估计设置为 $\hat{\boldsymbol{x}}_{0|0} = (1, 8, 16, 25.2)^{\mathrm{T}}$。同时，对于 RICF，

$$\boldsymbol{P}_{0|0} = \mathrm{diag}(1.2, 1.2, 1, 1), \boldsymbol{L}_k = \boldsymbol{I}_4, \boldsymbol{S}_k^{-1} = \mathrm{diag}(0.9, 0.9, 1, 1)。$$

规定的性能界限分别是 $\theta = 0.35$、$\theta = 0.5$、$\theta = 0.65$ 和 $\theta = 0.8$。对于 CMMF，由于测量噪声协方差要求是单位矩阵，因此接收的测量值被重写为 $\boldsymbol{y}'_k = \boldsymbol{y}_k/30$。此外，条件 $\boldsymbol{C}_k\boldsymbol{C}_k^{\mathrm{T}} = \boldsymbol{I}$ 在 CMMF 中是必需的，因此式(2-1-3)左右两边同时除以 $\sqrt{1+\tan^2(\pi/6)}$。进一步，将具有绝对值运算的约束式(2-1-3)转化为

$$\begin{bmatrix} \sqrt{3}/2 & -1/2 & 0 & 0 \\ -\sqrt{3}/2 & 1/2 & 0 & 0 \end{bmatrix} \boldsymbol{x}_k \leqslant \begin{bmatrix} \delta_k/\sqrt{1+\tan^2(\pi/6)} \\ \delta_k/\sqrt{1+\tan^2(\pi/6)} \end{bmatrix},$$

以满足 CMMF 中的相应条件。

1000 次蒙特卡罗仿真的估计状态的均方根误差(RMSE)如图 2-1-2，图 2-1-3 所示。很明显，对于不同的 $\theta = 0.5$、$\theta = 0.65$ 和 $\theta = 0.8$，无论是 ξ 方向还是 η 方向，所提算法 RICF 的估计位置的 RMSE 小于 CMMF 的 RMSE。当 $\theta = 0.35$ 时，滤波器不稳定。在大多数时候，对于 $\theta = 0.35$，所提算法 RICF 的估计位置的 RMSE 小于 CMMF 的 RMSE。在图 2-1-2，图 2-1-3 中，对于 $\theta = 0.35$，估计位置的 RMSE 最大，$\theta = 0.65$，估计位置 RMSE 最小，即 θ 不能太大或太小。

$$\boldsymbol{P}_k^{-1} - \theta\bar{\boldsymbol{S}}_k + \boldsymbol{H}_k^{\mathrm{T}}\boldsymbol{R}_k^{-1}\boldsymbol{H}_k > \boldsymbol{0}$$

需要 θ 很小，但是，较小的 θ 意味着状态估计误差可能更大。因此，阈值 θ 的设计应根据具体的物理条件和要求来决定。

对于不同的 θ，所提 RICF 与 CMMF 的平均运行时间如图 2-1-4 所示，其中，仿真实现环境为 Intel(R) Core(TM) i5-4200M CPU @ 2.50 GHz 2.49 GHz 计算机，MATLAB 2019a 软件。运行时间同时使用“tic”和“toc”函数度量。明显地，尽管对于每一个 θ 值，RICF 的平均运行时间稍微长于 CMMF，然而它们的运行时间都很短，大约 6×10^{-4} s。这表明所提算法的运行时间满足大多数工程实际的应用要求。

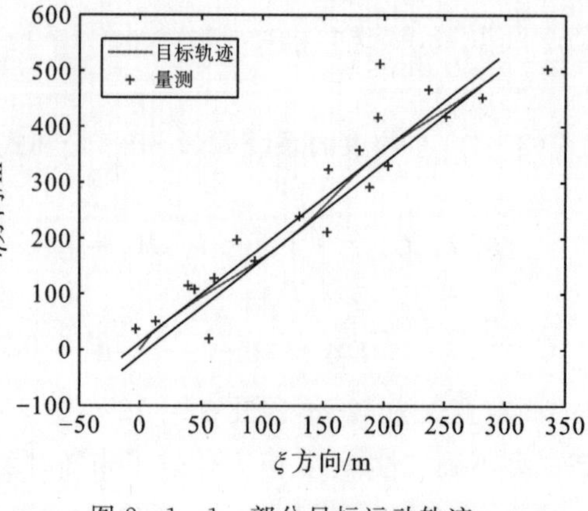

图 2-1-1　部分目标运动轨迹

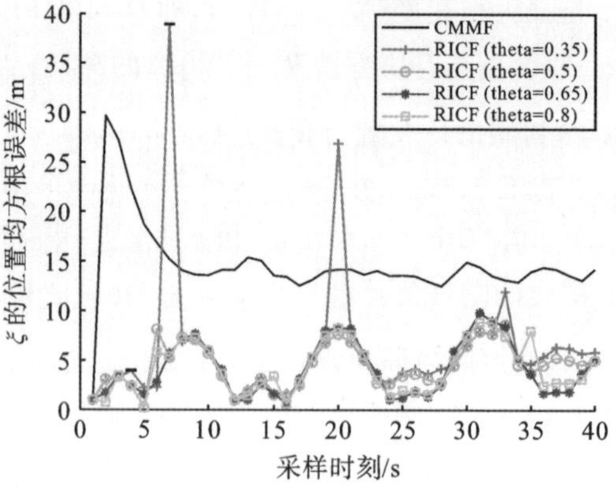

图 2-1-2　θ 不同时 RICF 与 CMMF 比较的 ξ 方向的 RMSE

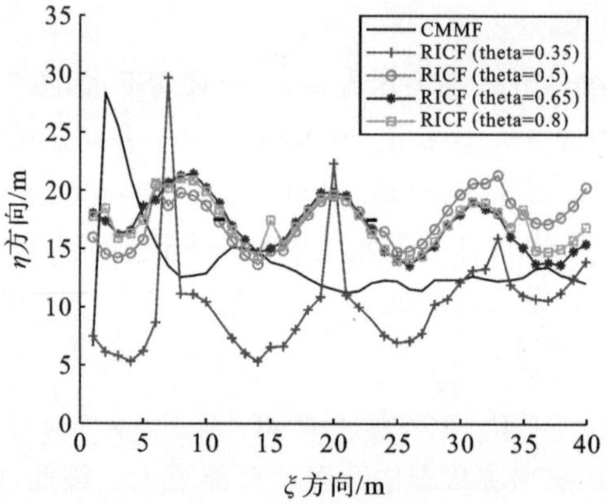

图 2-1-3　θ 不同时 RICF 与 CMMF 比较的 η 方向的 RMSE

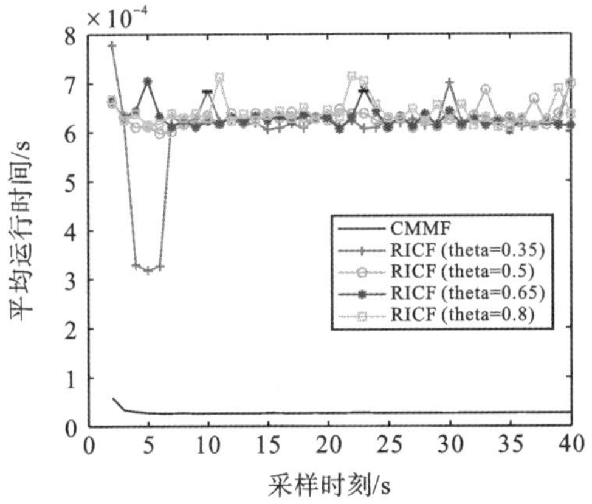

图 2-1-4　θ 不同时 RICF 与 CMMF 平均运行时间比较

2.2　不等式约束下带乘性噪声线性动态系统上限滤波

2.2.1　引　　言

随着信息和通信技术的快速发展，由于在网络控制系统[20-21]、智能体[22-23]、赛博网[24-25]、目标跟踪[26-27]等方面的应用，动态系统的滤波问题研究受到了广泛关注。事实上，滤波器设计是寻求优化函数，利用量测信息，来估计当前时刻的状态。因此，考虑实际工程需求和实时性，在现存的滤波器设计集中研究递推结构。

在最小化估计误差的均方误差准则中，著名的卡尔曼滤波能得到解析递推解，其中，假定所考虑的线性系统只受到加性高斯白噪声影响[1]。然而，实际应用中，例如正在发展的赛博网，所考虑的系统不仅仅受加性噪声影响，乘性噪声也可以影响系统[28-29]。典型的例子是，在移动式传感目标跟踪系统中，径向距的量测精度或信号强度经常会依赖目标和传感器的相对距离，导致量测模型中加性噪声和乘性噪声的共存[30]。实际上，由于应用广泛性，具有乘性噪声的系统递推滤波设计，也可以理解为在系统矩阵中存在随机参数的滤波器设计，是估计和控制研究的热点问题[31-32]。现存的具有乘性噪声的递推滤波器设计可分为以下三类。

第一类是具有各种未知参数的动态系统的最小均方误差滤波器，其中，由乘性噪声产生的不确定性根据相应的方差和二阶中心矩的乘积补偿到状态估计误差协方差递推中。在文献[33]中，提出了具有加性乘性噪声的离散时间线性系统的最优滤波器，优化标准是最小化估计均方误差，这是第一次讨论具有乘性噪声的滤波器设计问题。基于这个方法，随机系数矩阵卡尔曼滤波器被应用到多目标跟踪中，其中，在多目标和回波之间的关联不确定性由乘性概率描述[34]。同时，相应的滤波器被应用到多传感器融合中来处理存在于状态转移和量测矩阵中的乘性随机参数问题[35]。此外，在机动目标跟踪中，提出线性最小均方误差估计器来解决具有随机系数矩阵的马尔可夫跳变线性系统问题，以此建立状态估计和数据融合的一般滤波框架[36]。进一步地，根据高斯混合近似后验概率密度，提出传感网中具有乘性随机参数和随机延迟的非线性不确定系统的分布式信息滤波[30]。

第二类是上限滤波器，其中，估计误差协方差的上限递推计算而不是直接计算，基于这样的事实，乘性噪声的统计特性经常是部分已知或完全未知的，事先对约束知之甚少。对于离散时变具有乘性噪声和加性噪声的不确定系统，设计一种鲁棒滤波器，其中，根据两个离散黎卡提方程，对于允许的不确定性状态估计误差协方差的上限进行了最优化[37]。在文献[37]中，所考虑的系统包含两类乘性噪声，一个是前两阶统计特性已知的乘性随机变量，另一个是范数有界时变不确定性。在由随机变量的乘积和范数有界乘性非线性函数以及线性化误差引起的模型不确定性的情况下，文献[38]提出了一种对于具有统计不确定性非线性系统的鲁棒扩展卡尔曼滤波器，来保证状态估计误差协方差的最优上限。此外，一种保证状态估计误差协方差上限的鲁棒卡尔曼滤波器被提出，来进行具有乘性噪声和未知外部扰动的姿态估计，其中，乘性噪声建模为具有有界方差的随机变量，未知外部扰动包含在有限集中[39]。

第三类是其他递推滤波器，最典型的代表是 H_∞ 滤波器。在文献[40]中，解决了有限情况下的具有乘性随机不确定性的离散时间线性系统的 H_∞ 最优控制和滤波问题。通过选择特定的观测器增益，满足事先设计好的估计性能指标，文献[40]最小化估计误差协方差上界，其中，扰动和初始条件建模为不相关的零均值白噪声信号。根据给定的 H_∞ 范数标准，利用类西尔维斯特(Sylvester)约束，通过寻找唯一的增益矩阵，文献[41]设计了具有乘性噪声的随机双线性系统的降阶 H_∞ 滤波器。此外，基于一般的事件触发框架，文献[42]讨论了具有信道衰减，随机非线性以及乘性噪声的离散时变系统的有限 H_∞ 滤波器。

尽管上述滤波器针对具有各种乘性噪声的动态系统有不同的优化准则，然而，它们都没有考虑约束的存在。约束普遍存在，以各种物理量(如质量，能量，动量等)或者数学物理性质(如非负性，单调性，凸性等)展现出来[2,12]。同时，和只有加性噪声的系统比较，乘性噪声的存在会引起状态演化的不确定性。合理的约束会减少不确定性改善滤波性能。近年来，约束滤波被广泛关注，主要包含两大类：等式约束滤波和不等式约束滤波。等式约束滤波的发展已日臻成熟，对于不等式约束滤波，尽管存在一些研究，但是它们都是针对具体问题做具体分析。特别地，区间约束，作为一种不等式约束很常见，不仅仅可以优化动态模型来减少状态不确定性，而且不会同等式约束一样引入很多冲突。因此，更加准确地捕捉到实际动态系统演化规律是可能的，在过去的几十年里，这种区间约束滤波引起了人们的广泛关注。

事实上，在多传感器时，有益于建模系统动态演化并能引起系统不确定性的乘性噪声和区间约束可能共存于复杂估计问题中。例如，在道路约束目标跟踪中，目标在一定宽度的道路上做S形移动。道路建模为区间约束从而限制目标运动。认为目标的轨迹是一系列典型运动模式的组合，模式之间的转换服从马尔可夫跳变过程，或随机参数矩阵过程(乘性噪声参数)。此外，量测(例如幅度和信号强度)的精确度，即量测噪声协方差，取决于目标与传感器之间的距离，相应的线性化误差取决于当前时刻的系统状态。因此，考虑加性噪声和乘性噪声共存的动态系统模型是合理的，并且可以认为这是一种实际的建模方法。然而，根据作者所知，没有乘性噪声和区间约束共存的动态系统滤波设计，这样的系统的滤波是重要的并且是开放性问题。

根据上述讨论，利用线性矩阵不等式方法，一种具有区间约束加性乘性噪声的动态系统上限滤波被提出，简记为 UBFIM。区间约束被转化成具有未知参数的等式约束后，通过系统投影，约束被纳入系统动态模型中，从而重构具有未知输入的新的动态模型。由于乘性噪声和未知输入共存，状态估计误差，滤波残差和状态预测误差的协方差上界被递推构造，通过量测信息的有效性和数值凸优化得到最优解。同时，需要指出，由于文章中所考虑的不等式可以转化为带有未知扰动的等式，因而，所提出的滤波器能直接适应于具有乘性噪声的等式约束系统。

2.2.2　问题描述

考虑具有区间约束加性乘性噪声的动态系统滤波问题

$$\boldsymbol{x}_{k+1}=(\boldsymbol{F}_{0,k}+\sum_{s=1}^{r}\varpi_{s,k}\boldsymbol{F}_{s,k})\boldsymbol{x}_k+\boldsymbol{G}_k\boldsymbol{w}_k \tag{2-2-1}$$

$$\boldsymbol{y}_{i,k}=(\boldsymbol{H}_{0,k}+\sum_{q=1}^{r}\theta_{q,i,k}\boldsymbol{H}_{q,i,k})\boldsymbol{x}_k+\boldsymbol{\Gamma}_{i,k}\boldsymbol{v}_{i,k}\qquad i=1,2,\cdots,n \tag{2-2-2}$$

$$|\boldsymbol{C}_k^j\boldsymbol{x}_k-d_k^j|\leqslant\delta_k^j\qquad j=1,2,\cdots,N_k \tag{2-2-3}$$

式中，$\boldsymbol{x}_k$ 是状态向量；$\boldsymbol{y}_{i,k}$ 是传感器 i 的量测向量，$i=1,2,\cdots,n$；$\boldsymbol{w}_k$ 和 $\boldsymbol{v}_{i,k}$ 分别是加性零均值白噪声序列，具有单位协方差，且相互独立；$\varpi_{s,k}$ 和 $\theta_{q,i,k}$ 分别代表乘性零均值白噪声，$E(\bar{\omega}_{s,k}\bar{\omega}_{s',k})=\sigma_{ss',k}^2$，$E(\theta_{q,i,k}\theta_{q',i,k})=c_{qq',i,k}^2$，$s,s',q,q'=1,2,\cdots,r$。同时，对于 $i\neq i'$，$E(\boldsymbol{v}_{i,k}\boldsymbol{v}_{i',k'}^{\mathrm{T}})=\boldsymbol{0}$，$E(\theta_{q,i,k}\theta_{q',i',k'})=0$。这里，$r$、$n$ 和 N_k 是已知正整数。$\boldsymbol{F}_{0,k}$、$\boldsymbol{H}_{0,k}$ 和 $\boldsymbol{F}_{s,k}$、$\boldsymbol{H}_{q,i,k}$ 是适当维数的已知矩阵，$s,q=1,2,\cdots,r$，$i=1,2,\cdots,n$。此外，d_k^j 和 δ_k^j 是已知有界标量，$\boldsymbol{C}_k:=\mathrm{col}\{\boldsymbol{C}_k^j,j=1,2,\cdots,N_k\}$ 是给定行满秩矩阵。

给定量测 $\boldsymbol{y}_{i,l}(i=1,2,\cdots,n,l=1,2,\cdots,k)$，在区间约束和乘性噪声共存的情况下估计状态 $\boldsymbol{x}_k$。

由于区间约束式(2-2-3)所产生的不确定性不同于高斯噪声所产生的不确定性，因而不适合直接设计卡尔曼型点滤波器。一种可能的设计方式是在粒子滤波框架下，根据式(2-2-1)采样，基于式(2-2-3)选择样本点。然而，问题是如果 δ_k^j 不是很大，则相对于抽样空间，约束空间很小，这会导致粒子多样性的丧失，因为所选取的粒子将会有非常高的相似性。同时，乘性噪声的存在使得状态后验概率密度变得很复杂，从而导致重要性采样函数的设计很困难。因此，基于递推上限结构的滤波器设计方法被提出来解决区间约束和乘性噪声共存的问题。

首先，区间约束式(2-2-3)转化成下面的等式约束：

$$\boldsymbol{C}_k^j\boldsymbol{x}_k=d_k^j+\delta_k^j\sin\beta_k^j,j=1,2,\cdots,N_k,j=1,2,\cdots,N_k$$

或它们的等价形式

$$\boldsymbol{C}_k\boldsymbol{x}_k=\boldsymbol{d}_k+\boldsymbol{\delta}_k\boldsymbol{\tau}_k$$

其中，$\sin\beta_k^j\in[-1,1]$ 代表区间不确定性，β_k^j 是未知角，$j=1,2,\cdots,N_k$。此外，

$$\boldsymbol{d}_k:=\mathrm{col}\{d_k^j,j=1,2,\cdots,N_k\}$$

$$\boldsymbol{\delta}_k:=\mathrm{diag}\{\delta_k^j,j=1,2,\cdots,N_k\}$$

$$\boldsymbol{\tau}_k:=\mathrm{col}\{\sin\beta_k^j,j=1,2,\cdots,N_k\}$$

这样，区间约束等价于具有未知扰动的等式约束。

令 $\boldsymbol{P}_k:=\boldsymbol{I}-\boldsymbol{C}_k^{\mathrm{T}}(\boldsymbol{C}_k\boldsymbol{C}_k^{\mathrm{T}})^{-1}\boldsymbol{C}_k$，$\boldsymbol{C}_k^{+}:=\boldsymbol{C}_k^{\mathrm{T}}(\boldsymbol{C}_k\boldsymbol{C}_k^{\mathrm{T}})^{-1}$。显然，$(\boldsymbol{I}-\boldsymbol{P}_k)\boldsymbol{C}_k^{+}=\boldsymbol{C}_k^{+}$，$(\boldsymbol{I}-\boldsymbol{P}_k)(\boldsymbol{I}-\boldsymbol{C}_k^{+}\boldsymbol{C}_k)=\boldsymbol{O}$。记 $\bar{\boldsymbol{d}}_k:=\boldsymbol{C}_k\boldsymbol{x}_k=\boldsymbol{d}_k+\boldsymbol{\delta}_k\boldsymbol{\tau}_k$，有

$$\begin{aligned}\boldsymbol{x}_k&=\boldsymbol{P}_k\boldsymbol{x}_k+(\boldsymbol{I}-\boldsymbol{P}_k)\boldsymbol{x}_k\\&=\boldsymbol{P}_k\boldsymbol{x}_k+(\boldsymbol{I}-\boldsymbol{P}_k)[\boldsymbol{C}_k^{+}\bar{\boldsymbol{d}}_k+(\boldsymbol{I}-\boldsymbol{C}_k^{+}\boldsymbol{C}_k)\boldsymbol{x}_k]\end{aligned}$$

$$=\boldsymbol{P}_k\boldsymbol{x}_k+\boldsymbol{C}_k^+\bar{\boldsymbol{d}}_k\ ,$$

在 $k+1$ 时刻,把式(2-2-1)插入上式中,有

$$\begin{aligned}\boldsymbol{x}_{k+1}&=\boldsymbol{P}_{k+1}(\boldsymbol{F}_{0,k}+\sum_{s=1}^{r}\varpi_{s,k}\boldsymbol{F}_{s,k})\boldsymbol{x}_k+\boldsymbol{P}_{k+1}\boldsymbol{G}_k\boldsymbol{w}_k+\boldsymbol{C}_{k+1}^+\bar{\boldsymbol{d}}_{k+1}\\&=(\underline{\boldsymbol{F}}_{0,k}+\sum_{s=1}^{r}\varpi_{s,k}\underline{\boldsymbol{F}}_{s,k})\boldsymbol{x}_k+\underline{\boldsymbol{G}}_k\boldsymbol{w}_k+\boldsymbol{C}_{k+1}^+(\boldsymbol{d}_{k+1}+\boldsymbol{\delta}_{k+1}\boldsymbol{\tau}_{k+1})\end{aligned}\tag{2-2-4}$$

满足约束式(2-2-3)的等式 $\boldsymbol{C}_{k+1}\boldsymbol{x}_{k+1}=\boldsymbol{d}_{k+1}+\boldsymbol{\delta}_{k+1}\boldsymbol{\tau}_{k+1}$,其中,$\underline{\boldsymbol{F}}_{0,k}:=\boldsymbol{P}_{k+1}\boldsymbol{F}_{0,k}$,$\underline{\boldsymbol{F}}_{s,k}:=\boldsymbol{P}_{k+1}\boldsymbol{F}_{s,k}$,$\underline{\boldsymbol{G}}_k:=\boldsymbol{P}_{k+1}\boldsymbol{G}_k$。

所产生的模型式(2-2-4)是先验动态模型式(2-2-1)和区间约束式(2-2-3)的组合,其中,区间约束转化为具有未知加性输入 $\boldsymbol{\tau}_{k+1}$ 的等式约束。特别地,由于未知输入,加性乘性噪声的共存,不能直接设计卡尔曼型点滤波器,所以需要探索新的递推滤波器,而上限滤波一步一步寻找估计误差协方差的上界而不是直接递推计算估计误差协方差。

2.2.3 滤波器设计

对于系统式(2-2-4)和式(2-2-2),考虑线性滤波器式(2-2-5)至式(2-2-7):

$$\hat{\boldsymbol{x}}_{k+1|k}=\underline{\boldsymbol{F}}_{0,k}\hat{\boldsymbol{x}}_{k|k}+\boldsymbol{C}_{k+1}^+\boldsymbol{d}_{k+1}\tag{2-2-5}$$

$$\boldsymbol{\gamma}_{k+1}=\begin{bmatrix}\boldsymbol{y}_{j_1,k+1}-\boldsymbol{H}_{0,k+1}\hat{\boldsymbol{x}}_{k+1|k}\\\boldsymbol{y}_{j_2,k+1}-\boldsymbol{H}_{0,k+1}\hat{\boldsymbol{x}}_{k+1|k}\\\cdots\\\boldsymbol{y}_{j_n,k+1}-\boldsymbol{H}_{0,k+1}\hat{\boldsymbol{x}}_{k+1|k}\end{bmatrix}\tag{2-2-6}$$

$$\hat{\boldsymbol{x}}_{k+1|k+1}=\hat{\boldsymbol{x}}_{k+1|k}+\sum_{j\in\mathcal{M}}\boldsymbol{K}_{k+1}^j(\boldsymbol{y}_{j,k+1}-\boldsymbol{H}_{0,k+1}\hat{\boldsymbol{x}}_{k+1|k})\tag{2-2-7}$$

其中 $\mathcal{M}:=\{j_1,j_2,\cdots,j_n\}(j_1,j_2,\cdots,j_n\in\{1,2,\cdots,n\})$,$\boldsymbol{K}_{k+1}^j(j\in\mathcal{M})$ 是需要设计的滤波增益。

记 $\boldsymbol{\Sigma}_{k|l}:=E(\tilde{\boldsymbol{x}}_{k|l}\tilde{\boldsymbol{x}}_{k|l}^{\mathrm{T}})$,$\boldsymbol{V}_k:=E(\boldsymbol{\gamma}_{k+1}\boldsymbol{\gamma}_{k+1}^{\mathrm{T}})$,$\tilde{\boldsymbol{x}}_{k|l}:=\boldsymbol{x}_k-\hat{\boldsymbol{x}}_{k|l}$。因为 $\boldsymbol{\tau}_{k+1}$ 产生于区间不确定性,它的统计特性很模糊,因此假设 $\boldsymbol{\tau}_{k+1}$ 与 $\boldsymbol{x}_k$、$\boldsymbol{w}_k$、$\varpi_{s,k}$ 和 $\boldsymbol{d}_{k+1}$ 无关。

通过放缩新息协方差,构建相应的协方差上界,这部分内容在下面将会着重讨论。把式(2-2-5)至式(2-2-7)分别插入 $\boldsymbol{\Sigma}_{k+1|k}$、$\boldsymbol{V}_{k+1}$ 和 $\boldsymbol{\Sigma}_{k+1|k+1}$ 的定义中,有

$$\begin{aligned}\boldsymbol{\Sigma}_{k+1|k}&=E(\underline{\boldsymbol{F}}_{0,k}\tilde{\boldsymbol{x}}_{k|k}+\sum_{s=1}^{r}\varpi_{s,k}\underline{\boldsymbol{F}}_{s,k}\boldsymbol{x}_k+\underline{\boldsymbol{G}}_k\boldsymbol{w}_k+\boldsymbol{C}_{k+1}^+\boldsymbol{\delta}_{k+1}\boldsymbol{\tau}_{k+1})(\cdot)^{\mathrm{T}}\\&=\underline{\boldsymbol{F}}_{0,k}\boldsymbol{\Sigma}_{k|k}\underline{\boldsymbol{F}}_{0,k}^{\mathrm{T}}+\underline{\boldsymbol{G}}_k\underline{\boldsymbol{G}}_k^{\mathrm{T}}+\sum_{s=1}^{r}\sum_{q=1}^{r}\sigma_{sq,k}^2\underline{\boldsymbol{F}}_{s,k}E(\boldsymbol{x}_k\boldsymbol{x}_k^{\mathrm{T}})\underline{\boldsymbol{F}}_{q,k}^{\mathrm{T}}+\boldsymbol{C}_{k+1}^+\boldsymbol{\delta}_{k+1}\boldsymbol{E}(\boldsymbol{\tau}_{k+1}\boldsymbol{\tau}_{k+1}^{\mathrm{T}})\boldsymbol{\delta}_{k+1}^{\mathrm{T}}(\boldsymbol{C}_{k+1}^+)^{\mathrm{T}}\end{aligned}\tag{2-2-8}$$

$$\boldsymbol{V}_{k+1}=\begin{bmatrix}\boldsymbol{\Phi}_{k+1}^{j_1,j_1} & \boldsymbol{\Lambda}_{k+1} & \cdots & \boldsymbol{\Lambda}_{k+1}\\ \boldsymbol{\Lambda}_{k+1} & \boldsymbol{\Phi}_{k+1}^{j_2,j_2} & \cdots & \boldsymbol{\Lambda}_{k+1}\\ \cdots & \cdots & \cdots & \cdots\\ \boldsymbol{\Lambda}_{k+1} & \boldsymbol{\Lambda}_{k+1} & \cdots & \boldsymbol{\Phi}_{k+1}^{j_n,j_n}\end{bmatrix}。\tag{2-2-9}$$

$$\begin{aligned}\boldsymbol{\Sigma}_{k+1|k+1}&=E(\tilde{\boldsymbol{x}}_{k+1|k}+\sum_{j\in\mathcal{M}}\boldsymbol{K}_{k+1}^{j}(\boldsymbol{H}_{0,k+1}\tilde{\boldsymbol{x}}_{k+1|k}+\sum_{q=1}^{r}\theta_{q,j,k+1}\boldsymbol{H}_{q,j,k+1}\boldsymbol{x}_{k+1}+\boldsymbol{\Gamma}_{j,k+1}\boldsymbol{v}_{j,k+1}))(\cdot)^{\mathrm{T}}\\&=\sum_{j\in\mathcal{M}}\sum_{s=1}^{r}\sum_{q=1}^{r}c_{sq,j,k+1}^{2}\boldsymbol{K}_{k+1}^{j}\boldsymbol{H}_{s,j,k+1}E(\boldsymbol{x}_{k+1}\boldsymbol{x}_{k+1}^{\mathrm{T}})\boldsymbol{H}_{q,j,k+1}^{\mathrm{T}}\boldsymbol{K}_{k+1}^{j\mathrm{T}}\\&\quad+(\boldsymbol{I}-\sum_{j\in\mathcal{M}}\boldsymbol{K}_{k+1}^{j}\boldsymbol{H}_{0,k+1})\boldsymbol{\Sigma}_{k+1|k}(\boldsymbol{I}-\sum_{j\in\mathcal{M}}\boldsymbol{K}_{k+1}^{j}\boldsymbol{H}_{0,k+1})^{\mathrm{T}}+\sum_{j\in\mathcal{M}}\boldsymbol{K}_{k+1}^{j}\boldsymbol{\Gamma}_{j,k+1}\boldsymbol{\Gamma}_{j,k+1}^{\mathrm{T}}\boldsymbol{K}_{k+1}^{j\mathrm{T}}\end{aligned}\tag{2-2-10}$$

其中

$$\begin{aligned}\boldsymbol{\Lambda}_{k+1}&:=E(\boldsymbol{y}_{j,k+1}-\boldsymbol{H}_{0,k+1}\hat{\boldsymbol{x}}_{k+1|k})(\boldsymbol{y}_{j',k+1}-\boldsymbol{H}_{0,k+1}\hat{\boldsymbol{x}}_{k+1|k})^{\mathrm{T}}\\&=(\boldsymbol{H}_{0,k+1}\tilde{\boldsymbol{x}}_{k+1|k}+\sum_{q=1}^{r}\theta_{q,j,k+1}\boldsymbol{H}_{q,j,k+1}\boldsymbol{x}_{k+1}+\boldsymbol{v}_{j,k+1})\cdot\\&\quad(\boldsymbol{H}_{0,k+1}\tilde{\boldsymbol{x}}_{k+1|k}+\sum_{q=1}^{r}\theta_{q,j',k+1}\boldsymbol{H}_{q,j',k+1}\boldsymbol{x}_{k+1}+\boldsymbol{v}_{j',k+1})^{\mathrm{T}}=\boldsymbol{H}_{0,k+1}\boldsymbol{\Sigma}_{k+1|k}\boldsymbol{H}_{0,k+1}^{\mathrm{T}}\quad(j\neq j'),\end{aligned}$$

$$\begin{aligned}\boldsymbol{\Phi}_{k+1}^{j_i,j_i}&:=E(\boldsymbol{y}_{j_i,k+1}-\boldsymbol{H}_{0,k+1}\hat{\boldsymbol{x}}_{k+1|k})(\cdot)^{\mathrm{T}}=(\boldsymbol{H}_{0,k+1}\tilde{\boldsymbol{x}}_{k+1|k}+\sum_{q=1}^{r}\theta_{q,j_i,k+1}\boldsymbol{H}_{q,j_i,k+1}\boldsymbol{x}_{k+1}+\boldsymbol{v}_{j_i,k+1})(\cdot)^{\mathrm{T}}\\&=\boldsymbol{\Lambda}_{k+1}+\boldsymbol{\Gamma}_{j_i,k+1}\boldsymbol{\Gamma}_{j_i,k+1}^{\mathrm{T}}+\sum_{s=1}^{r}\sum_{q=1}^{r}c_{sq,j_i,k+1}^{2}\boldsymbol{H}_{s,j_i,k+1}E(\boldsymbol{x}_{k+1}\boldsymbol{x}_{k+1}^{\mathrm{T}})\boldsymbol{H}_{q,j_i,k+1}^{\mathrm{T}}。\end{aligned}$$

由于在 $\boldsymbol{\Sigma}_{k+1|k}$ 中产生于区间约束的未知参数 $\boldsymbol{\tau}_{k+1}$ 的存在，上限滤波器被设计，相关定义如下。

定义 2.2.1　系统式(2-2-1)至式(2-2-3)的线性滤波器式(2-2-5)至式(2-2-7)称之为上限滤波器，如果存在一列正定矩阵 $\boldsymbol{\Sigma}_{k+1|k}^{*}$、$\boldsymbol{V}_{k+1}^{*}$ 及 $\boldsymbol{\Sigma}_{k+1|k+1}^{*}$ 满足

$$\boldsymbol{\Sigma}_{k+1|k}^{*}\geqslant\boldsymbol{\Sigma}_{k+1|k}=E(\tilde{\boldsymbol{x}}_{k+1|k}\tilde{\boldsymbol{x}}_{k+1|k}^{\mathrm{T}}),\tag{2-2-11}$$

$$\boldsymbol{V}_{k+1}^{*}\geqslant\boldsymbol{V}_{k+1}=E(\boldsymbol{\gamma}_{k+1}\boldsymbol{\gamma}_{k+1}^{\mathrm{T}}),\tag{2-2-12}$$

$$\boldsymbol{\Sigma}_{k+1|k+1}^{*}\geqslant\boldsymbol{\Sigma}_{k+1|k+1}=E(\tilde{\boldsymbol{x}}_{k+1|k+1}\tilde{\boldsymbol{x}}_{k+1|k+1}^{\mathrm{T}})。\tag{2-2-13}$$

为了设计上限滤波器，给出如下引理。

引理 2.2.1　如果矩阵 $\boldsymbol{\Pi}$ 正定，矩阵 $\boldsymbol{C}$ 行满秩，则存在正定矩阵 $\boldsymbol{\Pi}^{1}$ 使得 $\boldsymbol{\Pi}=\boldsymbol{C}\boldsymbol{\Pi}^{1}\boldsymbol{C}^{\mathrm{T}}$。

证明　因为 $\boldsymbol{C}$ 行满秩，则存在可逆矩阵 $\boldsymbol{Q}$ 使得 $\boldsymbol{C}=[\boldsymbol{I}\quad\boldsymbol{O}]\boldsymbol{Q}$。令

$$\boldsymbol{\Pi}^{1}=\boldsymbol{Q}^{-1}\begin{bmatrix}\boldsymbol{\Pi} & \boldsymbol{O}\\ \boldsymbol{O} & \boldsymbol{I}\end{bmatrix}\boldsymbol{Q}^{-\mathrm{T}},$$

则

$$\boldsymbol{C}\boldsymbol{\Pi}^{1}\boldsymbol{C}^{\mathrm{T}}=[\boldsymbol{I}\quad\boldsymbol{O}]\boldsymbol{Q}\boldsymbol{Q}^{-1}\begin{bmatrix}\boldsymbol{\Pi} & \boldsymbol{O}\\ \boldsymbol{O} & \boldsymbol{I}\end{bmatrix}\boldsymbol{Q}^{-\mathrm{T}}\boldsymbol{Q}^{\mathrm{T}}\begin{bmatrix}\boldsymbol{I}\\ \boldsymbol{O}\end{bmatrix}=\boldsymbol{\Pi}。$$

由于 $\begin{bmatrix}\boldsymbol{\Pi} & \boldsymbol{O}\\ \boldsymbol{O} & \boldsymbol{I}\end{bmatrix}$ 正定，从而 $\boldsymbol{\Pi}^{1}$ 正定。

引理 2.2.2 令矩阵 $\boldsymbol{H}_1=\mathrm{col}\{\boldsymbol{h}_j^1,j=1,2,\cdots,l\}$，$\boldsymbol{H}_2=\mathrm{col}\{\boldsymbol{h}_j^2,j=1,2,\cdots,l\}$，$\boldsymbol{H}_3=\mathrm{col}\{\boldsymbol{h}_j^3,j=1,2,\cdots,l\}$，$\boldsymbol{H}_4=\mathrm{col}\{\boldsymbol{h}_j^4,j=1,2,\cdots,l\}$，$\boldsymbol{\beta}$ 是列向量，如果对于所有的 $s_1,s_2,s_3,s_4=1,2,\cdots,l,s_1<s_2<s_3<s_4$，有 $\mathbb{H}_1+\mathbb{H}_1^{\mathrm{T}}-\mathbb{H}_2-\mathbb{H}_2^{\mathrm{T}}$ 半正定，则

$$\boldsymbol{H}_1\boldsymbol{\beta\beta}^{\mathrm{T}}\boldsymbol{H}_2^{\mathrm{T}}+\boldsymbol{H}_2\boldsymbol{\beta\beta}^{\mathrm{T}}\boldsymbol{H}_1^{\mathrm{T}}\geqslant\boldsymbol{H}_3\boldsymbol{\beta\beta}^{\mathrm{T}}\boldsymbol{H}_4^{\mathrm{T}}+\boldsymbol{H}_4\boldsymbol{\beta\beta}^{\mathrm{T}}\boldsymbol{H}_3^{\mathrm{T}},$$

其中

$$\mathbb{H}_1=\begin{bmatrix}(\boldsymbol{h}_s^1)^{\mathrm{T}}\boldsymbol{h}_s^2 & (\boldsymbol{h}_s^1)^{\mathrm{T}}\boldsymbol{h}_{s+1}^2 & (\boldsymbol{h}_s^1)^{\mathrm{T}}\boldsymbol{h}_{s+2}^2 & (\boldsymbol{h}_s^1)^{\mathrm{T}}\boldsymbol{h}_{s+3}^2\\ (\boldsymbol{h}_{s+1}^1)^{\mathrm{T}}\boldsymbol{h}_s^2 & (\boldsymbol{h}_{s+1}^1)^{\mathrm{T}}\boldsymbol{h}_{s+1}^2 & (\boldsymbol{h}_{s+1}^1)^{\mathrm{T}}\boldsymbol{h}_{s+2}^2 & (\boldsymbol{h}_{s+1}^1)^{\mathrm{T}}\boldsymbol{h}_{s+3}^2\\ (\boldsymbol{h}_{s+2}^1)^{\mathrm{T}}\boldsymbol{h}_s^2 & (\boldsymbol{h}_{s+2}^1)^{\mathrm{T}}\boldsymbol{h}_{s+1}^2 & (\boldsymbol{h}_{s+2}^1)^{\mathrm{T}}\boldsymbol{h}_{s+2}^2 & (\boldsymbol{h}_{s+2}^1)^{\mathrm{T}}\boldsymbol{h}_{s+3}^2\\ (\boldsymbol{h}_{s+3}^1)^{\mathrm{T}}\boldsymbol{h}_s^2 & (\boldsymbol{h}_{s+3}^1)^{\mathrm{T}}\boldsymbol{h}_{s+1}^2 & (\boldsymbol{h}_{s+3}^1)^{\mathrm{T}}\boldsymbol{h}_{s+2}^2 & (\boldsymbol{h}_{s+3}^1)^{\mathrm{T}}\boldsymbol{h}_{s+3}^2\end{bmatrix},$$

$$\mathbb{H}_2=\begin{bmatrix}(\boldsymbol{h}_s^3)^{\mathrm{T}}\boldsymbol{h}_s^4 & (\boldsymbol{h}_s^3)^{\mathrm{T}}\boldsymbol{h}_{s+1}^4 & (\boldsymbol{h}_s^3)^{\mathrm{T}}\boldsymbol{h}_{s+2}^4 & (\boldsymbol{h}_s^3)^{\mathrm{T}}\boldsymbol{h}_{s+3}^4\\ (\boldsymbol{h}_{s+1}^3)^{\mathrm{T}}\boldsymbol{h}_s^4 & (\boldsymbol{h}_{s+1}^3)^{\mathrm{T}}\boldsymbol{h}_{s+1}^4 & (\boldsymbol{h}_{s+1}^3)^{\mathrm{T}}\boldsymbol{h}_{s+2}^4 & (\boldsymbol{h}_{s+1}^3)^{\mathrm{T}}\boldsymbol{h}_{s+3}^4\\ (\boldsymbol{h}_{s+2}^3)^{\mathrm{T}}\boldsymbol{h}_s^4 & (\boldsymbol{h}_{s+2}^3)^{\mathrm{T}}\boldsymbol{h}_{s+1}^4 & (\boldsymbol{h}_{s+2}^3)^{\mathrm{T}}\boldsymbol{h}_{s+2}^4 & (\boldsymbol{h}_{s+2}^3)^{\mathrm{T}}\boldsymbol{h}_{s+3}^4\\ (\boldsymbol{h}_{s+3}^3)^{\mathrm{T}}\boldsymbol{h}_s^4 & (\boldsymbol{h}_{s+3}^3)^{\mathrm{T}}\boldsymbol{h}_{s+1}^4 & (\boldsymbol{h}_{s+3}^3)^{\mathrm{T}}\boldsymbol{h}_{s+2}^4 & (\boldsymbol{h}_{s+3}^3)^{\mathrm{T}}\boldsymbol{h}_{s+3}^4\end{bmatrix}。$$

证明 令

$$\boldsymbol{D}=\boldsymbol{H}_1\boldsymbol{\beta\beta}^{\mathrm{T}}\boldsymbol{H}_2^{\mathrm{T}}+\boldsymbol{H}_2\boldsymbol{\beta\beta}^{\mathrm{T}}\boldsymbol{H}_1^{\mathrm{T}}-\boldsymbol{H}_3\boldsymbol{\beta\beta}^{\mathrm{T}}\boldsymbol{H}_4^{\mathrm{T}}-\boldsymbol{H}_4\boldsymbol{\beta\beta}^{\mathrm{T}}\boldsymbol{H}_3^{\mathrm{T}}。$$

由于秩 $\boldsymbol{D}\leqslant 4$，从而只需要考虑 $\boldsymbol{D}$ 的前四阶主子式。

因为

$$\boldsymbol{H}_1\boldsymbol{\beta\beta}^{\mathrm{T}}\boldsymbol{H}_2^{\mathrm{T}}=\begin{bmatrix}\boldsymbol{\beta}^{\mathrm{T}} & \boldsymbol{0} & \cdots & \boldsymbol{0}\\ \boldsymbol{0} & \boldsymbol{\beta}^{\mathrm{T}} & \cdots & \boldsymbol{0}\\ \cdots & \cdots & \cdots & \cdots\\ \boldsymbol{0} & \boldsymbol{0} & \cdots & \boldsymbol{\beta}^{\mathrm{T}}\end{bmatrix}\begin{bmatrix}(\boldsymbol{h}_1^1)^{\mathrm{T}}\boldsymbol{h}_1^2 & (\boldsymbol{h}_1^1)^{\mathrm{T}}\boldsymbol{h}_2^2 & \cdots & (\boldsymbol{h}_1^1)^{\mathrm{T}}\boldsymbol{h}_l^2\\ (\boldsymbol{h}_2^1)^{\mathrm{T}}\boldsymbol{h}_1^2 & (\boldsymbol{h}_2^1)^{\mathrm{T}}\boldsymbol{h}_2^2 & \cdots & (\boldsymbol{h}_2^1)^{\mathrm{T}}\boldsymbol{h}_l^2\\ \cdots & \cdots & \cdots & \cdots\\ (\boldsymbol{h}_l^1)^{\mathrm{T}}\boldsymbol{h}_1^2 & (\boldsymbol{h}_l^1)^{\mathrm{T}}\boldsymbol{h}_2^2 & \cdots & (\boldsymbol{h}_l^1)^{\mathrm{T}}\boldsymbol{h}_l^2\end{bmatrix}\begin{bmatrix}\boldsymbol{\beta} & \boldsymbol{0} & \cdots & \boldsymbol{0}\\ \boldsymbol{0} & \boldsymbol{\beta} & \cdots & \boldsymbol{0}\\ \cdots & \cdots & \cdots & \cdots\\ \boldsymbol{0} & \boldsymbol{0} & \cdots & \boldsymbol{\beta}\end{bmatrix},$$

并且可将 $\boldsymbol{H}_3\boldsymbol{\beta\beta}^{\mathrm{T}}\boldsymbol{H}_4^{\mathrm{T}}$ 表示成上述类似的形式，又因为 $\begin{bmatrix}\boldsymbol{\beta}^{\mathrm{T}} & \boldsymbol{0} & \cdots & \boldsymbol{0}\\ \boldsymbol{0} & \boldsymbol{\beta}^{\mathrm{T}} & \cdots & \boldsymbol{0}\\ \cdots & \cdots & \cdots & \cdots\\ \boldsymbol{0} & \boldsymbol{0} & \cdots & \boldsymbol{\beta}^{\mathrm{T}}\end{bmatrix}$ 行满秩，

则根据引理 2.2.2 的条件，可得 $\boldsymbol{D}\geqslant 0$，即

$$\boldsymbol{H}_1\boldsymbol{\beta\beta}^{\mathrm{T}}\boldsymbol{H}_2^{\mathrm{T}}+\boldsymbol{H}_2\boldsymbol{\beta\beta}^{\mathrm{T}}\boldsymbol{H}_1^{\mathrm{T}}\geqslant\boldsymbol{H}_3\boldsymbol{\beta\beta}^{\mathrm{T}}\boldsymbol{H}_4^{\mathrm{T}}+\boldsymbol{H}_4\boldsymbol{\beta\beta}^{\mathrm{T}}\boldsymbol{H}_3^{\mathrm{T}}。$$

引理 2.2.3 对于 $\boldsymbol{P}_{k+1}=\boldsymbol{I}-\boldsymbol{C}_{k+1}^{\mathrm{T}}(\boldsymbol{C}_{k+1}\boldsymbol{C}_{k+1}^{\mathrm{T}})^{-1}\boldsymbol{C}_{k+1}$，存在正交矩阵 $\boldsymbol{U}_{k+1}$ 使得

$$\boldsymbol{I}-\boldsymbol{P}_{k+1}=\boldsymbol{U}_{k+1}\begin{bmatrix}\boldsymbol{I} & \boldsymbol{O}\\ \boldsymbol{O} & \boldsymbol{O}\end{bmatrix}\boldsymbol{U}_{k+1}^{\mathrm{T}},\tag{2-2-14}$$

并且

$$\boldsymbol{\Xi}_{k+1}:=\boldsymbol{N}_{k+1}\boldsymbol{C}_{k+1}^{+}\boldsymbol{\delta}_{k+1}\boldsymbol{\delta}_{k+1}^{\mathrm{T}}(\boldsymbol{C}_{k+1}^{+})^{\mathrm{T}}+\boldsymbol{U}_{k+1}\begin{bmatrix}\boldsymbol{O} & \boldsymbol{O}\\ \boldsymbol{O} & \varepsilon\boldsymbol{I}\end{bmatrix}\boldsymbol{U}_{k+1}^{\mathrm{T}}>\boldsymbol{0},\tag{2-2-15}$$

式中，ε 是任意小的正数，非零矩阵 $\boldsymbol{C}_{k+1}$ 行满秩且不可逆。

证明 实际上，$(\boldsymbol{I}-\boldsymbol{P}_{k+1})^2=\boldsymbol{I}-\boldsymbol{P}_{k+1}$，$\boldsymbol{I}-\boldsymbol{P}_{k+1}$ 的特征值是 0 或 1。$\boldsymbol{I}-\boldsymbol{P}_{k+1}\neq\boldsymbol{I}$，否则，$\boldsymbol{C}_{k+1}$ 可逆。$\boldsymbol{I}-\boldsymbol{P}_{k+1}\neq\boldsymbol{O}$，否则，$\boldsymbol{C}_{k+1}=\boldsymbol{O}$。因此，根据实对称矩阵的正交对角化，式(2-2-

14)成立。

由于 $\boldsymbol{N}_{k+1}\boldsymbol{\delta}_{k+1}\boldsymbol{\delta}_{k+1}^{\mathrm{T}}$ 正定,根据引理 2.2.1,可以得到正定矩阵 $\boldsymbol{\Pi}_{k+1}^{1}$ 使得

$$\boldsymbol{N}_{k+1}\boldsymbol{C}_{k+1}^{+}\boldsymbol{\delta}_{k+1}\boldsymbol{\delta}_{k+1}^{\mathrm{T}}(\boldsymbol{C}_{k+1}^{+})^{\mathrm{T}}=\boldsymbol{C}_{k+1}^{+}\boldsymbol{C}_{k+1}\boldsymbol{\Pi}_{k+1}^{1}\boldsymbol{C}_{k+1}^{\mathrm{T}}(\boldsymbol{C}_{k+1}^{+})^{\mathrm{T}}=(\boldsymbol{I}-\boldsymbol{P}_{k+1})\boldsymbol{\Pi}_{k+1}^{1}(\boldsymbol{I}-\boldsymbol{P}_{k+1}),$$

对于

$$(\boldsymbol{I}-\boldsymbol{P}_{k+1})\boldsymbol{\Pi}_{k+1}^{1}(\boldsymbol{I}-\boldsymbol{P}_{k+1})=\boldsymbol{U}_{k+1}\begin{bmatrix}\boldsymbol{I}&\boldsymbol{O}\\\boldsymbol{O}&\boldsymbol{O}\end{bmatrix}\boldsymbol{U}_{k+1}^{\mathrm{T}}\boldsymbol{\Pi}_{k+1}^{1}\boldsymbol{U}_{k+1}\begin{bmatrix}\boldsymbol{I}&\boldsymbol{O}\\\boldsymbol{O}&\boldsymbol{O}\end{bmatrix}\boldsymbol{U}_{k+1}^{\mathrm{T}},$$

且

$$\boldsymbol{U}_{k+1}^{\mathrm{T}}\boldsymbol{\Pi}_{k+1}^{1}\boldsymbol{U}_{k+1}:=\begin{bmatrix}\boldsymbol{X}_{k+1}^{11}&\boldsymbol{X}_{k+1}^{12}\\\boldsymbol{X}_{k+1}^{12\mathrm{T}}&\boldsymbol{X}_{k+1}^{22}\end{bmatrix}>\boldsymbol{0},$$

有

$$\boldsymbol{\Xi}_{k+1}=\boldsymbol{U}_{k+1}\begin{bmatrix}\boldsymbol{X}_{k+1}^{11}&\boldsymbol{O}\\\boldsymbol{O}&\varepsilon\boldsymbol{I}\end{bmatrix}\boldsymbol{U}_{k+1}^{\mathrm{T}}>\boldsymbol{0}。$$

下面记 $\mathfrak{J}_{k+1}:=E(\boldsymbol{\tau}_{k+1}\boldsymbol{\tau}_{k+1}^{\mathrm{T}})$,递推上限滤波结构推导如下。

因为在 $\boldsymbol{\Sigma}_{k+1|k}$ 中,$\mathfrak{J}_{k+1}$ 未知,考虑下面的放缩。根据 $\boldsymbol{\tau}_{k+1}$ 的表达式,即对 $j=1,2,\cdots,\boldsymbol{N}_k$,$-1\leqslant\sin\beta_k^j\leqslant 1$,从而有 $\mathfrak{J}_{k+1}\leqslant\boldsymbol{N}_{k+1}\boldsymbol{I}$。因此,

$$\boldsymbol{C}_{k+1}^{+}\boldsymbol{\delta}_{k+1}\mathfrak{J}_{k+1}\boldsymbol{\delta}_{k+1}^{\mathrm{T}}(\boldsymbol{C}_{k+1}^{+})^{\mathrm{T}}\leqslant\boldsymbol{N}_{k+1}\boldsymbol{C}_{k+1}^{+}\boldsymbol{\delta}_{k+1}\boldsymbol{\delta}_{k+1}^{\mathrm{T}}(\boldsymbol{C}_{k+1}^{+})^{\mathrm{T}},$$

基于引理 2.2.3,通过给原来的半正定矩阵 $\boldsymbol{N}_{k+1}\boldsymbol{C}_{k+1}^{+}\boldsymbol{\delta}_{k+1}\boldsymbol{\delta}_{k+1}^{\mathrm{T}}(\boldsymbol{C}_{k+1}^{+})^{\mathrm{T}}$ 增加一个半正定矩阵 $\boldsymbol{U}_{k+1}\begin{bmatrix}\boldsymbol{O}&\boldsymbol{O}\\\boldsymbol{O}&\varepsilon\boldsymbol{I}\end{bmatrix}\boldsymbol{U}_{k+1}^{\mathrm{T}}$,得到正定矩阵 $\boldsymbol{\Xi}_{k+1}$ 来设计状态预测误差协方差矩阵的上界。

因为 $\boldsymbol{I}-\boldsymbol{P}_{k+1}$ 有零特征值,则 $\boldsymbol{N}_{k+1}\boldsymbol{C}_{k+1}^{+}\boldsymbol{\delta}_{k+1}\boldsymbol{\delta}_{k+1}^{\mathrm{T}}(\boldsymbol{C}_{k+1}^{+})^{\mathrm{T}}=(\boldsymbol{I}-\boldsymbol{P}_{k+1})\boldsymbol{\Pi}_{k+1}^{1}(\boldsymbol{I}-\boldsymbol{P}_{k+1})$ 也有零特征值,从而不能放缩 $\boldsymbol{N}_{k+1}\boldsymbol{C}_{k+1}^{+}\boldsymbol{\delta}_{k+1}\boldsymbol{\delta}_{k+1}^{\mathrm{T}}(\boldsymbol{C}_{k+1}^{+})^{\mathrm{T}}$ 的所有特征值。考虑到 $\boldsymbol{V}_{k+1}$ 的复杂性(即 $\boldsymbol{V}_{k+1}$ 的所有对角子阵和非对角子阵需要不同程度的放缩),为了得到递推上界,$\boldsymbol{N}_{k+1}\boldsymbol{C}_{k+1}^{+}\boldsymbol{\delta}_{k+1}\boldsymbol{\delta}_{k+1}^{\mathrm{T}}(\boldsymbol{C}_{k+1}^{+})^{\mathrm{T}}$ 应该正定。

如果 $\boldsymbol{C}_{k+1}=\boldsymbol{O}$,式(2-2-3)不存在,式(2-2-1)至式(2-2-3)的滤波退化为无约束滤波。如果 $\boldsymbol{C}_{k+1}$ 可逆,则 $(\boldsymbol{I}-\boldsymbol{P}_{k+1})\boldsymbol{\Pi}_{k+1}^{1}(\boldsymbol{I}-\boldsymbol{P}_{k+1})$ 正定,即 $\boldsymbol{N}_{k+1}\boldsymbol{C}_{k+1}^{+}\boldsymbol{\delta}_{k+1}\boldsymbol{\delta}_{k+1}^{\mathrm{T}}(\boldsymbol{C}_{k+1}^{+})^{\mathrm{T}}$ 正定,因此,$\boldsymbol{\Xi}_{k+1}=\boldsymbol{N}_{k+1}\boldsymbol{C}_{k+1}^{-1}\boldsymbol{\delta}_{k+1}\boldsymbol{\delta}_{k+1}^{\mathrm{T}}(\boldsymbol{C}_{k+1}^{-1})^{\mathrm{T}}>\boldsymbol{0}$。

记

$$\boldsymbol{J}_{k+1}:=\underline{\boldsymbol{G}}_k\underline{\boldsymbol{G}}_k^{\mathrm{T}}+\hat{\boldsymbol{x}}_{k+1|k}\hat{\boldsymbol{x}}_{k+1|k}^{\mathrm{T}}-\underline{\boldsymbol{F}}_{0,k}\hat{\boldsymbol{x}}_{k|k}\hat{\boldsymbol{x}}_{k|k}^{\mathrm{T}}\underline{\boldsymbol{F}}_{0,k}^{\mathrm{T}}+\underline{\boldsymbol{F}}_{0,k}E(\boldsymbol{x}_k\boldsymbol{x}_k^{\mathrm{T}})\underline{\boldsymbol{F}}_{0,k}^{\mathrm{T}}+\sum_{s=1}^{r}\sum_{q=1}^{r}\boldsymbol{\sigma}_{sq,k}^{2}\underline{\boldsymbol{F}}_{s,k}E(\boldsymbol{x}_k\boldsymbol{x}_k^{\mathrm{T}})\underline{\boldsymbol{F}}_{q,k}^{\mathrm{T}} \tag{2-2-16}$$

基于 $E(\boldsymbol{x}_k\boldsymbol{x}_k^{\mathrm{T}})\leqslant\boldsymbol{\Sigma}_{k|k}^{*}+\hat{\boldsymbol{x}}_{k|k}\hat{\boldsymbol{x}}_{k|k}^{\mathrm{T}}$,$E(\boldsymbol{x}_{k+1}\boldsymbol{x}_{k+1}^{\mathrm{T}})\leqslant\boldsymbol{\Sigma}_{k+1|k}^{*}+\hat{\boldsymbol{x}}_{k+1|k}\hat{\boldsymbol{x}}_{k+1|k}^{\mathrm{T}}$,

$$\begin{aligned}E(\boldsymbol{x}_{k+1}\boldsymbol{x}_{k+1}^{\mathrm{T}})=&\ \underline{\boldsymbol{F}}_{0,k}(E(\boldsymbol{x}_k\boldsymbol{x}_k^{\mathrm{T}})-\hat{\boldsymbol{x}}_{k|k}\hat{\boldsymbol{x}}_{k|k}^{\mathrm{T}})\underline{\boldsymbol{F}}_{0,k}^{\mathrm{T}}+\underline{\boldsymbol{G}}_k\underline{\boldsymbol{G}}_k^{\mathrm{T}}+\boldsymbol{C}_{k+1}^{+}\boldsymbol{\delta}_{k+1}\boldsymbol{I}_{k+1}\boldsymbol{\delta}_{k+1}^{\mathrm{T}}(\boldsymbol{C}_{k+1}^{+})^{\mathrm{T}}+\hat{\boldsymbol{x}}_{k+1|k}\hat{\boldsymbol{x}}_{k+1|k}^{\mathrm{T}}\\&+\sum_{s=1}^{r}\sum_{q=1}^{r}\sigma_{sq,k}^{2}\boldsymbol{F}_{s,k}E(\boldsymbol{x}_k\boldsymbol{x}_k^{\mathrm{T}})\boldsymbol{F}_{q,k}^{\mathrm{T}}\geqslant\boldsymbol{J}_{k+1}\geqslant\boldsymbol{0}\end{aligned} \tag{2-2-17}$$

考虑如下的递推上限结构:

$$\boldsymbol{\Sigma}_{k+1|k}^{*}=\underline{\boldsymbol{F}}_{0,k}\boldsymbol{\Sigma}_{k|k}^{*}\underline{\boldsymbol{F}}_{0,k}^{\mathrm{T}}+\alpha_{k+1}\boldsymbol{\Xi}_{k+1}+\underline{\boldsymbol{G}}_k\underline{\boldsymbol{G}}_k^{\mathrm{T}}+\sum_{s=1}^{r}\sum_{q=1}^{r}\boldsymbol{\sigma}_{sq,k}^{2}\underline{\boldsymbol{F}}_{s,k}(\boldsymbol{\Sigma}_{k|k}^{*}+\boldsymbol{x}_{k|k}\boldsymbol{x}_{k|k}^{\mathrm{T}})\underline{\boldsymbol{F}}_{q,k}^{\mathrm{T}} \tag{2-2-18}$$

$$\boldsymbol{V}_{k+1}^{*}=\begin{bmatrix}\boldsymbol{\Phi}_{k+1}^{j_1,j_1\,*} & \boldsymbol{\Lambda}_{k+1}^{*} & \cdots & \boldsymbol{\Lambda}_{k+1}^{*}\\ \boldsymbol{\Lambda}_{k+1}^{*} & \boldsymbol{\Phi}_{k+1}^{j_2,j_2\,*} & \cdots & \boldsymbol{\Lambda}_{k+1}^{*}\\ \cdots & \cdots & \cdots & \cdots\\ \boldsymbol{\Lambda}_{k+1}^{*} & \boldsymbol{\Lambda}_{k+1}^{*} & \cdots & \boldsymbol{\Phi}_{k+1}^{j_n,j_n\,*}\end{bmatrix}, \tag{2-2-19}$$

$$\begin{aligned}\boldsymbol{\Sigma}_{k+1|k+1}^{*}=&\sum_{j\in\mathcal{M}}\sum_{q=1}^{r}\sum_{s=1}^{r}(c_{qs,j,k+1}^{2}\boldsymbol{K}_{k+1}^{j}\boldsymbol{H}_{q,j,k+1}(\boldsymbol{\Sigma}_{k+1|k}^{*}+\hat{\boldsymbol{x}}_{k+1|k}\hat{\boldsymbol{x}}_{k+1|k}^{\mathrm{T}})\boldsymbol{H}_{s,j,k+1}^{\mathrm{T}}\boldsymbol{K}_{k+1}^{j\mathrm{T}})\\&+(\boldsymbol{I}-\sum_{j\in\mathcal{M}}\boldsymbol{K}_{k+1}^{j}\boldsymbol{H}_{0,k+1})\boldsymbol{\Sigma}_{k+1|k}^{*}(\boldsymbol{I}-\sum_{j\in\mathcal{M}}\boldsymbol{K}_{k+1}^{j}\boldsymbol{H}_{0,k+1})^{\mathrm{T}}+\sum_{j\in\mathcal{M}}\boldsymbol{K}_{k+1}^{j}\boldsymbol{\Gamma}_{j,k+1}\boldsymbol{\Gamma}_{j,k+1}^{\mathrm{T}}\boldsymbol{K}_{k+1}^{j\mathrm{T}}\end{aligned} \tag{2-2-20}$$

其中

$$\boldsymbol{\Lambda}_{k+1}^{*}=\boldsymbol{H}_{0,k+1}\boldsymbol{\Sigma}_{k+1|k}^{*}\boldsymbol{H}_{0,k+1}^{\mathrm{T}}$$

$$\boldsymbol{\Phi}_{k+1}^{j_1,j_1\,*}=\boldsymbol{\Lambda}_{k+1}^{*}+\boldsymbol{\Gamma}_{j_1,k+1}\boldsymbol{\Gamma}_{j_1,k+1}^{\mathrm{T}}+\sum_{q=1}^{r}\sum_{s=1}^{r}c_{qs,j_1,k+1}^{2}\boldsymbol{H}_{q,j_1,k+1}\boldsymbol{J}_{k+1}\boldsymbol{H}_{s,j_1,k+1}^{\mathrm{T}}$$

$$\boldsymbol{\Phi}_{k+1}^{j_i,j_i\,*}=\boldsymbol{\Lambda}_{k+1}^{*}+\boldsymbol{\Gamma}_{j_i,k+1}\boldsymbol{\Gamma}_{j_i,k+1}^{\mathrm{T}}+\sum_{q=1}^{r}\sum_{s=1}^{r}c_{qs,j_i,k+1}^{2}\boldsymbol{H}_{q,j_i,k+1}(\boldsymbol{\Sigma}_{k+1|k}^{*}+\hat{\boldsymbol{x}}_{k+1|k}\hat{\boldsymbol{x}}_{k+1|k}^{\mathrm{T}})\boldsymbol{H}_{s,j_i,k+1}^{\mathrm{T}},$$

$i=2,3,\cdots,n$，$\alpha_{k+1}\geqslant 0$ 是需要设计的参数。

这里，讨论当设计 $\boldsymbol{V}_{k+1}^{*}$ 时如何选择第一个传感器 $j_1\in\{1,2,\cdots,n\}$。比较 $\boldsymbol{V}_{k+1}$ 和 $\boldsymbol{V}_{k+1}^{*}$，考虑到 $E(\boldsymbol{x}_{k+1}\boldsymbol{x}_{k+1}^{\mathrm{T}})-\boldsymbol{J}_{k+1}=\boldsymbol{C}_{k+1}^{+}\boldsymbol{\delta}_{k+1}\boldsymbol{\mathfrak{J}}_{k+1}\boldsymbol{\delta}_{k+1}^{\mathrm{T}}(\boldsymbol{C}_{k+1}^{+})^{\mathrm{T}}$ 对于任意的 $t\in\{1,2,\cdots,n\}$，根据引理 2.2.2，如果

$$\begin{aligned}&\sum_{q=1}^{r}\sum_{s=1}^{r}c_{qs,j_m,k+1}^{2}\boldsymbol{H}_{q,j_m,k+1}\boldsymbol{C}_{k+1}^{+}\boldsymbol{\delta}_{k+1}\boldsymbol{\mathfrak{J}}_{k+1}\boldsymbol{\delta}_{k+1}^{\mathrm{T}}(\boldsymbol{C}_{k+1}^{+})^{\mathrm{T}}\boldsymbol{H}_{s,j_m,k+1}^{\mathrm{T}}\\&\leqslant\sum_{q=1}^{r}\sum_{s=1}^{r}c_{qs,j_t,k+1}^{2}\boldsymbol{H}_{q,j_t,k+1}\boldsymbol{C}_{k+1}^{+}\boldsymbol{\delta}_{k+1}\boldsymbol{\mathfrak{J}}_{k+1}\boldsymbol{\delta}_{k+1}^{\mathrm{T}}(\boldsymbol{C}_{k+1}^{+})^{\mathrm{T}}\boldsymbol{H}_{s,j_t,k+1}^{\mathrm{T}}\end{aligned}$$

成立，则选择第 j_m 个传感器作为第一个传感器，即 $j_1=j_m$。这意味着 $\sum_{q=1}^{r}\sum_{s=1}^{r}c_{qs,j_1,k+1}^{2}\boldsymbol{H}_{q,j_1,k+1}(E(\boldsymbol{x}_{k+1}\boldsymbol{x}_{k+1}^{\mathrm{T}})-J_{k+1})\boldsymbol{H}_{s,j_1,k+1}^{\mathrm{T}}$ 相对小，相比于其他，$\boldsymbol{\Phi}_{k+1}^{j_1,j_1\,*}$ 更接近于 $\boldsymbol{\Phi}_{k+1}^{j_1,j_1}$。

如果没有乘性噪声，即在式(2-2-1)和式(2-2-2)中，$\varpi_{s,k}=0$、$\theta_{q,i,k}=0$，则在式(2-2-8)中的 $E(\boldsymbol{x}_k\boldsymbol{x}_k^{\mathrm{T}})$ 和式(2-2-9)、式(2-2-10)中的 $E(\boldsymbol{x}_{k+1}\boldsymbol{x}_{k+1}^{\mathrm{T}})$ 将会消失。由于所考虑的系统存在乘性噪声，从而需要处理附加项 $E(\boldsymbol{x}_k\boldsymbol{x}_k^{\mathrm{T}})$ 和 $E(\boldsymbol{x}_{k+1}\boldsymbol{x}_{k+1}^{\mathrm{T}})$。基于式(2-2-17)，这些附加项包含产生于区间约束的未知输入。在新息协方差的上界设计中，计算 $\boldsymbol{\Phi}_{k+1}^{j_1,j_1\,*}$ 时，缩小 $E(\boldsymbol{x}_{k+1}\boldsymbol{x}_{k+1}^{\mathrm{T}})$，得到 $\boldsymbol{\Phi}_{k+1}^{j_2,j_2\,*},\boldsymbol{\Phi}_{k+1}^{j_3,j_3\,*},\cdots,\boldsymbol{\Phi}_{k+1}^{j_n,j_n\,*}$ 时，为了确保 $\boldsymbol{V}_{k+1}^{*}\geqslant\boldsymbol{V}_{k+1}$，放大 $E(\boldsymbol{x}_{k+1}\boldsymbol{x}_{k+1}^{\mathrm{T}})$。

记

$$\boldsymbol{\Psi}_{k+1}^{j_1,j_1\,*}:=\sum_{q=1}^{r}\sum_{s=1}^{r}c_{qs,j_1,k+1}^{2}\boldsymbol{H}_{q,j_1,k+1}(\boldsymbol{\Sigma}_{k+1|k}^{*}+\hat{\boldsymbol{x}}_{k+1|k}\hat{\boldsymbol{x}}_{k+1|k}^{\mathrm{T}})\boldsymbol{H}_{s,j_1,k+1}^{\mathrm{T}}+\boldsymbol{\Lambda}_{k+1}^{*}+\boldsymbol{\Gamma}_{j_1,k+1}\boldsymbol{\Gamma}_{j_1,k+1}^{\mathrm{T}}$$

$$\mathfrak{S}_{k+1}:=\begin{bmatrix}\boldsymbol{\Xi}_{k+1}^{0} & \boldsymbol{\Xi}_{k+1}^{0} & \cdots & \boldsymbol{\Xi}_{k+1}^{0}\\ \boldsymbol{\Xi}_{k+1}^{0} & \boldsymbol{\Xi}_{k+1}^{2} & \cdots & \boldsymbol{\Xi}_{k+1}^{0}\\ \cdots & \cdots & \cdots & \cdots\\ \boldsymbol{\Xi}_{k+1}^{0} & \boldsymbol{\Xi}_{k+1}^{0} & \cdots & \boldsymbol{\Xi}_{k+1}^{n}\end{bmatrix},\mathfrak{T}_{k+1}:=\begin{bmatrix}\boldsymbol{\Omega}_{k+1}^{11} & \boldsymbol{\Delta}_{k+1} & \cdots & \boldsymbol{\Delta}_{k+1}\\ \boldsymbol{\Delta}_{k+1} & \boldsymbol{\Omega}_{k+1}^{22} & \cdots & \boldsymbol{\Delta}_{k+1}\\ \cdots & \cdots & \cdots & \cdots\\ \boldsymbol{\Delta}_{k+1} & \boldsymbol{\Delta}_{k+1} & \cdots & \boldsymbol{\Omega}_{k+1}^{nn}\end{bmatrix}$$

其中

$$\boldsymbol{\Lambda}_{k+1}^{*}:=\boldsymbol{H}_{0,k+1}\boldsymbol{\Sigma}_{k+1|k}^{*}\boldsymbol{H}_{0,k+1}^{\mathrm{T}}\boldsymbol{\Xi}_{k+1}^{0}:=\boldsymbol{H}_{0,k+1}\boldsymbol{\Xi}_{k+1}\boldsymbol{H}_{0,k+1}^{\mathrm{T}}$$

$$\boldsymbol{\Xi}_{k+1}^{i}:=\boldsymbol{\Xi}_{k+1}^{0}+\sum_{q=1}^{r}\sum_{s=1}^{r}c_{qs,j_i,k+1}^{2}\boldsymbol{H}_{q,j_i,k+1}\boldsymbol{\Xi}_{k+1}\boldsymbol{H}_{s,j_i,k+1}^{\mathrm{T}}$$

$$\boldsymbol{\Delta}_{k+1}:=\boldsymbol{H}_{0,k+1}(\underline{\boldsymbol{F}}_{0,k}\boldsymbol{\Sigma}_{k|k}^{*}\underline{\boldsymbol{F}}_{0,k}^{\mathrm{T}}+\underline{\boldsymbol{G}}_{k}\underline{\boldsymbol{G}}_{k}^{\mathrm{T}})\boldsymbol{H}_{0,k+1}^{\mathrm{T}}+\boldsymbol{H}_{0,k+1}\sum_{s=1}^{r}\sum_{q=1}^{r}(\boldsymbol{\sigma}_{sq,k}^{2}\underline{\boldsymbol{F}}_{s,k}(\boldsymbol{\Sigma}_{k|k}^{*}+\boldsymbol{x}_{k|k}\boldsymbol{x}_{k|k}^{\mathrm{T}})\underline{\boldsymbol{F}}_{q,k}^{\mathrm{T}})\boldsymbol{H}_{0,k+1}^{\mathrm{T}}$$

$$\boldsymbol{\Omega}_{k+1}^{11}:=\sum_{q=1}^{r}\sum_{s=1}^{r}c_{qs,j_1,k+1}^{2}\boldsymbol{H}_{q,j_1,k+1}\boldsymbol{J}_{k+1}\boldsymbol{H}_{s,j_1,k+1}^{\mathrm{T}}+\boldsymbol{\Delta}_{k+1}+\boldsymbol{\Gamma}_{j_1,k+1}\boldsymbol{\Gamma}_{j_1,k+1}^{\mathrm{T}}$$

$$\boldsymbol{\Omega}_{k+1}^{ii}:=\sum_{q=1}^{r}\sum_{s=1}^{r}c_{qs,j_i,k+1}^{2}\boldsymbol{H}_{q,j_i,k+1}(\underline{\boldsymbol{F}}_{0,k}\boldsymbol{\Sigma}_{k|k}^{*}\underline{\boldsymbol{F}}_{0,k}^{\mathrm{T}}+\underline{\boldsymbol{G}}_{k}\underline{\boldsymbol{G}}_{k}^{\mathrm{T}})\boldsymbol{H}_{s,j_i,k+1}^{\mathrm{T}}+$$

$$\sum_{q'=1}^{r}\sum_{s'=1}^{r}c_{q's',j_i,k+1}^{2}\boldsymbol{H}_{q',j_i,k+1}(\sum_{s=1}^{r}\sum_{q=1}^{r}(\boldsymbol{\sigma}_{sq,k}^{2}\underline{\boldsymbol{F}}_{s,k}(\boldsymbol{\Sigma}_{k|k}^{*}+\hat{\boldsymbol{x}}_{k|k}\hat{\boldsymbol{x}}_{k|k}^{\mathrm{T}})\underline{\boldsymbol{F}}_{q,k}^{\mathrm{T}}))\boldsymbol{H}_{s',j_i,k+1}^{\mathrm{T}}+\boldsymbol{\Gamma}_{j_i,k+1}\boldsymbol{\Gamma}_{j_i,k+1}^{\mathrm{T}}$$

$$i=2,3,\cdots,n$$

下面的定理 2.2.1 给出了具有区间约束和乘性噪声的动态系统的上限滤波，即 UBFIM。

定理 2.2.1　如果系统满足以下三个条件：

① $\boldsymbol{\Sigma}_{0|0}^{*}\geqslant\boldsymbol{\Sigma}_{0|0}$；② $\boldsymbol{H}_{0,k}$，$\boldsymbol{H}_{q,j,k}(j=1,2,\cdots,n,q=1,\cdots,r)$ 满秩；③ $\boldsymbol{V}_{k+1}^{*}\geqslant\boldsymbol{V}_{k+1}$，则存在上限滤波器满足以下结构式(2-2-21)至式(2-2-23)，即

$$\boldsymbol{\Sigma}_{k+1|k}\leqslant\boldsymbol{\Sigma}_{k+1|k}^{*}\big|_{\alpha_{k+1}^{\mathrm{opt}}}\leqslant\boldsymbol{\Sigma}_{k+1|k}^{*}\big|_{\alpha_{k+1}}\tag{2-2-21}$$

$$\boldsymbol{V}_{k+1}\leqslant\boldsymbol{V}_{k+1}^{*}\big|_{\alpha_{k+1}^{\mathrm{opt}}}\leqslant\boldsymbol{V}_{k+1}^{*}\big|_{\alpha_{k+1}}\tag{2-2-22}$$

$$\boldsymbol{\Sigma}_{k+1|k+1}\leqslant\boldsymbol{\Sigma}_{k+1|k+1}^{*}\big|_{\alpha_{k+1}^{\mathrm{opt}},\boldsymbol{K}_{k+1}^{j\mathrm{opt}}(j\in M)}\leqslant\boldsymbol{\Sigma}_{k+1|k+1}^{*}\big|_{\alpha_{k+1},\boldsymbol{K}_{k+1}^{j}(j\in M)}\tag{2-2-23}$$

$\alpha_{k+1}^{\mathrm{opt}},\boldsymbol{K}_{k+1}^{j\mathrm{opt}}(j\in\mathcal{M})$ 满足

$$\alpha_{k+1}^{\mathrm{opt}}=\min\{\alpha_{k+1}\mid\alpha_{k+1}\in\Theta_{k+1}\}\tag{2-2-24}$$

$$[\boldsymbol{K}_{k+1}^{j_1\mathrm{opt}},\cdots,\boldsymbol{K}_{k+1}^{j_n\mathrm{opt}}]=[\boldsymbol{\Sigma}_{k+1|k}^{*}\boldsymbol{H}_{0,k+1}^{\mathrm{T}},\cdots,\boldsymbol{\Sigma}_{k+1|k}^{*}\boldsymbol{H}_{0,k+1}^{\mathrm{T}}]\begin{bmatrix}\boldsymbol{\Psi}_{k+1}^{j_1,j_1*} & \boldsymbol{\Lambda}_{k+1}^{*} & \cdots & \boldsymbol{\Lambda}_{k+1}^{*}\\ \boldsymbol{\Lambda}_{k+1}^{*} & \boldsymbol{\Phi}_{k+1}^{j_2,j_2*} & \cdots & \boldsymbol{\Lambda}_{k+1}^{*}\\ \cdots & \cdots & \cdots & \cdots\\ \boldsymbol{\Lambda}_{k+1}^{*} & \boldsymbol{\Lambda}_{k+1}^{*} & \cdots & \boldsymbol{\Phi}_{k+1}^{j_n,j_n*}\end{bmatrix}^{-1}\tag{2-2-25}$$

其中

$$\Theta_{k+1}:=\{\alpha_{k+1}\mid\alpha_{k+1}\geqslant 0,\boldsymbol{V}_{k+1}^{*}\big|_{\alpha_{k+1}}\geqslant\boldsymbol{V}_{k+1}\}\tag{2-2-26}$$

证明　首先，证明式(2-2-12)的存在性。

记

$$\boldsymbol{V}_{k+1}^{*}-\boldsymbol{V}_{k+1}:=\begin{bmatrix}\boldsymbol{B}_{k+1}^{0}+\boldsymbol{B}_{k+1}^{1} & \boldsymbol{B}_{k+1}^{0} & \cdots & \boldsymbol{B}_{k+1}^{0}\\ \boldsymbol{B}_{k+1}^{0} & \boldsymbol{B}_{k+1}^{0}+\boldsymbol{B}_{k+1}^{2} & \cdots & \boldsymbol{B}_{k+1}^{0}\\ \cdots & \cdots & \cdots & \cdots\\ \boldsymbol{B}_{k+1}^{0} & \boldsymbol{B}_{k+1}^{0} & \cdots & \boldsymbol{B}_{k+1}^{0}+\boldsymbol{B}_{k+1}^{n}\end{bmatrix}$$

$$\boldsymbol{B}_{k+1}^{0}:=\boldsymbol{H}_{0,k+1}(\boldsymbol{\Sigma}_{k+1|k}^{*}-\boldsymbol{\Sigma}_{k+1|k})\boldsymbol{H}_{0,k+1}^{\mathrm{T}}$$

$$\boldsymbol{B}_{k+1}^{1}:=-\sum_{q=1}^{r}\sum_{s=1}^{r}(c_{qs,j_1,k+1}^{2}\boldsymbol{H}_{q,j_1,k+1}\boldsymbol{C}_{k+1}^{+}\boldsymbol{\delta}_{k+1}\boldsymbol{\mathfrak{I}}_{k+1}\boldsymbol{\delta}_{k+1}^{\mathrm{T}}(\boldsymbol{C}_{k+1}^{+})^{\mathrm{T}}\boldsymbol{H}_{s,j_1,k+1}^{\mathrm{T}})\leqslant\boldsymbol{0}$$

$$\boldsymbol{B}_{k+1}^{i}:=\sum_{q=1}^{r}\sum_{s=1}^{r}c_{qs,j_i,k+1}^{2}\boldsymbol{H}_{q,j_i,k+1}(\boldsymbol{\Sigma}_{k+1|k}^{*}-\boldsymbol{\Sigma}_{k+1|k})\boldsymbol{H}_{s,j_i,k+1}^{\mathrm{T}},i=2,3,4,\cdots,n$$

通过矩阵变换，基于

$$\begin{gathered}\sigma_{\max}(-2\boldsymbol{B}_{k+1}^{1})\leqslant\sigma_{1,k+1}^{2}\leqslant\sigma_{\min}(\boldsymbol{B}_{k+1}^{0})\\ \sigma_{\max}(-2\boldsymbol{B}_{k+1}^{1})\leqslant\sigma_{2,k+1}^{2}\leqslant\sigma_{\min}(\boldsymbol{B}_{k+1}^{2})\\ \cdots\cdots\\ \sigma_{\max}(-2\boldsymbol{B}_{k+1}^{1})\leqslant\sigma_{n,k+1}^{2}\leqslant\sigma_{\min}(\boldsymbol{B}_{k+1}^{n})\end{gathered}$$

由于当 $\sigma_{1,k+1},\sigma_{2,k+1},\cdots,\sigma_{n,k+1}$ 足够大时，式(2-2-27)中的放缩的矩阵是一个严格对角占优阵，从而式(2-2-27)成立，即

$$\begin{aligned}&\boldsymbol{V}_{k+1}^{*}-\boldsymbol{V}_{k+1}\\ \simeq&\begin{bmatrix}\frac{1}{\sigma_{1,k+1}^{2}}(\boldsymbol{B}_{k+1}^{0}+\boldsymbol{B}_{k+1}^{1}) & -\frac{1}{\sigma_{1,k+1}\sigma_{2,k+1}}\boldsymbol{B}_{k+1}^{1} & \cdots & \frac{1}{\sigma_{1,k+1}\sigma_{n,k+1}}\boldsymbol{B}_{k+1}^{1}\\ -\frac{1}{\sigma_{1,k+1}\sigma_{2,k+1}}\boldsymbol{B}_{k+1}^{1} & \frac{1}{\sigma_{2,k+1}^{2}}(\boldsymbol{B}_{k+1}^{2}+\boldsymbol{B}_{k+1}^{1}) & \cdots & \frac{1}{\sigma_{2,k+1}\sigma_{n,k+1}}\boldsymbol{B}_{k+1}^{1}\\ \cdots & \cdots & \cdots & \cdots\\ \frac{1}{\sigma_{1,k+1}\sigma_{n,k+1}}\boldsymbol{B}_{k+1}^{1} & \frac{1}{\sigma_{2,k+1}\sigma_{n,k+1}}\boldsymbol{B}_{k+1}^{1} & \cdots & \frac{1}{\sigma_{n,k+1}^{2}}(\boldsymbol{B}_{k+1}^{n}+\boldsymbol{B}_{k+1}^{1})\end{bmatrix}\\ \geqslant&\begin{bmatrix}\frac{1}{2}\boldsymbol{I} & -\frac{1}{\sigma_{1,k+1}\sigma_{2,k+1}}\boldsymbol{B}_{k+1}^{1} & \cdots & -\frac{1}{\sigma_{1,k+1}\sigma_{n,k+1}}\boldsymbol{B}_{k+1}^{1}\\ -\frac{1}{\sigma_{1,k+1}\sigma_{2,k+1}}\boldsymbol{B}_{k+1}^{1} & \frac{1}{2}\boldsymbol{I} & \cdots & \frac{1}{\sigma_{2,k+1}\sigma_{n,k+1}}\boldsymbol{B}_{k+1}^{1}\\ \cdots & \cdots & \cdots & \cdots\\ -\frac{1}{\sigma_{1,k+1}\sigma_{n,k+1}}\boldsymbol{B}_{k+1}^{1} & \frac{1}{\sigma_{2,k+1}\sigma_{n,k+1}}\boldsymbol{B}_{k+1}^{1} & \cdots & \frac{1}{2}\boldsymbol{I}\end{bmatrix}\geqslant\boldsymbol{0}\end{aligned}\tag{2-2-27}$$

其次，需要证明式(2-2-11)和式(2-2-13)的存在性。根据定理 2.2.1 的第一个条件，$\boldsymbol{\Sigma}_{0|0}^{*}\geqslant\boldsymbol{\Sigma}_{0|0}$ 得到保证。根据数学归纳法，假定 $\boldsymbol{\Sigma}_{k|k}^{*}\geqslant\boldsymbol{\Sigma}_{k|k}$，验证式(2-2-11)和式(2-2-13)是否成立。基于定理 2.2.1 的第三个条件，式(2-2-28)成立，即

$$\begin{aligned}0&\leqslant\boldsymbol{H}_{0,k+1}(\boldsymbol{\Sigma}_{k+1|k}^{*}-\boldsymbol{\Sigma}_{k+1|k})\boldsymbol{H}_{0,k+1}^{\mathrm{T}}-\sum_{q=1}^{r}\sum_{s=1}^{r}c_{qs,j_1,k+1}^{2}\boldsymbol{H}_{q,j_1,k+1}\boldsymbol{C}_{k+1}^{+}\boldsymbol{\delta}_{k+1}\boldsymbol{\mathfrak{I}}_{k+1}\boldsymbol{\delta}_{k+1}^{\mathrm{T}}(\boldsymbol{C}_{k+1}^{+})^{\mathrm{T}}\boldsymbol{H}_{s,j_1,k+1}^{\mathrm{T}}\\&\leqslant\boldsymbol{H}_{0,k+1}(\boldsymbol{\Sigma}_{k+1|k}^{*}-\boldsymbol{\Sigma}_{k+1|k})\boldsymbol{H}_{0,k+1}^{\mathrm{T}}\end{aligned}\tag{2-2-28}$$

式(2-2-28)的两边分别左乘 $\boldsymbol{H}_{0,k+1}^{\mathrm{T}}$ 和右乘 $\boldsymbol{H}_{0,k+1}$，有

$$\boldsymbol{H}_{0,k+1}^{\mathrm{T}}\boldsymbol{H}_{0,k+1}(\boldsymbol{\Sigma}_{k+1|k}^{*}-\boldsymbol{\Sigma}_{k+1|k})\boldsymbol{H}_{0,k+1}^{\mathrm{T}}\boldsymbol{H}_{0,k+1}\geqslant\boldsymbol{0} \tag{2-2-29}$$

$\boldsymbol{H}_{0,k+1}$ 满秩，则 $\boldsymbol{H}_{0,k+1}^{\mathrm{T}}\boldsymbol{H}_{0,k+1}$ 非奇异。在式(2-2-29)的两边分别左乘右乘 $\boldsymbol{H}_{0,k+1}^{\mathrm{T}}\boldsymbol{H}_{0,k+1}$ 的逆，得到式(2-2-11)。把式(2-2-11)带入式(2-2-20)得到式(2-2-13)。

根据上面的证明，集合 $\{\alpha_{k+1}\mid\boldsymbol{V}_{k+1}^{*}\geqslant\boldsymbol{V}_{k+1}\}$ 非空。对于任意的 $\alpha_{1,k+1}\in\boldsymbol{\Theta}_{k+1}$，如果 $\alpha_{1,k+1}\leqslant\alpha_{2,k+1}$，因为 $\boldsymbol{V}_{k+1}^{*}\mid_{\alpha_{2,k+1}}-\boldsymbol{V}_{k+1}^{*}\mid_{\alpha_{1,k+1}}$ 半正定，则 $\alpha_{2,k+1}\in\boldsymbol{\Theta}_{k+1}$。因此，

$$\boldsymbol{\Theta}_{k+1}=\{\alpha_{k+1}\mid\alpha_{k+1}\geqslant 0,\boldsymbol{V}_{k+1}^{*}\geqslant\boldsymbol{V}_{k+1}\}=\{\alpha_{k+1}\mid\alpha_{k+1}\geqslant 0\}\cap\{\alpha_{k+1}\mid\boldsymbol{V}_{k+1}^{*}\geqslant\boldsymbol{V}_{k+1}\}$$

非空。从而，存在 $\alpha_{k+1}^{\mathrm{opt}}=\min\{\alpha_{k+1}\mid\alpha_{k+1}\in\boldsymbol{\Theta}_{k+1}\}$。

再者，只需验证 $\alpha_{k+1}^{\mathrm{opt}}$ 和 $\boldsymbol{K}_{k+1}^{j\,\mathrm{opt}}(j\in M)$ 保证式(2-2-21)至式(2-2-23)成立。显然，对于任意的 $\alpha_{k+1}\in\boldsymbol{\Theta}_{k+1}$，$\alpha_{k+1}\geqslant\alpha_{k+1}^{\mathrm{opt}}$。通过矩阵运算，可得

$$\boldsymbol{\Sigma}_{k+1|k}^{*}\mid_{\alpha_{k+1}}-\boldsymbol{\Sigma}_{k+1|k}^{*}\mid_{\alpha_{k+1}^{\mathrm{opt}}}\geqslant\boldsymbol{0}$$

$$\boldsymbol{V}_{k+1}^{*}\mid_{\alpha_{k+1}}-\boldsymbol{V}_{k+1}^{*}\mid_{\alpha_{k+1}^{\mathrm{opt}}}\geqslant\boldsymbol{0}$$

并且

$$\boldsymbol{\Sigma}_{k+1|k+1}^{*}\mid_{\alpha_{k+1},\boldsymbol{K}_{k+1}^{j}(j\in M)}-\boldsymbol{\Sigma}_{k+1|k+1}^{*}\mid_{\alpha_{k+1}^{\mathrm{opt}},\boldsymbol{K}_{k+1}^{j}(j\in M)}\geqslant\boldsymbol{0}\text{，}$$

基于利用偏导数求极值的方法，有

$$\boldsymbol{\Sigma}_{k+1|k+1}^{*}\mid_{\alpha_{k+1}^{\mathrm{opt}},\boldsymbol{K}_{k+1}^{j}(j\in M)}-\boldsymbol{\Sigma}_{k+1|k+1}^{*}\mid_{\alpha_{k+1}^{\mathrm{opt}},\boldsymbol{K}_{k+1}^{j\,\mathrm{opt}}(j\in M)}\geqslant\boldsymbol{0}\text{，}$$

因此，上限滤波存在，$\alpha_{k+1}^{\mathrm{opt}}\in\boldsymbol{\Theta}_{k+1}$。

最后，基于 $\boldsymbol{V}_{k+1}^{*}\geqslant\boldsymbol{V}_{k+1}$，有 $\alpha_{k+1}\mathfrak{S}_{k+1}\geqslant\boldsymbol{V}_{k+1}-\mathfrak{T}_{k+1}$。可以得到式(2-2-24)中的最优参数。定理 2.2.1 得到证明。

这里，式(2-2-24)中的参数优化近似实现为

$$\alpha_{k+1}=\max\left\{0,\frac{\sigma_{\max}(\boldsymbol{V}_{k+1}-\mathfrak{T}_{k+1})}{\sigma_{\min}(\mathfrak{S}_{k+1})}\right\} \tag{2-2-30}$$

式中，$\sigma_{\max}(\cdot)$，$\sigma_{\min}(\cdot)$ 分别表示最大最小特征值。

如果所考虑的区间约束式(2-2-3)退化为等式约束，即 $\boldsymbol{\tau}_{k}=\boldsymbol{0}$，则 $\boldsymbol{\Sigma}_{k+1|k}^{*}$、$\boldsymbol{\Sigma}_{k+1|k+1}^{*}$、$\boldsymbol{V}_{k+1}^{*}$ 将会退化为 $\boldsymbol{\Sigma}_{k+1|k}$、$\boldsymbol{\Sigma}_{k+1|k+1}$、$\boldsymbol{V}_{k+1}$。在定理 2.2.1 中，$\alpha_{k+1}=0$，因为在重新描述的动态模型式(2-2-4)中没有未知输入。

由于区间约束式(2-2-3)总是事先建模的，UBFIM 的设计基于这样的事实：在任何两个约束之间没有冲突。事实上，如果两个区间约束冲突，则可以适当地扩大 δ_{k}^{j} 的值，使得由这两个区间约束所确定的状态空间交非空。此外，尽管增大 δ_{k}^{j} 的值会增加区间的不确定性，然而状态依然有效，并且自适应估计，因为当系统可观时，UBFIM 中协方差上界和估计的递推取决于量测。

所提出的 UBFIM 的计算程序如下。

步骤 1	初始化。设置初始状态估计 $\hat{\boldsymbol{x}}_{0|0}$ 和协方差 $\boldsymbol{\Sigma}_{0|0}^{*}$
步骤 2	动态模型重构。 结合区间约束式(2-2-3)重构动态系统模型式(2-2-1)为式(2-2-4)。
步骤 3	预测。①利用式(2-2-5)得到 $\hat{\boldsymbol{x}}_{k+1|k}$。 ②利用式(2-2-6)计算 $\boldsymbol{\gamma}_{k+1}$。

步骤 4	参数优化。①令 $\boldsymbol{V}_{k+1} \simeq \boldsymbol{\gamma}_{k+1}\boldsymbol{\gamma}_{k+1}^{\mathrm{T}}$，近似表示新息协方差。 ②通过计算 $\boldsymbol{\Delta}_{k+1}$、$\boldsymbol{\Omega}_{k+1}^{11}$ 和 $\boldsymbol{\Omega}_{k+1}^{ii}$，$i=2,\cdots,n$，得到 $\mathfrak{T}_{k+1}$。 ③通过计算 $\boldsymbol{\Xi}_{k+1}^{0}$ 和 $\boldsymbol{\Xi}_{k+1}^{i}$，$i=2,\cdots,n$，得到 $\mathfrak{S}_{k+1}$。 ④利用式(2-2-26)和式(2-2-30)，计算 α_{k+1}。
步骤 5	滤波增益计算。①利用式(2-2-18)得到 $\boldsymbol{\Sigma}_{k+1\|k}^{*}$。 ②利用式(2-2-19)得到 $\boldsymbol{V}_{k+1}^{*}$。 ③利用式(2-2-25)计算滤波增益 $[\boldsymbol{K}_{k+1}^{j_1\,\mathrm{opt}},\cdots,\boldsymbol{K}_{k+1}^{j_n\,\mathrm{opt}}]$。
步骤 6	更新。①利用式(2-2-7)得到 $\hat{\boldsymbol{x}}_{k+1\|k+1}$。 ②利用式(2-2-20)计算 $\boldsymbol{\Sigma}_{k+1\|k+1}^{*}$。
步骤 7	递归。设 $k \leftarrow k+1$，返回步骤 3。

2.2.4 数值仿真

在这一部分，下面的数值例子验证在加性乘性噪声以及区间约束共存下的所提 UBFIM 算法的有效性。动态系统在 $o-\xi\eta$ 坐标平面运行，状态 $\boldsymbol{x}_k := (\xi_k,\eta_k,\dot{\xi}_k,\dot{\eta}_k)^{\mathrm{T}}$，其中，式(2-2-1)至式(2-2-3)中的系统矩阵是 $\boldsymbol{F}_{0,k}=\begin{bmatrix}1 & T\\0 & 1\end{bmatrix}\otimes\boldsymbol{I}_2$，$\boldsymbol{G}_k=0.01\times\begin{bmatrix}\frac{T^2}{2}\\T\end{bmatrix}\otimes\boldsymbol{I}_2$，$\boldsymbol{H}_{0,k}=\boldsymbol{I}_4$，$\boldsymbol{\Gamma}_{i,k}=0.5*\boldsymbol{I}_4$，$\boldsymbol{C}_k=[0\quad 1\quad 0\quad 0]$，并且 $d_k=10$。此外，

$$\boldsymbol{F}_{1,k}=0.01\times\begin{bmatrix}1 & 0 & 0.5 & 0\\0 & 0.6 & 0 & 0.5\\0 & 0 & \sqrt{3} & 0\\0 & 0 & 0 & 1\end{bmatrix},\ \boldsymbol{F}_{2,k}=0.01\times\begin{bmatrix}1 & 0 & 1 & 0\\0 & 1 & 0 & 1\\0 & 0 & \sqrt{3}/3 & 0\\0 & 0 & 0 & 1/3\end{bmatrix},$$

并且 $n=5$，$N_k=1$，

$$\boldsymbol{H}_{1,1,k}=\boldsymbol{H}_{1,2,k}=\boldsymbol{H}_{1,3,k}=\boldsymbol{H}_{1,4,k}=\boldsymbol{H}_{1,5,k}=0.01\times\begin{bmatrix}0.025 & 0 & 0 & 0\\0 & 5 & 0 & 0\\0 & 0 & 2.5 & 0\\0 & 0 & 0 & 2.5\end{bmatrix}。$$

$\boldsymbol{w}_k$ 和 $\boldsymbol{v}_{i,k}$ 均是高斯白噪声分布。同时，对于 $s=1,2$，$i=1,2,\cdots,5$，$\bar{\omega}_{s,k}$ 和 $\theta_{1,i,k}$（$\theta_{2,i,k}=0$）也是高斯白噪声，且 $\sigma_{11,k}^2=\sigma_{22,k}^2=c_{11,i,k}^2=1$，$\sigma_{12,k}^2=0$。系统运行了 75 个采样时间间隔。

将所提 UBFIM 和文献[43]中的考虑多传感器和乘性噪声的无约束递推滤波进行比较。初始状态和协方差同时都设置为

$$\hat{\boldsymbol{x}}_{0|0}=(0,5,3,\sqrt{3})^{\mathrm{T}},\ \boldsymbol{\Sigma}_{0|0}^{*}(\boldsymbol{\Sigma}_{0|0})=\mathrm{diag}(1,1,\sqrt{3},1)$$

系统运动轨迹如图 2-2-1 所示，其中 $\delta_k=5$。$\sqrt{\xi_k^2+\eta_k^2}$ 的均方误差估计(RMSE)如图 2-2-2 所示，其中 $\delta_k=5$，运行了 1000 次蒙特卡罗仿真。明显地，UBFIM 所得到的 $\sqrt{\xi_k^2+\eta_k^2}$ 的估计比文献[43]中的算法的性能好。此外，δ_k 取值 1，3，5，7，9，即从紧的不等式约束逐渐变化

到松的不等式约束，所提 UBFIM 的具有不同 δ_k 的 RMSE 如图 2-2-3 所示，其中，系统运行了 1000 次蒙特卡罗仿真。正如图 2-2-3 所示，δ_k 的值逐渐减小时，相应的 RMSE 也减小。原因是 δ_k 减小时，相应地不等式约束的范围减小，即不确定性减小，从而 RMSE 也减小。

对于不同的 $\delta_k = 1,3,5,7,9$，所提 UBFIM 的每次蒙特卡罗平均运行时间如图 2-2-4 所示，仿真实现的环境：Intel(R) Core(TM) i5-4200M CPU @ 2.50 GHz 2.49 GHz，软件 MATLAB 2019a。同时，运行时间同时使用"tic"和"toc"函数度量。明显地，尽管对于每一个 δ_k 值，UBFIM 的平均运行时间稍微有些不同，然而它们的运行时间都很短，大约 7.7×10^{-4} s。这表明所提算法的运行时间满足大多数工程实际的应用要求。

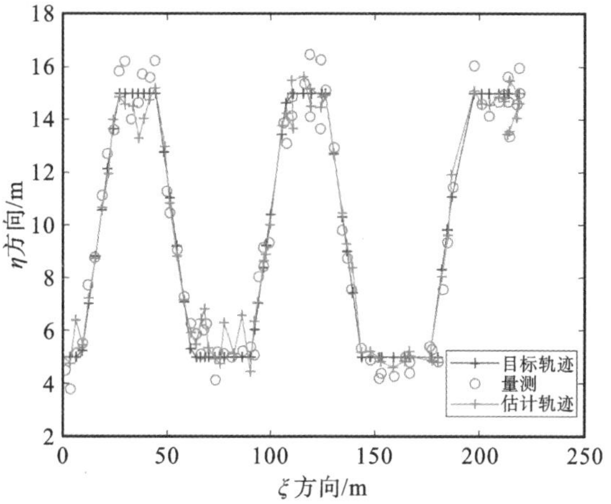

图 2-2-1　目标运动轨迹

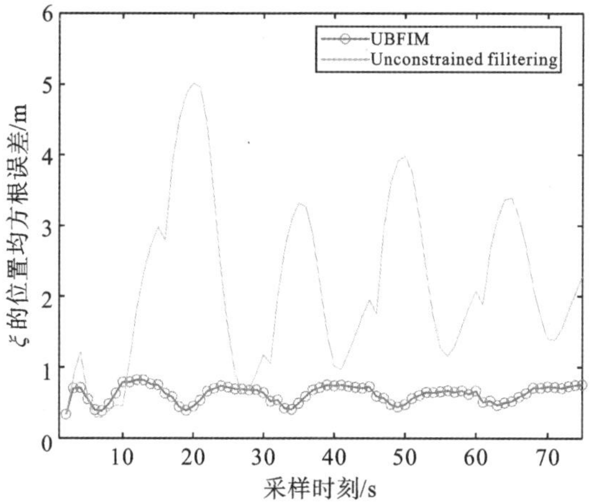

图 2-2-2　$\delta_k = 5$ 时的估计 $\sqrt{\xi_k^2 + \eta_k^2}$ 的 RMSE

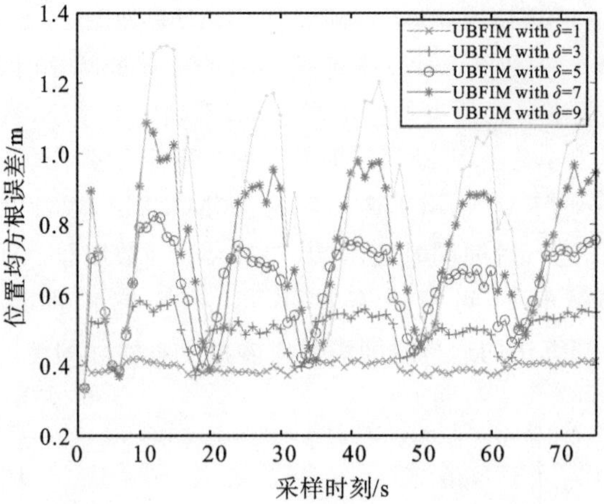

图 2-2-3　$\delta_k=1,3,5,7,9$ 时的估计 $\sqrt{\xi_k^2+\eta_k^2}$ 的 RMSE

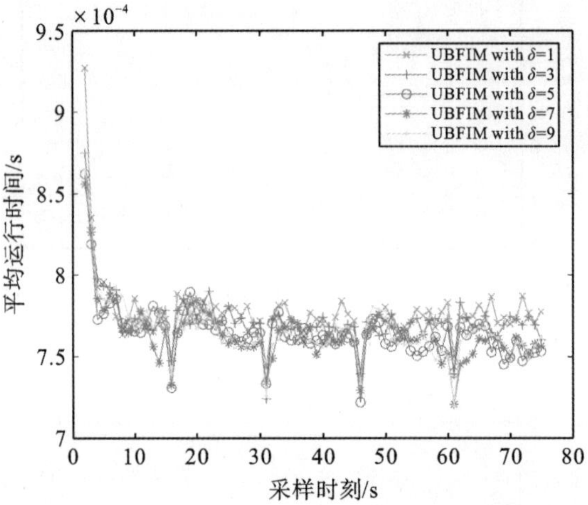

图 2-2-4　$\delta_k=1,3,5,7,9$ 时 UBFIM 算法的平均运行时间

参考文献

[1] SIMON D. Optimal State Estimation[M]. New Jersey: John Wiley and Sons, Inc, 2006.

[2] HEWETT R J, HEATH M T, BUTALA M D, et al. A robust null space method for linear equality constrained state estimation[J]. IEEE Transactions on Signal Processing, 2010, 58 (8): 3961-3971.

[3] DE RUITER, A H J. SO(3)-constrained Kalman filtering with application to attitude estimation[C]. 2014 American Control Conference, 2014: 4937-4942.

[4] ROTEA M, LANA C. State estimation with probability constraints[J]. Proceedings of the 44th IEEE Conference on Decision and Control, 2005:380-385.

[5] KHALEGHI B, KHAMIS A,KARRAY F O, et al. Multisensor data fusion: a review

of the state-of-the-art[J]. Information Fusion, 2013, 14: 28 - 44.

[6] NACHOUKI G, QUAFAFOU M. Multi-data source fusion[J]. Information Fusion, 2008, 9:523 - 53.

[7] WEN W, DURRANT-WHYTE H F. Model-based multi-sensor data fusion[C] // IEEE International Conference on Robotics and Automation. 1992: 1720 - 1726.

[8] PORRILL J. Optimal combination and constraints for geometrical sensor data[J]. International Journal of Robotics Research, 1988, 7(6): 66 - 77.

[9] SIMON D, CHIA T L. Kalman filtering with state equality constraints[J]. IEEE Transactions on Aerospace and Electronic Systems, 2002, 38(1): 128 - 136.

[10] PIZZINGA A. Constrained Kalman filtering: Additional results[J]. International Statistic Review, 2010, 78(2): 189 - 208.

[11] XU L, LI X, DUAN Z, et al. Modeling and state estimation for dynamic systems with linear equality constraints[J]. IEEE Transactions on Signal Processing, 2013, 61(11): 2927 - 2939.

[12] SIMON D. Kalman filtering with state constraints: A survey of linear and nonlinear algorithms[J]. IET Control Theory and Applications, 2010, 4(8): 1303 - 1318.

[13] TAHK M, SPEYER J L. Target tracking problems subject to kinematic constraints[J]. IEEE Transactions on Automatic Control, 1990, 35(3): 324 - 326.

[14] DORAN H E. Constraining Kalman filter and smoothing estimates to satisfytimevarying restrictions[J]. Review of Economics and Statistics, 1992, 74(3): 568 - 572.

[15] YANG C, BLASCH E. Kalman filtering with nonlinear state constraints[J]. IEEE Transactions on Aerospace and Electronic Systems, 2009, 45(1): 70 - 84.

[16] SIMON D, SIMON D L. Kalman filtering with inequality constraints for turbofan engine health estimation[J]. IEE Proceedings-Control Theory and Applications, 2006, 153(3): 371 - 378.

[17] TEIXEIRA B O S, TORRES L A B, AGUIRRE L A, et al. On unscented Kalman filtering with state interval constraints[J]. Journal of Process Control, 2010, 20(1): 45 - 57.

[18] LOPEZ-NEGRETE R, PATWARDHAN S C, BIEGLER L T. Constrained particle filter approach to approximate the arrival cost in moving horizon estimation[J]. Journal of Process Control, 2011, 21: 909 - 919.

[19] SIMON D. A game theory approach to constrained minimax state estimation[J]. IEEE Transactions on Signal Processing, 2006, 54(2): 405 - 412.

[20] HAN C, WANG W. Linear state estimation for Markov jump linear system with multi—channel observation delays and packet dropouts[J]. International Journal of Systems Science, 2019, 50(1): 163 - 177.

[21] HAN C, WANG W. Optimal filter for MJL system with delayed modes and observations[J]. IET Control Theory and Applications, 2018, 12(1): 68 - 77.

[22] GOMEZ-EXPOSITO A, ABUR A, VILLA JAEN DE LA A, et al. A multilevel state esti-

mation paradigm for smart grids[J]. Proceedings of the IEEE, 2011, 99(6): 952 - 976.

[23] RANA M M, LI L, SU S W, et al. Consensus-based smart-grid state estimation algorithm[J]. IEEE Transactions on Industrial Informatics, 2018, 14(8): 3368 - 3375.

[24] KIM K, KUMAR P R. Cyber-physical systems: A perspective at the centennial[J]. Proceedings of the IEEE, 2012, 100: 1287 - 1308.

[25] WANG D, WANG Z, SHEN B, et al. Recent advances on filtering and control for cyber-physical systems under security and resource constraints[J]. Journal of the Franklin Institute, 2016, 353: 2451 - 2466.

[26] YANG Y, QIN Y, PAN Q, et al. Recursive linear optimal filter for Markovian jump linear systems with multi-step correlated noises and multiplicative random parameters [J]. International Journal of Systems Science, 2019, 50(4): 749 - 763.

[27] HU X, BAO M, ZHANG X, et al. Quantized Kalman filter tracking in directional sensor networks[J]. IEEE Transactions on Mobile Computing, 2018, 17(4): 871 - 883.

[28] SONG, X, PARK J H, YAN X. Linear estimation for measurement-delay systems with periodic coefficients and multiplicative noise[J]. IEEE Transactions on Automatic Control, 2017, 62 (8):4124 - 4130.

[29] YANG Y, LIANG Y, PAN Q, et al. Distributed fusion estimation with squareroot array implementation for Markovian jump linear systems with random parameter matrices and cross-correlated noises[J]. Information Science, 2016, 370 - 371:446 - 462.

[30] YANG Y, QIN Y, PAN Q. et al. Distributed fusion for nonlinear uncertain systems with multiplicative parameters and random delay[J]. Signal Processing, 2019, 157:198 - 212.

[31] LIANG J, WANG F, WANG Z, et al. Robust Kalman filtering for twodimensional systems with multiplicative noises and measurement degradations: The finite-horizon case[J]. Automatica, 2018, 96:166 - 177.

[32] LI Y, KARIMI H R, ZHONG M, et al. Fault detection for linear discrete time-varying systems with multiplicative noise: The finite-horizon case[J]. IEEE Transactions on Circuits and Systems I: Regular Papers, 2018, 65(10):3492 - 3505.

[33] DE KONING W L. Optimal estimation of linear discrete-time systems with stochastic parameters[J]. Automatica, 1984, 20(1):113 - 115.

[34] LUO Y, ZHU Y, SHEN X, et al. Novel data association algorithm based on integrated random coefficient matrices Kalman filtering[J]. IEEE Transactions on Aerospace and Electronic Systems, 2012, 48(1): 144 - 158.

[35] LUO Y, ZHU Y, LUO D, et al. Globally optimal multisensor distributed random parameter matrices Kalman filtering fusion with applications[J]. Sensors, 2008, 8: 8086 - 8103.

[36] YANG Y, LIANG Y, PAN Q, et al. Linear minimum-mean-square error estimation of Markovian jump linear systems with stochastic coefficient matrices[J]. IET Control Theory and Application, 2014, 8(12): 1112 - 1126.

[37] YANG F, WANG Z, HUNG Y S. Robust Kalman filtering for discrete time varying

uncertain systems with multiplicative noises[J]. IEEE Transactions on Automatic Control, 2002, 47 (7):1179 - 1183.

[38] KAI X, WEI C, LIU L. Robust extended Kalman filtering for nonlinear systems with stochastic uncertainties[J]. IEEE Transactions on Systems Man and Cybernetics Part A-Systems and Humans, 2010, 40(2):399 - 405.

[39] QIAN H, HUANG W, QIAN L, et al. Robust extended Kalman filter for attitute estimation with multiplicative noises and unknown external disturbances[J]. IET Control Theory and Applications, 2014, 8(15):1523 - 1536.

[40] GERSHON E, SHAKED U, YAESH I. H_∞ control and filtering of discrete-time stochastic systems with multiplicative noise[J]. Automatica, 2001, 37:409 - 417.

[41] HALABI S, ALI H S, RAFARALAHY H, et al. H_∞ functional filtering for stochastic bilinear systems with multiplicative noises[J]. Automatica, 2009, 45(4):1038 - 1045.

[42] DONG H, WANG Z, DING S X, et al. Event-based H_∞ filter design for a class of nonlinear time－varying systems with fading channels and multiplicative noises[J]. IEEE Transactions on Signal Processing, 2015, 63(13): 3387 - 3395.

[43] DING D, WANG Z, HO D W C, et al. Distributed recursive filtering for stochastic systems under uniform quantizations and deception attacks through sensor networks[J]. Automatica, 2017, 78: 231 - 240.

第 3 章　跳变马尔可夫线性系统最优滤波器设计

3.1　具有随机参数和估计反馈的马尔可夫跳变线性系统的 LMMSE 估计

3.1.1　引　　言

由于在目标跟踪[1-4]、传感器融合[5]、故障检测与隔离[6]等领域的广泛应用，含有随机参数的动态系统状态估计问题近年来受到广泛关注。不同于著名的针对加性高斯白噪声扰动下离散动态线性系统的卡尔曼滤波，它是最优估计未知状态的递归均方误差算法，文献[7]提出了具有随机状态转移和随机量测矩阵的离散动态线性系统的线性最小方差递归估计。通过将带有随机参数的系统矩阵分解为两部分，系统转化为具有确定参数矩阵和状态依赖于过程噪声和测量噪声的线性系统，其中一部分为相应的均值，另一部分为剩余误差。此外，如文献[5]所示，在温和条件下，文献[7]中所考虑系统的相应滤波器仍然是改进卡尔曼滤波器的形式。推导的线性最小方差递归状态估计[5]还适用于两种实际应用，第一种是一般的不确定量测情况，第二种是多模型动态过程情况[8]。在文献[5]中还讨论了一种融合随机状态转移矩阵和测量矩阵的分布式卡尔曼滤波，即随机参数矩阵卡尔曼滤波。以上所讨论的系统都是针对具有单一模式的动态系统。事实上，许多实际问题由于参数[9-12]的突变或未知，很难用单一的名义模型来描述。实际上，马尔可夫跳变系统一直被用来克服这种困难。例如，在机动目标跟踪中，仅使用单一的标称模型(如匀速、匀速加速度或匀速转弯运动)难以描述感兴趣目标的运动轨迹。一种有效的方法是使用多个标称模型来覆盖所有可能的目标运动，其中不同标称模型的切换遵循一阶马尔可夫链[13-15]。除了采用著名的交互式多模型(interacting multiple model, IMM)方法在最小均方误差准则下寻求估计精度和计算代价之间的折中，并给出次优实现[9,13-14]外，通过扩维状态和所有可能模式概率作为新的状态向量，文献[10]提出了马尔可夫跳变线性系统(Markovianjump linear systems, MJLSs)的线性最小均方误差(linear minimum meansquare error, LMMSE)估计器。在满足 MJLSs 均方稳定性和马尔可夫链遍历性的条件下，证明了所提出的 LMMSE 估计器[10]的误差协方差矩阵收敛于 Mn 维 Riccati 方程的半正定唯一解，M 为 Markov 链的状态数，n 为状态向量的维数。该 LMMSE 估计器的另一个特点是对过程噪声和量测噪声没有高斯假设的限制，并且只递归计算感兴趣向量的前两个矩，这在实际中有时是足够的。以目标跟踪为例，主要关注目标的一阶矩估计，包括目标的位置和速度，以及相应的二阶矩，即协方差的估计。

进一步，文献[16]给出了具有乘性噪声的 MJLSs 的 LMMSE 估计器，并讨论了相应估计器的稳定性条件。此外，通过建立稀疏杂波环境下单/多机动目标跟踪的状态估计和统一数据关联框架，文献[2]提出了具有随机系数矩阵的 MJLSs 的 LMMSE 估计器，并分析了系统为均方稳定时相应误差协方差矩阵的收敛性。此外，基于参数依赖的李雅普诺夫过程，通过线性矩阵不等式，文献[17]提出了一种具有乘性噪声的 MJLSs 的鲁棒独立模式线性滤波器。在将具有多模复杂性的线性时变系统转化为具有随机参数的等价系统的条件下，文献[18]针对具有随机参数的广义未知扰动的线性时变系统，提出了一种上界滤波器，并将其退化为具有广义未知扰动的线性时变系统。此外，针对传感器网络中具有随机参数矩阵和互相关噪声的 MJLSs，文献[19]提出了分布式 LMMSE 估计融合及其平方根阵列实现方法。这些具有马尔可夫跳变、随机参数或乘性噪声的系统都具有相同的形式，即在系统演化过程中不应存在估计反馈。然而，在某些情况下，需要考虑动态系统中的估计反馈。例如，在使用概率数据关联(PDA)或联合 PDA(JPDA)方法克服杂波背景下目标跟踪中的数据关联时，用于更新目标状态的可能回波信号既依赖于目标本身，也依赖于目标的状态预测。换句话说，这些选择的回声或多或少是由前一时期的状态估计决定的。此时，实际目标回波由可靠的量测方程建模，而进入验证区域的假回波则由上一采样时刻的状态估计和相应的估计误差描述。本节提出了一种基于白随机模式反馈系统的 LMMSE 滤波方法，适用于文献[3]中密集杂波下的非机动目标跟踪。然而，据作者所知，对于具有随机参数和估计反馈的马尔可夫跳变线性系统(MJLSRE)的滤波器设计还没有研究，这是一个重要的开放性问题。因此，本节针对 MJLSRE，推导了递归 LMMSE 估计器，并将其应用于机动目标跟踪。

3.1.2　问题描述

考虑具有随机参数的马尔可夫跳变线性系统，反馈估计如下

$$\boldsymbol{x}_{k+1}=\boldsymbol{F}_{\Theta_k}\boldsymbol{x}_k+\boldsymbol{A}_{\Theta_k}\hat{\boldsymbol{x}}_k+\boldsymbol{G}_{\Theta_k}\boldsymbol{w}_k\ , \tag{3-1-1}$$

$$\boldsymbol{z}_k=\boldsymbol{H}_{\Theta_k}\boldsymbol{x}_k+\boldsymbol{B}_{\Theta_k}\hat{\boldsymbol{x}}_{k-1}+\boldsymbol{D}_{\Theta_k}\boldsymbol{v}_k\ , \tag{3-1-2}$$

这里

$$\boldsymbol{F}_{\Theta_k}=\sum_{j=1}^{M}\sum_{\ell=1}^{N}\alpha_{\ell,j,k}^{F}\boldsymbol{F}_\ell 1_{\{\Theta_k=j\}}\ ,$$

$$\boldsymbol{A}_{\Theta_k}=\sum_{j=1}^{M}\sum_{\ell=1}^{N}\alpha_{\ell,j,k}^{A}\boldsymbol{A}_\ell 1_{\{\Theta_k=j\}}\ ,$$

$$\boldsymbol{G}_{\Theta_k}=\sum_{j=1}^{M}\sum_{\ell=1}^{N}\alpha_{\ell,j,k}^{G}\boldsymbol{G}_\ell 1_{\{\Theta_k=j\}}\ ,$$

$$\boldsymbol{H}_{\Theta_k}=\sum_{j=1}^{M}\sum_{\ell=1}^{N}\alpha_{\ell,j,k}^{H}\boldsymbol{H}_\ell 1_{\{\Theta_k=j\}}\ ,$$

$$\boldsymbol{B}_{\Theta_k}=\sum_{j=1}^{M}\sum_{\ell=1}^{N}\alpha_{\ell,j,k}^{B}\boldsymbol{B}_\ell 1_{\{\Theta_k=j\}}\ ,$$

$$\boldsymbol{D}_{\Theta_k}=\sum_{j=1}^{M}\sum_{\ell=1}^{N}\alpha_{\ell,j,k}^{D}\boldsymbol{D}_\ell 1_{\{\Theta_k=j\}}\ ,$$

式中，$\boldsymbol{x}_k\in\mathbb{R}^{n_x}$ 和 $\boldsymbol{z}_k\in\mathbb{R}^{n_z}$ 分别表示动态状态和测量。$\{\Theta_k\}$ 是一个具有有限状态空间$\{1,\cdots,M\}$ 和转移概率矩阵 $\boldsymbol{P}_t=[p_{ij}]$ 的离散时间一阶马尔可夫链，其中 $p_{ij}:=P\{\Theta_{k+1}=j\mid\Theta_k=i\}$。$\pi_{i,k}:=P\{\Theta_k=i\}$ 表示 k^{th} 采样瞬间的 i^{th} 模式概率。$1_{\{\Theta_k=i\}}$ 是一个二元变量，如果是 $\Theta_k=i$，则等于 1，否则等于 0。$\boldsymbol{F}_\ell$、$\boldsymbol{A}_\ell$、$\boldsymbol{G}_\ell$、$\boldsymbol{H}_\ell$、$\boldsymbol{B}_\ell$ 和 $\boldsymbol{D}_\ell$ 是已知的基矩阵，具有适当的维数，$\ell=1,\cdots,N$。

$\alpha^{\wp}_{\ell,j,k}$ 是随机参数，$E(\alpha^{\wp}_{\ell,j,k})=\bar{\alpha}^{\wp}_{\ell,j,k}$，$E(\tilde{\alpha}^{\wp}_{\ell,j,k}\tilde{\alpha}^{\wp}_{r,j,k})=c^{\wp}_{\ell r,j,k}$，$E(\alpha^{\wp}_{\ell,j,k}\alpha^{\Im}_{r,j,k})=0$，$\ell,r=1,\cdots,N$，其中 $\wp$ 和 $\Im$ 均可取 $\boldsymbol{F}$、$\boldsymbol{A}$、$\boldsymbol{G}$、$\boldsymbol{H}$、$\boldsymbol{B}$ 和 $\boldsymbol{D}$。这里，$\tilde{\alpha}^{\wp}_{\ell,j,k}:=\alpha^{\wp}_{\ell,j,k}-\bar{\alpha}_{\ell,j,k}$。此外，假设来自不同模态的随机参数是独立的，即 $i\neq j$ 时有 $E(\alpha^{\wp}_{\ell,i,k}\alpha^{\Im}_{r,j,k})=0$。$\{\boldsymbol{w}_k\}$ 和 $\{\boldsymbol{v}_k\}$ 是具有相同协方差矩阵的零均值白噪声序列，与初始状态 $\boldsymbol{x}_0$ 无关。这里，$\{\alpha^{\wp}_{\ell,j,k}\}$、$\{\boldsymbol{w}_k\}$、$\{\boldsymbol{v}_k\}$ 和 $\{\Theta_k\}$ 相互之间不相关。

在所考虑的系统式(3-1-1)和式(3-1-2)中，随机参数 $\alpha^{F}_{\ell,j,k}$ 和 $\alpha^{H}_{\ell,j,k}$ 可以被视为乘性噪声，通过将它们分解为 $\alpha^{F}_{\ell,j,k}=\bar{\alpha}^{F}_{\ell,j,k}+\tilde{\alpha}_{\ell,j,k}$ 和 $\alpha^{H}_{\ell,j,k}=\bar{\alpha}^{H}_{\ell,j,k}+\tilde{\alpha}_{\ell,j,k}$。用均值 $\bar{\alpha}^{F}_{\ell,j,k}$（或 $\bar{\alpha}^{H}_{\ell,j,k}$）和基矩阵 $\boldsymbol{F}_\ell$（或 $\boldsymbol{H}_\ell$）构成系统状态转移矩阵（或量测矩阵）的确定部分。剩余部分与未知状态相乘即为乘性噪声。

在目标跟踪、闭环控制等情况下，当前时刻的系统演化或建模可能依赖于最新的状态估计。例如，在目标跟踪中，落入验证区域的回波实际上是由量测预测及其协方差决定的，而量测预测与前一时刻的状态估计直接相关。因此，考虑的系统中引入了估计反馈，并利用估计反馈对杂波机动目标跟踪中进入验证区的假回波进行建模。

如系统式(3-1-1)和式(3-1-2)所示，多种不确定性并存，包括马尔可夫跳变参数 Θ_k，随机参数 $\alpha^{\wp}_{\ell,j,k}$ 以及加性过程/测量噪声 $\boldsymbol{w}_k$ 和 $\boldsymbol{v}_k$。如果 $\alpha^{A}_{\ell,j,k}$ 和 $\alpha^{B}_{\ell,j,k}$ 都等于0，则所考虑的系统将退化为具有随机参数的马尔可夫跳变线性系统[2]。同时，如果只有一种模式，即 $M=1$，则所考虑的系统将降级为文献[3]中的系统。本节的目的是为所考虑的系统设计 LMMSE 估计器，这样，系统中存在的 $\hat{\boldsymbol{x}}_k$ 实际上就是以量测序列 $\boldsymbol{z}_{1:k}=\{\boldsymbol{z}_1,\cdots,\boldsymbol{z}_k\}$ 为条件的状态 $\boldsymbol{x}_k$ 的 LMMSE 估计。

3.1.3 LMMSE 估计器设计

类似于文献[2][11][19]，用 $\boldsymbol{\xi}_{j,k}=\boldsymbol{x}_k\boldsymbol{1}_{\{\Theta_k=j\}}$ 定义 $\boldsymbol{\xi}_k:=\mathrm{col}\{\boldsymbol{x}_k 1_{\{\Theta_k=j\}},j=1,\cdots,M\}$。因此，

$$\boldsymbol{x}_k=\sum_{j=1}^{M}\boldsymbol{x}_k 1_{\{\Theta_k=i\}}=\sum_{j=1}^{M}\boldsymbol{\xi}_{i,k} \tag{3-1-3}$$

设 $\boldsymbol{F}_k$ 为 $M\times M$ 分块矩阵，其分块 $(i,j)^{\text{th}}$ 为 $\sum_{\ell=1}^{N}\alpha^{F}_{\ell,j,k}\boldsymbol{F}_\ell 1_{\{\Theta_{k+1}=i|\Theta_k=j\}}$；$\boldsymbol{G}_k$ 作为 $M\times 1$ 块矩阵，$\sum_{j=1}^{M}\sum_{\ell=1}^{N}\alpha^{G}_{\ell,j,k}\boldsymbol{G}_\ell 1_{\{\Theta_k=j\}}1_{\{\Theta_{k+1}=i|\Theta_k=j\}}$ 是其 i^{th} 子块；$\boldsymbol{A}_k$ 作为 $M\times M$ 块矩阵，$\sum_{\ell=1}^{N}\alpha^{A}_{\ell,j,k}\boldsymbol{A}_\ell 1_{\{\Theta_{k+1}=i|\Theta_k=j\}}$ 是其 $(i,j)^{\text{th}}$ 子块；$\boldsymbol{H}_k$ 为 $1\times M$ 块矩阵，其 j^{th} 子块为 $\sum_{\ell=1}^{N}\alpha^{H}_{\ell,j,k}\boldsymbol{H}_\ell$；$\boldsymbol{B}_k$ 为 $1\times M$ 块矩阵，其 j^{th} 子块为 $\sum_{\ell=1}^{N}\alpha^{B}_{\ell,j,k}\boldsymbol{B}_\ell$；$\boldsymbol{D}_k:=\sum_{j=1}^{M}\sum_{\ell=1}^{N}\alpha^{D}_{\ell,j,k}\boldsymbol{D}_\ell 1_{\{\Theta_k=j\}}$。这里，在 $\Theta_k=j$ 的条件下，如果 $\Theta_{k+1}=i$，则 $1_{\{\Theta_{k+1}=i|\Theta_k=j\}}$ 等于1，否则为0。我们考虑的系统式(3-1-1)和式(3-1-2)重写为

$$\boldsymbol{\xi}_{k+1}=\bar{\boldsymbol{F}}_k\boldsymbol{\xi}_k+\tilde{\boldsymbol{F}}_k\boldsymbol{\xi}_k+\bar{\boldsymbol{A}}_k\hat{\boldsymbol{\xi}}_k+\tilde{\boldsymbol{A}}_k\hat{\boldsymbol{\xi}}_k+\bar{\boldsymbol{G}}_k\boldsymbol{w}_k+\tilde{\boldsymbol{G}}_k\boldsymbol{w}_k \tag{3-1-4}$$

$$\boldsymbol{z}_k=\bar{\boldsymbol{H}}_k\boldsymbol{\xi}_k+\tilde{\boldsymbol{H}}_k\boldsymbol{\xi}_k+\bar{\boldsymbol{B}}_k\hat{\boldsymbol{\xi}}_{k-1}+\tilde{\boldsymbol{B}}_k\hat{\boldsymbol{\xi}}_{k-1}+\bar{\boldsymbol{D}}_k\boldsymbol{v}_k+\tilde{\boldsymbol{D}}_k\boldsymbol{v}_k \tag{3-1-5}$$

式中，$\bar{\boldsymbol{F}}_k$ 和 $\tilde{\boldsymbol{F}}_k$ 的表达式与 $\boldsymbol{F}_k$ 相同；$\alpha^{F}_{\ell,j,k}$ 分别被 $\bar{\alpha}^{F}_{\ell,j,k}$ 和 $\tilde{\alpha}^{F}_{\ell,j,k}$ 取代，即 $\boldsymbol{F}_k=\bar{\boldsymbol{F}}_k+\tilde{\boldsymbol{F}}_k$，$\bar{\boldsymbol{F}}_k$ 分

别为包含随机参数的对应系统矩阵的均值，$\tilde{\boldsymbol{F}}_k$ 为剩余误差；$\hat{\boldsymbol{\xi}}_{k|t}$ 为 $\boldsymbol{\xi}_k$ 以 $\boldsymbol{z}_{1:t}$ 为条件的 LMMSE 估计。记 $\boldsymbol{\Omega}_k := E(\boldsymbol{\xi}_k\boldsymbol{\xi}_k^{\mathrm{T}})$，$\boldsymbol{\Lambda}_{k|t} := E(\hat{\boldsymbol{\xi}}_{k|l}\hat{\boldsymbol{\xi}}_{k|l}^{\mathrm{T}})$，$\boldsymbol{\Gamma}_k := E(\tilde{\boldsymbol{\xi}}_{k|k-1}\tilde{\boldsymbol{z}}_{k|k-1}^{\mathrm{T}})$ 和 $\boldsymbol{\Psi}_k := E(\tilde{\boldsymbol{\xi}}_{k|k-1}\tilde{\boldsymbol{z}}_{k|k-1}^{\mathrm{T}})$，其中 $\tilde{\boldsymbol{\xi}}_{k|k-1} := \boldsymbol{\xi}_k - \hat{\boldsymbol{\xi}}_{k|k-1}$ 和 $\tilde{\boldsymbol{z}}_{k|k-1} := \boldsymbol{z}_k - \hat{\boldsymbol{z}}_{k|k-1}$。同时，定义 $\boldsymbol{\Delta}_{k|t} := E(\tilde{\boldsymbol{\xi}}_{k|t}\tilde{\boldsymbol{\xi}}_{k|t}^{\mathrm{T}}) = \boldsymbol{\Omega}_k - \boldsymbol{\Lambda}_{k|t}$。将 $\bar{\boldsymbol{F}}_k$ 写成$M\times M$ 块矩阵，其 $(i,j)^{\text{th}}$ 子块为 $p_{ji}\sum_{\ell=1}^{N}\bar{\alpha}_{\ell,j,k}^{F}\boldsymbol{F}_{\ell}$，将 $\bar{\boldsymbol{A}}_k$ 写成 $M\times M$ 块矩阵，其 $(i,j)^{\text{th}}$ 子块为 $p_{ji}\sum_{\ell=1}^{N}\bar{\alpha}_{\ell,j,k}^{A}\boldsymbol{A}_{\ell}$。标记 $\kappa_{rs,j,k}^{\wp} := \bar{\alpha}_{r,j,k}^{\wp}\bar{\alpha}_{s,j,k}^{\wp} + c_{rs,j,k}^{\wp}$。

定理 3.1.1　所考虑的系统式(3-1-4)和式(3-1-5)的 LMMSE 估计器具有以下递归实现：

$$\hat{\boldsymbol{\xi}}_{k+1|k+1} = \hat{\boldsymbol{\xi}}_{k+1|k} + \boldsymbol{\Gamma}_{k+1}\boldsymbol{\Psi}_{k+1}^{-1}(\boldsymbol{z}_{k+1} - \hat{\boldsymbol{z}}_{k+1|k}) \tag{3-1-6}$$

$$\boldsymbol{\Lambda}_{k+1|k+1} = \boldsymbol{\Lambda}_{k+1|k} + \boldsymbol{\Gamma}_{k+1}\boldsymbol{\Psi}_{k+1}^{-1}\boldsymbol{\Gamma}_{k+1}^{\mathrm{T}} \tag{3-1-7}$$

$$\boldsymbol{\Omega}_{k+1} = \mathrm{diag}\{\boldsymbol{\Omega}_{i,k+1}, i=1,\cdots,M\} \tag{3-1-8}$$

其中，

$$\hat{\boldsymbol{\xi}}_{k+1|k} = \bar{\boldsymbol{F}}_k\hat{\boldsymbol{\xi}}_{k|k} + \bar{\boldsymbol{A}}_k\hat{\boldsymbol{\xi}}_{k|k} \tag{3-1-9}$$

$$\boldsymbol{\Lambda}_{k+1|k} = (\bar{\boldsymbol{F}}_k + \bar{\boldsymbol{A}}_k)\boldsymbol{\Lambda}_{k|k}(\bar{\boldsymbol{F}}_k + \bar{\boldsymbol{A}}_k)^{\mathrm{T}} \tag{3-1-10}$$

$$\begin{aligned}\boldsymbol{\Omega}_{i,k+1} = &\sum_{j=1}^{M}\sum_{r,s=1}^{N}p_{ji}(\kappa_{rs,j,k}^{F}\boldsymbol{F}_r\boldsymbol{\Omega}_{j,k}\boldsymbol{F}_s^{\mathrm{T}} + \kappa_{rs,j,k}^{A}\boldsymbol{A}_r\boldsymbol{\Lambda}_{j,k}\boldsymbol{A}_s^{\mathrm{T}}) + \\ &\sum_{j=1}^{M}\sum_{r,s=1}^{N}p_{ji}c_{rs,j,k}^{A}(\boldsymbol{A}_r\boldsymbol{\Lambda}_{jj,k|k}\boldsymbol{A}_s^{\mathrm{T}} + \boldsymbol{A}_s\boldsymbol{\Lambda}_{jj,k|k}\boldsymbol{A}_r^{\mathrm{T}}) + \sum_{j=1}^{M}\sum_{r,s=1}^{N}p_{ji}\pi_{j,k}\kappa_{rs,j,k}^{G}\boldsymbol{G}_r\boldsymbol{G}_s^{\mathrm{T}}\end{aligned} \tag{3-1-11}$$

$$\hat{\boldsymbol{z}}_{k+1|k} = \bar{\boldsymbol{H}}_{k+1}\boldsymbol{\xi}_{k+1|k} + \bar{\boldsymbol{B}}_{k+1}\hat{\boldsymbol{\xi}}_{k|k} \tag{3-1-12}$$

$$\boldsymbol{\Gamma}_{k+1} = \boldsymbol{\Delta}_{k+1|k}\bar{\boldsymbol{H}}_{k+1}^{\mathrm{T}} \tag{3-1-13}$$

$$\begin{aligned}\boldsymbol{\Psi}_{k+1} = &\bar{\boldsymbol{H}}_{k+1}\boldsymbol{\Phi}_{k+1|k}\bar{\boldsymbol{H}}_{k+1}^{\mathrm{T}} + \sum_{j=1}^{M}\sum_{r,s=1}^{N}\kappa_{rs,j,k+1}^{D}\boldsymbol{D}_r\boldsymbol{D}_s^{\mathrm{T}} + \sum_{j=1}^{M}\sum_{r,s=1}^{N}c_{rs,j,k+1}^{H}\boldsymbol{H}_r\boldsymbol{\Omega}_{j,k+1}\boldsymbol{H}_s^{\mathrm{T}} + \\ &\sum_{j=1}^{M}\sum_{r,s=1}^{N}c_{rs,j,k+1}^{B}\boldsymbol{B}_r\boldsymbol{\Lambda}_{jj,k|k}\boldsymbol{B}_s^{\mathrm{T}}\end{aligned} \tag{3-1-14}$$

证明　根据 LMMSE 准则推导出定理 3.1.1。

$$\hat{\boldsymbol{\xi}}_{k+1|k} = E(\bar{\boldsymbol{F}}_k\boldsymbol{\xi}_k + \bar{\boldsymbol{A}}_k\hat{\boldsymbol{x}}_k \mid \boldsymbol{Z}_{1:k}) = (\bar{\boldsymbol{F}}_k + \bar{\boldsymbol{A}}_k)\hat{\boldsymbol{\xi}}_{k|k}$$

其中随机系统矩阵，扩维状态和过程噪声相互不相关。同时，

$$E(\tilde{\boldsymbol{F}}_k\boldsymbol{\xi}_k + \tilde{\boldsymbol{A}}_k\hat{\boldsymbol{\xi}}_k + \boldsymbol{G}_k\boldsymbol{w}_k \mid \boldsymbol{Z}_{1:k}) = \boldsymbol{O}$$

那么，预测状态和状态的二阶原点矩阵为

$$\begin{aligned}\boldsymbol{\Lambda}_{k+1|k} &= (\bar{\boldsymbol{F}}_k + \bar{\boldsymbol{A}}_k)E(\hat{\boldsymbol{\xi}}_{k|k}\hat{\boldsymbol{\xi}}_{k|k}^{\mathrm{T}})(\bar{\boldsymbol{F}}_k + \bar{\boldsymbol{A}}_k)^{\mathrm{T}} \\ &= (\bar{\boldsymbol{F}}_k + \bar{\boldsymbol{A}}_k)\boldsymbol{\Lambda}_{k|k}(\bar{\boldsymbol{F}}_k + \bar{\boldsymbol{A}}_k)^{\mathrm{T}}\end{aligned}$$

$$\boldsymbol{\Omega}_{k+1} = E(\mathrm{col}\{\boldsymbol{\xi}_{i,k+1}, i=1,\cdots,M\})(\cdot)^{\mathrm{T}} = \mathrm{diag}\{\boldsymbol{\Omega}_{i,k+1}, i=1,\cdots,M\},$$

其中

$$\boldsymbol{\Omega}_{i,k+1}=E(\bar{\boldsymbol{F}}_{i\cdot,k}\boldsymbol{\xi}_k\boldsymbol{\xi}_k^{\mathrm{T}}\bar{\boldsymbol{F}}_{i\cdot,k}^{\mathrm{T}})+E(\bar{\boldsymbol{F}}_{i\cdot,k}\boldsymbol{\xi}_k\hat{\boldsymbol{\xi}}_k^{\mathrm{T}}\bar{\boldsymbol{A}}_{i\cdot,k}^{\mathrm{T}})+E(\tilde{\boldsymbol{F}}_{i\cdot,k}\boldsymbol{\xi}_k\boldsymbol{\xi}_k^{\mathrm{T}}\tilde{\boldsymbol{F}}_{i\cdot,k}^{\mathrm{T}})+E(\bar{\boldsymbol{A}}_{i\cdot,k}\hat{\boldsymbol{\xi}}_k\boldsymbol{\xi}_k^{\mathrm{T}}\bar{\boldsymbol{F}}_{i\cdot,k}^{\mathrm{T}})+$$

$$E(\bar{\boldsymbol{A}}_{i\times,k}\hat{\boldsymbol{\xi}}_k\hat{\boldsymbol{\xi}}_k^{\mathrm{T}}\bar{\boldsymbol{A}}_{i\times,k}^{\mathrm{T}})+E(\tilde{\boldsymbol{A}}_{i\times,k}\hat{\boldsymbol{\xi}}_k\hat{\boldsymbol{\xi}}_k^{\mathrm{T}}\tilde{\boldsymbol{A}}_{i\times,k}^{\mathrm{T}})+E(\boldsymbol{G}_{i\times,k}\boldsymbol{w}_k\boldsymbol{w}_k^{\mathrm{T}}\boldsymbol{G}_{i\times,k}),$$

$$E(\bar{\boldsymbol{F}}_{i\times,k}\boldsymbol{\xi}_k\boldsymbol{\xi}_k^{\mathrm{T}}\bar{\boldsymbol{F}}_{i\times,k}^{\mathrm{T}})=\sum_{j=1}^{M}\sum_{r=1}^{N}\sum_{s=1}^{N}p_{ji}\bar{\alpha}_{r,j,k}^{F}\bar{\alpha}_{s,j,k}^{F}\boldsymbol{F}_r\boldsymbol{\Omega}_{j,k}\boldsymbol{F}_s^{\mathrm{T}},$$

$$E(\bar{\boldsymbol{F}}_{i\cdot,k}\boldsymbol{\xi}_k\hat{\boldsymbol{\xi}}_k^{\mathrm{T}}\bar{\boldsymbol{A}}_{i\cdot,k}^{\mathrm{T}})=\sum_{j=1}^{M}\sum_{r=1}^{N}\sum_{s=1}^{N}p_{ji}\bar{\alpha}_{r,j,k}^{F}\bar{\alpha}_{s,j,k}^{A}\boldsymbol{F}_r\boldsymbol{\Lambda}_{jj,k|k}\boldsymbol{A}_s^{\mathrm{T}}=(E(\bar{\boldsymbol{F}}_{i\cdot,k}\boldsymbol{\xi}_k\hat{\boldsymbol{\xi}}_k^{\mathrm{T}}\bar{\boldsymbol{A}}_{i\cdot,k}^{\mathrm{T}}))^{\mathrm{T}},$$

$$E(\tilde{\boldsymbol{F}}_{i\cdot,k}\boldsymbol{\xi}_k\boldsymbol{\xi}_k^{\mathrm{T}}\tilde{\boldsymbol{F}}_{i\cdot,k}^{\mathrm{T}})=\sum_{j=1}^{M}\sum_{r=1}^{N}\sum_{s=1}^{N}p_{ji}c_{rs,j,k}^{F}\boldsymbol{F}_r\boldsymbol{\Omega}_{j,k}\boldsymbol{F}_s^{\mathrm{T}},$$

$$E(\bar{\boldsymbol{A}}_{i\cdot,k}\hat{\boldsymbol{\xi}}_k\hat{\boldsymbol{\xi}}_k^{\mathrm{T}}\bar{\boldsymbol{A}}_{i\cdot,k}^{\mathrm{T}})=\sum_{j=1}^{M}\sum_{r=1}^{N}\sum_{s=1}^{N}p_{ji}\bar{\alpha}_{r,j,k}^{A}\bar{\alpha}_{s,j,k}^{A}\boldsymbol{A}_r\boldsymbol{\Lambda}_{jj,k|k}\boldsymbol{A}_s^{\mathrm{T}},$$

$$E(\tilde{\boldsymbol{A}}_{i\cdot,k}\hat{\boldsymbol{\xi}}_k\hat{\boldsymbol{\xi}}_k^{\mathrm{T}}\tilde{\boldsymbol{A}}_{i\cdot,k}^{\mathrm{T}})=\sum_{j=1}^{M}\sum_{r=1}^{N}\sum_{s=1}^{N}p_{ji}c_{rs,j,k}^{A}\boldsymbol{A}_r\boldsymbol{\Lambda}_{jj,k|k}\boldsymbol{A}_s^{\mathrm{T}}$$

$$E(\boldsymbol{G}_{i\cdot,k}\boldsymbol{w}_k\boldsymbol{w}_k^{\mathrm{T}}\boldsymbol{G}_{i\cdot,k})=\sum_{j=1}^{M}\sum_{r=1}^{N}\sum_{s=1}^{N}p_{ji}\pi_{j,k}\kappa_{rs,j,k}^{G}\boldsymbol{G}_r\boldsymbol{G}_s^{\mathrm{T}},$$

这里，$\bar{\boldsymbol{F}}_{i\cdot,k}$、$\tilde{\boldsymbol{F}}_{i\cdot,k}$、$\bar{\boldsymbol{A}}_{i\cdot,k}$、$\tilde{\boldsymbol{A}}_{i\cdot,k}$ 和 $\boldsymbol{G}_{i\cdot,k}$ 分别是 $\bar{\boldsymbol{F}}_k$、$\tilde{\boldsymbol{F}}_k$、$\bar{\boldsymbol{A}}_k$、$\tilde{\boldsymbol{A}}_k$ 和 $\boldsymbol{G}_k$ 的 i^{th} 行，即

$$\bar{\boldsymbol{F}}_{i\cdot,k}=\mathrm{row}\left\{\sum_{\ell=1}^{N}\alpha_{\ell,j,k}^{F}\boldsymbol{F}_{\ell}1_{\{\Theta_{k+1}=i|\Theta_k=j\}}\quad j=1,\cdots,M\right\},$$

$$\boldsymbol{G}_{i\cdot,k}=\sum_{j=1}^{M}\sum_{\ell=1}^{N}\alpha_{\ell,j,k}^{G}\boldsymbol{G}_{\ell}1_{\{\Theta_k=j\}}1_{\{\Theta_{k+1}=i|\Theta_k=j\}},$$

通过代换相应的随机参数和矩阵，$\tilde{\boldsymbol{F}}_{i\cdot,k}$、$\bar{\boldsymbol{A}}_{i\cdot,k}$ 和 $\tilde{\boldsymbol{A}}_{i\cdot,k}$ 具有和 $\bar{\boldsymbol{F}}_{i\cdot,k}$ 相同的形式。

此外，

$$\hat{\boldsymbol{z}}_{k+1|k}=E(\bar{\boldsymbol{H}}_{k+1}\boldsymbol{\xi}_{k+1}+\bar{\boldsymbol{B}}_{k+1}\hat{\boldsymbol{\xi}}_k\mid\boldsymbol{Z}_{1:k})=\bar{\boldsymbol{H}}_{k+1}\hat{\boldsymbol{\xi}}_{k+1|k}+\bar{\boldsymbol{B}}_{k+1}\hat{\boldsymbol{\xi}}_{k|k},$$

$$\tilde{\boldsymbol{z}}_{k+1|k}:=\bar{\boldsymbol{H}}_{k+1}\tilde{\boldsymbol{\xi}}_{k+1|k}+\tilde{\boldsymbol{H}}_{k+1}\boldsymbol{\xi}_{k+1}+\tilde{\boldsymbol{B}}_{k+1}\hat{\boldsymbol{\xi}}_k+\boldsymbol{D}_{k+1}\boldsymbol{v}_{k+1},$$

$$\boldsymbol{\Psi}_{k+1}=E(\bar{\boldsymbol{H}}_{k+1}\tilde{\boldsymbol{\xi}}_{k+1|k}\tilde{\boldsymbol{\xi}}_{k+1|k}^{\mathrm{T}}\bar{\boldsymbol{H}}_{k+1}^{\mathrm{T}})+E(\tilde{\boldsymbol{H}}_{k+1}\boldsymbol{\xi}_{k+1}\boldsymbol{\xi}_{k+1}^{\mathrm{T}}\tilde{\boldsymbol{H}}_{k+1}^{\mathrm{T}}),$$

$$+E(\tilde{\boldsymbol{B}}_{k+1}\hat{\boldsymbol{\xi}}_k\hat{\boldsymbol{\xi}}_k^{\mathrm{T}}\tilde{\boldsymbol{B}}_{k+1}^{\mathrm{T}})+E(\boldsymbol{D}_{k+1}\boldsymbol{v}_{k+1}\boldsymbol{v}_{k+1}^{\mathrm{T}}\boldsymbol{D}_{k+1}^{\mathrm{T}}),$$

其中

$$E(\bar{\boldsymbol{H}}_{k+1}\tilde{\boldsymbol{\xi}}_{k+1|k}\tilde{\boldsymbol{\xi}}_{k+1|k}^{\mathrm{T}}\bar{\boldsymbol{H}}_{k+1}^{\mathrm{T}})=\bar{\boldsymbol{H}}_{k+1}\boldsymbol{\Phi}_{k+1|k}\bar{\boldsymbol{H}}_{k+1}^{\mathrm{T}},$$

$$E(\tilde{\boldsymbol{H}}_{k+1}\boldsymbol{\xi}_{k+1}\boldsymbol{\xi}_{k+1}^{\mathrm{T}}\tilde{\boldsymbol{H}}_{k+1}^{\mathrm{T}})=\sum_{j=1}^{M}\sum_{r=1}^{N}\sum_{s=1}^{N}c_{rs,j,k+1}^{H}\boldsymbol{H}_r\boldsymbol{\Omega}_{j,k+1}\boldsymbol{H}_s^{\mathrm{T}},$$

$$E(\tilde{\boldsymbol{B}}_{k+1}\hat{\boldsymbol{\xi}}_k\hat{\boldsymbol{\xi}}_k^{\mathrm{T}}\tilde{\boldsymbol{B}}_{k+1}^{\mathrm{T}})=\sum_{j=1}^{M}\sum_{r=1}^{N}\sum_{s=1}^{N}c_{rs,j,k+1}^{B}\boldsymbol{B}_r\boldsymbol{\Lambda}_{jj,k|k}\boldsymbol{B}_s^{\mathrm{T}},$$

$$E(\boldsymbol{D}_{k+1}\boldsymbol{v}_{k+1}\boldsymbol{v}_{k+1}^{\mathrm{T}}\boldsymbol{D}_{k+1}^{\mathrm{T}})=\sum_{j=1}^{M}\sum_{r=1}^{N}\sum_{s=1}^{N}\kappa_{rs,j,k+1}^{D}\boldsymbol{D}_r\boldsymbol{D}_s^{\mathrm{T}},$$

进一步地，在 LMMSE 准则下，$\tilde{\boldsymbol{\xi}}_{k+1|k}$ 和 $\tilde{\boldsymbol{z}}_{k+1|k}$ 的互协方差计算如下

$$\boldsymbol{\Gamma}_{k+1}=E((\tilde{\boldsymbol{\xi}}_{k+1|k})\cdot(\bar{\boldsymbol{H}}_{k+1}\tilde{\boldsymbol{\xi}}_{k+1|k}+\tilde{\boldsymbol{H}}_{k+1}\boldsymbol{\xi}_{k+1}+\tilde{\boldsymbol{B}}_{k+1}\hat{\boldsymbol{\xi}}_k+\boldsymbol{D}_{k+1}\boldsymbol{v}_{k+1}))=\boldsymbol{\Delta}_{k+1|k}\bar{\boldsymbol{H}}_{k+1}^{\mathrm{T}}$$

最终，根据 LMMSE 准则，得到式(3-1-6)和式(3-1-7)。

在定理 3.1.1 中，为了简洁，$\sum_{r=1}^{N}\sum_{s=1}^{N}\boldsymbol{\Xi}_{rs}$ 用 $\sum_{r,s}^{N}\boldsymbol{\Xi}_{rs}$ 表示。得到 $\hat{\boldsymbol{\xi}}_{k|k}$ 和 $\boldsymbol{\Delta}_{k|k}$ 后，用 $\tilde{\boldsymbol{x}}_{k|k} := \boldsymbol{x}_k - \hat{\boldsymbol{x}}_{k|k}$ 计算得到的 LMMSE 估计值 $\hat{\boldsymbol{x}}_{k|k}$ 和 $\boldsymbol{P}_{k|k} := E(\tilde{\boldsymbol{x}}_{k|k}\tilde{\boldsymbol{x}}_{k|k}^{\mathrm{T}})$ 分别为

$$\hat{\boldsymbol{x}}_{k|k} = \mathcal{I}_t\hat{\boldsymbol{\xi}}_{k|k}, \boldsymbol{P}_{k|k} = \mathcal{I}_t\boldsymbol{\Delta}_{k|k}\mathcal{I}_t^{\mathrm{T}}$$

其中 $\mathcal{I}_t := \mathbf{1}_M^{\mathrm{T}} \otimes \boldsymbol{I}_{n_x}$ ，$\mathbf{1}_M \in \mathbb{R}^M$ 是一个列向量，每个元素分别是 1，$\otimes$ 代表克罗内克乘积。

3.1.4　在目标跟踪中的应用

在给出所考虑的系统的 LMMSE 估计器式(3－1－1)和式(3－1－2)之后，我们将给出一个统一的框架来处理杂波中机动目标跟踪的状态估计和数据关联。在这里，机动目标和回波之间的相关不确定性将由随机参数描述。同时，在 LMMSE 准则下，对落入机动目标验证区域的虚假回波进行相应的状态预测和预测误差协方差建模。

在 k^{th} 时刻，假设机动目标数为 N_T ，落入验证区域的回波数为 M_k 。考虑到 i^{th} 目标，其动力学模型如下

$$\boldsymbol{x}_{i,k+1} = \boldsymbol{F}_{i,\Theta_k}\boldsymbol{x}_{i,k} + \boldsymbol{G}_{i,\Theta_k}\boldsymbol{w}_{i,k} , \tag{3-1-15}$$

其中 $i = 1,\cdots,N_T$ 。

定义 $\boldsymbol{X}_k := (\boldsymbol{x}_{1,k}^{\mathrm{T}},\cdots,\boldsymbol{x}_{N_T,k}^{\mathrm{T}})^{\mathrm{T}}$ 和 $\boldsymbol{w}_k := (\boldsymbol{w}_{1,k}^{\mathrm{T}},\cdots,\boldsymbol{w}_{N_T,k}^{\mathrm{T}})^{\mathrm{T}}$ 。

式(3－1－15)被重写为

$$\boldsymbol{X}_{k+1} = \boldsymbol{F}_{\Theta_k}\boldsymbol{X}_k + \boldsymbol{G}_{\Theta_k}\boldsymbol{w}_k , \tag{3-1-16}$$

式中，$\boldsymbol{F}_{\Theta_k} := \mathrm{diag}\{\boldsymbol{F}_{1,\Theta_k},\cdots,\boldsymbol{F}_{N_T,\Theta_k}\}$ 和 $\boldsymbol{G}_{\Theta_k} := \mathrm{diag}\{\boldsymbol{G}_{1,\Theta_k},\cdots,\boldsymbol{G}_{N_T,\Theta_k}\}$ 。同时，对于 j^{th} 回波 $(j = 1,\cdots,M_k)$ ，利用 JPDA 方法等数据关联，测量模型如下

$$\boldsymbol{z}_{j,k} = \begin{cases} \boldsymbol{H}_{j,\Theta_k}\boldsymbol{x}_{1,k} + \boldsymbol{D}_{j,\Theta_k}\boldsymbol{v}_{j,k} & p_{j,k}^{1} \\ \boldsymbol{H}_{j,\Theta_k}\boldsymbol{x}_{2,k} + \boldsymbol{D}_{j,\Theta_k}\boldsymbol{v}_{j,k} & p_{j,k}^{2} \\ \vdots & \vdots \\ \boldsymbol{H}_{j,\Theta_k}\boldsymbol{x}_{N_T,k} + \boldsymbol{D}_{j,\Theta_k}\boldsymbol{v}_{j,k} & p_{j,k}^{N_T} \\ \boldsymbol{z}_{j,k}^{f} & p_{j,k}^{0} \end{cases} , \tag{3-1-17}$$

式中，$\boldsymbol{z}_{j,k}^{f}$ 表示 $\boldsymbol{z}_{j,k}$ 可能是假回波；$p_{j,k}^{i}$ ($i \neq 0$)表示回波 $\boldsymbol{z}_{j,k}$ 来自 i^{th} 机动目标的归一化概率。在这里，$i = 1,\cdots,N_T$ 表示与验证区域对应的有效机动目标。$p_{j,k}^{0}$ 表示 j^{th} 回声是假回波的归一化概率。其中，验证区域由误差协方差对应的测量预测和验证门决定。因此，将假目标回波视为一个以理想量测或量测预测为中心的随机向量，其分布区域为量测预测误差协方差。以量测预测为对应中心，假回波建模如下

$$\boldsymbol{z}_{j,k}^{f} = \boldsymbol{H}_{j,\Theta_k}\hat{\boldsymbol{x}}_{i^*,k|k-1} + \boldsymbol{v}_{j,k}^{f} , \tag{3-1-18}$$

式中，$\hat{\boldsymbol{x}}_{i^*,k|k-1}$ 为机动目标状态预测 i^* ，与假回波落入的验证区域相对应；$\boldsymbol{v}_{j,k}^{f}$ 是一种等效的量测噪声，其均值为零向量，协方差与测量预测误差协方差相关，即验证区域的面积。标记

$$\mathcal{H}_{\Theta_k}^{j}:=\begin{cases}(\boldsymbol{H}_{j,\Theta_k},\boldsymbol{O},\cdots,\boldsymbol{O}) & p_{j,k}^{1}\\(\boldsymbol{O},\boldsymbol{H}_{j,\Theta_k},\cdots,\boldsymbol{O}) & p_{j,k}^{2}\\\vdots & \vdots\\(\boldsymbol{O},\cdots,\boldsymbol{O},\boldsymbol{H}_{j,\Theta_k}) & p_{j,k}^{N_T}\\\boldsymbol{O} & p_{j,k}^{0}\end{cases},$$

$$\mathcal{B}_{\Theta_k}^{j}=\begin{cases}\boldsymbol{O} & 1-p_{j,k}^{0}\\(\underbrace{\boldsymbol{O},\cdots,\boldsymbol{O}}_{i^*-1},\boldsymbol{H}_{j,\Theta_k},\boldsymbol{O},\cdots,\boldsymbol{O}) & p_{j,k}^{0}\end{cases},$$

$$\mathcal{D}_{\Theta_k}^{j}:=\begin{cases}\boldsymbol{D}_{j,\Theta_k} & p_{j,k}^{1}\\\boldsymbol{D}_{j,\Theta_k} & p_{j,k}^{2}\\\vdots & \vdots\\\boldsymbol{D}_{j,\Theta_k} & p_{j,k}^{N_T}\\\boldsymbol{D}_{j,\Theta_k}^{f} & p_{j,k}^{0}\end{cases},$$

那么,式(3-1-17) 和式(3-1-18)重写为

$$\boldsymbol{z}_{j,k}=\mathcal{H}_{\Theta_k}^{j}\boldsymbol{X}_k+\mathcal{B}_{\Theta_k}^{j}\hat{\boldsymbol{X}}_{k|k-1}+\mathcal{D}_{\Theta_k}^{j}\boldsymbol{v}_{j,k} \tag{3-1-19}$$

这里,$\boldsymbol{D}_{j,\Theta_k}^{f}$ 用于自适应最终量测噪声协方差,这将确保 $\mathrm{cov}(\boldsymbol{v}_{j,k}^{f})=\mathrm{cov}(\boldsymbol{D}_{j,\Theta_k}^{f}\boldsymbol{v}_{j,k})$ 。$p_{j,k}^{s}$($s=0,1,\cdots,N_T$)是关联概率。$\hat{\boldsymbol{X}}_{k|k-1}$ 是 LMMSE 准则下扩维状态的一步预测。此外,这些来自 $\mathcal{H}_{\Theta_k}^{j}$,$\mathcal{B}_{\Theta_k}^{j}$ 和 $\mathcal{D}_{\Theta_k}^{j}$ 的随机变量之间的相关性被忽略了。如果不同验证区域之间不存在重叠,则利用 PDA 方法计算关联概率。此时,所考虑的验证区域中现有的机动目标数目应为 1。如果有重叠区域,则应采用 JPDA 方法或相应的次优算法来获得相关的关联概率。此时,如果虚假回波落入重叠区域,则将所有验证区域对应的关联概率等效求和。因此,它将平均地或根据一些基本准则分配给每个可能的目标,例如与它与验证区域中心之间的距离成反比。如果整个重叠的验证区域与另一个验证区域分开,即验证区域之间不存在重叠,则机动目标的状态更新应该是并行独立的。换句话说,在不存在回波共享的情况下,对应的两个机动目标不应该通过状态扩维一起更新,而应该单独更新,以降低系统维数和计算复杂度。

标记 $\boldsymbol{z}_k:=(\boldsymbol{z}_{1,k}^{\mathrm{T}},\cdots,\boldsymbol{z}_{M_k,k}^{\mathrm{T}})^{\mathrm{T}}$ 。利用扩维量测 $\boldsymbol{z}_k$ 更新扩维状态 $\boldsymbol{X}_k$,经过状态估计和数据关联得到机动目标的最终更新状态估计。此外,系统矩阵 $\mathcal{H}_{\Theta_k}^{j}$、$\mathcal{B}_{\Theta_k}^{j}$ 和 $\mathcal{H}_{\Theta_k}^{j}$ 都包含随机参数,也可以重写为与式(3-1-2)相类似的公式。考虑目标 i^* 落入验证区域的假回波 $\boldsymbol{z}_{j,k}^{f}$,基于式(3-1-18),等效量测噪声协方差近似如下。假设验证区域为椭球。相关测量预测和误差协方差为 $\hat{\boldsymbol{z}}_{i^*,k|k-1}$ 和 $\mathcal{S}_{i^*,k}$,验证区的门尺寸为 γ 。然后,投进验证区域的假回波满足:

$$(\boldsymbol{z}_{j,k}^{f}-\hat{\boldsymbol{z}}_{i^*,k|k-1})^{\mathrm{T}}\mathcal{S}_{i^*,k}^{-1}(\boldsymbol{z}_{j,k}^{f}-\hat{\boldsymbol{z}}_{i^*,k|k-1})\leqslant\gamma \tag{3-1-20}$$

其中 γ 的值由门概率 P_G ,检测概率 P_D ,测量维度 n_z 等因素决定。进一步,假设虚假回波分布区域的中心为相应的测量预测,

$$E(\boldsymbol{D}_{j,\Theta_k}^{f}\boldsymbol{v}_{j,k}^{f}(\boldsymbol{v}_{j,k}^{f})^{\mathrm{T}}(\boldsymbol{D}_{j,\Theta_k}^{f})^{\mathrm{T}})=\sigma_{\max}(\phi\mathcal{S}_{i^*,k}/\gamma)\boldsymbol{I}_{n_z}\ ,$$

其中 ϕ 为调整参数,用于确保等效测量噪声 $\boldsymbol{v}_{j,k}^{f}$ 以 P_A（P_A 近似 1)的概率落入验证区域。在仿真中,设 $E(\boldsymbol{D}_{j,\Theta_k}^{f}(\boldsymbol{D}_{j,\Theta_k}^{f})^{\mathrm{T}})=\sigma_{\max}(\phi\mathcal{S}_{i^*,k}/\gamma)\boldsymbol{I}_{n_z}$,其中 $\boldsymbol{v}_{j,k}^{f}$ 是一个归一化的零均值随机向量,其协方差为单位矩阵,$\sigma_{\max}(\cdot)$ 表示最大奇异值。

3.1.5　仿真分析

我们通过一个双机动目标跟踪实例对所提方法进行了仿真验证。两个目标在笛卡儿坐标中运动 $o-\zeta\eta$,两个状态向量都是 $(\zeta_k,\dot{\zeta}_k,\eta_k,\dot{\eta}_k)^{\mathrm{T}}$ 。目标 1 的初始状态为 $(9.2,0,10,-0.2)^{\mathrm{T}}$ 。在前 10 个采样时刻,它以匀速转弯($\omega=0.3124$)移动,在第 11 个采样时刻到第 20 个采样时刻期间保持恒定速度,在最后 10 个采样时刻回到匀速转弯（$\omega=0.3124$)。目标 2 的初始状态为 $(10,0,10.6,-0.2)^{\mathrm{T}}$ 。它在前 10 个采样瞬间以匀速转弯($\omega=0.3124$)移动,在第 11 个采样时刻到第 20 个采样时刻期间仍然保持恒定速度,最后回到匀速转弯($\omega=0.3124$)并持续 10 个采样瞬间。采样周期 $T=0.5$。

测距和方位角分别为 $\sqrt{\zeta_k^2+\eta_k^2}$ 和 $a\tan(\eta_k/\zeta_k)$,量测方程对应的雅可比矩阵为 $\begin{bmatrix}\dfrac{\zeta_k}{\sqrt{\zeta_k^2+\eta_k^2}} & 0 & \dfrac{\eta_k}{\sqrt{\zeta_k^2+\eta_k^2}} & 0\\ -\dfrac{\eta_k}{\zeta_k^2+\eta_k^2} & 0 & \dfrac{\zeta_k}{\zeta_k^2+\eta_k^2} & 0\end{bmatrix}$ 。假设测量噪声闪烁,闪烁由高发生概率的零均值高斯噪声和低发生概率的拉普拉斯噪声 $(\boldsymbol{v}=(1-\vartheta_v)\mathcal{N}(\boldsymbol{v};\boldsymbol{0},\boldsymbol{R}_G)+\vartheta_v L(\boldsymbol{v};\boldsymbol{0},\boldsymbol{R}_L))$ 混合而成。这里是 $\vartheta_v=0.2$, $\boldsymbol{R}_G=\mathrm{diag}\{0.2^2,0.002^2\}$ 和 $\boldsymbol{R}_L=5^2\times\mathrm{diag}\{0.2^2,0.002^2\}$ 。杂波被建模为具有空间均匀分布的独立同分布回波,杂波数目服从泊松分布,期望数目为 $\lambda=0.1$。

对两个目标设置的模型相同,即匀速运动和匀速转弯运动,转弯率 $\omega=0.3124$。假设 $\pi_{1,k}=0.1$, $\pi_{2,k}=0.9$ 对应 $k=1,\cdots,10$, $\pi_{1,k}=0.9$, $\pi_{2,k}=0.1$ 对应 $k=11,\cdots,20$ 和 $\pi_{1,k}=0.1$, $\pi_{2,k}=0.9$ 对应 $k=21,\cdots,30$ 和 $p_{11}=p_{22}=0.95$。初始状态估计是真实的初始状态,它任意添加了目标1误差向量$(0.1,0.01,0.12,0.012)^{\mathrm{T}}$和目标2误差向量$(0.12,0.008,0.15,0.01)^{\mathrm{T}}$。初始协方差 $\mathrm{diag}\{0.1,0.001,0.1,0.001\}$。采用 JPDA 计算关联概率,并与 IMMJPDA 和 IMMPDA 方法进行了比较。同时,$\phi=15$ 和 $\gamma=16$。所有方法的量测噪声协方差设为 $1.64\times\mathrm{diag}\{0.2^2,0.002^2\}$。

比较方法的估计位置的均方根误差(RMSE)显示在图 3-1-1 中,通过 1000 蒙特卡罗实现。同时,轨迹持续比率 δ_r 如表 3-1-1 所示,其中 δ_r 被定义为 $\delta_r=N_e/N_t$, N_e 是有效的蒙特卡罗实现的数量, N_t 是蒙特卡罗实现的总数量。如果 ζ 和 η 坐标中的位置的最大估计误差都小于 1,那么,此蒙特卡罗实现被视为有效的。此外,在使用 Intel(R) Core(TM) i7-6600U CPU @ 2.60GHz 的计算机上,在单个蒙特卡罗实现中比较方法对应的平均运行时间如表 3-1-1 所示。

虽然所提 LMMSE 估计器估计位置的 RMSE 略大于 IMMJPDA 方法,如图 3-1-1 所示,但所提 LMMSE 估计器的平均运行时间低于 IMMJPDA 方法。同时,无论从图 3-1-1 的估计精度还是从表 3-1-1 的轨迹持续比来看,所提出的 LMMSE 估计器的性能都远优于

IMMPDA 方法。事实上，在获得可接受的估计精度的前提下，提出的 LMMSE 不仅具有较高的轨迹持续率，而且具有较小的运行时间。

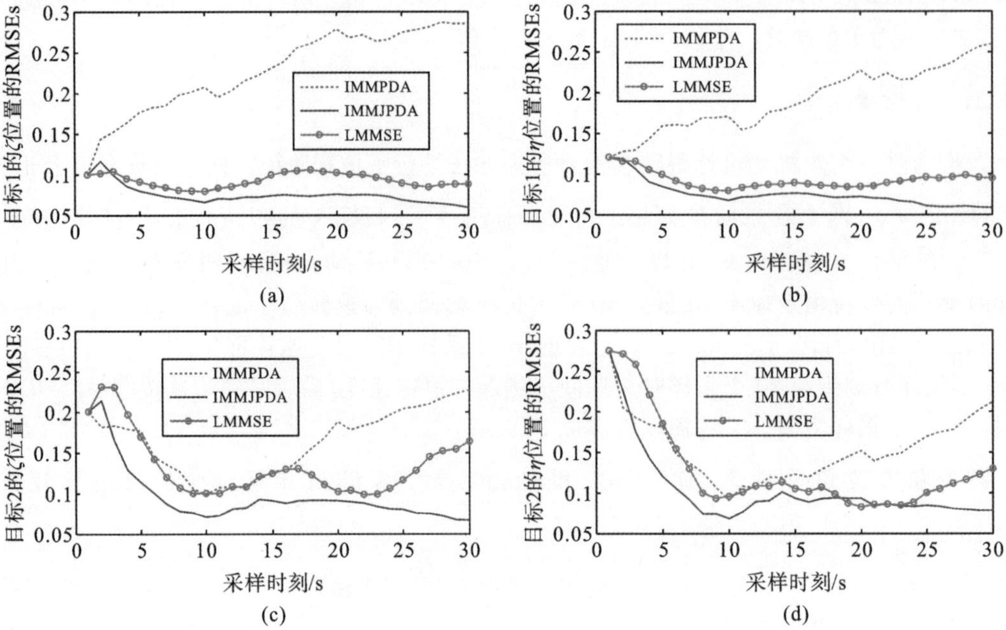

图 3-1-1　所提算法与对比算法的位置 RMSE

所提算法的计算程序

步骤 1	初始化。对每一个机动目标，令 $\boldsymbol{\xi}_{0\|0}=\mathrm{col}\{\hat{\boldsymbol{\xi}}_{i,0\|0},i=1,\cdots,M\}$，$\boldsymbol{\Lambda}_{0\|0}=\hat{\boldsymbol{\xi}}_{0\|0}\hat{\boldsymbol{\xi}}_{0\|0}^{\mathrm{T}}$， $\boldsymbol{\Omega}_0=\mathrm{diag}\{\boldsymbol{\Omega}_{i,0},i=1,\cdots,M\}$，$\hat{\boldsymbol{\xi}}_{i,0\|0}=E(\boldsymbol{x}_0 1_{\{\Theta_0=i\}})$，$\boldsymbol{\Omega}_{i,0}=E(\boldsymbol{x}_0\boldsymbol{x}_0 1_{\{\Theta_0=i\}})$。
步骤 2	状态估计和数据融合。 ①对每一个目标，根据式(3-1-9)和式(3-1-12)，得到状态和量测预测。 ②根据式(3-1-20)，执行 JPDA 并获得每个落入重叠验证区域的回波的相关概率。 ③使用式(3-1-18)对可能的假回声进行建模。 ④像等式(3-1-19)那样，为所有落入(重叠)验证区域的回波重建量测方程。 ⑤通过等式(3-1-12)再次计算量测预测，并根据式(3-1-6)至式(3-1-8)，使用重构的量测方程更新扩维状态。
步骤 3	输出。获得每个目标的最终估计 $\hat{x}_{k\|k}$ 并返回到步骤 2。

表 3-1-1　轨迹持续比率

δ_r	IMMPDA	IMMJPDA	LMMSE
目标 1	37.0%	91.1%	93.5%
目标 2	79.2%	93.8%	93.5%

表 3-1-2　平均运行时间(s)

	IMMPDA	IMMJPDA	LMMSE
运行时间	0.01722	0.03336	0.02513

3.2　具有多步相关噪声和乘性随机参数的马尔可夫跳变线性系统的递归线性最优滤波器

3.2.1　引　言

马尔可夫跳变系统(MJSs)动态状态估计的滤波问题从工业应用到目标跟踪等研究领域都受到了极大关注[15][2][20]，如统计信号处理[21],[11]、故障检测与隔离[22]、混合系统控制[23-25]等。MJS 不是具有单模态的似然线性或非线性动态系统，而是在时域上具有两条演化线的混合系统，即内部连续状态随时间变化和离散模态空间上的子模态跳跃[19][26]。此外，所考虑的 MJS 也是一个隐马尔可夫模型，即当获得的量测只能观察到系统状态，感兴趣的连续状态的演化依赖于离散模式的跳跃。考虑到实时性和计算量，目前主流的滤波方法是递归滤波，它可以同时处理连续状态和离散模式。

一般情况下，当描述离散系统模式的马尔可夫跳变参数已知时，相应的递归滤波器设计只需考虑状态的在线估计。文献[27]提出了当当前测量值和跳跃变量可更新时，有限水平最小均方线性马尔可夫跳变滤波器和马尔可夫跳跃线性系统(MJLS)无限水平滤波器。文献[28]在假设跳跃参数可用的情况下，以线性矩阵不等式的形式研究了 MJLSs 的 H_∞ 滤波器。然而，马尔可夫跳变参数未知的 MJSS 的递归滤波器设计往往更为常见，在实际应用中表现出各种解决方案，特别是在机动目标跟踪领域[29]。

针对马尔可夫跳变参数未知的 MJSs 问题，根据不同的假设和性能标准，现有的递归滤波器可大致分为以下三类。第一种是在多模型方法的框架下，配合相应的子滤波器(如卡尔曼滤波、扩展卡尔曼滤波、无迹卡尔曼滤波等)设计的[15][29]。通过各假设下状态的后验概率密度为高斯分布或高斯混合分布，这类递归滤波在最小化估计均方误差迹准则下是次优的。同时，它也递归地变换或合并高斯假设，从而保持恒定或自适应子滤波器数量，以追求估计精度和计算量之间的折中，著名的交互式多模型估计器就是其中的典型实现。第二类是针对不同形式的 MJSs 的线性最小均方误差(LMMSE)估计[10][30]，也称为递归线性最优滤波器。与第一类递归滤波器相比，在最小均方误差准则下设计了线性滤波形式的 LMMSE 估计器。因此，无需假设状态的后验概率密度服从高斯或高斯混合分布，也无需假设过程噪声和测量噪声服从高斯分布。同时，在 LMMSE 估计器中，前两阶矩的估计是递归得到的，这在实际中有时是充分的。例如，在机动目标跟踪中，通常关注的是目标状态的估计及其误差(即估计的前两阶矩)，而不是目标状态的后验概率密度。文献[10]首先通过估计 $\boldsymbol{x}_k 1_{\{\Theta_k=i\}}$ 而不是直接估计原始状态 $\boldsymbol{x}_k$，从几何扩维中推导出 MJLSs 的递归 LMMSE 估计器，其中 $1_{\{\cdot\}}$ 是狄拉克函数，Θ_k 是离散时间马尔可夫链。然后，文献[31]讨论了该 LMMSE 估计器预测状态的误差协方差的收敛性，它收敛于某维代数方程的唯一半正定解。此外，文献[32]也推导了相应的平方根阵列实现和信息滤波形式；文献[33]扩展了 LMMSE 算法在数值计算方面的应用范围。第三类是关于剩余的递归滤波器，如最小上界滤波器、鲁棒峰值滤波器、H_∞滤波器等[18][34][35]，其中除了系统噪声外，这些滤波器中总是考虑各种附加的不确定性或扰动。

上述不同的 MJSs 递归滤波器都有一个相同的有限假设，即系统矩阵是确定的，系统模型中不存在依赖于状态的乘性随机参数。事实上，用带加性噪声的确定性系统矩阵来刻画实际系统的演化有时是不合理的，考虑状态依赖的乘性随机参数或噪声的存在是更准确的建模方法。例如，在移动传感器目标跟踪中，距离或信号强度的量测精度往往取决于实际感兴趣目标与传感器之间的相对距离，这将导致量测模型中加性噪声和乘性噪声共存[11]。另一个例子是，通过传感器网络收集的量测值受到随机传感器增益退化的影响，在不改变的工作条件下，这也将导致系统中的加性噪声和乘性噪声共存[36]。因此，具有乘性随机参数的递归滤波设计一直是估计问题中的热点研究课题，特别是在目标跟踪与融合和动态系统控制等广泛应用中。

实际上，本节还考虑了具有不同随机参数矩阵形式的 MJLSs 的状态估计，主要关注 LMMSE 估计器的设计。文献[16]推导了具有乘性噪声的 MJLSs 的 LMMSEestimator，并讨论了在平稳情况下相应的收敛性及其条件。文献[2]通过建立用于机动目标跟踪的杂波联合状态估计和数据关联的通用滤波器框架，提出了具有随机系数矩阵的 MJLSs 的 LMMSE 估计器，并给出了该 LMMSE 估计器稳定性的充分条件。随后，针对具有随机参数矩阵和互相关噪声的 MJLSs，基于导出的 LMMSE 估计器的信息滤波形式，文献[19]提出了一种平方根阵列实现的分布式融合估计。

然而，所有这些乘性随机参数 MJSs 的 LMMSE 型滤波器都假设过程噪声和量测噪声在不同的采样周期是不相关的。实际上，这样的假设是理想的，在某些实际情况下是不合适的[37]。例如，传感器模型中的加性测量噪声可能是相关的，因为有雷达快速采样或持续的外部干扰[38]。由于建模误差、线性化误差或扰动误差的存在，动力系统中的过程噪声可能存在相关性[39]。此外，对于基于量测输出反馈的闭环控制系统或惯性导航系统，不同采样周期的过程噪声和测量噪声可能相互关联，因为动态和传感器嵌入了同一个装置中[37]。因此，在递归滤波器的设计中，考虑噪声的相关性是很有价值的，特别是在广泛应用的乘性随机参数的 MJSs 中。然而，目前还没有关于处理该问题的递归滤波器设计的研究成果，即具有多步相关噪声和乘性随机参数的 MJLSs 的递归滤波器设计(MCNMP)。这是一个非常重要但仍未解决的问题。

基于上述情况，本书提出了一种新的递归线性最优滤波器(RLMMF)，其主要技术贡献如下：首先，根据 LMMSE 准则对感兴趣状态进行递归估计；其中，线性最优滤波形式基于几何扩维和 Gram-Schmidt 正交化。在这里，如果不存在乘性随机参数和多步加性噪声相关性，则导出的 LMMSE 估计器将退化为文献[10]提出的 MJLSs 的 LMMSE 估计器。其次，根据加性噪声的相关性，在线递归地给出了多步过程与量测噪声的线性最优估计。然后，计算估计的加性噪声与包括感兴趣状态在内的其他变量之间的耦合效应，进一步完成 RLMMF 的递归实现。

3.2.2　问题描述

考虑具有多步相关加性噪声和乘性随机参数(即 MCNMP)的离散时间马尔可夫跳变线性系统:

$$\boldsymbol{x}_{k+1}=(\boldsymbol{F}_{\Theta_k}+\sum_{j=1}^{N}\alpha_{j,\Theta_k}\widetilde{\boldsymbol{F}}_{j,\Theta_k})\boldsymbol{x}_k+\boldsymbol{G}_{\Theta_k}\boldsymbol{w}_k \tag{3-2-1}$$

$$\boldsymbol{z}_k=(\boldsymbol{H}_{\Theta_k}+\sum_{j=1}^{N}\beta_{j,\Theta_k}\widetilde{\boldsymbol{H}}_{j,\Theta_k})\boldsymbol{x}_k+\boldsymbol{D}_{\Theta_k}\boldsymbol{v}_k \tag{3-2-2}$$

其中 $\boldsymbol{x}_k\in\mathbb{R}^{n_x}$ 和 $\boldsymbol{z}_k\in\mathbb{R}^{n_z}$ 分别表示系统状态和测量。$\{\Theta_k\}$ 是一个具有有限状态空间 $\{1,\cdots,M\}$ 和转移概率矩阵 $P_t=[p_{ij}]$ 的离散时间一阶马尔可夫链,其中 $p_{ij}=P\{\Theta_{k+1}=j\mid\Theta_k=i\}$ 。同时,$\pi_{i,k}:=P\{\Theta_k=i\}$ 表示 k^{th} 时刻的 i^{th} 模式概率。

在上述系统式(3-2-1)和式(3-2-2)中考虑两类系统矩阵:

$$\boldsymbol{F}_{\Theta_k}=\sum_{i=1}^{M}\boldsymbol{F}_{i,k}1_{\{\Theta_k=i\}}\ ,\boldsymbol{G}_{\Theta_k}=\sum_{i=1}^{M}\boldsymbol{G}_{i,k}1_{\{\Theta_k=i\}}\ ,\boldsymbol{H}_{\Theta_k}=\sum_{i=1}^{M}\boldsymbol{H}_{i,k}1_{\{\Theta_k=i\}}\ ,\boldsymbol{D}_{\Theta_k}=\sum_{i=1}^{M}\boldsymbol{D}_{i,k}1_{\{\Theta_k=i\}}$$

其中 $\{\boldsymbol{F}_{i,k},\boldsymbol{G}_{i,k},\boldsymbol{H}_{i,k},\boldsymbol{D}_{i,k}\}$ 是具有适当维数的已知矩阵,以 $i=1,\cdots,M$ 的 i^{th} 模式构成系统矩阵的确定部分;$\widetilde{\boldsymbol{F}}_{j,\Theta_k}=\sum_{i=1}^{M}\widetilde{\boldsymbol{F}}_{j,i,k}1_{\{\Theta_k=i\}}$ 和 $\widetilde{\boldsymbol{H}}_{j,\Theta_k}=\sum_{i=1}^{M}\widetilde{\boldsymbol{H}}_{j,i,k}1_{\{\Theta_k=i\}}$ 分别用于构造随机变量 $\alpha_{j,\Theta_k}=\sum_{i=1}^{M}\alpha_{j,i,k}1_{\{\Theta_k=i\}}$ 和 $\beta_{j,\Theta_k}=\sum_{i=1}^{M}\beta_{j,i,k}1_{\{\Theta_k=i\}}$ 的乘性随机参数矩阵(或噪声)。$\{\widetilde{\boldsymbol{F}}_{j,i,k},\widetilde{\boldsymbol{H}}_{j,i,k}\}$ 是具有适当维数的已知基矩阵,$\{\alpha_{j,i,k},\beta_{j,i,k}\}$ 是 i^{th} 马尔可夫模型中相应的随机权重。

这里,$\mathbf{1}_{\{\Theta_k=i\}}$ 是一个二元指示符,如果 $\Theta_k=i$,则等于 1,否则等于 0,这表示是 k^{th} 时刻上有效的马尔可夫模型。不难理解,下标 j 表示对应的基矩阵,i 表示马尔可夫模型。

此外,考虑两类系统噪声。

加性噪声 $\{\boldsymbol{w}_k,k\geqslant 1\}$ 和 $\{\boldsymbol{v}_k,k\geqslant 1\}$ 是零均值噪声,满足:

(1)过程噪声自相关

$$E(\boldsymbol{w}_k\boldsymbol{w}_l^{\mathrm{T}})=\boldsymbol{Q}_k\delta_{k,k}+\sum_{p=1}^{m}\boldsymbol{S}_{k,k-p}\delta_{k,l+p}+\sum_{p=1}^{m}\boldsymbol{S}_{k,k+p}\delta_{k+p,l} \tag{3-2-3}$$

(2)量测噪声自相关

$$E(\boldsymbol{v}_k\boldsymbol{v}_l^{\mathrm{T}})=\boldsymbol{R}_k\delta_{k,k}+\sum_{p=1}^{m}\boldsymbol{J}_{k,k-p}\delta_{k,l+p}+\sum_{p=1}^{m}\boldsymbol{J}_{k,k+p}\delta_{k+p,l} \tag{3-2-4}$$

(3) 过程噪声和测量噪声互相关

$$E(\boldsymbol{w}_k\boldsymbol{v}_l^{\mathrm{T}})=\boldsymbol{L}_k\delta_{k,k}+\sum_{p=1}^{m}\boldsymbol{L}_{k,k-p}\delta_{k,l+p}+\sum_{p=1}^{m}\boldsymbol{L}_{k,k+p}\delta_{k+p,l} \tag{3-2-5}$$

乘性噪声(即乘性随机参数)$\{\alpha_{j,i,k},k\geqslant 1\}$ 和 $\{\beta_{j,i,k},k\geqslant 1\}$ 也是零均值噪声满足:

$$E(\alpha_{j,i,k}\alpha_{j',i',l})=a_k^{jj',ii'}\delta_{k,l} \tag{3-2-6}$$

$$E(\beta_{j,i,k}\beta_{j',i',l})=b_k^{jj',ii'}\delta_{k,l} \tag{3-2-7}$$

这里,$\delta_{k,k'}$ 是狄拉克函数,如果是 $k=k'$,则等于 1,否则等于 0。

此外,初始状态 $\boldsymbol{x}_0$ 是一个均值为 $\bar{\boldsymbol{x}}_0$,二阶中心矩为 $\boldsymbol{P}_0$ 的随机向量,与 $\{\boldsymbol{w}_k\}$、$\{\boldsymbol{v}_k\}$、

$\{\alpha_{j,\Theta_k}\}$ 、$\{\beta_{j,\Theta_k}\}$ 和 $\{\Theta_k\}$ 不相关。类似地，$\{\Theta_k\}$ 也与所有系统噪声不相关。

在所考虑的系统式(3-2-1)和式(3-2-2)中，给定 Θ_k 的值，每个子模型中的转移矩阵和量测矩阵都是随机多面体矩阵。这里，$\boldsymbol{F}_{i,k}$（或 $\boldsymbol{H}_{i,k}$）确定了这个多面体的中心，一系列 $\{\widetilde{\boldsymbol{F}}_{1,i,k},\cdots,\widetilde{\boldsymbol{F}}_{N,i,k}\}$（或 $\{\widetilde{\boldsymbol{H}}_{1,i,k},\cdots,\widetilde{\boldsymbol{H}}_{N,i,k}\}$）表示构成这个多面体的顶点。一组随机变量 $\{\alpha_{1,i,k},\cdots\alpha_{N,i,k}\}$（或 $\{\beta_{1,i,k}\cdots\beta_{N,i,k}\}$）表示相应的权重，方差描述了它们的扰动。因此，每个子模型中的实际系统矩阵是这些随机多面体矩阵中的一些点。此外，马尔可夫参数意味着系统从一个随机多面体矩阵跳转到另一个随机多面体矩阵[2]。在式(3-2-3)至式(3-2-5)中，如果有两个不相关的不同的加性噪声，对应的交叉协方差被分配为 $\boldsymbol{O}$ 。

需要指出的是，所考虑的系统式(3-2-1)和式(3-2-2)也是一个隐马尔可夫模型，其状态演化依赖于离散的马尔可夫模型，量测仅直接观察系统状态。此外，在所考虑的系统中，系统噪声的前两阶统计特性是已知的，但对应的概率密度是不明确的。这种情况在实践中很常见。例如，在目标跟踪中，测量噪声的协方差是很容易知道的，但其分布是难以确定的。因此，现有的隐马尔可夫模型的滤波算法不能用来解决所考虑系统的状态估计问题式(3-2-1)和式(3-2-2)。另一方面，虽然半马尔可夫跳变系统(或半马尔可夫丢包系统)由于考虑了逗留时间概率密度函数而更具一般性，但所考虑的 MJS 在某些领域有其特殊的应用。以非合作目标跟踪为例。在对非合作目标的机动运动进行建模时，很难知道目标在某一子模型上的机动和可能持续时间。因此，我们只能根据当前时刻的可用信息(总是及时到达的)在线推断模式概率。在这种情况下，利用考虑各子模型持续时间的半马尔可夫跳变系统来描述机动目标运动是很困难的。然而，MJS 可以避免这一困难，并在目标发生机动时切换到另一个子模型，从而获得令人满意的跟踪精度。

由于线性最优滤波器只需要递推状态估计的前两阶矩，因此它只需要知道系统噪声的前两阶统计特性，而不需要知道相应的概率分布。因此，本节的目的是在 LMMSE 准则下推导出系统式(3-2-1)和式(3-2-2)的递归线性最优滤波器，这与现有的递归滤波结构有显著不同。

不同于针对单模态系统的卡尔曼滤波器，如针对有限时间噪声相关线性系统的全局最优卡尔曼滤波器或针对互相关噪声非线性系统的高斯近似滤波器，本节的滤波器设计是针对具有多模态不确定性的混合系统 MJSs 的。这里，它不需要知道噪声的概率分布，也不假设后验概率服从高斯分布。然而，在滤波器设计中需要考虑乘性随机参数，系统状态和马尔可夫跳变参数的耦合作用。考虑到过程噪声与测量噪声同时存在互相关系，现有的针对 MJLSs 的乘性噪声的 LMMSE 滤波器都关注加性噪声之间不存在相关性的理想情况。然而，本节提出的 LMMSE 滤波器主要考虑的是加性噪声的多步相关性，这会严重影响滤波器的设计。

3.2.3 递归线性最优滤波器设计

将测量序列 $\{\boldsymbol{z}_1,\cdots,\boldsymbol{z}_k\}$ 表示为 $\boldsymbol{z}_{1:k}$ 。我们将在 LMMSE 准则下为所考虑的 MCNMP 推导一个递归最优线性滤波器，即 RLMMF。换句话说，当当前的 $\boldsymbol{z}_k$ 到达时，我们将基于 $\hat{\boldsymbol{x}}_{k-1|k-1}$ 和在 $(k-1)^{\text{th}}$ 或以前的一些估计递归地得到 $\hat{\boldsymbol{x}}_{k|k}$ 的最优线性估计。

在系统式(3-2-1)和式(3-2-2)中考虑 $=\boldsymbol{\Theta}_k$ ，我们将同时估计状态和马尔可夫模式，而不是直接估计原始状态 $\boldsymbol{x}_k$ 。定义 $\boldsymbol{\xi}_k := \mathrm{col}\{\boldsymbol{x}_k 1_{\{\Theta_k=i\}}, i=1,\cdots,M\}$ ，其中 $\boldsymbol{\xi}_{i,k} := \boldsymbol{x}_k 1_{\{\Theta_k=i\}}$ 。这样，

$$\boldsymbol{x}_k = \sum_{i=1}^{M} \boldsymbol{x}_k 1_{\{\Theta_k=i\}} = \sum_{i=1}^{M} \boldsymbol{\xi}_{i,k} = \boldsymbol{I}_{n_x} \otimes \boldsymbol{1}_M^{\mathrm{T}} \cdot \boldsymbol{\xi}_k \tag{3-2-8}$$

式中，1_M 是一个 M 维的列向量，所有元素为 1。

设 $\hat{\boldsymbol{\xi}}_{i,k|l}$ 和 $\hat{\boldsymbol{\xi}}_{k|l}$ 分别为 $\boldsymbol{z}_{1:l}$ 条件下 $\boldsymbol{\xi}_{i,k}$ 和 $\boldsymbol{\xi}_k$ 的最优线性估计。从式(3-2-8)，我们知道 $\hat{\boldsymbol{x}}_{k|k}$ 是直接从 $\hat{\boldsymbol{\xi}}_{k|k}$ 获得的，即

$$\hat{\boldsymbol{x}}_{k|k} = \boldsymbol{I}_{n_x} \otimes \boldsymbol{1}_M^{\mathrm{T}} \cdot \hat{\boldsymbol{\xi}}_{k|k} \tag{3-2-9}$$

标记 $\boldsymbol{F}_k$ 为 $M \times M$ 块矩阵，其 $(i_1,i_2)^{\mathrm{th}}$ 子块为 $\boldsymbol{F}_{i_2,k} 1_{\{\Theta_{k+1}=i_1|\Theta_k=i_2\}}$，$\widetilde{\boldsymbol{F}}_k^j$ 为 $M \times M$ 块矩阵，其 $(i_1,i_2)^{\mathrm{th}}$ 子块为 $\alpha_{j,i_2,k}\widetilde{\boldsymbol{F}}_{j,i_2,k} 1_{\{\Theta_{k+1}=i_1|\Theta_k=i_2\}}$ ，$\boldsymbol{G}_k$ 为 $M \times 1$ 块矩阵，其 $(i_1,1)^{\mathrm{th}}$ 子块为 $\sum_{i_2=1}^{M} \boldsymbol{G}_{i_2,k} 1_{\{\Theta_k=i_2\}} 1_{\{\Theta_{k+1}=i_1|\Theta_k=i_2\}}$，$\boldsymbol{H}_k$ 为 $1 \times M$ 块矩阵，其 $(1,i)^{\mathrm{th}}$ 子块为 $\boldsymbol{H}_{i,k}$，$\widetilde{\boldsymbol{H}}_k^j$ 作为 $1 \times M$ 块矩阵，其 $(1,i)^{\mathrm{th}}$ 子块是 $\beta_{j,i,k}\widetilde{\boldsymbol{H}}_{j,i,k}$ 和 $\boldsymbol{D}_k = \sum_{i=1}^{M} \boldsymbol{D}_{i,k} 1_{\{\Theta_k=i\}}$ ，表示 $i_1, i_2 = 1,\cdots,M$ 。这里，$1_{\{\Theta_{k+1}=i_1|\Theta_k=i_2\}}$ 是一个指示函数，如果 $\Theta_{k+1}=i_1$ 以 $\Theta_k=i_2$ 为条件，则等于 1，否则等于 0。然后，系统式(3-2-1)和式(3-2-2)重写如下：

$$\boldsymbol{\xi}_{k+1} = (\boldsymbol{F}_k + \sum_{j=1}^{N} \widetilde{\boldsymbol{F}}_k^j)\boldsymbol{\xi}_k + \boldsymbol{G}_k \boldsymbol{w}_k \tag{3-2-10}$$

$$\boldsymbol{z}_k = (\boldsymbol{H}_k + \sum_{j=1}^{N} \widetilde{\boldsymbol{H}}_k^j)\boldsymbol{\xi}_k + \boldsymbol{D}_k \boldsymbol{v}_k \tag{3-2-11}$$

由于 $\hat{\boldsymbol{\xi}}_{k|k}$ 是 $\boldsymbol{\xi}_k$ 在 $\boldsymbol{z}_1,\cdots,\boldsymbol{z}_k$ 所张成的空间 $L(\boldsymbol{z}_1,\cdots,\boldsymbol{z}_k)$ 上的正交投影(即最优线性估计)，并且这些测量通常是非正交的，因此将使用一种基于 Gram - Schmidt 正相关的创新方法来推导递归线性最优滤波器(即最优最小二乘线性估计)。标记在 k^{th} 时刻的新息为

$$\boldsymbol{\zeta}_k := \boldsymbol{z}_k - \hat{\boldsymbol{z}}_{k|k-1} \tag{3-2-12}$$

其中 $\hat{\boldsymbol{z}}_{k|k-1}$ 是 $\boldsymbol{z}_k$ 到空间 $L(\boldsymbol{\zeta}_1,\cdots,\boldsymbol{\zeta}_{k-1})$ 的一步线性最小二乘预测器。显然，$\boldsymbol{z}_1,\cdots,\boldsymbol{z}_k$ 所跨越的空间与 $\boldsymbol{\zeta}_1,\cdots,\boldsymbol{\zeta}_k$ 所跨越的空间是相同的，即 $L(\boldsymbol{z}_1,\cdots,\boldsymbol{z}_k) = L(\boldsymbol{\zeta}_1,\cdots,\boldsymbol{\zeta}_k)$ 。此外，我们有

$$\hat{\boldsymbol{z}}_{k|k-1} = \sum_{t=1}^{k-1} E(\boldsymbol{z}_k \boldsymbol{\zeta}_t^{\mathrm{T}}) E^{-1}(\boldsymbol{\zeta}_t \boldsymbol{\zeta}_t^{\mathrm{T}}) \boldsymbol{z}_t, k \geqslant 2; \hat{\boldsymbol{z}}_{1|0} = \boldsymbol{H}_1 \hat{\boldsymbol{\xi}}_{1|0} \tag{3-2-13}$$

此外，我们知道 $E(\boldsymbol{\zeta}_k \boldsymbol{\zeta}_l^{\mathrm{T}}) = \boldsymbol{0}$ 为任何 $k \neq l$ 。基于式(3-2-12)和式(3-2-13)，我们有以下引理。

引理 3.2.1　设 $\hat{\boldsymbol{\chi}}_{k|l}$ 为 $\boldsymbol{\chi}_k$ 对空间 $L(\boldsymbol{\zeta}_1,\cdots,\boldsymbol{\zeta}_l)$ 的最优线性估计，则 $\hat{\boldsymbol{\chi}}_{k|l} = \sum_{t=1}^{l} E(\boldsymbol{\chi}_k \boldsymbol{\zeta}_t^{\mathrm{T}}) E^{-1}(\boldsymbol{\zeta}_t \boldsymbol{\zeta}_t^{\mathrm{T}}) \boldsymbol{\zeta}_t$ 。

将引理 3.2.1 中的 $\boldsymbol{\chi}_k$ 替换为系统式(3-2-10)和式(3-2-11)中的 $\boldsymbol{\xi}_k$ ，我们有

$$\hat{\boldsymbol{\xi}}_{k|k} = \hat{\boldsymbol{\xi}}_{k|k-1} + E(\boldsymbol{\xi}_k \boldsymbol{\zeta}_k^{\mathrm{T}}) E^{-1}(\boldsymbol{\zeta}_k \boldsymbol{\zeta}_k^{\mathrm{T}}) \boldsymbol{\zeta}_k \tag{3-2-14}$$

显然，$\hat{\boldsymbol{\xi}}_{k|k}$ 依赖于 $\hat{\boldsymbol{\xi}}_{k|k-1}$ 和剩余的二阶矩阵。然后，给出了 m 阶相关加性噪声和乘性随机参数递归情况下的相应计算。

首先，我们重写式(3-2-10)

$$\boldsymbol{\xi}_k=\prod_{r=1}^{m}(\boldsymbol{F}_{k-r}+\sum_{j=1}^{N}\tilde{\boldsymbol{F}}_{k-r}^{j})\boldsymbol{\xi}_{k-m}+\sum_{r=1}^{m}\prod_{s=1}^{r-1}(\boldsymbol{F}_{k-s}+\sum_{j=1}^{N}\tilde{\boldsymbol{F}}_{k-s}^{j})\boldsymbol{G}_{k-r}\boldsymbol{w}_{k-r} \qquad (3-2-15)$$

方便讨论相关性，其中 $\prod_{r=1}^{m}(\cdot)=\boldsymbol{I}$ ，$m\leqslant 0$。一般来说，$m>0$。

标记 $\boldsymbol{\Pi}_{k,t}^{w}:=E(\boldsymbol{w}_k\boldsymbol{z}_t^{\mathrm{T}})$ 而且 $\boldsymbol{\Pi}_{k,t}^{v}:=E(\boldsymbol{v}_k\boldsymbol{z}_t^{\mathrm{T}})$ 。使用上面的式(3-2-15)和加性噪声之间的相关性，我们有

$$\boldsymbol{\Pi}_{k,t}^{w}=\begin{cases}\displaystyle\sum_{r=1}^{t-(k-m)}\boldsymbol{S}_{k,t-r}\bar{\boldsymbol{G}}_{t-r}^{\mathrm{T}}\boldsymbol{F}_{t-1:t-r+1}^{\mathrm{T}}\boldsymbol{H}_t^{\mathrm{T}}+\boldsymbol{L}_{k,t}\bar{\boldsymbol{D}}_t^{\mathrm{T}} & |k+t|\leqslant m\\ \boldsymbol{O} & \text{其他}\end{cases} \qquad (3-2-16)$$

而且

$$\boldsymbol{\Pi}_{k,t}^{v}=\begin{cases}\displaystyle\sum_{r=1}^{t-(k-m)}\boldsymbol{L}_{t-r,k}^{\mathrm{T}}\bar{\boldsymbol{G}}_{t-r}^{\mathrm{T}}\bar{\boldsymbol{F}}_{t-1:t-r+1}^{\mathrm{T}}\boldsymbol{H}_t^{\mathrm{T}}+\boldsymbol{J}_{k,t}\bar{\boldsymbol{D}}_t^{\mathrm{T}} & |k-t|\leqslant m\\ \boldsymbol{O} & \text{其他}\end{cases} \qquad (3-2-17)$$

这里，$\bar{\boldsymbol{G}}_k$ 表示 $M\times 1$ 分块矩阵及其 $(i_1,1)^{\text{th}}$ 子块是 $\sum_{i_2=1}^{M}p_{i_2i_1}\pi_{i_2,k}\boldsymbol{G}_{i_2,k}$ ，$\bar{\boldsymbol{F}}_{k:t}$ 表示为 $M\times M$ 分块矩阵及其 $(i^*,i')^{\text{th}}$ 子块是

$$\sum_{i_{k-t}=1}^{M}\cdots\sum_{i_2=1}^{M}\sum_{i_1=1}^{M}p_{k:t}^{i^*\leftarrow i'}\boldsymbol{F}_{i_1,k}\boldsymbol{F}_{i_2,k-1}\cdots\boldsymbol{F}_{i_{k-t},k-(k-t)+1}\boldsymbol{F}_{i',t}$$

且 $p_{k:t}^{i^*\leftarrow i'}:=p_{i_1i^*}p_{i_2i_1}\cdots p_{i_{k-t+1}i_{k-t}}p_{i'i_{k-t}}$ 和 $\bar{\boldsymbol{D}}_k=\sum_{i=1}^{M}\pi_{i,k}\boldsymbol{D}_{i,k}$ 。

式(3-2-16)和式(3-2-17)与现有的加性噪声不相关的 LMMSE 估计器完全不同。在这些情况下，$E(\boldsymbol{w}_k\boldsymbol{z}_t^{\mathrm{T}})=\boldsymbol{Q}_k\boldsymbol{\delta}_{k,t}$ 和 $E(\boldsymbol{v}_k\boldsymbol{z}_t^{\mathrm{T}})=\boldsymbol{R}_k\boldsymbol{\delta}_{k,t}$ 。然而，在考虑的情况下，$E(\boldsymbol{w}_k\boldsymbol{\zeta}_t^{\mathrm{T}})\neq\boldsymbol{O}$ 和 $E(\boldsymbol{v}_k\boldsymbol{\zeta}_t^{\mathrm{T}})\neq\boldsymbol{O}$ 虽然 $k\neq t$ ，这导致同时估计多步相关加性过程噪声和测量噪声，并在后续的滤波推导中考虑相关耦合效应。

标记 $\boldsymbol{\Delta}_{k,t}:=E(\boldsymbol{w}_k\boldsymbol{\zeta}_t^{\mathrm{T}})$ ，$\boldsymbol{Y}_{k,t}:=E(\boldsymbol{v}_k\boldsymbol{\zeta}_t^{\mathrm{T}})$，$\boldsymbol{\Psi}_{k,t}:=E(\boldsymbol{\zeta}_k\boldsymbol{\zeta}_t^{\mathrm{T}})$，$\boldsymbol{\Lambda}_{k,t}:=E(\boldsymbol{z}_k\boldsymbol{\zeta}_t^{\mathrm{T}})$ ，则有

$$\boldsymbol{\Delta}_{k,t}=\boldsymbol{\Pi}_{k,t}^{w}-\sum_{\ell=k-m}^{t-1}\boldsymbol{\Delta}_{k,\ell}\boldsymbol{\Psi}_{\ell,\ell}^{-1}\boldsymbol{\Lambda}_{t,\ell}^{\mathrm{T}} \qquad (3-2-18)$$

$$\boldsymbol{Y}_{k,t}=\boldsymbol{\Pi}_{k,t}^{v}-\sum_{\ell=k-m}^{t-1}\boldsymbol{Y}_{k,\ell}\boldsymbol{\Psi}_{\ell,\ell}^{-1}\boldsymbol{\Lambda}_{t,\ell}^{\mathrm{T}} \qquad (3-2-19)$$

其中 $\boldsymbol{\Delta}_{k,\ell}=\boldsymbol{O}$，$\boldsymbol{\Delta}_{k,k-m}=\boldsymbol{L}_{k,k-m}\boldsymbol{D}_{k-m}^{\mathrm{T}}\boldsymbol{H}_{k-m}^{\mathrm{T}}$，$\boldsymbol{Y}_{k,\ell}=\boldsymbol{O}$ 而且 $\boldsymbol{Y}_{k,k-m}=\boldsymbol{J}_{k,k-m}\boldsymbol{D}_{k-m}^{\mathrm{T}}$，$\ell=1,\cdots,k-m-1$。基于上述讨论，不可避免地在状态和量测上预测中需要计算对应的最优线性最小二乘估计 $\boldsymbol{w}_{k-1}$ 及 $\boldsymbol{v}_k$ 。分别标记 $\hat{\boldsymbol{w}}_{k|l}$ 和 $\hat{\boldsymbol{v}}_{k|l}$ 为以 $\boldsymbol{Z}_{1:l}$ 为条件 $\boldsymbol{w}_k$ 和 $\boldsymbol{v}_k$ 的最优线性估计。此外，令 $\boldsymbol{\Phi}_{k|l}:=E(\boldsymbol{\xi}_k-\hat{\boldsymbol{\xi}}_{k|l})(\boldsymbol{\xi}_k-\hat{\boldsymbol{\xi}}_{k|l})^{\mathrm{T}}$，$\boldsymbol{\Omega}_{k,k}:=E(\boldsymbol{\xi}_k\boldsymbol{\xi}_k^{\mathrm{T}})$，则 $\boldsymbol{\Omega}_{i,k,k}:=E(\boldsymbol{\xi}_{i,k}\boldsymbol{\xi}_{i,k}^{\mathrm{T}})$，$\boldsymbol{\Gamma}_{k,t}:=E(\boldsymbol{\xi}_k\boldsymbol{\zeta}_t^{\mathrm{T}})$，$\boldsymbol{\Sigma}_{k|t}:=$

$E(\hat{\boldsymbol{\xi}}_{k|t}\hat{\boldsymbol{\xi}}_{k|t}^{\mathrm{T}})$，$\boldsymbol{T}_{k,l|t}:=E(\boldsymbol{v}_k-\hat{\boldsymbol{v}}_{k|t})(\boldsymbol{v}_l-\hat{\boldsymbol{v}}_{l|t})^{\mathrm{T}}$，$\boldsymbol{\Xi}_{k,l|t}:=E(\boldsymbol{\xi}_k-\hat{\boldsymbol{\xi}}_{k|t})(\boldsymbol{v}_l-\hat{\boldsymbol{v}}_{l|t})^{\mathrm{T}}$，$\boldsymbol{A}_{k,l|t}:=E(\hat{\boldsymbol{\xi}}_{k|t}\hat{\boldsymbol{w}}_{l|t}^{\mathrm{T}})$，$\boldsymbol{B}_{k,l|t}:=E(\hat{\boldsymbol{\xi}}_{k|t}\hat{\boldsymbol{v}}_{l|t}^{\mathrm{T}})$，$\boldsymbol{W}_{k,l|t}:=E(\hat{\boldsymbol{w}}_{k|t}\hat{\boldsymbol{w}}_{l|t}^{\mathrm{T}})$，$\boldsymbol{V}_{k,l|t}:=E(\hat{\boldsymbol{v}}_{k|t}\hat{\boldsymbol{v}}_{l|t}^{\mathrm{T}})$。此外，表示 $\mathcal{F}^{-}_{k}$ 作为 $M\times M$ 分块矩阵及其 $(i_1,i_2)^{\mathrm{th}}$ 子块是 $p_{i_2i_1}\boldsymbol{F}_{i_2,k}$。最优线性滤波器的设计包括预测、更新和多步相关加性噪声估计三个部分。

(1)预测 如具有乘性随机参数的 MJLSs 的 LMMSE 估计器所示的那样。

$\hat{\boldsymbol{\xi}}_{k|k-1}=\mathcal{F}^{-}_{k-1}\hat{\boldsymbol{\xi}}_{k-1|k-1}$ 和 $\hat{\boldsymbol{z}}_{k|k-1}=\boldsymbol{H}_k\hat{\boldsymbol{\xi}}_{k|k-1}$。因为 $E(\boldsymbol{w}_k\boldsymbol{\zeta}_t^{\mathrm{T}})=\boldsymbol{O}$，$E(\boldsymbol{z}_k\boldsymbol{\zeta}_{t-1}^{\mathrm{T}})=\boldsymbol{O},k\leqslant t$。但是，就像式(3-2-16)一样，对于考虑的情况，这不是真的。因此，在计算 $\hat{\boldsymbol{\xi}}_{k|k-1}$ 和 $\hat{\boldsymbol{z}}_{k|k-1}$ 时，需要分别考虑 $\hat{\boldsymbol{w}}_{k-1|k-1}$ 和 $\hat{\boldsymbol{v}}_{k|k-1}$。

① 状态和测量预测 根据引理 3.2.1，我们有

$$\hat{\boldsymbol{\xi}}_{k|k-1}=\bar{\boldsymbol{F}}_{k-1}\hat{\boldsymbol{\xi}}_{k-1|k-1}+\bar{\boldsymbol{G}}_{k-1}\hat{\boldsymbol{w}}_{k-1|k-1} \tag{3-2-20}$$

$$\hat{\boldsymbol{z}}_{k|k-1}=\boldsymbol{H}_k\hat{\boldsymbol{\xi}}_{k|k-1}+\bar{\boldsymbol{D}}_k\hat{\boldsymbol{v}}_{k|k-1} \tag{3-2-21}$$

其中 $\tilde{\boldsymbol{F}}_{k-1}^{j}$ 和 $\tilde{\boldsymbol{H}}_k^{j}$ 包含乘性噪声与 $\boldsymbol{\xi}_{k-1}$、$\boldsymbol{\xi}_k$ 和 $\boldsymbol{\zeta}_t$ 不相关。将式(3-2-13)插入式(3-2-12)中，得到

$$\boldsymbol{\zeta}_k=\boldsymbol{H}_k(\boldsymbol{\xi}_k-\hat{\boldsymbol{\xi}}_{k|k-1})+\sum_{j=1}^{N}\tilde{\boldsymbol{H}}_k^{j}\boldsymbol{\xi}_k+\bar{\boldsymbol{D}}_k(\boldsymbol{v}_k-\hat{\boldsymbol{v}}_{k|k-1})+(\boldsymbol{D}_k-\bar{\boldsymbol{D}}_k)\boldsymbol{v}_k \tag{3-2-22}$$

得到状态预测后，对应的二阶中心矩矩阵 $\boldsymbol{\Phi}_{k|k-1}$ 如下

$$\boldsymbol{\Phi}_{k|k-1}=E(\boldsymbol{\xi}_k\boldsymbol{\xi}_k^{\mathrm{T}})-E(\boldsymbol{\xi}_k\hat{\boldsymbol{\xi}}_{k|k-1}^{\mathrm{T}})-E(\hat{\boldsymbol{\xi}}_{k|k-1}^{\mathrm{T}}\boldsymbol{\xi}_k^{\mathrm{T}})+E(\hat{\boldsymbol{\xi}}_{k|k-1}\hat{\boldsymbol{\xi}}_{k|k-1}^{\mathrm{T}})=\boldsymbol{\Omega}_{k,k}-\boldsymbol{\Sigma}_{k|k-1} \tag{3-2-23}$$

②计算 $\boldsymbol{\Omega}_{k,k}$ 和 $\boldsymbol{\Sigma}_{k|k-1}$ 在单模态被多步相关噪声扰动的系统的最优线性滤波器中，直接计算预测状态估计的误差协方差矩阵。然而，由于马尔可夫模型的存在，所提出的 RLMMF 中的 $\boldsymbol{\Phi}_{k|k-1}$ 是借助 $\boldsymbol{\Omega}_{k|k-1}$ 和 $\boldsymbol{\Sigma}_{k|k-1}$ 得到的。

考虑到两个不同的马尔可夫模式在同一时期不应该同时发生，我们用 $E(\boldsymbol{\xi}_{i_1,k-1}\boldsymbol{\xi}_{i_2,k-1}^{\mathrm{T}})=E(\boldsymbol{x}_{k-1}1_{\{\Theta_{k-1}=i_1\}}\boldsymbol{x}_{k-1}^{\mathrm{T}}1_{\{\Theta_{k-1}=i_2\}})=\boldsymbol{O}$ 表示 $i_1\neq i_2$。

因此，$\boldsymbol{\Omega}_{k-1,k-1}=\mathrm{diag}\{\boldsymbol{\Omega}_{i,k-1,k-1},i=1,\cdots,M\}$。这样

$$\begin{aligned}\boldsymbol{\Omega}_{k,k}=&E(\boldsymbol{F}_{k-1}\boldsymbol{\xi}_{k-1}\boldsymbol{\xi}_{k-1}^{\mathrm{T}}\boldsymbol{F}_{k-1}^{\mathrm{T}})+E((\sum_{j=1}^{N}\tilde{\boldsymbol{F}}_{k-1}^{j})\boldsymbol{\xi}_{k-1}\boldsymbol{\xi}_{k-1}^{\mathrm{T}}(\sum_{j=1}^{N}\tilde{\boldsymbol{F}}_{k-1}^{j})^{\mathrm{T}})+E(\boldsymbol{F}_{k-1}\boldsymbol{\xi}_{k-1}\boldsymbol{w}_{k-1}^{\mathrm{T}}\boldsymbol{G}_{k-1}^{\mathrm{T}})\\&+E^{\mathrm{T}}(\boldsymbol{F}_{k-1}\boldsymbol{\xi}_{k-1}\boldsymbol{w}_{k-1}^{\mathrm{T}}\boldsymbol{G}_{k-1}^{\mathrm{T}})+E(\boldsymbol{G}_{k-1}\boldsymbol{w}_{k-1}\boldsymbol{w}_{k-1}^{\mathrm{T}}\boldsymbol{G}_{k-1}^{\mathrm{T}})\end{aligned} \tag{3-2-24}$$

其中 $E(\tilde{\boldsymbol{F}}_{k-1}^{j}\boldsymbol{\xi}_{k-1}\boldsymbol{w}_{k-1}^{\mathrm{T}}\boldsymbol{G}_{k-1}^{\mathrm{T}})=\boldsymbol{O}$，$E(\tilde{\boldsymbol{F}}_{k-1}^{j}\boldsymbol{\xi}_{k-1}\boldsymbol{\xi}_{k-1}^{\mathrm{T}}\boldsymbol{F}_{k-1}^{\mathrm{T}})=\boldsymbol{O}$，因为 $\alpha_{j,i,k-1}$ 与 $\boldsymbol{\xi}_{k-1}$ 和 $\boldsymbol{w}_{k-1}$ 不相关。此外，

$$E(\boldsymbol{F}_{k-1}\boldsymbol{\xi}_{k-1}\boldsymbol{\xi}_{k-1}^{\mathrm{T}}\boldsymbol{F}_{k-1}^{\mathrm{T}})=\mathrm{diag}\{\sum_{i=1}^{M}p_{ii^*}\boldsymbol{F}_{i,k-1}\boldsymbol{\Omega}_{i,k-1,k-1}\boldsymbol{F}_{i,k-1}^{\mathrm{T}},i^*=1,\cdots,M\} \tag{3-2-25}$$

$$E((\sum_{j=1}^{N}\tilde{\boldsymbol{F}}_{k-1}^{j})\boldsymbol{\xi}_{k-1}\boldsymbol{\xi}_{k-1}^{\mathrm{T}}(\sum_{j=1}^{N}\tilde{\boldsymbol{F}}_{k-1}^{j})^{\mathrm{T}})=\mathrm{diag}\{\sum_{i=1}^{M}\sum_{j=1}^{N}\sum_{j'=1}^{N}p_{ii^*}a_{k-1}^{jj',ii}\tilde{\boldsymbol{F}}_{j,i,k-1}\boldsymbol{\Omega}_{i,k-1,k-1}\tilde{\boldsymbol{F}}_{j',i,k-1}^{\mathrm{T}},i^*=1,\cdots,M\} \tag{3-2-26}$$

$$E(\boldsymbol{F}_{k-1}\boldsymbol{\xi}_{k-1}\boldsymbol{w}_{k-1}^{\mathrm{T}}\boldsymbol{G}_{k-1}^{\mathrm{T}})=E(\boldsymbol{F}_{k-1}((\prod_{r=1}^{m}\boldsymbol{F}_{k-1-r})\boldsymbol{\xi}_{k-1-r}+\sum_{r=1}^{m}(\prod_{s=1}^{r-1}\boldsymbol{F}_{k-1-s})\boldsymbol{G}_{k-1-r}\boldsymbol{w}_{k-1-r})\boldsymbol{w}_{k-1}^{\mathrm{T}}\boldsymbol{G}_{k-1}^{\mathrm{T}})$$

$$=\mathrm{diag}\{\sum_{r=1}^{m}\sum_{i'=1}^{M}\sum_{i_r=1}^{M}\sum_{i_{r-1}}^{M}\cdots\sum_{i_2=1}^{M}\sum_{i_1=1}^{M}\Im_{k-1:k-1-r}^{k-1:k-1-r},i^*=1,\cdots,M\} \quad (3-2-27)$$

$$E(\boldsymbol{G}_{k-1}\boldsymbol{w}_{k-1}\boldsymbol{w}_{k-1}^{\mathrm{T}}\boldsymbol{G}_{k-1}^{\mathrm{T}})=\mathrm{diag}\{\sum_{i=1}^{M}p_{ii^*}\boldsymbol{\pi}_{i,k-1}\boldsymbol{G}_{i,k-1}\boldsymbol{Q}_{k-1}\boldsymbol{G}_{i,k-1}^{\mathrm{T}},i^*=1,\cdots,M\} \quad (3-2-28)$$

其中

$$\Im_{k-1:k-1-r}^{k-1:k-1-r}:=p_{k-1:k-1-r}^{i^*\leftarrow i'}\boldsymbol{\pi}_{i',k-1-r}\boldsymbol{F}_{k-1:k-1-(r-1)}^{i_1\leftarrow i_{r-1}}\boldsymbol{G}_{i',k-1-r}\boldsymbol{S}_{k-1-r,k-1}\boldsymbol{G}_{i_1,k-1}^{\mathrm{T}}$$

$$\boldsymbol{F}_{k-1:k-1-(r-1)}^{i_1\leftarrow i_{r-1}}:=\boldsymbol{F}_{i_1,k-1}\boldsymbol{F}_{i_2,k-2}\cdots\boldsymbol{F}_{i_{r-1},k-1-(r-1)}$$

此外，将式(3-2-20)插入 $\boldsymbol{\Sigma}_{k|k-1}=E(\hat{\boldsymbol{x}}_{k|k-1}\hat{\boldsymbol{x}}_{k|k-1}^{\mathrm{T}})$，我们有

$$\boldsymbol{\Sigma}_{k|k-1}=\boldsymbol{F}_{k-1}\boldsymbol{\Sigma}_{k-1|k-1}\boldsymbol{F}_{k-1}^{\mathrm{T}}+\boldsymbol{F}_{k-1}\boldsymbol{A}_{k-1,k-1|k-1}\boldsymbol{G}_{k-1}^{\mathrm{T}}+\boldsymbol{G}_{k-1}\boldsymbol{A}_{k-1,k-1|k-1}^{\mathrm{T}}\boldsymbol{F}_{k-1}^{\mathrm{T}}+\boldsymbol{G}_{k-1}\boldsymbol{W}_{k-1,k-1|k-1}\boldsymbol{G}_{k-1}^{\mathrm{T}} \quad (3-2-29)$$

(2)更新。

①计算 $\boldsymbol{\Gamma}_{k,k}$ 和 $\boldsymbol{\Psi}_{k,k}$，由式(3-2-14)可得，$\boldsymbol{\Gamma}_{k,k}$ 和 $\boldsymbol{\Psi}_{k,k}$ 应该在最终状态更新之前获得。通过使用式(3-2-13)和式(3-2-22)，我们有

$$\boldsymbol{\Gamma}_{k,k}=E(\boldsymbol{\xi}_k\boldsymbol{z}_k^{\mathrm{T}})-\sum_{t=1}^{k-1}E(\boldsymbol{\xi}_k\boldsymbol{\zeta}_t^{\mathrm{T}})E^{-1}(\boldsymbol{\zeta}_t\boldsymbol{\zeta}_t^{\mathrm{T}})E(\boldsymbol{z}_k\boldsymbol{\zeta}_t^{\mathrm{T}})$$

$$=E(\boldsymbol{\xi}_k-\hat{\boldsymbol{\xi}}_{k|k-1})(\boldsymbol{z}_k-\hat{\boldsymbol{z}}_{k|k-1})^{\mathrm{T}}=\boldsymbol{\Phi}_{k|k-1}\boldsymbol{H}_k^{\mathrm{T}}+\boldsymbol{\Xi}_{k,k|k-1}\bar{\boldsymbol{D}}_k^{\mathrm{T}} \quad (3-2-30)$$

此外，在式(3-2-22)中插入 $\boldsymbol{\Psi}_{k,k}$，我们有

$$\boldsymbol{\Psi}_{k,k}=\boldsymbol{H}_k\boldsymbol{\Phi}_{k|k-1}\boldsymbol{H}_k^{\mathrm{T}}+\boldsymbol{H}_k\boldsymbol{\Xi}_{k,k|k-1}\bar{\boldsymbol{D}}_k^{\mathrm{T}}+E((\sum_{j=1}^{N}\tilde{\boldsymbol{H}}_k^j)\boldsymbol{\xi}_k\boldsymbol{\xi}_k^{\mathrm{T}}(\sum_{j=1}^{N}\tilde{\boldsymbol{H}}_k^j)^{\mathrm{T}})$$

$$+\bar{\boldsymbol{D}}_k\boldsymbol{\Xi}_{k,k|k-1}^{\mathrm{T}}\boldsymbol{H}_k^{\mathrm{T}}+\bar{\boldsymbol{D}}_k\boldsymbol{T}_{k,k|k-1}\bar{\boldsymbol{D}}_k^{\mathrm{T}}+E(\tilde{\boldsymbol{D}}_k\boldsymbol{v}_k\boldsymbol{v}_k^{\mathrm{T}}\tilde{\boldsymbol{D}}_k^{\mathrm{T}}) \quad (3-2-31)$$

这里 $E(\tilde{\boldsymbol{H}}_k^j\boldsymbol{\xi}_k\tilde{\boldsymbol{\xi}}_{k|k-1}^{\mathrm{T}}\boldsymbol{H}_k^{\mathrm{T}})=\boldsymbol{O}$，$E(\tilde{\boldsymbol{H}}_k^j\boldsymbol{\xi}_k\tilde{\boldsymbol{v}}_{k|k-1}^{\mathrm{T}}\mathscr{D}_k^{-\mathrm{T}})=\boldsymbol{O}$，$E(\tilde{\boldsymbol{H}}_k^j\boldsymbol{\xi}_k\boldsymbol{v}_k^{\mathrm{T}}\tilde{\boldsymbol{D}}_k^{\mathrm{T}})=\boldsymbol{O}$，原因是 $\boldsymbol{\beta}_{j,i,k}$ 不相关于 $\boldsymbol{\xi}_k$ 和 $\boldsymbol{v}_k$。同时

$$E((\sum_{j=1}^{N}\tilde{\boldsymbol{H}}_k^j)\boldsymbol{\xi}_k\boldsymbol{\xi}_k^{\mathrm{T}}(\sum_{j=1}^{N}\tilde{\boldsymbol{H}}_k^j)^{\mathrm{T}})=\sum_{i=1}^{M}\sum_{j=1}^{N}\sum_{j'=1}^{N}b_k^{jj',ii}\tilde{\boldsymbol{H}}_{j,i,k}\boldsymbol{\Omega}_{i,k,k}\tilde{\boldsymbol{H}}_{j',i,k}^{\mathrm{T}} \quad (3-2-32)$$

$$E(\tilde{\boldsymbol{D}}_k\boldsymbol{v}_k\boldsymbol{v}_k^{\mathrm{T}}\tilde{\boldsymbol{D}}_k^{\mathrm{T}})=E(\tilde{\boldsymbol{D}}_k\boldsymbol{R}_k\tilde{\boldsymbol{D}}_k^{\mathrm{T}})=\sum_{i=1}^{M}\boldsymbol{\pi}_{i,k}\boldsymbol{D}_{i,k}\boldsymbol{R}_k\boldsymbol{D}_{i,k}^{\mathrm{T}}-\bar{\boldsymbol{D}}_k\boldsymbol{R}_k\bar{\boldsymbol{D}}_k^{\mathrm{T}} \quad (3-2-33)$$

②状态更新 根据式(3-2-14)，我们得到最终的状态估计为

$$\hat{\boldsymbol{\xi}}_{k|k}=\hat{\boldsymbol{\xi}}_{k|k-1}+\boldsymbol{\Gamma}_{k,k}\boldsymbol{\Psi}_{k,k}^{-1}(\boldsymbol{z}_k-\hat{\boldsymbol{z}}_{k|k-1}) \quad (3-2-34)$$

把式(3-2-34)插入 $\hat{\boldsymbol{\xi}}_{k|k}$ 的定义中，我们有

$$\boldsymbol{\Sigma}_{k|k}=\boldsymbol{\Sigma}_{k|k-1}+\boldsymbol{\Gamma}_{k,k}\boldsymbol{\Psi}_{k,k}^{-1}\boldsymbol{\Gamma}_{k,k}^{\mathrm{T}} \quad (3-2-35)$$

这里

$$E(\hat{\boldsymbol{\xi}}_{k|k-1}\boldsymbol{\zeta}_k^{\mathrm{T}})=\sum_{t=1}^{k-1}\boldsymbol{\Gamma}_{k,t}\boldsymbol{\Psi}_{t,t}^{-1}\boldsymbol{\Lambda}_{k,t}^{\mathrm{T}}-(\sum_{t=1}^{k-1}\boldsymbol{\Gamma}_{k,t}\boldsymbol{\Psi}_{t,t}^{-1}\boldsymbol{\zeta}_t)(\sum_{t=1}^{k-1}\boldsymbol{\Lambda}_{k,t}\boldsymbol{\Psi}_{t,t}^{-1}\boldsymbol{\zeta}_t)^{\mathrm{T}}=\boldsymbol{O}$$

它将用于在下一个时刻计算 $\boldsymbol{\Sigma}_{k+1|k}$ 。

(3)多步相关加性噪声估计。

$\hat{\boldsymbol{w}}_{k-1|k-1}$ 和 $\hat{\boldsymbol{v}}_{k|k-1}$ 计算了噪声本身的耦合效应以及噪声与其他随机向量的耦合效应。

①估计 $\boldsymbol{w}_{k-1}$,$\boldsymbol{W}_{k-1|k-1}$,$\boldsymbol{A}_{k-1,k-1|k-1}$。

类似于状态估计 $\hat{\boldsymbol{x}}_{k|k}$,通过使用引理 3.1.1,我们有

$$\hat{\boldsymbol{w}}_{k-1|k-1}=\sum_{t=1}^{k-1}E(\boldsymbol{w}_{k-1}\boldsymbol{\zeta}_t^{\mathrm{T}})E^{-1}(\boldsymbol{\zeta}_t\boldsymbol{\zeta}_t^{\mathrm{T}})\boldsymbol{\zeta}_t=\sum_{t=k-1-m}^{k-1}\boldsymbol{\Delta}_{k-1,t}\boldsymbol{\Psi}_{t,t}^{-1}\boldsymbol{\zeta}_t \tag{3-2-36}$$

这里 $E(\boldsymbol{w}_{k-1}\boldsymbol{\zeta}_{k-1-m-\ell_1}^{\mathrm{T}})=\boldsymbol{O}$,$\ell_1=1,\cdots,k-1-m-1$。此外,把式(3-2-36)插入 $\boldsymbol{W}_{k-1,k-1|k-1}=E(\hat{\boldsymbol{w}}_{k-1|k-1}\hat{\boldsymbol{w}}_{k-1|k-1}^{\mathrm{T}})$ 的定义中,我们获得

$$\boldsymbol{W}_{k-1,k-1|k-1}=\sum_{t=k-1-m}^{k-1}\boldsymbol{\Delta}_{k-1,t}\boldsymbol{\Psi}_{t,t}^{-1}\boldsymbol{\Delta}_{k-1,t}^{\mathrm{T}} \tag{3-2-37}$$

此外,把式(3-2-34)和式(3-2-36)插入 $\hat{\boldsymbol{\xi}}_{k-1|k-1}$ 和 $\hat{\boldsymbol{w}}_{k-1|k-1}$ 的耦合中,我们有

$$\boldsymbol{A}_{k-1,k-1|k-1}=\sum_{t=k-1-m}^{k-1}\boldsymbol{\Gamma}_{k-1,t}\boldsymbol{\Psi}_{t,t}^{-1}\boldsymbol{\Delta}_{k-1,t}^{\mathrm{T}}\ . \tag{3-2-38}$$

②估计 $\boldsymbol{v}_k$、$\boldsymbol{V}_{k,k|k-1}$、$\boldsymbol{\Xi}_{k,k|k-1}$、$\boldsymbol{T}_{k,k|k-1}$ 和估算 $\boldsymbol{w}_{k-1}$ 的方法类似,根据引理 3.2.1,我们有

$$\hat{\boldsymbol{v}}_{k|k-1}=\sum_{t=1}^{k-1}E(\boldsymbol{v}_k\boldsymbol{\zeta}_t^{\mathrm{T}})E^{-1}(\boldsymbol{\zeta}_t\boldsymbol{\zeta}_t^{\mathrm{T}})\boldsymbol{\zeta}_t=\sum_{t=k-m}^{k-1}\boldsymbol{Y}_{k,t}\boldsymbol{\Psi}_{t,t}^{-1}\boldsymbol{\zeta}_t \tag{3-2-39}$$

这里 $E(\boldsymbol{v}_k\boldsymbol{\zeta}_{k-m-\ell_2}^{\mathrm{T}})=\boldsymbol{O}$,$\ell_2=1,\cdots,k-m-1$。把式(3-2-39)插入 $\boldsymbol{V}_{k,k|k-1}=E(\hat{\boldsymbol{v}}_{k|k-1}\hat{\boldsymbol{v}}_{k|k-1}^{\mathrm{T}})$ 的定义,我们获得

$$\boldsymbol{V}_{k,k|k-1}=\sum_{t=k-m}^{k-1}\boldsymbol{Y}_{k,t}\boldsymbol{\Psi}_{t,t}^{-1}\boldsymbol{Y}_{k,t}^{\mathrm{T}} \tag{3-2-40}$$

此外,通过使用式(3-2-15),$\boldsymbol{\Xi}_{k,k|k-1}=E(\boldsymbol{\xi}_k\boldsymbol{v}_k^{\mathrm{T}})-E(\hat{\boldsymbol{\xi}}_{k|k-1}\hat{\boldsymbol{v}}_{k|k-1}^{\mathrm{T}})$,用于式(3-2-30)和式(3-2-31)中,有

$$\boldsymbol{\Xi}_{k,k|k-1}=\sum_{p=1}^{m}\bar{\boldsymbol{F}}_{k-1:k-p+1}\bar{\boldsymbol{G}}_{k-p}\boldsymbol{L}_{k-p,k}-\boldsymbol{B}_{k,k|k-1} \tag{3-2-41}$$

这里 $\boldsymbol{B}_{k,k|k-1}:=E(\hat{\boldsymbol{\xi}}_{k|k-1}\hat{\boldsymbol{v}}_{k|k-1}^{\mathrm{T}})=\sum_{t=k-m}^{k-1}\boldsymbol{\Gamma}_{k,t}\boldsymbol{\Psi}_{t,t}^{-1}\boldsymbol{Y}_{k,t}^{\mathrm{T}}$.

此外,根据 $\boldsymbol{T}_{k,k|k-1}=E(\tilde{\boldsymbol{v}}_{k|k-1}\tilde{\boldsymbol{v}}_{k|k-1}^{\mathrm{T}})$,用于式(3-2-31),有

$$\boldsymbol{T}_{k,k|k-1}=E(\boldsymbol{v}_k\boldsymbol{v}_k^{\mathrm{T}})-E(\hat{\boldsymbol{v}}_{k|k-1}\hat{\boldsymbol{v}}_{k|k-1}^{\mathrm{T}})=\boldsymbol{R}_k-\boldsymbol{V}_{k|k-1}\ . \tag{3-2-42}$$

③计算 $\boldsymbol{\Lambda}_{t,\ell}$ 。

最后,我们必须计算 $\boldsymbol{\Lambda}_{t,\ell}$ 以获得式(3-2-18)和式(3-2-19)。显然,将式(3-2-11)插入 $\boldsymbol{\Lambda}_{t,\ell}=E(\boldsymbol{z}_k\boldsymbol{\zeta}_\ell^{\mathrm{T}})$ 的相应定义中,我们有

$$\boldsymbol{\Lambda}_{t,\ell}=\boldsymbol{H}_t\boldsymbol{\Gamma}_{t,\ell}+\bar{\boldsymbol{D}}_t\boldsymbol{Y}_{t,\ell} \tag{3-2-43}$$

其中 $\boldsymbol{\Gamma}_{t,\ell}=E(\boldsymbol{\xi}_k\boldsymbol{\zeta}_\ell^{\mathrm{T}})$,得到[通过将式(3-2-15)插入其定义中]

$$\boldsymbol{\Gamma}_{t,\ell}=\bar{\boldsymbol{F}}_{t-1:\ell}\boldsymbol{\Gamma}_{\ell,\ell}+\sum_{r=1}^{t-\ell}\bar{\boldsymbol{F}}_{t-1:t-r+1}\bar{\boldsymbol{G}}_{t-r}\boldsymbol{\Delta}_{t-r,\ell},t\leqslant k,\ell\leqslant t-1 \tag{3-2-44}$$

(4)计算过程。

在某些情况下，$\boldsymbol{G}_{\Theta_k}$ 和 $\boldsymbol{D}_{\Theta_k}$ 也可以是随机多面体矩阵，即它们可以重写为 $\boldsymbol{G}_{\Theta_k}+\sum_{j=1}^{N}\sum_{i=1}^{M}\boldsymbol{\kappa}_{j,i,k}\tilde{\boldsymbol{G}}_{j,i,k}1_{\{\Theta_k=i\}}$ 和 $\boldsymbol{D}_{\Theta_k}+\sum_{j=1}^{N}\sum_{i=1}^{M}\gamma_{j,i,k}\tilde{\boldsymbol{D}}_{j,i,k}\mathbf{1}_{\{\Theta_k=i\}}$。由于 $\boldsymbol{w}_k$ 和 $\boldsymbol{v}_k$ 是加性噪声，这种变化除了在计算 $\boldsymbol{\Omega}_{k,k}$ 和 $\boldsymbol{\Psi}_{k,k}$ 时需要考虑随机变量 $\boldsymbol{\kappa}_{j,i,k}$ 和 $\gamma_{j,i,k}$ 的存在外，对 RLMMF 设计没有内在影响。也就是说，将式(3-2-28)改为

$$E(\boldsymbol{G}_{k-1}\boldsymbol{w}_{k-1}\boldsymbol{w}_{k-1}^{\mathrm{T}}\boldsymbol{G}_{k-1}^{\mathrm{T}})=\mathrm{diag}\{\sum_{i=1}^{M}p_{ii^*}\pi_{i,k-1}(\boldsymbol{G}_{i,k-1}\boldsymbol{Q}_{k-1}\boldsymbol{G}_{i,k-1}^{\mathrm{T}}+\wp_{i,k-1}^{\kappa}),i^*=1,\cdots,M\}$$

计算 $\boldsymbol{\Omega}_{k,k}$，将式(3-2-33)改为

$$E(\tilde{\boldsymbol{D}}_k\boldsymbol{v}_k\boldsymbol{v}_k^{\mathrm{T}}\tilde{\boldsymbol{D}}_k^{\mathrm{T}})=\sum_{i=1}^{M}\boldsymbol{\pi}_{i,k}(\boldsymbol{D}_{i,k}\boldsymbol{R}_k\boldsymbol{D}_{i,k}^{\mathrm{T}}+\wp_{i,k}^{\gamma})-\bar{\boldsymbol{D}}_k\boldsymbol{R}_k\bar{\boldsymbol{D}}_k^{\mathrm{T}}$$

计算 $\boldsymbol{\Psi}_{k,k}$，其中 $\wp_{i,k-1}^{\kappa}:=\sum_{j=1}^{N}\sum_{j'=1}^{N}c_{k-1}^{jj',ii}\tilde{\boldsymbol{G}}_{j,i,k-1}\boldsymbol{Q}_{k-1}\tilde{\boldsymbol{G}}_{j',i,k-1}^{\mathrm{T}}$ 和 $\wp_{i,k}^{\gamma}:=\sum_{j=1}^{N}\sum_{j'=1}^{N}d_k^{jj',ii}\tilde{\boldsymbol{D}}_{j,i,k}\boldsymbol{R}_k\tilde{\boldsymbol{D}}_{j',i,k}^{\mathrm{T}}$

这里 $E(\boldsymbol{\kappa}_{j,i,k})=0$，$E(\gamma_{j,i,k})=0$，$E(\boldsymbol{\kappa}_{j,i,k}\boldsymbol{\kappa}_{j',i',l})=c_k^{jj',ii'}\delta_{k,l}$ 和 $E(\gamma_{j,i,k}\gamma_{j',i',l})=d_k^{jj',ii'}\delta_{k,l}$。

在推导所提出的 RLMMF 时，由于多步相关的加性噪声的存在，不可避免地会出现相邻多步周期的系统矩阵乘法运算。在这里，如果乘性噪声与加性噪声在相邻的多步周期进一步相关或互相关，则必须事先知道这些相关随机变量的相应高阶矩统计量(不仅仅是方差或交叉方差)。换句话说，就是需要知道联合概率密度函数。然而，在大多数实际应用中，系统噪声的联合概率密度函数很难获得。因此，本节不考虑乘性随机参数的多步相关性，以及乘性随机参数与加性噪声的多步互相关，以使计算可实现且方便。

最后，本书提出的 RLMMF 的计算过程如下所示。对于所提出的滤波器，它需要从一步相关加性噪声情况逐步执行到 m 步相关加性噪声情况，直到 $k\geqslant m$。

步骤 1	初始化。$\hat{\boldsymbol{\xi}}_{0\|-1}=\mathrm{col}\{\hat{\boldsymbol{\xi}}_{i,0\|-1},i=1,\cdots,M\}$，$\boldsymbol{\Omega}_{0,0}=\mathrm{diag}\{\boldsymbol{\Omega}_{i,0,0},i=1,\cdots,M\}$，$\boldsymbol{\Sigma}_{0,0}=\hat{\boldsymbol{\xi}}_{0\|-1}\hat{\boldsymbol{\xi}}_{0\|-1}^{\mathrm{T}}$，$\hat{\boldsymbol{\xi}}_{i,0\|-1}=E(\boldsymbol{x}_0 1_{\{\Theta_0=i\}})$，$\boldsymbol{\Omega}_{i,0,0}=E(\boldsymbol{x}_0\boldsymbol{x}_0^{\mathrm{T}}1_{\{\Theta_0=i\}})$。
步骤 2	状态预测。根据式(3-2-20)、式(3-2-24)、式(3-2-29)、式(3-2-23)，分别计算 $\hat{\boldsymbol{\xi}}_{k\|k-1}$、$\boldsymbol{\Omega}_{k,k}$、$\boldsymbol{\Sigma}_{k\|k-1}$ 和 $\boldsymbol{\Phi}_{k\|k-1}$。
步骤 3	量测噪声估计。根据式(3-2-39)、式(3-2-40)、式(3-2-41)、式(3-2-42)，得到 $\hat{\boldsymbol{v}}_{k\|k-1}$、$\boldsymbol{V}_{k,k\|k-1}$、$\boldsymbol{\Xi}_{k,k\|k-1}$ 和 $\boldsymbol{T}_{k,k\|k-1}$。
步骤 4	量测预测。根据式(3-2-21)和式(3-2-31)计算 $\hat{\boldsymbol{z}}_{k\|k-1}$ 和 $\boldsymbol{\Psi}_{k.k}$。
步骤 5	$\boldsymbol{\Gamma}_{k,t}$ 的计算。根据式(3-2-30)得到 $\boldsymbol{\Gamma}_{k,k}$。 根据式(3-2-44)计算 $\boldsymbol{\Gamma}_{t,\ell}$，$t\leqslant k$，$\ell\leqslant t-1$。
步骤 6	状态更新。根据式(3-2-34)和式(3-2-35)计算 $\hat{\boldsymbol{\xi}}_{k\|k}$ 和 $\boldsymbol{\Sigma}_{k\|k}$。由式(3-2-9)得到 $\hat{\boldsymbol{x}}_{k\|k}$。
步骤 7	过程噪声估计。根据式(3-2-36)、式(3-2-37)、式(3-2-38)计算 $\hat{\boldsymbol{w}}_{k\|k}$，$\boldsymbol{W}_{k\|k}$ 和 $\boldsymbol{A}_{k,k\|k}$。

步骤 8　递推回归。令 $k-1 \leftarrow k$，返回步骤 2。

3.2.4　仿真分析

仿真受多步相关加性噪声和乘性噪声干扰的机动目标跟踪，验证了本节提出的 RLMMF。目标状态在笛卡儿坐标 $o-\phi\eta$ 中，$\boldsymbol{x}_k=(\phi_k,\dot{\phi}_k,\eta_k,\dot{\eta}_k)^{\mathrm{T}}$。其动态运动基于方程(3-2-1)的两种马尔可夫状态，其中确定性系统矩阵用于描述近等速(CV)和匀速(CT)运动，即

$$\mathrm{CV}:\boldsymbol{F}_1=\boldsymbol{I}_2\otimes\begin{bmatrix}1 & T\\0 & 1\end{bmatrix},\boldsymbol{G}_1=\boldsymbol{I}_2\otimes\begin{bmatrix}\dfrac{T^2}{2}\\T\end{bmatrix},\boldsymbol{H}_1=\boldsymbol{I}_2\otimes\begin{bmatrix}1 & 0\end{bmatrix},\boldsymbol{D}_1=\boldsymbol{I}_2\,;$$

$$\mathrm{CT}:\boldsymbol{F}_{CTm}=\begin{bmatrix}1 & \sin(\omega T)/\omega & 0 & -(1-\cos(\omega T))/\omega\\0 & \cos(\omega T) & 0 & -\sin(\omega T)\\0 & (1-\cos(\omega T))/\omega & 1 & \sin(\omega T)/\omega\\0 & \sin(\omega T) & 0 & \cos(\omega T)\end{bmatrix},\boldsymbol{G}_{CTm}=\boldsymbol{G}_{CVm}\,,$$

$$\boldsymbol{H}_{CTm}=\boldsymbol{H}_{CVm},\boldsymbol{D}_{CTm}=\boldsymbol{D}_{CVm}\,。$$

采样周期分别为 $T=1$ s 和 $\omega=0.0628$ rad/s。同时，由于存在乘性不确定性，如乘性噪声或干扰，我们假设 $\sum_{j=1}^{N}\alpha_{j,\Theta_k}\tilde{\boldsymbol{F}}_{j,\Theta_k}$ 和 $\sum_{j=1}^{N}\beta_{j,\Theta_k}\tilde{\boldsymbol{H}}_{j,\Theta_k}$ 如式(3-2-1)、式(3-2-2)所示。基矩阵为

$$\tilde{\boldsymbol{F}}_{1,1}=\begin{bmatrix}0.1 & 1 & 0 & 0\\0 & 1.1 & 0 & 0\\0 & 0 & 0.1 & 1\\0 & 0 & 0 & 1.2\end{bmatrix},\quad\tilde{\boldsymbol{F}}_{2,1}=\begin{bmatrix}0.1 & 1 & 0 & 0\\0 & 1.2 & 0 & 0\\0 & 0 & 0.1 & 1\\0 & 0 & 0 & 1.5\end{bmatrix},$$

$$\tilde{\boldsymbol{H}}_{1,1}=\begin{bmatrix}1.15 & 0 & 0 & 0\\0 & 0 & 0 & 0\end{bmatrix},\qquad\tilde{\boldsymbol{H}}_{2,1}=\begin{bmatrix}0 & 0 & 0 & 0\\0 & 0 & 1.15 & 0\end{bmatrix},$$

$$\tilde{\boldsymbol{F}}_{1,2}=\begin{bmatrix}0.1 & 1 & 0 & 0\\0 & 1.1 & 0 & 0\\0 & 0 & 0.1 & 1.5\\0 & 0 & 0 & 1.5\end{bmatrix},\quad\tilde{\boldsymbol{F}}_{2,2}=\begin{bmatrix}0.1 & 1.5 & 0 & 0\\0 & 1.6 & 0 & 0\\0 & 0 & 0.1 & 1\\0 & 0 & 0 & 1.2\end{bmatrix},$$

$$\tilde{\boldsymbol{H}}_{1,2}=\begin{bmatrix}1.2 & 0 & 0 & 0\\0 & 0 & 0 & 0\end{bmatrix},\qquad\tilde{\boldsymbol{H}}_{2,2}=\begin{bmatrix}0 & 0 & 0 & 0\\0 & 0 & 1.2 & 0\end{bmatrix},$$

这里，$N=2$。同时，$a_k^{11,11}=0.00300^2$，$a_k^{22,11}=0.00450^2$，

$a_k^{11,22}=0.00375$，$a_k^{22,22}=0.00225^2$，$a_k^{11,12}=a_k^{11,21}=0.2\sqrt{a_k^{11,11}}\sqrt{a_k^{11,22}}$，

$a_k^{12,11}=a_k^{21,11}=0.3\sqrt{a_k^{11,11}}\sqrt{a_k^{22,11}}$，$a_k^{12,12}=a_k^{21,21}=0.36\sqrt{a_k^{11,11}}\sqrt{a_k^{22,22}}$，

$a_k^{21,12}=a_k^{12,21}=0.32\sqrt{a_k^{22,11}}\sqrt{a_k^{11,22}}$，$a_k^{22,12}=a_k^{22,21}=0.5\sqrt{a_k^{22,11}}\sqrt{a_k^{22,22}}$，

$a_k^{12,22}=a_k^{21,22}=0.32\sqrt{a_k^{11,22}}\sqrt{a_k^{22,22}}$，

$b_k^{11,11}=0.00240^2$，$b_k^{22,11}=0.00375^2$，$b_k^{11,22}=0.00330^2$，$b_k^{22,22}=0.00270^2$，

$b_k^{11,12}=b_k^{11,21}=0.65\sqrt{b_k^{11,11}}\sqrt{b_k^{11,22}}$，$b_k^{12,11}=b_k^{21,11}=0.56\sqrt{b_k^{11,11}}\sqrt{b_k^{22,11}}$，
$b_k^{12,12}=b_k^{21,21}=0.72\sqrt{b_k^{11,11}}\sqrt{b_k^{22,22}}$，$b_k^{21,12}=b_k^{12,21}=0.66\sqrt{b_k^{22,11}}\sqrt{b_k^{11,22}}$，
$b_k^{22,12}=b_k^{22,21}=0.75\sqrt{b_k^{22,11}}\sqrt{b_k^{22,22}}$ and $b_k^{12,22}=b_k^{21,22}=0.81\sqrt{b_k^{11,22}}\sqrt{b_k^{22,22}}$。

目标运行为 150 s(即 150 个采样周期)。在最初的 50 时刻，系统演变为模型为 1。然后，系统跳转到模型 2，并持续到接下来的 50 时刻。在最后的 50 时刻，系统回到模型 1。真实的初始状态是 $x_0=(1500,20,1600,25)^{\mathrm{T}}$。

考虑加性噪声相关的两种情况：

场景 1　一步相关加性噪声，即在式(3-2-3)至式(3-2-5)中的 $m=1$。

场景 2　两步相关加性噪声，即式(3-2-3)至式(3-2-5)中的 $m=2$。

在下面的比较方法中，初始估计和参数都是相等的。初始状态估计设为 $\hat{\boldsymbol{x}}_{0|0}=\boldsymbol{x}_0+\tilde{\boldsymbol{x}}_0$ 对应的协方差为 $\boldsymbol{P}_{0|0}=10^4\times\mathrm{diag}\{1,0.01,1,0.01\}$。转移概率矩阵为 $p_{11}=0.95$ 和 $p_{22}=0.95$。同时，前 50 时刻 $\pi_{1,k}=0.9$，$\pi_{2,k}=0.1$。中间 50 时刻，$\pi_{1,k}=0.1$，$\pi_{2,k}=0.9$。最后 50 时刻 $\pi_{1,k}=0.9$，$\pi_{2,k}=0.1$。仿真是通过使用 MATLAB 2017b 在具有 Intel(R) Core(TM) i5-8250U CPU @ 1.60 GHz 的计算机上运行的。

1. 一步相关加性噪声场景

在本部分中，将所提出的 RLMMF 与文献[10]中 MJLS 的 LMMSE 估计量、文献[2]中具有随机系数矩阵(或乘性噪声)的 MJLS 的 LMMSE 估计量(称为 LMSCE)以及用于具有一步相关加性噪声和乘性噪声[29]的系统的最优线性滤波器的交互多模型方法[40](称为 IMM)进行比较。$\boldsymbol{w}_k$ 和 $\boldsymbol{v}_k$ 的统计特征如下：

$\boldsymbol{Q}_k=5^2\boldsymbol{I}_2$、$\boldsymbol{R}_k=25^2\boldsymbol{I}_2$、$\boldsymbol{L}_k=118.75\boldsymbol{I}_2$，$\boldsymbol{S}_{k-1,k}=\boldsymbol{S}_{k,k-1}^{\mathrm{T}}=12\boldsymbol{I}_2$，$\boldsymbol{J}_{k-1,k}=\boldsymbol{J}_{k,k-1}^{\mathrm{T}}=300\boldsymbol{I}_2$，$\boldsymbol{L}_{k-1,k}=57\boldsymbol{I}_2$ 和 $\boldsymbol{L}_{k,k-1}=57\boldsymbol{I}_2$。

考虑以下三种不同的情况：

情况 1　$\boldsymbol{w}_k$ 和 $\boldsymbol{v}_k$ 都是高斯分布，$\alpha_{j,\Theta_k}=\beta_{j,\Theta_k}=0$(即没有乘性噪声)；

情况 2　$\boldsymbol{w}_k$ 和 $\boldsymbol{v}_k$ 均为高斯分布；

情况 3　$\boldsymbol{w}_k$ 和 $\boldsymbol{v}_k$ 均为高斯混合分布，即 $\boldsymbol{w}_k\sim 0.8\mathcal{N}(0,12.5\boldsymbol{I}_2)+0.2\mathcal{N}(0,75\boldsymbol{I}_2)$ 和 $\boldsymbol{v}_k\sim 0.8\mathcal{N}(0,312.5\boldsymbol{I}_2)+0.2\mathcal{N}(0,1875\boldsymbol{I}_2)$。

基于 10000 蒙特卡罗实现的比较方法的均方根误差(RMSEs)如图 3-2-1 至图 3-2-3 所示，相应的均方根误差平均值如表 3-2-1 所示。同时，将 1,2 和 3 的初始状态误差 $\tilde{x}_0$ 设置为 $(25,13,27,12)^{\mathrm{T}}$。

如图 3-2-1 所示，由于考虑了加性噪声的相关性，在这三种情况下，RLMMF 的均方根误差都比 LMMSE 和 LMSCE 估计的均方根误差小得多。此外，在所有三种不同情况下，RLMMF 的 RMSE 在大多数时期也小于 IMM 的 RMSE。一个合理的原因是，IMM 方法假设后验概率密度在每个子滤波器中是高斯分布的，而真实的后验概率密度显然不是高斯分布的。因此，RLMMF 得到了更好的估计。此外，从表 3-2-1 可以看出，RLMMF 的均方根误差的平均值也小于三种比较方法的均方根误差，这进一步证明了本书提出的 RLMMF 的估计精度优于 LMMSE，LMSCE 和 IMM 方法。

表 3-2-1　一步相关加性噪声情景 1 下均方根误差的均值

		ϕ 位置	ϕ 速度	η 位置	η 速度
情形 1	LMMSE	19.2480	10.2306	19.1944	10.1882
	LMSCE	19.2480	10.2306	19.1944	10.1882
	IMM	17.1818	8.9255	17.2249	8.9224
	RLMMF	**17.0298**	**8.4737**	**16.9661**	**8.4290**
情形 2	LMMSE	20.0341	10.3834	20.9052	10.5781
	LMSCE	19.9189	10.3775	20.5906	10.5767
	IMM	18.1099	9.1807	19.1192	9.4961
	RLMMF	**18.0635**	**8.8669**	**19.0885**	**9.2664**
情形 3	LMMSE	20.1577	10.4471	21.1377	10.6852
	LMSCE	20.0428	10.4455	20.8336	10.6940
	IMM	18.1882	9.2232	19.3191	9.5911
	RLMMF	**18.0688**	**8.9082**	**19.1749**	**9.3600**

2. 两步相关加性噪声场景

在本部分中，还将 RLMMF 与 LMMSE 估计器、LMSCE 估计器和 IMM 进行比较。$\boldsymbol{w}_k$，$\boldsymbol{v}_k$ 的统计特征如下：

$\boldsymbol{Q}_k=5^2\boldsymbol{I}_2$，$\boldsymbol{R}_k=25^2\boldsymbol{I}_2$，$\boldsymbol{S}_{k-1,k}=\boldsymbol{S}_{k,k-1}=8\sqrt{5}\boldsymbol{I}_2$，$\boldsymbol{S}_{k-1,k+1}=\boldsymbol{S}_{k+1,k-1}=8\boldsymbol{I}_2$，

$\boldsymbol{J}_{k-1,k}=\boldsymbol{J}_{k,k-1}=150\sqrt{5}\boldsymbol{I}_2$，$\boldsymbol{J}_{k-1,k+1}=\boldsymbol{J}_{k+1,k-1}=200$，$\boldsymbol{L}_{k-1,k}=19\sqrt{5}\boldsymbol{I}_2$，$\boldsymbol{L}_{k-1,k+1}=19\boldsymbol{I}_2$，

$\boldsymbol{L}_{k,k-1}=38\sqrt{5}\boldsymbol{I}_2$，$\boldsymbol{L}_{k+1,k-1}=76\boldsymbol{I}_2$，$\boldsymbol{L}_k=137.75\boldsymbol{I}_2$.

同样，考虑以下两种情况：

情况 4　$\boldsymbol{w}_k$ 和 $\boldsymbol{v}_k$ 均为高斯分布；

情况 5　$\boldsymbol{w}_k$ 和 $\boldsymbol{v}_k$ 均为高斯混合分布，即 $\boldsymbol{w}_k\sim 0.8\mathcal{N}(0,12.5\boldsymbol{I}_2)+0.2\mathcal{N}(0,75\boldsymbol{I}_2)$ 和 $\boldsymbol{v}_k\sim 0.8\mathcal{N}(0,312.5\boldsymbol{I}_2)+0.2\mathcal{N}(0,1875\boldsymbol{I}_2)$。

基于 10000 蒙特卡罗实现的比较方法的均方根误差如图 3-2-4、图 3-2-5 所示。对应的误差均值见表 3-2-2。这里，对于情况 4 和 5，$\tilde{\boldsymbol{x}}_0$ 被设置为 $(25,13,17,12)^{\mathrm{T}}$。

如图 3-2-4、图 3-2-5 所示，在情况 4 和 5 下，RLMMF 的均方根误差均小于 LMMSE 和 LMSCE 估计的均方根误差，并且在大多数时刻均小于 IMM 估计的均方根误差。同样，RLMMF 方法的均方根误差的平均值也小于 LMMSE、LMSCE 和 IMM 方法的均方根误差，如表 3-2-2 所示。此外，需要指出的是，ϕ 和 η 方向上的目标位置值随着时间的推移而增加。这导致随着时间的推移，动态模型和测量模型（即 $\sum_{j=1}^{N}\alpha_{j,\Theta_k}\widetilde{\boldsymbol{F}}_{j,\Theta_k}\boldsymbol{x}_k$ 和 $\sum_{j=1}^{N}\beta_{j,\Theta_k}\widetilde{\boldsymbol{H}}_{j,\Theta_k}\boldsymbol{x}_k$）中的乘法不确定性增加。因此，如图 3-2-2 至图 3-2-5 所示，均方根误差随时间缓慢增加。此外，从机动目标运动可以进一步推断，η 方向上目标位置值的增加幅度远大于 ϕ 方向。因此，如图 3-2-2 至式 3-2-5 所示，η 方向上 RMSE 的增加比 ϕ 方向上的 RMSE 的增加更

为明显。然而,这一现象并不影响所提出的 RLMMF 的均方根误差小于所比较方法的均方根误差。因此,所设计的 RLMMF 的估计精度优于现有的 LMMSE,LMSCE 和 IMM 方法。

表 3-2-2　两步相关加性噪声情景 2 下均方根误差的均值

		ϕ 位置	ϕ 速度	η 位置	η 速度
情形 4	LMMSE	22.2201	12.2245	23.1289	12.4105
	LMSCE	22.1759	12.2356	23.0012	12.4607
	IMM	21.5229	11.5160	22.4903	11.7547
	RLMMF	**21.2821**	**11.3251**	**22.2476**	**11.5841**
情形 5	LMMSE	22.4628	12.3379	23.4311	12.5544
	LMSCE	22.4201	12.3544	23.3076	12.6164
	IMM	21.6838	11.6016	22.6936	11.8656
	RLMMF	**21.5287**	**11.4209**	**22.5257**	**11.6855**

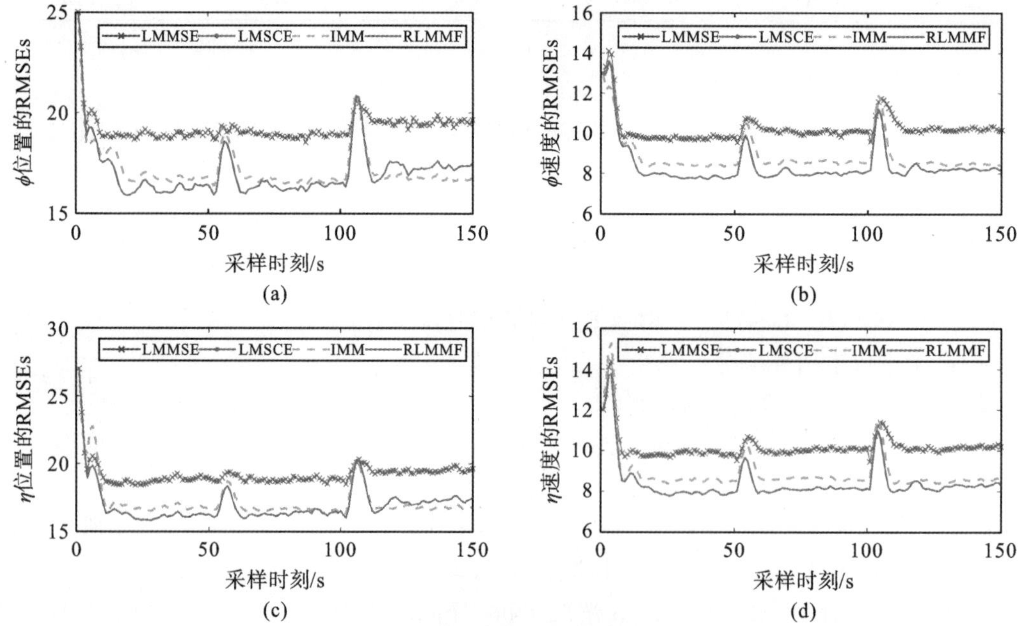

图 3-2-1　场景 1 下的情形 1 中估计状态的 RMSEs

图 3-2-1 至图 3-2-5 彩图

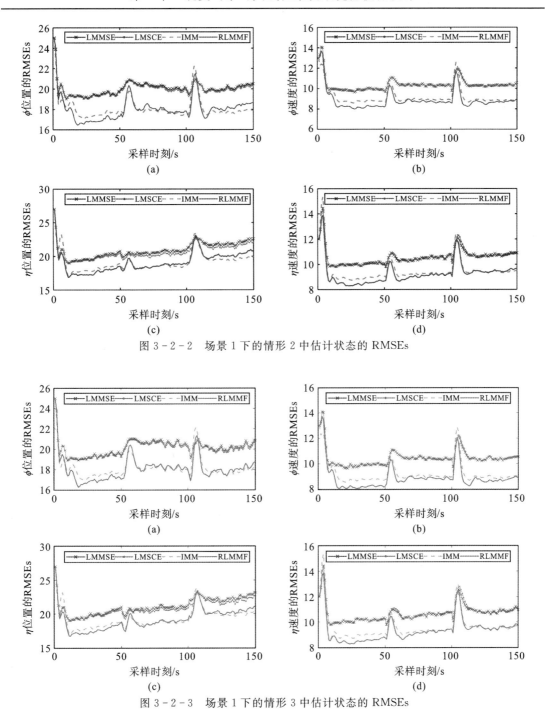

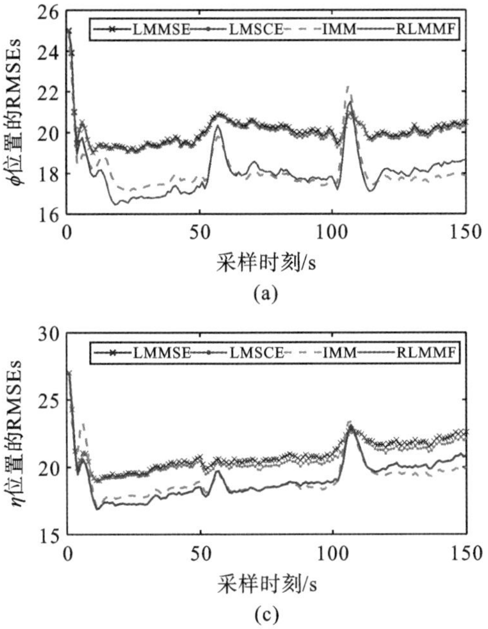

图 3-2-2　场景 1 下的情形 2 中估计状态的 RMSEs

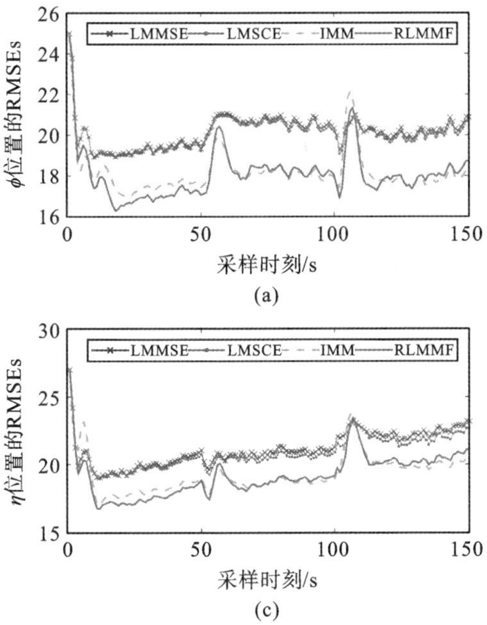

图 3-2-3　场景 1 下的情形 3 中估计状态的 RMSEs

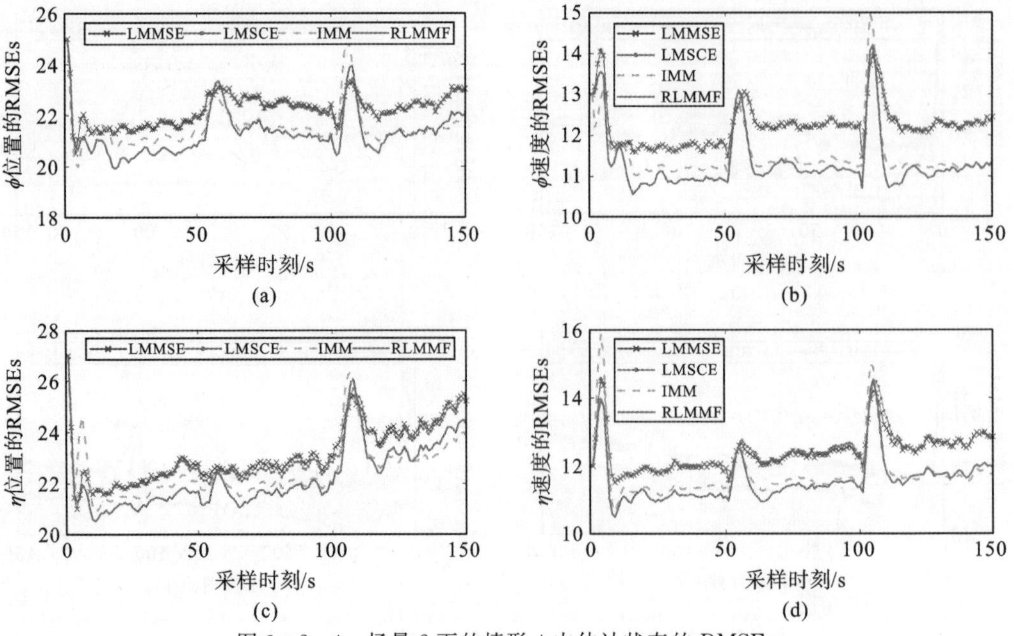

图 3-2-4 场景 2 下的情形 4 中估计状态的 RMSEs

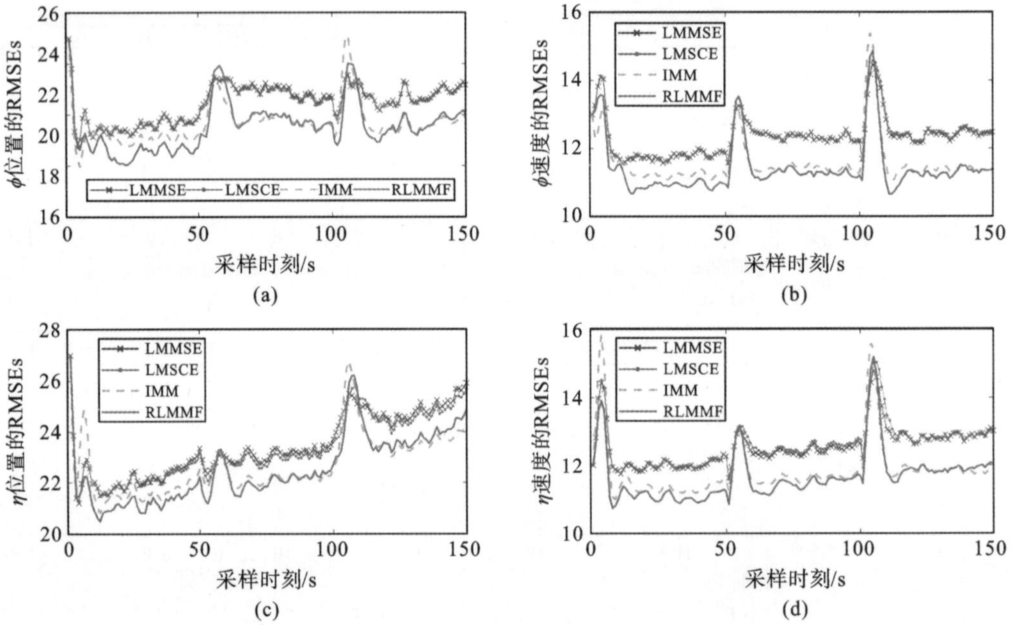

图 3-2-5 场景 2 下的情形 5 中估计状态的 RMSEs

参考文献

[1] LUO Y, ZHU Y, SHEN X, et al. Novel data association algorithm based on integrated random coefficient matrices Kalman filtering[J]. IEEE transactions on aerospace and electronic systems, 2012, 48(1): 144 - 158.

[2] YANG Y, LIANG Y, PAN Q, et al. Linear minimum-mean-square error estimation of Markovian jump linear systems with Stochastic coefficient matrices[J]. IET Control Theory & Applications, 2014, 8(12): 1112 - 1126.

[3] SIGALOV D, MICHAELI T, OSHMAN Y. LMMSE filtering in feedback systems with white random modes: Application to tracking in clutter[J]. IEEE Transactions on Automatic Control, 2014, 59(9):2549 - 2554.

[4] LAN J, LI X R. Tracking of maneuvering non - ellipsoidal extended object or target group using random matrix[J]. IEEE Transactions on Signal Processing, 2014, 62(9): 2450 - 2463.

[5] LUO Y, ZHU Y, LUO D, et al. Globally optimal multisensor distributed random parameter matrices Kalman filtering fusion with applications[J]. Sensors, 2008, 8(12): 8086 - 8103.

[6] YAN H, QIAN F, ZHANG H, et al. H_∞ Fault detection for networked mechanical spring - mass systems with incomplete information[J]. IEEE Transactions on Industrial Electronics, 2016, 63(9): 5622 - 5631.

[7] DE KONING W L. Optimal estimation of linear discrete - time systems with stochastic parameters[J]. Automatica, 1984, 20(1): 113 - 115.

[8] LUO D, ZHU Y. Applications of random parameter matrices Kalman filtering in uncertain observation and multi - model systems[J]. IFAC Proceedings Volumes, 2008, 41 (2): 12516 - 12521.

[9] BLOM H A P, BAR - SHALOM Y. The interacting multiple model algorithm for systems with Markovian switching coefficients[J]. IEEE transactions on Automatic Control, 1988, 33(8): 780 - 783.

[10] COSTA O L V. Linear minimum mean square error estimation for discrete - time Markovian jump linear systems[J]. IEEE Transactions on Automatic Control, 1994, 39(8): 1685 - 1689.

[11] YANG Y, LIANG Y, YANG F, et al. Linear minimum-mean-square error estimation of Markovian jump linear systems with randomly delayed measurements[J]. IET Signal Processing, 2014, 8(6): 658 - 667.

[12] ÖZKAN E, LINDSTEN F, FRITSCHE C, et al. Recursive maximum likelihood identification of jump Markov nonlinear systems[J]. IEEE Transactions on Signal Processing, 2014, 63(3): 754 - 765.

[13] MAZOR E, AVERBUCH A, BAR-SHALOM Y, et al. Interacting multiple model methods in target tracking: a survey[J]. IEEE Transactions on aerospace and electronic systems, 1998, 34(1): 103-123.

[14] LI X R,JILKOV V P. Survey of maneuvering target tracking. Part V. Multiple-model methods[J]. IEEE Transactions on aerospace and electronic systems, 2005, 41(4): 1255-1321.

[15] BOERS Y, DRIESSEN H. A multiple model multiple hypothesis filter for Markovian switching systems[J]. Automatica, 2005, 41(4): 709-716.

[16] COSTA O L V, BENITES G R A M. Linear minimum mean square filter for discrete-time linear systems with Markov jumps and multiplicative noises[J]. Automatica, 2011, 47(3): 466-476.

[17] COSTA O L V, BENITES G R A M. Robust mode-independent filtering for discrete-time Markov jump linear systems with multiplicative noises[J]. International Journal of Control, 2013, 86(5): 779-793.

[18] QIN Y, LIANG Y, YANG Y, et al. Minimum upper-bound filter of Markovian jump linear systems with generalized unknown disturbances[J]. Automatica, 2016, 73: 56-63.

[19] YANG Y, LIANG Y, PAN Q, et al. Distributed fusion estimation with square-root array implementation for Markovian jump linear systems with random parameter matrices and cross-correlated noises[J]. Information Sciences, 2016, 370: 446-462.

[20] YANG Y, LIANG Y, PAN Q, et al. Adaptive Gaussian mixture filter for Markovian jump nonlinear systems with colored measurement noises[J]. ISA transactions, 2018, 80: 111-126.

[21] GE X, HAN Q L. Distributed sampled-data asynchronous H∞ filtering of Markovian jump linear systems over sensor networks[J]. Signal Processing, 2016, 127: 86-99.

[22] WU L, YAO X, ZHENG W X. Generalized H2 fault detection for two-dimensional Markovian jump systems[J]. Automatica, 2012, 48(8): 1741-1750.

[23] CHEN G, XIA J, ZHUANG G. Delay-dependent stability and dissipativity analysis of generalized neural networks with Markovian jump parameters and two delay components[J]. Journal of the Franklin Institute, 2016, 353(9): 2137-2158.

[24] XIA J, CHEN G, SUN W. Extended dissipative analysis of generalized Markovian switching neural networks with two delay components[J]. Neurocomputing, 2017, 260: 275-283.

[25] ZHANG M, SHI P, LIU Z, et al. Fuzzy model-based asynchronous H∞ filter design of discrete-time Markov jump systems[J]. Journal of the Franklin Institute, 2017, 354(18): 8444-8460.

[26] ZHANG M, SHI P, MA L, et al. Quantized feedback control of fuzzy Markov jump systems[J]. IEEE transactions on cybernetics, 2018, 49(9): 3375-3384.

[27] COSTA O L V, FRAGOSO M D, MARQUES R P. Discrete-time Markov jump line-

ar systems[M]. Springer Science & Business Media, 2006.
[28] DE SOUZA C E, FRAGOSO M D. H∞ filtering for discrete-time linear systems with Markovian jump parameters[J]. International Journal of Robust and Nonlinear Control: IFAC-Affiliated Journal, 2003, 13(14): 1299 - 1316.
[29] LI X R, JILKOV V P. Survey of maneuvering target tracking. Part V. Multiple - model methods[J]. IEEE Transactions on aerospace and electronic systems, 2005, 41 (4): 1255 - 1321.
[30] MATEI I, BARAS J S. Optimal state estimation for discrete - time Markovian jump linear systems, in the presence of delayed output observations[J]. IEEE Transactions on Automatic Control, 2011, 56(9): 2235 - 2240.
[31] COSTA O L V. Stationary filter for linear minimum mean square error estimation for discrete - time Markovian jump linear systems[J]. IEEE Transaction Automatic Control, 2002,47 (8):1351 - 1356.
[32] TERRA M H, ISHIHARA J Y, JESUS G. Information filtering and array algorithms for discrete - time Markovian jump linear systems[J]. IEEE Transactions on Automatic Control, 2009, 54(1): 158 - 162.
[33] TERRA M H, ISHIHARA J Y, JUNIOR A P. Array algorithm for filtering of discretetime Markovian jump linear systems[J]. IEEE Transactions on Automatic Control, 2007, 52 (7):1293 - 1296.
[34] HE S, LIU F. Robust peak - to - peak filtering for Markov jump systems[J]. Signal processing, 2010, 90(2): 513 - 522.
[35] WANG Y, SHI P, WANG Q, et al. Exponential H∞ filtering for singular Markovian jump systems with mixed mode - dependent time - varying delay[J]. IEEE Transactions on Circuits and Systems I: Regular PapersIEEE Transactions on Circuits and Systems I: Regular Papers, 2013, 60 (9):2440 - 2452.
[36] LIU Y, HE X, WANG Z, et al. Optimal filtering for networked systems with stochastic sensor gain degradation[J]. Automatica, 2014, 50(5): 1521 - 1525.
[37] WANG X, LIANG Y, PAN Q, et al. A Gaussian approximation recursive filter for nonlinear systems with correlated noises[J]. Automatica, 2012, 48(9): 2290 - 2297.
[38] TIAN T, SUN S, LI N. Multi - sensor information fusion estimators for stochastic uncertain systems with correlated noises[J]. Information Fusion, 2016, 27: 126 - 137.
[39] WANG S, FANG H, TIAN X. Minimum variance estimation for linear uncertain systems with one - step correlated noises and incomplete measurements[J]. Digital Signal Processing, 2016, 49: 126 - 136.
[40] LINARES - PÈREZ J, CABALLERO - ÁGUILA R, GARCÍA - GARRIDO I. Optimal linear filter design for systems with correlation in the measurement matrices and noises: Recursive algorithm and applications[J]. International Journal of Systems Science, 2014, 45(7): 1548 - 1562.

第4章　具有非高斯噪声跳变马尔可夫线性系统高斯混合平滑器设计

4.1　引　　言

离散马尔可夫跳变系统(MJSs)的状态估计由于其在机动目标跟踪[1-2]、随机信号处理[3]、混合系统控制[4-5]等方面的广泛应用而受到关注。这样的系统根据一组给定的切换概率从一个模型跳到另一个模型。

状态估计通常根据待估计状态和获得的量测序列分为滤波、平滑和预测3个不同的方向。在过去的几十年里，基于不同的优化准则，MJSs的滤波问题得到了大量研究，包括最小均方误差(MMSE)、线性MMSE、H_∞等[1][4][6]。在贝叶斯滤波中，MMSE准则是一个主要分支，递归计算感兴趣向量的条件后验概率密度。然而，由于MJSs是由一系列可能的候选模型的特殊混合结构构成，在MMSE准则下的最优递归滤波解析解几乎是难以求解的。因此，我们努力的方向是探索基于多种模型方法的次优实现，以追求估计精度和计算负荷之间的折中，包括广义伪贝叶斯算法，交互式多模型方法(IMM)和一系列其他扩展[1][3][7]。然而，以上方法都只是适用于MJSs的滤波问题，并且从很多文献中可以看出，状态平滑带来的估计精度比滤波带来的估计精度更好[8-9]。

最近，已经有一些关于MJSs平滑设计的研究成果发表[2][9-11]。根据子模型之间的内部协作，现有的MJSs状态平滑研究可分为以下两类。在第一类中，没有内部合作。在文献[10]中，提出了一种具有固定滞后的检测和估计，用于建模突变的马尔可夫切换系统，该系统由最有可能M个模型序列下并行运行最多M个固定滞后平滑器组成，每个模型独立工作，最终结果是所有不同模型的合成。在第二类中，各子模型内部合作，以团队的形式共同工作，针对这类平滑器的一系列研究得到了关注，将其进一步划分为以下四个子类。

第一种是基于时间回溯，使用两个多模型滤波器，其中一个在前向时间方向传播，另一个在反向时间方向进一步传播[11]。然而，尚不清楚在前向和反向时间方向的估计误差是否不相关，因为它将发生在非混合系统[9]。第二种是基于量测扩维。最大似然估计器是通过在前向方向使用一个多模型滤波器和在后向方向使用一个具有可逆状态转移矩阵的多模型滤波器生成的，其中未来的量测值堆叠为一个单一的量测向量[9][12]。第三种是基于状态扩维。以d为固定滞后项，利用当前状态和前一个状态d次作为新扩维状态，应用基本IMM方法[13-14]提出了一种固定滞后平滑算法，并计算了固定滞后模式的概率。此外，从当前时刻到之前的d时刻，将系统状态和模式概率同时扩维，应用IMM提出了一种新的d-步固定滞后平滑算法[15]。在此基础上，提出了一种新的基于状态扩维的平滑算法，与边缘无迹变换相结合来处理子模型的非线性[16]。第四种是基于马尔可夫切换参数点的全概率分解技术。考虑了MJLSs的一步固定滞后平滑，包括两种次优方法，其中一种考虑最近两个采样周期的模型，另一种只考虑最近一个采样周期的模型[17]。然后,针对机动多目标跟踪问题,提出了一种基于固定间隔回溯的方法,该方法考虑了从假设序列扩展到当前采样周期的模型,并利用多假设检验解决数据关联和假设双关[18-19]。此外,在文献[20]中还提出了一种新的平滑方法,即先进行 IMM 前向滤波,然后通过在平滑点处用马尔可夫切换参数分解整个后验概率密度,在后向进行模拟 IMM 的后向平滑。此外,针对具有非线性子模型的 MJSs 提出了一种次优的固定区间平滑算法,该算法在文献[2][21][22]中实现。文献[20]和文献[2][21][22]的平滑算法的一个主要区别是,第一步是不同模式之间的交互,然后再进行状态平滑[20],文献[2][21][22]的第一步是状态平滑,最后再进行不同模式之间的交互。

事实上,上述平滑方法虽然都是针对 MJSs 提出的,但都有相同的假设:

(1)系统噪声应该是高斯分布的;

(2)每个可能假设下状态的条件后验概率密度在每个采样周期上都是高斯分布的。

然而,高斯噪声假设是理想化的,实际系统噪声往往是非高斯的[8][23]。非高斯噪声分布的一个典型近似是高斯混合,因为任何密度都可以被一个有限的高斯混合近似[23]尽可能接近。同时,由于 MJS 是一个混合系统,每个假设下的后验概率密度应该是多峰的,而不是单峰的,特别是当存在高斯混合噪声时。然而,对于含有高斯噪声的 MJLSs,如何使其各假设下的后验概率密度近似为高斯混合分布,这是一个重要的开放问题,目前还没有相关研究。本部分提出了一种适用于含高斯噪声 MJLSs 的高斯混合平滑算法(MJGMS)。通过对相邻两个马尔可夫跳变参数点在当前和下一个采样周期的全概率分解,递归推导出待平滑状态的后验概率密度。然后,将两个高斯混合的商转化为两个高斯混合在每个可能假设下的乘积,从而实现一个高斯混合平滑器。

4.2　问题描述

考虑以下带有高斯混合噪声的 MJLS:

$$\boldsymbol{x}_k = \boldsymbol{F}_{\Theta_k}\boldsymbol{x}_{k-1} + \boldsymbol{G}_{\Theta_k}\boldsymbol{w}_{k-1} \tag{4-2-1}$$

$$\boldsymbol{z}_k = \boldsymbol{H}_{\Theta_k}\boldsymbol{x}_k + \boldsymbol{D}_{\Theta_k}\boldsymbol{v}_k \tag{4-2-2}$$

式中,$\boldsymbol{x}_k \in \mathbb{R}^{n_x}$ 和 $\boldsymbol{z}_k \in \mathbb{R}^{n_z}$ 分别表示系统状态和测量;Θ_k 是一个具有有限状态空间 $\{1,\cdots,M\}$ 和转移概率矩阵 $[\pi_{ij}]$ 的离散时间一阶马尔可夫链,其中 $\pi_{ij} = P\{\Theta_{k+1}=j \mid \Theta_k = i\}$;$\boldsymbol{w}_k$ 和 $\boldsymbol{v}_k$ 是不相关的零均值高斯白噪声序列,分别满足 $\boldsymbol{w}_k \sim \sum_{q=1}^{L_w}\omega_q^w\mathcal{N}(\boldsymbol{w}_k;\boldsymbol{0},\boldsymbol{Q}_{q,k})$,$\boldsymbol{v}_k \sim \sum_{q=1}^{L_v}\omega_q^v\mathcal{N}(\boldsymbol{v}_k;\boldsymbol{0},\boldsymbol{R}_{q,k})$。同时,初始状态 $\boldsymbol{x}_0$ 是一个带有 $\boldsymbol{x}_0 \sim \sum_{q=1}^{L_0}\omega_{q,0}\mathcal{N}(\boldsymbol{x}_0;\bar{\boldsymbol{x}}_0,\boldsymbol{P}_{q,0})$ 的随机向量,与 $\boldsymbol{w}_k$、$\boldsymbol{v}_k$、Θ_k 不相关。

明显地,平滑总是比滤波获得更准确的估计,因为它利用未来的量测值进一步改善之前的滤波结果,但代价是估计滞后[8]。因此,本节的目的是为所考虑的系统式(4-2-1)和式(4-2-2)设计一种新的状态平滑方法。在贝叶斯概率框架下,平滑和滤波都是递归计算状态的条件后验概率密度。由于 MJSs 是混合结构,仅利用简单的高斯分量来获得相应的后验概率密度的闭合递推形式是不准确的。因此,有两种主要的方法来递归逼近后验概率密度,包括大数加权粒子近似(即,序贯重要性采样或粒子滤波)和高斯混合近似[1][8][24-26]。由于使用了大量加权粒子,粒子滤波虽然具有较好的估计精度,但计算量巨大。从后验概率的角度进行多步迭代平滑会比较困难。

另一方面,与粒子滤波器相比,高斯混合滤波器/平滑器在具有可接受的估计精度的前提下,具有可忽略不计的计算负荷,因为这些高斯分量可以由前两个矩统计量决定[8][24]。虽然有一些针对 MJSs 的状态平滑的研究,但它们都假设每个假设下状态的后验概率密度是高斯的。然而,在每个假设下,状态在上一阶段或下一阶段的后验概率密度理论上都应该是多峰的,即使当前阶段对应的后验概率密度是单峰的。此外,所考虑的系统式(4-2-1)和式(4-2-2)中的子模型是线性高斯混合模型。因此,仅使用单个高斯分量来表示每个假设下的后验概率密度是不恰当的,可能会导致巨大的逼近误差。利用高斯混合分布能够以任意精度逼近期望概率密度[23],通过假设每个假设下的条件后验概率都是高斯混合,设计了一种新的高斯混合平滑器。

4.3 高斯混合平滑器

在本部分中,我们将首先推导出用于递归平滑的新的状态后验概率密度。然后,利用高斯混合来近似后验概率密度,提出 MJGMS。将 ϑ_k^i 表示为系统在 k^{th} 采样周期跳转到 i^{th} 模式的事件,即 $\vartheta_k^i := \{\Theta_k = i\}$。

此外,标记

$$\vartheta_{k:l}^{i_k i_{k+1}\cdots i_l} := \{\Theta_k = i_k, \Theta_{k+1} = i_{k+1}, \cdots, \Theta_l = i_l\}, l > k, i_k, i_{k+1}, \cdots, i_l = 1, \cdots, M$$

$\boldsymbol{Z}_{1:k}$ 为可用量测数据序列 $\{\boldsymbol{z}_1, \cdots, \boldsymbol{z}_k\}$。根据贝叶斯规则和全概率分解,下面的定理给出了以 $\boldsymbol{Z}_{1:l}$ 为条件的 $\boldsymbol{x}_k$ 的后验概率密度的递推,以实现状态平滑。

定理 4.1 以 $\boldsymbol{Z}_{1:l}(k \leqslant l)$ 为条件的 $\boldsymbol{x}_k$ 的后验概率密度有以下递归:

$$p(\boldsymbol{x}_k \mid \boldsymbol{Z}_{1:l}) = \sum_{i_k=1}^{M} \sum_{i_{k+1}=1}^{M} p(\vartheta_{k:k+1}^{i_k i_{k+1}} \mid \boldsymbol{Z}_{1:l}) p(\boldsymbol{x}_k \mid \vartheta_{k:k+1}^{i_k i_{k+1}}, \boldsymbol{Z}_{1:l}) \tag{4-3-1}$$

其中

$$p(\boldsymbol{x}_k \mid \vartheta_{k:k+1}^{i_k i_{k+1}}, \boldsymbol{Z}_{1:l}) = p(\boldsymbol{x}_k \mid \vartheta_{k:k+1}^{i_k i_{k+1}}, \boldsymbol{Z}_{1:k}) \cdot \int \frac{p(\boldsymbol{x}_{k+1} \mid \boldsymbol{x}_k, \vartheta_{k:k+1}^{i_k i_{k+1}}) p(\boldsymbol{x}_{k+1} \mid \vartheta_{k:k+1}^{i_k i_{k+1}}, \boldsymbol{Z}_{1:l})}{p(\boldsymbol{x}_{k+1} \mid \vartheta_{k:k+1}^{i_k i_{k+1}}, \boldsymbol{Z}_{1:k})} \mathrm{d}\boldsymbol{x}_{k+1} \tag{4-3-2}$$

$$p(\boldsymbol{x}_k \mid \vartheta_{k:k+1}^{i_k i_{k+1}}, \boldsymbol{Z}_{1:k}) = \frac{\sum_{i_{k-1}=1}^{M} p(\boldsymbol{x}_k \mid \vartheta_{k-1:k}^{i_{k-1} i_k}, \boldsymbol{Z}_{1:k}) p(\vartheta_{k-1:k}^{i_{k-1} i_k} \mid \boldsymbol{Z}_{1:k})}{\sum_{i_{k-1}=1}^{M} p(\vartheta_{k-1:k}^{i_{k-1} i_k} \mid \boldsymbol{Z}_{1:k})}. \tag{4-3-3}$$

证明 根据全概率公式,我们有 $p(\boldsymbol{x}_k \mid \boldsymbol{Z}_{1:l}) = \sum_{i_k=1}^{M} \sum_{i_{k+1}=1}^{M} p(\boldsymbol{x}_k, \vartheta_k^{i_k}, \vartheta_{k+1}^{i_{k+1}} \mid \boldsymbol{Z}_{1:l})$。然后,根据条件概率公式,可以得到式(4-3-1)。此外,

$$p(\boldsymbol{x}_k \mid \vartheta_{k:k+1}^{i_k i_{k+1}}, \boldsymbol{Z}_{1:l}) = \int p(\boldsymbol{x}_k \mid \boldsymbol{x}_{k+1}, \vartheta_{k:k+1}^{i_k i_{k+1}}, \boldsymbol{Z}_{1:l}) p(\boldsymbol{x}_{k+1} \mid \vartheta_{k:k+1}^{i_k i_{k+1}}, \boldsymbol{Z}_{1:l}) \mathrm{d}\boldsymbol{x}_{k+1}$$

其中

$$p(\boldsymbol{x}_k \mid \boldsymbol{x}_{k+1}, \vartheta_{k:k+1}^{i_k i_{k+1}}, \boldsymbol{Z}_{1:l}) = \frac{p(\boldsymbol{x}_{k+1} \mid \boldsymbol{x}_k, \vartheta_{k:k+1}^{i_k i_{k+1}}, \boldsymbol{Z}_{1:k}) p(\boldsymbol{x}_k \mid \vartheta_{k:k+1}^{i_k i_{k+1}}, \boldsymbol{Z}_{1:k})}{p(\boldsymbol{x}_{k+1} \mid \vartheta_{k:k+1}^{i_k i_{k+1}}, \boldsymbol{Z}_{1:k})}$$

因此,我们得到式(4-3-2)。同时,

$$\begin{aligned} p(\boldsymbol{x}_k \mid \vartheta_{k:k+1}^{i_k i_{k+1}}, \boldsymbol{Z}_{1:k}) &= \frac{p(\vartheta_{k+1}^{i_{k+1}} \mid \boldsymbol{x}_k, \vartheta_k^{i_k}, \boldsymbol{Z}_{1:k}) p(\boldsymbol{x}_k, \vartheta_k^{i_k}, \boldsymbol{Z}_{1:k})}{p(\vartheta_{k+1}^{i_{k+1}} \mid \vartheta_k^{i_k}, \boldsymbol{Z}_{1:k}) p(\vartheta_k^{i_k}, \boldsymbol{Z}_{1:k})} \\ &= \sum_{i_{k-1}=1}^{M} p(\boldsymbol{x}_k \mid \vartheta_{k-1:k}^{i_{k-1} i_k}, \boldsymbol{Z}_{1:k}) \frac{p(\vartheta_{k-1:k}^{i_{k-1} i_k} \mid \boldsymbol{Z}_{1:k})}{\sum_{i_{k-1}=1}^{M} p(\vartheta_{k-1:k}^{i_{k-1} i_k} \mid \boldsymbol{Z}_{1:k})} \end{aligned}$$

所以,证得式(4-3-3)。

如定理 4.1 所示,$p(\boldsymbol{x}_{k+1} \mid \vartheta_{k:k+1}^{i_k i_{k+1}}, \boldsymbol{Z}_{1:k})$ 和 $p(\boldsymbol{x}_k \mid \vartheta_{k-1:k}^{i_{k-1} i_k}, \boldsymbol{Z}_{1:k})$ 分别对应后验概率的预测和更新,$p(\vartheta_{k-1:k}^{i_{k-1} i_k} \mid \boldsymbol{Z}_{1:k})$ 是马尔可夫参数后验概率。然后,给出了基于两个连续马尔可夫模式的状态滤波定理。

定理 4.2　对于 $i_{k-1}, i_k, i_{k+1}=1,\cdots,M$,在 $p(\boldsymbol{x}_k \mid \vartheta_{k-1:k}^{i_{k-1} i_k}, \boldsymbol{Z}_{1:k})$ 和 $p(\vartheta_{k-1:k}^{i_{k-1} i_k} \mid \boldsymbol{Z}_{1:k})$ 的条件下,可得条件后验概率密度 $p(\boldsymbol{x}_{k+1} \mid \vartheta_{k:k+1}^{i_k i_{k+1}}, \boldsymbol{Z}_{1:k+1})$ 和概率 $p(\vartheta_{k:k+1}^{i_k i_{k+1}} \mid \boldsymbol{Z}_{1:k+1})$,即对应的预测和更新如下递归

$$p(\boldsymbol{x}_{k+1} \mid \vartheta_{k:k+1}^{i_k i_{k+1}}, \boldsymbol{Z}_{1:k+1}) = p(\boldsymbol{x}_{k+1} \mid \vartheta_{k:k+1}^{i_k i_{k+1}}, \boldsymbol{Z}_{1:k}) \cdot \frac{p(\boldsymbol{Z}_{k+1} \mid \vartheta_{k:k+1}^{i_k i_{k+1}}, \boldsymbol{x}_{k+1})}{p(\boldsymbol{Z}_{k+1} \mid \vartheta_{k:k+1}^{i_k i_{k+1}}, \boldsymbol{Z}_{1:k})} \tag{4-3-4}$$

$$p(\vartheta_{k:k+1}^{i_k i_{k+1}} \mid \boldsymbol{Z}_{1:k+1}) = \frac{p(\boldsymbol{Z}_{k+1} \mid \vartheta_{k:k+1}^{i_k i_{k+1}}, \boldsymbol{Z}_{1:k}) p(\vartheta_{k:k+1}^{i_k i_{k+1}} \mid \boldsymbol{Z}_{1:k})}{\sum_{i_k=1}^{M} \sum_{i_{k+1}=1}^{M} p(\boldsymbol{Z}_{k+1} \mid \vartheta_{k:k+1}^{i_k i_{k+1}}, \boldsymbol{Z}_{1:k}) p(\vartheta_{k:k+1}^{i_k i_{k+1}} \mid \boldsymbol{Z}_{1:k})} \tag{4-3-5}$$

其中

$$p(\boldsymbol{x}_{k+1} \mid \vartheta_{k:k+1}^{i_k i_{k+1}}, \boldsymbol{Z}_{1:k}) = \int p(\boldsymbol{x}_{k+1} \mid \boldsymbol{x}_k, \vartheta_{k:k+1}^{i_k i_{k+1}}) p(\boldsymbol{x}_k \mid \vartheta_{k:k+1}^{i_k i_{k+1}}, \boldsymbol{Z}_{1:k}) \mathrm{d}\boldsymbol{x}_k \tag{4-3-6}$$

$$p(\vartheta_{k:k+1}^{i_k i_{k+1}} \mid \boldsymbol{Z}_{1:k}) = \sum_{i_{k-1}=1}^{M} \pi_{i_k i_{k+1}} p(\vartheta_{k-1:k}^{i_{k-1} i_k} \mid \mathrm{Z}_{1:k}) \tag{4-3-7}$$

$p(\boldsymbol{x}_k \mid \vartheta_{k:k+1}^{i_k i_{k+1}}, \boldsymbol{Z}_{1:k})$ 根据式(4-3-3)计算可得。

证明　根据贝叶斯准则,我们得到

$$p(\boldsymbol{x}_{k+1} \mid \vartheta_{k:k+1}^{i_k i_{k+1}}, \boldsymbol{Z}_{1:k+1}) = p(\boldsymbol{x}_{k+1} \mid \vartheta_{k:k+1}^{i_k i_{k+1}}, \boldsymbol{Z}_{1:k}) \cdot \frac{p(\boldsymbol{Z}_{k+1} \mid \vartheta_{k:k+1}^{i_k i_{k+1}}, \boldsymbol{x}_{k+1}, \boldsymbol{Z}_{1:k})}{p(\boldsymbol{Z}_{k+1} \mid \vartheta_{k:k+1}^{i_k i_{k+1}}, \boldsymbol{Z}_{1:k})}$$

由于 $p(\boldsymbol{Z}_{k+1} \mid \vartheta_{k:k+1}^{i_k i_{k+1}}, \boldsymbol{x}_{k+1}, \boldsymbol{Z}_{1:k}) = p(\boldsymbol{Z}_{k+1} \mid \vartheta_{k:k+1}^{i_k i_{k+1}}, \boldsymbol{x}_{k+1})$,我们得到等式(4-3-4)。此外,

$$p(\boldsymbol{x}_{k+1} \mid \vartheta_{k:k+1}^{i_k i_{k+1}}, \boldsymbol{Z}_{1:k}) = \int p(\boldsymbol{x}_{k+1}, \boldsymbol{x}_k, \vartheta_{k:k+1}^{i_k i_{k+1}} \mid \boldsymbol{Z}_{1:k}) \mathrm{d}\boldsymbol{x}_k$$

考虑 $p(\boldsymbol{x}_{k+1} \mid \boldsymbol{x}_k, \vartheta_{k:k+1}^{i_k i_{k+1}}, \boldsymbol{Z}_{1:k}) p(\boldsymbol{x}_k \mid \vartheta_{k:k+1}^{i_k i_{k+1}} \mid \boldsymbol{Z}_{1:k}) = p(\boldsymbol{x}_{k+1}, \boldsymbol{x}_k, \vartheta_{k:k+1}^{i_k i_{k+1}} \mid \boldsymbol{Z}_{1:k})$,我们直接得到等式(4-3-6)。通过使用

$$p(\vartheta_{k:k+1}^{i_k i_{k+1}} \mid \boldsymbol{Z}_{1:k+1}) = p(\boldsymbol{Z}_{k+1} \mid \vartheta_{k:k+1}^{i_k i_{k+1}}, \boldsymbol{Z}_{1:k}) \cdot p(\vartheta_{k:k+1}^{i_k i_{k+1}} \mid \boldsymbol{Z}_{1:k}) / p(\boldsymbol{Z}_{k+1} \mid \boldsymbol{Z}_{1:k})$$

我们得到式(4-3-5)

$$p(\vartheta_{k:k+1}^{i_k i_{k+1}} \mid \boldsymbol{Z}_{1:k}) = \sum_{i_{k-1}=1}^{M} p(\vartheta_{k+1}^{i_{k+1}} \mid \vartheta_{k-1}^{i_{k-1}}, \vartheta_k^{i_k}, \boldsymbol{Z}_{1:k}) p(\vartheta_{k-1:k}^{i_{k-1} i_k} \mid \boldsymbol{Z}_{1:k}) = \sum_{i_{k-1}=1}^{M} \pi_{i_k i_{k+1}} p(\vartheta_{k-1:k}^{i_{k-1} i_k} \mid \boldsymbol{Z}_{1:k})$$

根据定理 4.2 中的式(4-3-4),通过高斯混合近似,参考高斯和滤波器[24],可以从 $p(\boldsymbol{x}_k \mid \vartheta_{k:k+1}^{i_k i_{k+1}}, \boldsymbol{Z}_{1:k})$ 得到 $p(\boldsymbol{x}_{k+1} \mid \vartheta_{k:k+1}^{i_k i_{k+1}}, \boldsymbol{Z}_{1:k+1})$ 。

式(4-2-1)和式(4-2-2)中,根据 $\boldsymbol{w}_{k-1}$ 和 $\boldsymbol{v}_k$ 的统计特性,定理 4.1 和 4.2 中的 $p(\boldsymbol{x}_{k+1} \mid \vartheta_{k:k+1}^{i_k i_{k+1}}, \boldsymbol{x}_k)$ 和 $p(\boldsymbol{Z}_{k+1} \mid \vartheta_{k:k+1}^{i_k i_{k+1}}, \boldsymbol{x}_{k+1})$ 可以直接得到:

$$p(\boldsymbol{x}_k \mid \boldsymbol{x}_{k-1}, \vartheta_{k-1:k}^{i_{k-1} i_k}) = \sum_{q=1}^{L_w} \omega_q^w \mathcal{N}(\boldsymbol{x}_k - \boldsymbol{F}_{i_k,k-1}\boldsymbol{x}_{k-1}; \boldsymbol{0}, \boldsymbol{G}_{i_k,k-1}\boldsymbol{Q}_{q,k-1}\boldsymbol{G}_{i_k,k-1}^{\mathrm{T}})$$

$$p(\boldsymbol{Z}_k \mid \boldsymbol{x}_k, \vartheta_{k-1:k}^{i_{k-1} i_k}) = \sum_{q=1}^{L_v} \omega_q^v \mathcal{N}(\boldsymbol{Z}_k - \boldsymbol{H}_{i_k,k}\boldsymbol{x}_k; \boldsymbol{0}, \boldsymbol{D}_{i_k,k}\boldsymbol{R}_{q,k}\boldsymbol{D}_{i_k,k}^{\mathrm{T}})$$

其中 $\{\boldsymbol{F}_{i_k,k-1}, \boldsymbol{G}_{i_k,k-1}, \boldsymbol{H}_{i_k,k}, \boldsymbol{D}_{i_k,k}\}$ 是在马尔可夫模式 i_k 下的已知系统矩阵。

在推导定理 4.1 和 4.2 之后,我们将提出状态平滑的高斯混合实现如下。

假设:对于 i_t、$i_{t+1}=1,\cdots,M,k$、$t \leqslant l$,在 $\vartheta_{t:t+1}^{i_t i_{t+1}}$ 下以 $\boldsymbol{Z}_{1:l}$ 为条件的 $\boldsymbol{x}_k$ 的后验概率密度是高斯混合,即

$$\boldsymbol{P}(\boldsymbol{x}_k \mid \vartheta_{t:t+1}^{i_t i_{t+1}}, \boldsymbol{Z}_{1:l}) = \sum_{q=1}^{L_{k|l}^{i_t i_{t+1}}} \omega_{q,k|l}^{i_t i_{t+1}} \mathcal{N}(\boldsymbol{x}_k; \hat{\boldsymbol{x}}_{q,k|l}^{i_t i_{t+1}}, \boldsymbol{P}_{q,k|l}^{i_t i_{t+1}}) \tag{4-3-8}$$

式中,$L_{k|l}^{i_t i_{t+1}}$ 是高斯分量数;$\omega_{q,k|l}^{i_t i_{t+1}}$ 是对应的权重。

如式(4-3-2)所示,由于两个高斯混合的商不一定是高斯混合[8],因此不可能推导出高斯混合平滑的严格闭合形式。为了方便推导,给出了以下计算过程。标记

$$\mathcal{S}_{k|l}(\boldsymbol{x}_k, \vartheta_{k:k+1}^{i_k i_{k+1}}) := \int \frac{\boldsymbol{P}(\boldsymbol{x}_{k+1} \mid \boldsymbol{x}_k, \vartheta_{k:k+1}^{i_k i_{k+1}}) \boldsymbol{P}(\boldsymbol{x}_{k+1} \mid \vartheta_{k:k+1}^{i_k i_{k+1}}, \boldsymbol{Z}_{1:l})}{\boldsymbol{P}(\boldsymbol{x}_{k+1} \mid \vartheta_{k:k+1}^{i_k i_{k+1}}, \boldsymbol{Z}_{1:k})} \mathrm{d}\boldsymbol{x}_{k+1} \tag{4-3-9}$$

$$\mathcal{H}_{k|k}(\boldsymbol{Z}_k; \boldsymbol{x}_k, \boldsymbol{\vartheta}_{k-1:k}^{i_{k-1} i_k}) := \frac{\boldsymbol{P}(\boldsymbol{Z}_k \mid \boldsymbol{\vartheta}_{k-1:k}^{i_{k-1} i_k}, \boldsymbol{x}_k)}{\boldsymbol{P}(\boldsymbol{Z}_k \mid \boldsymbol{\vartheta}_{k-1:k}^{i_{k-1} i_k}, \boldsymbol{Z}_{1:k-1})} \tag{4-3-10}$$

下面的定理显示了这两个公式之间的关系。

定理 4.3 对于 $k \geqslant l$,

$$\mathcal{S}_{k-1|l}(\boldsymbol{x}_{k-1}, \vartheta_{k-1:k}^{i_{k-1} i_k}) = \int p(\boldsymbol{x}_k \mid \boldsymbol{x}_{k-1}, \vartheta_{k-1:k}^{i_{k-1} i_k}) \cdot \mathcal{S}_{k|l}(\boldsymbol{x}_k, \vartheta_{k-1:k}^{i_{k-1} i_k}) \mathcal{H}(\boldsymbol{Z}_k; \boldsymbol{x}_k, \vartheta_{k-1:k}^{i_{k-1} i_k}) \mathrm{d}\boldsymbol{x}_k \tag{4-3-11}$$

其中

$$\mathcal{S}_{k|l}(\boldsymbol{x}_k, \vartheta_{k-1:k}^{i_{k-1} i_k}) = \sum_{i_{k+1}=1}^{M} \pi_{i_k i_{k+1}} c_{k+1:l|1:k}^{i_{k-1} i_k i_{k+1}}(\boldsymbol{z}) \mathcal{S}_{k|l}(\boldsymbol{x}_k, \vartheta_{k:k+1}^{i_k i_{k+1}}) \tag{4-3-12}$$

$$c_{k+1:l|1:k}^{i_{k-1} i_k i_{k+1}}(\boldsymbol{z}) := \frac{p(\boldsymbol{Z}_{k+1:l} \mid \vartheta_{k:k+1}^{i_k i_{k+1}}, \boldsymbol{Z}_{1:k})}{p(\boldsymbol{Z}_{k+1:l} \mid \vartheta_{k-1:k}^{i_{k-1} i_k}, \boldsymbol{Z}_{1:k})} \tag{4-3-13}$$

$c_{k+1:l|1:k}^{i_{k-1} i_k i_{k+1}}(\boldsymbol{z})$ 是一个不包含任何形式 $\boldsymbol{x}_k$ 的概率。

证明 根据式(4-3-2)和式(4-3-9)的定义,我们得到 $\mathcal{S}_{k-1|l}(\boldsymbol{x}_k, \vartheta_{k:k+1}^{i_k i_{k+1}}) =$

$\dfrac{p(\boldsymbol{x}_k \mid \vartheta_{k:k+1}^{i_k i_{k+1}}, \boldsymbol{Z}_{1:l})}{p(\boldsymbol{x}_k \mid \vartheta_{k:k+1}^{i_k i_{k+1}}, \boldsymbol{Z}_{1:k})}$。同时，根据式(4－3－4)和式(4－3－10)的定义，我们得到

$\mathcal{H}(\boldsymbol{Z}_k; \boldsymbol{x}_k, \vartheta_{k-1:k}^{i_{k-1} i_k}) = \dfrac{p(\boldsymbol{x}_k \mid \vartheta_{k-1:k}^{i_{k-1} i_k}, \boldsymbol{Z}_{1:k})}{p(\boldsymbol{x}_k \mid \vartheta_{k-1:k}^{i_{k-1} i_k}, \boldsymbol{Z}_{1:k-1})}$。然后，从式(4－3－9)的定义，我们得到

$$\mathcal{S}_{k-1|l}(\boldsymbol{x}_{k-1}, \vartheta_{k-1:k}^{i_{k-1} i_k}) = \int p(\boldsymbol{x}_k \mid \boldsymbol{x}_{k-1}, \vartheta_{k-1:k}^{i_{k-1} i_k}) \cdot \mathcal{S}_{k|l}(\boldsymbol{x}_{k-1}, \vartheta_{k-1:k}^{i_{k-1} i_k}) \mathcal{H}(\boldsymbol{Z}_k; \boldsymbol{x}_k, \vartheta_{k-1:k}^{i_{k-1} i_k}) \mathrm{d}\boldsymbol{x}_k$$

根据一阶马尔可夫性质，我们得到

$$\begin{aligned}\mathcal{S}_{k-1|l}(\boldsymbol{x}_k, \vartheta_{k-1:k}^{i_{k-1} i_k}) &= \frac{p(\boldsymbol{Z}_{k+1:l} \mid \boldsymbol{x}_k, \vartheta_{k-1:k}^{i_{k-1} i_k}, \boldsymbol{Z}_{1:k})}{p(\boldsymbol{Z}_{k+1:l} \mid \vartheta_{k-1:k}^{i_{k-1} i_k}, \boldsymbol{Z}_{1:k})} \\ &= \frac{\sum_{i_{k+1}=1}^{M} p(\boldsymbol{Z}_{k+1:l} \mid \boldsymbol{x}_k, \vartheta_{k-1:k+1}^{i_{k-1} i_k i_{k+1}}, \boldsymbol{Z}_{1:k}) p(\vartheta_{k+1}^{i_{k+1}} \mid \boldsymbol{x}_k, \vartheta_k^{i_k}, \boldsymbol{Z}_{1:k})}{p(\boldsymbol{Z}_{k+1:l} \mid \vartheta_{k-1:k}^{i_{k-1} i_k}, \boldsymbol{Z}_{1:k})} \\ &= \sum_{i_{k+1}=1}^{M} \frac{\pi_{i_k i_{k+1}} p(\boldsymbol{Z}_{k+1:l} \mid \boldsymbol{x}_k, \vartheta_{k-1:k+1}^{i_{k-1} i_k i_{k+1}}, \boldsymbol{Z}_{1:k})}{p(\boldsymbol{Z}_{k+1:l} \mid \vartheta_{k-1:k}^{i_{k-1} i_k}, \boldsymbol{Z}_{1:k})}\end{aligned}$$

其中

$$\begin{aligned}p(\boldsymbol{Z}_{k+1:l} \mid \boldsymbol{x}_k, \vartheta_{k-1:k+1}^{i_{k-1} i_k i_{k+1}}, \boldsymbol{Z}_{1:k}) &= \frac{p(\vartheta_{k-1}^{i_{k-1}} \mid \vartheta_{k:k+1}^{i_k i_{k+1}}, \boldsymbol{x}_k, \boldsymbol{Z}_{1:l}) p(\boldsymbol{x}_k, \vartheta_{k:k+1}^{i_k i_{k+1}}, \boldsymbol{Z}_{1:l})}{p(\vartheta_{k-1}^{i_{k-1}} \mid \vartheta_{k:k+1}^{i_k i_{k+1}}, \boldsymbol{x}_k, \boldsymbol{Z}_{1:k}) p(\boldsymbol{x}_k, \vartheta_{k:k+1}^{i_k i_{k+1}}, \boldsymbol{Z}_{1:k})} \\ &= \frac{p(\boldsymbol{x}_k \mid \vartheta_{k:k+1}^{i_k i_{k+1}}, \boldsymbol{Z}_{1:l}) p(\boldsymbol{Z}_{k+1:l} \mid \vartheta_{k:k+1}^{i_k i_{k+1}}, \boldsymbol{Z}_{1:l})}{p(\boldsymbol{x}_k \mid \vartheta_{k:k+1}^{i_k i_{k+1}}, \boldsymbol{Z}_{1:k})}\end{aligned}$$

$$p(\vartheta_{k-1}^{i_{k-1}} \mid \vartheta_{k:k+1}^{i_k i_{k+1}}, \boldsymbol{x}_k, \boldsymbol{Z}_{1:l}) = p(\vartheta_{k-1}^{i_{k-1}} \mid \vartheta_{k:k+1}^{i_k i_{k+1}}, \boldsymbol{x}_k, \boldsymbol{Z}_{1:k}).$$

利用一阶马尔可夫链性质，由 $p(\vartheta_{k-1}^{i_{k-1}} \mid \vartheta_k^{i_k}, \boldsymbol{Z}_{1:k}, \boldsymbol{Z}_{k+1:l}) = p(\vartheta_{k-1}^{i_{k-1}} \mid \vartheta_k^{i_k}, \boldsymbol{Z}_{1:k})$ 得到

$$p(\boldsymbol{Z}_{k+1:l} \mid \vartheta_{k-1:k}^{i_{k-1} i_k}, \boldsymbol{Z}_{1:k}) = \frac{\sum_{i_{k+1}=1}^{M} p(\boldsymbol{Z}_{k+1:l} \mid \vartheta_{k:k+1}^{i_k i_{k+1}}, \boldsymbol{Z}_{1:k}) p(\vartheta_{k:k+1}^{i_k i_{k+1}} \mid \boldsymbol{Z}_{1:k})}{\sum_{i_{k+1}=1}^{M} p(\vartheta_{k:k+1}^{i_k i_{k+1}} \mid \boldsymbol{Z}_{1:k})}. \tag{4-3-14}$$

根据定理 4.3，假设 $\vartheta_{k:k+1}^{i_k i_{k+1}}$ 下的平滑式(4－3－2)改写为

$$p(\boldsymbol{x}_k \mid \vartheta_{k:k+1}^{i_k i_{k+1}}, \boldsymbol{Z}_{1:l}) = p(\boldsymbol{x}_k \mid \vartheta_{k:k+1}^{i_k i_{k+1}}, \boldsymbol{Z}_{1:k}) \mathcal{S}_{k|l}(\boldsymbol{x}_k, \vartheta_{k:k+1}^{i_k i_{k+1}}) \tag{4-3-15}$$

这样，如果 $\mathcal{S}_{k|l}(\boldsymbol{x}_k, \vartheta_{k:k+1}^{i_k i_{k+1}})$ 是分布的高斯混合，则两个高斯混合的商就转化为两个对应的高斯混合的乘积。

定理 4.4　假设

$$\mathcal{S}_{k|l}(\boldsymbol{x}_k, \vartheta_{k:k+1}^{i_k i_{k+1}}) = \sum_{q=1}^{L_{k|l}^{i_k i_{k+1}}} \omega_{q,k|l}^{i_k i_{k+1}} \mathcal{N}(\boldsymbol{\zeta}_k; \boldsymbol{A}_{q,k}^{i_k i_{k+1}} \boldsymbol{x}_k, \boldsymbol{B}_{q,k}^{i_k i_{k+1}}), \tag{4-3-16}$$

$$\mathcal{S}_{k|l}(\boldsymbol{x}_k, \vartheta_{k-1:k}^{i_{k-1} i_k}) = \sum_{i_{k+1}=1}^{M} \sum_{q=1}^{L_{k|l}^{i_k i_{k+1}}} \omega_{q,k|l}^{* i_k i_{k+1}} \mathcal{N}(\boldsymbol{\zeta}_k; \boldsymbol{A}_{q,k}^{i_k i_{k+1}} \boldsymbol{x}_k, \boldsymbol{B}_{q,k}^{i_k i_{k+1}}), \tag{4-3-17}$$

其中 $\omega^{*i_k i_{k+1}}_{q,k|l}=\pi_{i_k i_{k+1}} c^{i_{k-1}i_k i_{k+1}}_{k+1:l|1:k}(z)\omega^{i_k i_{k+1}}_{q,k|l}$，假设下 $\mathcal{S}_{k-1|l}(\boldsymbol{x}_{k-1},\vartheta^{i_{k-1}i_k}_{k-1:k})$ 在 $(k-1)^{\text{th}}$ 时刻得到

$$\mathcal{S}_{k-1|l}(\boldsymbol{x}_{k-1},\vartheta^{i_{k-1}i_k}_{k-1:k})=\sum_{i_{k+1}=1}^{M}\sum_{q=1}^{L^{i_k i_{k+1}}_{k|l}}\sum_{q_v=1}^{L_v}\sum_{q_w=1}^{L_w}\omega^{i_k i_{k+1}}_{q_v q_w q,k|l}\mathcal{N}^{i_k i_{k+1}}_{q_v q_w q,k}(\cdot),\tag{4-3-18}$$

其中 $\mathcal{N}^{i_k i_{k+1}}_{q_v q_w q,k}(\cdot):=\mathcal{N}((\boldsymbol{\zeta}_k^{\mathrm{T}},\boldsymbol{z}_k^{\mathrm{T}})^{\mathrm{T}};\boldsymbol{C}^{i_k i_{k+1}}_{q_v q_w q,k}\boldsymbol{x}_k,\boldsymbol{J}^{i_k i_{k+1}}_{q_v q_w q,k})$ 和 $\omega^{i_k i_{k+1}}_{q_v q_w q,k|l}:=\dfrac{\overset{v}{\omega}_{q_v}\overset{w}{\omega}_{q_w}\omega^{*i_k i_{k+1}}_{q,k|l}}{\sum_{r=1}^{L_v}\overset{v}{\omega}_r\eta^r_k(\boldsymbol{Z}_k)}$.

这里，

$$\boldsymbol{C}^{i_k i_{k+1}}_{q_v q_w q,k}:=\begin{bmatrix}\boldsymbol{A}^{i_k i_{k+1}}_{q,k}\\ \boldsymbol{H}_{i_k,k}\end{bmatrix}\boldsymbol{F}_{i_k,k-1},$$

$$\boldsymbol{J}^{i_k i_{k+1}}_{q_v q_w q,k}:=\begin{bmatrix}\boldsymbol{B}^{i_k i_{k+1}}_{q,k} & \boldsymbol{O}\\ \boldsymbol{O} & \boldsymbol{D}_{i_k,k}\boldsymbol{R}_{q_v,k}\boldsymbol{D}^{\mathrm{T}}_{i_k,k}\end{bmatrix}+\begin{bmatrix}\boldsymbol{A}^{i_k i_{k+1}}_{q,k}\\ \boldsymbol{H}_{i_k,k}\end{bmatrix}\times\boldsymbol{G}_{i_k,k-1}\boldsymbol{Q}_{q_w,k-1}\boldsymbol{G}^{\mathrm{T}}_{i_k,k-1}\begin{bmatrix}\boldsymbol{A}^{i_k i_{k+1}}_{q,k}\\ \boldsymbol{H}_{i_k,k}\end{bmatrix}^{\mathrm{T}},$$

$$\eta^r_k(\boldsymbol{Z}_k):=\sum_{q=1}^{L^{i_{k-1}i_k}_{k|k-1}}\omega^{i_{k-1}i_k}_{q,k|k}\mathcal{N}(\boldsymbol{Z}_k;\boldsymbol{H}_{i_k,k}\hat{x}^{i_{k-1}i_k}_{q,k|k-1},\boldsymbol{\Psi}^{r,i_{k-1}i_k}_{q,k|k-1}),$$

$$\boldsymbol{\Psi}^{r,i_{k-1}i_k}_{q,k|k-1}:=\boldsymbol{H}_{i_k,k}\boldsymbol{P}^{i_{k-1}i_k}_{q,k|k-1}\boldsymbol{H}^{\mathrm{T}}_{i_k,k}+\boldsymbol{D}_{i_k,k}\boldsymbol{R}_{r,k}\boldsymbol{D}^{\mathrm{T}}_{i_k,k}.$$

证明 将等式(4-3-16)代入等式(4-3-12)，直接得到等式(4-3-17)。然后，根据文献[8]中的引理18、19和命题4，我们有如下的推导。基于对 $p(\boldsymbol{x}_k\mid\vartheta^{i_{k-1}i_k}_{k-1:k},\boldsymbol{Z}_{1:k-1})$ 的高斯混合近似，可以得到

$$\mathcal{S}_{k|l}(\boldsymbol{x}_k,\vartheta^{i_{k-1}i_k}_{k-1:k})\mathcal{H}_{k|k}(\boldsymbol{Z}_k;\boldsymbol{x}_k,\vartheta^{i_{k-1}i_k}_{k-1:k})=\frac{\sum_{q_v=1}^{L_v}\sum_{i_{k+1}=1}^{M}\sum_{q=1}^{L^{i_k i_{k+1}}_{k|l}}\overset{v}{\omega}_{q_v}\omega^{*i_k i_{k+1}}_{q,k|l}\mathcal{N}^{i_k i_{k+1}}_{q_v q,k}(\cdot)}{\sum_{r=1}^{L_v}\overset{v}{\omega}_r\eta^r_k(\boldsymbol{Z}_k)},$$

其中

$$\mathcal{N}^{i_k i_{k+1}}_{q_v q,k}(\cdot):=\mathcal{N}((\boldsymbol{\zeta}_k^{\mathrm{T}},\boldsymbol{z}_k^{\mathrm{T}})^{\mathrm{T}};\boldsymbol{U}^{i_k i_{k+1}}_{q_v q,k}\boldsymbol{x}_k,\boldsymbol{V}^{i_k i_{k+1}}_{q_v q,k}),\ \boldsymbol{U}^{i_k i_{k+1}}_{q_v q,k}:=\begin{bmatrix}\boldsymbol{A}^{i_k i_{k+1}}_{q,k}\\ \boldsymbol{H}_{i_k,k}\end{bmatrix},$$

$$\boldsymbol{V}^{i_k i_{k+1}}_{q_v q,k}:=\begin{bmatrix}\boldsymbol{B}^{i_k i_{k+1}}_{q,k} & \boldsymbol{O}\\ \boldsymbol{O} & \boldsymbol{R}^*_{q_v,k}\end{bmatrix},\ \boldsymbol{R}^*_{q_v,k}=\boldsymbol{D}_{i_k,k}\boldsymbol{R}_{q_v,k}\boldsymbol{D}^{\mathrm{T}}_{i_k,k}.$$

最后，将上式代入式(4-3-11)，得到式(4-3-18)。

根据 $\mathcal{S}_{k|l}(\boldsymbol{x}_k,\vartheta^{i_k i_{k+1}}_{k:k+1})$ 的定义，很容易知道 $\mathcal{S}_{l|l}(\boldsymbol{x}_l,\vartheta^{i_l i_{l+1}}_{l:l+1})=1$，其中使用约定 $\mathcal{N}(\boldsymbol{\zeta};[\ ],[\ ])\triangleq 1$，$[\ ]$ 是满足 $[[\ ]\quad\boldsymbol{H}]^{\mathrm{T}}=\boldsymbol{H}^{\mathrm{T}}$ 的空矩阵[8]。因此，通过数学归纳法，很明显，$t=2,\cdots,k-1$ 的所有后续 $\mathcal{SS}_{k-t|l}(\boldsymbol{x}_{k-t},\vartheta^{i_{k-t}i_{k-t+1}}_{k-t:k-t+1})$ 都可以写成上述高斯混合公式。基于文献[8]中高斯分布乘积的标准结果，平滑密度 $p(\boldsymbol{x}_k\mid\vartheta^{i_k i_{k+1}}_{k:k+1},\boldsymbol{Z}_{1:l})$ 被写成 $k<l$ 的高斯混合。

把式(4-3-16)和式(4-3-8)插入式(4-3-2)中产生

$$p(\boldsymbol{x}_k \mid \vartheta_{k:k+1}^{i_k i_{k+1}}, \boldsymbol{Z}_{1:l}) = \sum_{q_s=1}^{L_{k|l}^{i_k i_{k+1}}} \sum_{q_f=1}^{L_{k|k}^{i_k i_{k+1}}} \omega_{k|k}^{i_k i_{k+1}} \psi_{q_s q_f, k|k}^{i_k i_{k+1}}(\zeta_k) \cdot \mathcal{N}_{q_s q_f, k|l}^{i_k i_{k+1}}(\boldsymbol{x}_k; \hat{\boldsymbol{x}}_{q_s q_f, k|l}^{i_k i_{k+1}}, \boldsymbol{P}_{q_s q_f, k|l}^{i_k i_{k+1}}), \tag{4-3-19}$$

其中

$$\psi_{q_s q_f, k|k}^{i_k i_{k+1}}(\zeta_k) = \mathcal{N}(\zeta_k; \mathcal{A}_{q_s, k}^{i_k i_{k+1}} \hat{\boldsymbol{x}}_{q_f, k|k}^{i_k i_{k+1}}, \boldsymbol{\Phi}_{q_s q_f, k|k}^{i_k i_{k+1}}) \tag{4-3-20}$$

$$\hat{\boldsymbol{x}}_{q_s q_f, k|l}^{i_k i_{k+1}} = \hat{\boldsymbol{x}}_{q_f, k|k}^{i_k i_{k+1}} + \boldsymbol{K}_{q_s q_f, k|l}^{i_k i_{k+1}}(\zeta_k - \mathcal{A}_{q_s, k}^{i_k i_{k+1}} \hat{\boldsymbol{x}}_{q_f, k|k}^{i_k i_{k+1}}) \tag{4-3-21}$$

$$\boldsymbol{P}_{q_s q_f, k|l}^{i_k i_{k+1}} = \boldsymbol{P}_{q_f, k|k}^{i_k i_{k+1}} - \boldsymbol{K}_{q_s q_f, k|l}^{i_k i_{k+1}} \mathcal{A}_{q_s, k}^{i_k i_{k+1}} \boldsymbol{P}_{q_f, k|k}^{i_k i_{k+1}} \tag{4-3-22}$$

$$\boldsymbol{K}_{q_s q_f, k|l}^{i_k i_{k+1}} = \boldsymbol{P}_{q_f, k|k}^{i_k i_{k+1}} (\mathcal{A}_{q_s, k}^{i_k i_{k+1}})^{\mathrm{T}} (\boldsymbol{\Phi}_{q_s q_f, k|l}^{i_k i_{k+1}})^{-1} \tag{4-3-23}$$

$$\boldsymbol{\Phi}_{q_s q_f, k|k}^{i_k i_{k+1}} := \mathcal{B}_{q_s, k}^{i_k i_{k+1}} + \mathcal{A}_{q_s, k}^{i_k i_{k+1}} \boldsymbol{P}_{q_f, k|k}^{i_k i_{k+1}} (\mathcal{A}_{q_s, k}^{i_k i_{k+1}})^{\mathrm{T}} \tag{4-3-24}$$

由于 $p(\vartheta_{k:k+1}^{i_k i_{k+1}} \mid \boldsymbol{Z}_{1:l})$ 是仅依赖于到达的量测数据的离散马尔可夫模态的后验概率，因此它不会影响状态为高斯混合的后验概率密度，只需改变相应的权重即可。因此，最终的后验概率密度 $p(\boldsymbol{x}_k \mid \boldsymbol{Z}_{1:l})$ 仍然是高斯混合。与此同时，递归 $p(\vartheta_{k:k+1}^{i_k i_{k+1}} \mid \boldsymbol{Z}_{1:l})$ 获得如下。

定理 4.5 在 k^{th} 时刻，

$$p(\boldsymbol{\vartheta}_{k:k+1}^{i_k i_{k+1}} \mid \boldsymbol{Z}_{1:l}) = \frac{p(\boldsymbol{Z}_{k+1:l} \mid \vartheta_{k:k+1}^{i_k i_{k+1}}, \boldsymbol{Z}_{1:k}) p(\vartheta_{k:k+1}^{i_k i_{k+1}} \mid \boldsymbol{Z}_{1:k})}{\sum_{i_{k+1}=1}^{M} \sum_{i_k=1}^{M} p(\boldsymbol{Z}_{k+1:l} \mid \vartheta_{k:k+1}^{i_k i_{k+1}}, \boldsymbol{Z}_{1:k}) p(\vartheta_{k:k+1}^{i_k i_{k+1}} \mid \boldsymbol{Z}_{1:k})} \tag{4-3-25}$$

其中的可能性 $\boldsymbol{v}_k^{i_k i_{k+1}} := p(\boldsymbol{Z}_{k+1:l} \mid \vartheta_{k:k+1}^{i_k i_{k+1}}, \boldsymbol{Z}_{1:k})$ 近似于 $p(\hat{\boldsymbol{x}}_{k|k+1}^{b, i_{k+1}} \mid \vartheta_{k:k+1}^{i_k i_{k+1}}, \hat{\boldsymbol{x}}_{k|k}^{i_k})$，即

$$\boldsymbol{v}_k^{i_k i_{k+1}} \approx \mathcal{N}(\boldsymbol{v}_k^{i_k i_{k+1}}; \boldsymbol{0}, \boldsymbol{\Delta}_k^{i_k i_{k+1}}) \tag{4-3-26}$$

$\boldsymbol{v}_k^{i_k i_{k+1}} := \hat{\boldsymbol{x}}_{k|k+1}^{b, i_{k+1}} - \hat{\boldsymbol{x}}_{k|k}^{i_k}$，$\boldsymbol{\Delta}_k^{i_k i_{k+1}} := \boldsymbol{P}_{k|k+1}^{b, i_{k+1}} + \boldsymbol{P}_{k|k}^{i_k}$。同时，

$$\hat{\boldsymbol{x}}_{k|k+1}^{b, i_{k+1}} = \boldsymbol{P}_{k|k+1}^{b, i_{k+1}} ((\boldsymbol{P}_{k|l}^{i_{k+1}})^{-1} \hat{\boldsymbol{x}}_{k|l}^{i_{k+1}} - (\boldsymbol{P}_{k|k}^{i_{k+1}})^{-1} \hat{\boldsymbol{x}}_{k|k}^{i_{k+1}})$$

$$\boldsymbol{P}_{k|k+1}^{b, i_{k+1}} = ((\boldsymbol{P}_{k|l}^{i_{k+1}})^{-1} - (\boldsymbol{P}_{k|k}^{i_{k+1}})^{-1})^{-1}$$

其中 $\hat{\boldsymbol{x}}_{k|t}^{i_\tau}$ 和 $\boldsymbol{P}_{k|t}^{i_\tau}$ 分别是 $t = k$ 或者 l 和 $\boldsymbol{\tau} = k$ 或者 $k+1$ 的均值和协方差 $p(\boldsymbol{x}_k \mid \vartheta_\tau^{i_\tau}, \boldsymbol{Z}_{1:t})$。

证明　由 $p(\vartheta_{k:k+1}^{i_k i_{k+1}} \mid \boldsymbol{Z}_{1:l}) = p(\vartheta_{k:k+1}^{i_k i_{k+1}} \mid \boldsymbol{Z}_{1:k}, \boldsymbol{Z}_{k+1:l}) = \dfrac{p(\boldsymbol{Z}_{k+1:l} \mid \vartheta_{k:k+1}^{i_k i_{k+1}}, \boldsymbol{Z}_{1:k})}{\sum_{i_{k+1}=1}^{M} \sum_{i_k=1}^{M} p(\vartheta_{k:k+1}^{i_k i_{k+1}} \mid \boldsymbol{Z}_{1:k}) p(\boldsymbol{Z}_{1:k})}$，

我们得到式(4-3-25)。那么，式(4-3-26)及相关参数的近似与文献[2]、[9]中的相似。

这里，$p(\boldsymbol{x}_k \mid \vartheta_{k+1}^{i_{k+1}}, \boldsymbol{Z}_{1:l}) = \sum_{i_k=1}^{M} p(\boldsymbol{x}_k \mid \vartheta_{k:k+1}^{i_k i_{k+1}}, \boldsymbol{Z}_{1:l}) \dfrac{\pi_{i_k i_{k+1}} \sum_{i_{k+1}=1}^{M} P(\vartheta_{k:k+1}^{i_k i_{k+1}} \mid \boldsymbol{Z}_{1:k})}{\sum_{i_k=1}^{M} P(\vartheta_{k:k+1}^{i_k i_{k+1}} \mid \boldsymbol{Z}_{1:k})}$，

$$p(\boldsymbol{x}_k \mid \vartheta_k^{i_k}, \boldsymbol{Z}_{1:k}) = \sum_{i_{k+1}=1}^{M} \pi_{i_k i_{k+1}} p(\boldsymbol{x}_k \mid \vartheta_{k:k+1}^{i_k i_{k+1}}, \boldsymbol{Z}_{1:k})$$

$$p(\boldsymbol{x}_k \mid \vartheta_{k+1}^{i_{k+1}}, \boldsymbol{Z}_{1:k}) = \sum_{i_k=1}^{M} \frac{p(\boldsymbol{x}_k \mid \vartheta_{k:k+1}^{i_k i_{k+1}}, \boldsymbol{Z}_{1:k}) P(\vartheta_{k:k+1}^{i_k i_{k+1}} \mid \boldsymbol{Z}_{1:k})}{\sum_{i_k=1}^{M} P(\vartheta_{k:k+1}^{i_k i_{k+1}} \mid \boldsymbol{Z}_{1:k})}$$

我们完整地提出了对含有高斯混合噪声的 MJLSs 进行高斯混合平滑的整个过程。实际上，为了避免高斯分量数随时间呈指数增长以节省计算成本，在高斯分量数较大时，必须采用高斯分量剪枝或合并策略。这里，我们使用一种直观的剪枝方法，通过丢弃具有小权重的高斯分量，以确保在每个平滑步骤结束时高斯分量数始终为 L 。此外，还可以采用基于文献[27]中的 Alpha (Beta)散度族的自适应高斯分量剪枝策略。

MJGMS 的实现如下所示。其中，表示$\hat{\mu}_{k:k+1|l}^{i_k i_{k+1}} := p(\vartheta_{k:k+1}^{i_k i_{k+1}} | \boldsymbol{Z}_{1:l})$（$\hat{\mu}_{0|0}^{i} := p(\vartheta_0^i)$）和$\lambda_{k+1}^{i_k i_{k+1}} := p(z_{k+1} | \vartheta_{k:k+1}^{i_k i_{k+1}}, \boldsymbol{Z}_{1:k})$，即$\lambda_{k+1}^{i_k i_{k+1}} \sim \mathcal{N}(z_{k+1}; \hat{\boldsymbol{z}}_{k+1|k}^{i_k i_{k+1}}, \boldsymbol{\Omega}_{k+1|k}^{i_k i_{k+1}})$，其中测量预测 $\hat{\boldsymbol{z}}_{k+1|k}^{i_k i_{k+1}}$ 和对应的协方差 $\boldsymbol{\Omega}_{k+1|k}^{i_k i_{k+1}}$ 是由状态预测得到的。

步骤 1　初始化。

①设置 $\hat{\boldsymbol{x}}_{q,0|0}, \boldsymbol{P}_{q,0|0}, \omega_{q,0|0}, q_{x_0} = 1, \cdots, L_0, \hat{\mu}_{0|0}^{i}, i = 1, \cdots, M$

②令 $\hat{\boldsymbol{x}}_{q,0|0}^{i_{-1} i_0} = \hat{\boldsymbol{x}}_{q,0|0}, \boldsymbol{P}_{q,0|0}^{i_{-1} i_0} = \boldsymbol{P}_{q,0|0}$，

$\omega_{q,0|0}^{i_{-1} i_0} = \omega_{q,0|0}, \mu_{0|0}^{i_{-1} i_0} = \mu_{0|0}^{i}\ i_{-1}, i_0 = 1, \cdots M$.

步骤 2　滤波。（从 k^{th} 时刻到 $(k+1)^{\text{th}}$ 时刻）

①通过式(4－3－3)，对于 $q = 1, \cdots, L_{k|k}^{i_k i_{k+1}}$，通过式(4－5) 得到 $\hat{\boldsymbol{x}}_{k|k}^{i_k i_{k+1}}, \boldsymbol{P}_{q,k|k}^{i_k i_{k+1}}$

②对于 $q = 1, \cdots, L_{k+1|k}^{i_k i_{k+1}}$，根据式(4－3－6)，计算状态预测 $\hat{\boldsymbol{x}}_{q,k+1|k}^{i_k i_{k+1}}, \boldsymbol{P}_{q,k+1|k}^{i_k i_{k+1}}$

③对于 $q = 1, \cdots, L_{k+1|k+1}^{i_k i_{k+1}}$，根据式(4－3－4)，得到状态更新 $\hat{\boldsymbol{x}}_{q,k+1|k+1}^{i_k i_{k+1}}, \boldsymbol{P}_{q,k+1|k+1}^{i_k i_{k+1}}$

④根据式(4－3－7) 有 $\hat{\mu}_{k:k+1|k}^{i_k i_{k+1}} = \sum_{i_{k-1}=1}^{M} \pi_{i_k i_{k+1}} \hat{\mu}_{k-1:k|k}^{i_{k-1} i_k}$

⑤根据式(4－3－5) 有 $\hat{\mu}_{k:k+1|k+1}^{i_k i_{k+1}} = \dfrac{\lambda_{k+1}^{i_k i_{k+1}} \hat{\mu}_{k:k+1|k}^{i_k i_{k+1}}}{\sum_{i_k=1}^{M} \sum_{i_{k+1}=1}^{M} \lambda_{k+1}^{i_k i_{k+1}} \hat{\mu}_{k:k+1|k}^{i_k i_{k+1}}}$

步骤 3　平滑。（在条件 $Z_{1:l}$ 下从 k^{th} 时刻到$(k-1)^{\text{th}}$ 时刻）

①根据定理 4.4，计算 $S_{k-1|l}(x_k, \vartheta_{k-1:k}^{i_{k-1} i_k})$；

②由式(4－3－21)和式(4－3－22)，由 $q_s = 1, \cdots, L_{k-1|l}^{i_{k-1} i_k}, q_f = 1, \cdots, L_{k|k}^{i_{k-1} i_k}$ ，

得到 $p(\boldsymbol{x}_{k-1} | \vartheta_{k-1:k}^{i_{k-1} i_k}, \boldsymbol{Z}_{1:l})$ 的 $\hat{\boldsymbol{x}}_{q_s q_f, k-1|l}^{i_{k-1} i_k} \boldsymbol{P}_{q_s q_f, k-1|l}^{i_{k-1} i_k}$ ；

③由式(4－3－25)，得到 $\hat{\mu}_{k-1:k|l}^{i_{k-1} i_k} = \dfrac{v_{k-1}^{i_{k-1} i_k} \hat{\mu}_{k-1:k|k-1}^{i_{k-1} i_k}}{\sum_{i_{k+1}=1}^{M} \sum_{i_k=1}^{M} v_{k-1}^{i_{k-1} i_k} \hat{\mu}_{k-1:k|k-1}^{i_{k-1} i_k}}$ ；

④对权值较小的高斯分量进行剪枝，使其个数在每个假设下小于 L ；

⑤$\hat{\boldsymbol{x}}_{k-1|l} = \sum_{i_{k-1}=1}^{M} \sum_{i_k=1}^{M} \hat{\mu}_{k-1:k|l}^{i_{k-1} i_k} \hat{\boldsymbol{x}}_{k-1:k|l}^{i_{k-1} i_k}$

$\boldsymbol{P}_{k-1|l} = \sum_{i_{k-1}=1}^{M} \sum_{i_k=1}^{M} \hat{\mu}_{k-1:k|l}^{i_{k-1} i_k} (\boldsymbol{P}_{k-1:k|l}^{i_{k-1} i_k} + (\hat{\boldsymbol{x}}_{k-1:k|l}^{i_{k-1} i_k} - \hat{\boldsymbol{x}}_{k-1|l})(\cdot)^{\text{T}})$ 。

4.4　机动目标跟踪实例

在本部分中，通过一个机动目标跟踪实例验证了该方法的有效性。目标状态为 (ξ,φ) 平面的 $\boldsymbol{x}_k=(\xi_k,\dot{\xi}_k,\phi_k,\dot{\phi}_k)^{\mathrm{T}}$ 。其动态表现为基于两个带参数的马尔可夫状态的系统式(4-2-1)和式(4-2-2)。

等速(CV)模式：$\boldsymbol{F}_{CV}=\boldsymbol{I}_2\otimes\begin{bmatrix}1 & T\\0 & 1\end{bmatrix}$，$\boldsymbol{G}_{CV}=I_2\otimes\begin{bmatrix}T^2/2\\T\end{bmatrix}$，$\boldsymbol{H}_{CV}=\begin{bmatrix}1&0&0&0\\0&0&1&0\end{bmatrix}$，$\boldsymbol{D}_{CV}=\boldsymbol{I}_2$

匀速转弯(CT)模式：$\boldsymbol{G}_{CT}=\boldsymbol{G}_{CV}$，$\boldsymbol{H}_{CT}=\boldsymbol{H}_{CV}$，$\boldsymbol{D}_{CT}=\boldsymbol{I}_2$，

$$\boldsymbol{F}_{CT}=\begin{bmatrix}1 & \dfrac{\sin(\varphi T)}{\varphi} & 0 & -\dfrac{1-\cos(\varphi T)}{\varphi}\\ 0 & \cos(\varphi T) & 0 & -\sin(\varphi T)\\ 0 & \dfrac{1-\cos(\varphi T)}{\varphi} & 1 & \dfrac{\sin(\varphi T)}{\varphi}\\ 0 & \sin(\varphi T) & 0 & \cos(\varphi T)\end{bmatrix}$$

采样周期分别为 $T=1$ 和 $\varphi=0.1257$。同时，过程噪声和量测噪声均为高斯混合分布，$L_w=3$ 和 $L_v=2$。这里，$\boldsymbol{Q}_{1,k}=I_2$，$\boldsymbol{Q}_{2,k}=5^2I_2$ 和 $\boldsymbol{Q}_{3,k}=0.2^2I_2$，对应的权重分别是 $\omega_1^w=0.5$，$\omega_2^w=0.3$ 和 $\omega_3^w=0.2$。$\boldsymbol{R}_{1,k}=100^2\boldsymbol{I}_2$ 和 $\boldsymbol{R}_{2,k}=5^2\times100^2\boldsymbol{I}_2$ 分别对应 $\omega_1^v=0.7$ 和 $\omega_2^v=0.3$。

该场景模拟了 100 时刻的运动情况。在第一个 25 时刻，系统进行 CV 运动。然后，系统进入 CT 运动，并持续到下一个 25 时刻。此后，系统在接下来的 25 时刻中回到 CV 运动，并在最后一个 25 时刻中保持 CT 运动。初始态 x_0 为高斯混合，分布为 $L_0=3$，$\bar{\boldsymbol{x}}_0=(100000,300,120000,0)^{\mathrm{T}}$，$\boldsymbol{P}_{1,0}=10^4\times\mathrm{diag}\{1,0.1,1,0.1\}$，$\boldsymbol{P}_{2,0}=10^4\times\mathrm{diag}\{1,0.5,1,0.5\}$，$\boldsymbol{P}_{3,0}=10^4\times\mathrm{diag}\{1,0.02,1,0.02\}$，$\omega_{1,0}=0.5$，$\omega_{2,0}=0.25$ 和 $\omega_{3,0}=0.25$。将所提出的 MJGMS 与 IMM(在每个子滤波器中使用高斯分量来映射相应的过程噪声和测量噪声的协方差)，基于定理 4.2 的高斯混合滤波器(简称 MJGMF)和固定间隔平滑方法[包括前向滤波器和后向滤波器(FFBFS)][9]进行了比较。在这些比较方法中，系统矩阵都是相等的。转移概率矩阵为 $\pi_{11}=0.9$ 和 $\pi_{22}=0.9$。同时，初始模态概率均等于 0.5。对于 IMM 和 FFBFS，初始估计分别为 $\hat{\boldsymbol{x}}_{0|0}=\bar{\boldsymbol{x}}_0$ 和 $\boldsymbol{P}_{0|0}=\boldsymbol{P}_{1,0}$，而 MJGMS 和 MJGMF 的真实初始状态分布是一致的。在 FFBFS 中，$\boldsymbol{Q}_k=2.5016\boldsymbol{I}_2$ 和 $\boldsymbol{R}_k=27400\boldsymbol{I}_2$。此外，MJGMF 和 MJGMS 中的高斯分量数均设置为 $L=3$，即每步保留 3 个高斯分量。同时，为了计算方便，在每个 25 采样周期后重新初始化 $\mathcal{S}_{k|l}(\boldsymbol{x}_k,\vartheta_{k:k+1}^{i_ki_{k+1}})$ 以减少计算成本，即固定平滑间隔长度为 25。

通过 1000 次蒙特卡罗实现，图 4-1-1 显示了比较方法估计位置和速度的均方根误差(RMSE)。由于高斯混合结构更适合非高斯噪声和后验概率为多模态的情况，因此 MJGMF 和 MJGMS 的估计都比 IMM 的估计更准确。此外，MJGMS 估计的位置和速度的均方根均小于 MJGMF，因为平滑总是比滤波获得更好的估计精度。此外，虽然在 $k=75,50,25$ 附近存在一些峰值，因为 $\mathcal{S}_{k|l}(\cdot)$ 是在这些时刻从所提出的 MJGMS 中重新初始化的，但在 ξ 和 ϕ 位置方向的大多数时刻，所提出方法的 RMSE 都小于 FFBFS(要求 $\boldsymbol{F}_{\Theta_k}$ 应该是可逆的)，特别是在

$k \geqslant 75$ 时,MJGMS 和 FFBFS 的速度均方根差异较小。这表明了所提方法的有效性。

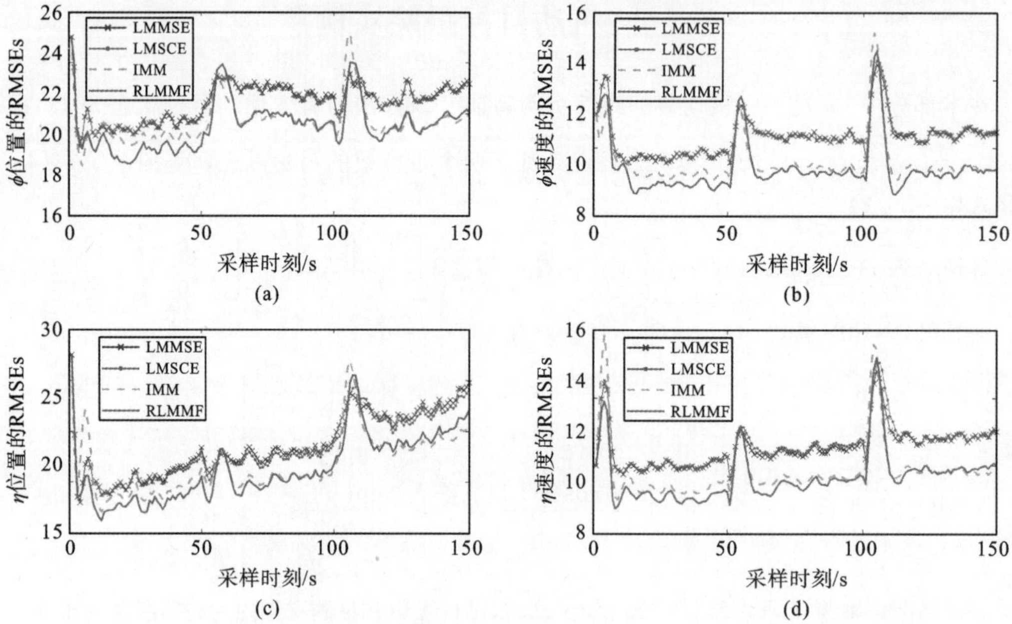

图 4-1-1　所提算法与对比算法的估计状态的 RMSEs

参考文献

[1] BLOM H A P, BAR-SHALOM Y. The interacting multiple model algorithm for systems with Markovian switching coefficients[J]. IEEE transactions on Automatic Control, 1988, 33(8): 780-783.

[2] LOPEZ R, DANES P. Low-complexity IMM smoothing for jump Markov nonlinear systems[J]. IEEE Transactions on Aerospace and Electronic Systems, 2017, 53(3): 1261-1272.

[3] QU H Q, PANG L P, LI S H. A novel interacting multiple model algorithm[J]. Signal Processing, 2009, 89(11): 2171-2177.

[4] COSTA O L V. Linear minimum mean square error estimation for discrete-time Markovian jump linear systems[J]. IEEE Transactions on Automatic Control, 1994, 39(8): 1685-1689.

[5] YANG Y, LIANG Y, PAN Q, et al. Linear minimum - mean - square error estimation of Markovian jump linear systems with Stochastic coefficient matrices[J]. IET Control Theory & Applications, 2014, 8(12): 1112-1126.

[6] LUAN X, ZHAO S, SHI P, et al. H_∞ filtering for discrete - time Markov jump systems with unknown transition probabilities[J]. International Journal of Adaptive Control and Signal Processing, 2014, 28(2): 138-148.

[7] ACKERSON G, FU K. On state estimation in switching environments[J]. IEEE transactions on automatic control, 1970, 15(1): 10 - 17.

[8] VO B N, VO B T, MAHLER R P S. Closed - form solutions to forward - backward smoothing[J]. IEEE Transactions on Signal Processing, 2011, 60(1): 2 - 17.

[9] HELMICK R E, BLAIR W D, HOFFMAN S A. Fixed - interval smoothing for Markovian switching systems[J]. IEEE Transactions on Information Theory, 1995, 41(6): 1845 - 1855.

[10] MATHEWS V J, TUGNAIT J K. Detection and estimation with fixed lag for abruptly changing systems[J]. IEEE Transactions on Aerospace and Electronic Systems, 1983 (5): 730 - 739.

[11]BLOM H A P, BAR - SHALOM Y. Time - reversion of a hybrid state stochastic difference system with a jump - linear smoothing application[J]. IEEE Transactions on Information Theory, 1990, 36(4): 836 - 847.

[12] HELMICK R E, BLAIR W D, HOFFMAN S A. Interacting multiple - model approach to fixed - interval smoothing[C]//Proceedings of 32nd IEEE Conference on Decision and Control. IEEE, 1993: 3052 - 3057.

[13] CHEN B, TUGNAIT J K. An interacting multiple model fixed - lag smoothing algorithm for Markovian switching systems[J]. Proceedings of the 37th IEEE Conference on Decision Control, Tampa, Florida USA, 1998: 269 - 274.

[14] CHEN, BING, JITENDRA K. Tugnait. "Interacting multiple model fixed - lag smoothing algorithm for Markovian switching systems. " IEEE Transactions on Aerospace and Electronic Systems 36. 1 (2000): 243 - 250.

[15] PAN Q, JIA Y G, ZHANG H C. A d - step fixed - lag smoothing algorithm for Markovian switching systems[C]//Proceedings of the Fifth International Conference on Information Fusion. FUSION2002. (IEEE Cat. No. 02EX5997). IEEE, 2002, 1: 721 - 726.

[16] MORELANDE M R, RISTIC B. Smoothed state estimation for nonlinear Markovian switching systems[J]. IEEE Transactions on Aerospace and Electronic Systems, 2008, 44(4): 1309 - 1325.

[17] HELMICK R E, BLAIR W D, Hoffman S A. One - step fixed - lag smoothers for Markovian switching systems[J]. IEEE Transactions on Automatic Control, 1996, 41 (7): 1051 - 1056.

[18] KOCH W. Generalized smoothing for multiple model/multiple hypothesis filtering: Experimental results[C]//1999 European Control Conference (ECC). IEEE, 1999: 3094 - 3099.

[19] KOCH W. Fixed - interval retrodiction approach to Bayesian IMM - MHT for maneuvering multiple targets[J]. IEEE Transactions on Aerospace and Electronic Systems, 2000, 36(1): 2 - 14.

[20] NADARAJAH, NANDAKUMARAN, et al. "IMM forward filtering and backward

smoothing for maneuvering target tracking." IEEE Transactions on Aerospace and Electronic Systems 48.3 (2012): 2673－2678.

[21] LOPEZ R, DANÈS P. Exploiting Rauch－Tung－Striebel formulae for IMM－based smoothing of Markovian switching systems[C]//2012 IEEE international conference on acoustics, speech and signal processing (ICASSP). IEEE, 2012: 3953－3956.

[22] LOPEZ R, DANES P. A fixed－interval smoother with reduced complexity for jump Markov nonlinear systems[C]//17th International Conference on Information Fusion (FUSION). IEEE, 2014: 1－8.

[23] KOTECHA J H, DJURIC P M. Gaussian sum particle filtering[J]. IEEE Transactions on signal processing, 2003, 51(10): 2602－2612.

[24] ALSPACH D, SORENSON H. Nonlinear Bayesian estimation using Gaussian sum approximations[J]. IEEE transactions on automatic control, 1972, 17(4): 439－448.

[25] BOERS Y, DRIESSEN J N. Interacting multiple model particle filter[J]. IEE Proceedings－Radar, Sonar and Navigation, 2003, 150(5): 344－349.

[26] FOO P H, NG G W. Combining the interacting multiple model method with particle filters formanoeuvring target tracking[J]. IET radar, sonar & navigation, 2011, 5(3): 234－255.

[27] YANG Y, LIANG Y, PAN Q, et al. Adaptive Gaussian mixture filter for Markovian jump nonlinear systems with colored measurement noises[J]. ISA transactions, 2018, 80: 111－126.

第 5 章　跳变马尔可夫非线性系统高斯和滤波器设计

5.1　引　言

近几十年间，跳变马尔可夫系统在过程控制[1-2]、信号处理[3-4]、故障检测与诊断[5]，以及目标跟踪[6]等领域中广泛应用，相关离散时间跳变马尔可夫系统的状态估计问题受到了广泛关注。对于 MJSs 系统的状态估计而言，最为普遍的方法即基于多模型框架的方法，通过贝叶斯原理，得到相应的最优递推估计器[7]。然而，随着时间的增加，所谓的最优递推估计器的计算量呈指数增长，进而导致了多种多样的次优滤波算法。

至今为止，多模型方法可以分为三代[8]。第二、第三代多模型方法可以应用于跳变马尔可夫系统中。基于定时的合并高斯假设的数目，布洛姆和沙尔姆等提出交互式多模型算法[9]，作为第二代多模型典型算法，在机动目标跟踪中，交互式多模型算法在适当的计算负载上，取得了期望的跟踪精度[10]，并在其他应用领域得到了发展[11]。第二代多模型在继承前一代多模型输出综合的优点的基础上，算法中所有的滤波器通过内部的合作，构成了一个整体，而不是像第一代多模型中单独工作。这种合作包括采取所有的措施来获得更好的性能。在第一、第二代多模型算法中，模型集中的元素一成不变，此时多模型结构是固定的。然而，这种固定结构的多模型算法，当且仅当所使用的模型集合包含系统模式集合时，多模型估计才能获得满意的估计结果。在实际估计问题中，为了保证估计的精确性，需要尽可能使用更多的模型，但当模型增加时，将大大提高计算的复杂性。另外，理论分析指出，过多模型的利用和非常少的模型的利用在算法性能上是一样不理想的，并不会改善估计精确。因此，在使用固定结构的多模型算法时，会使人陷入一个两难绝境：为了改善估计精度，不得不使用较多的模型，然而在不考虑计算量的前提下，较多模型的使用反而会减低估计精度[12]。

针对上述问题，20 世纪 90 年代中期，李晓榕和他的团队提出了变结构的思想，通过将图论的思想引入多模型中，利用图论的相关理论，解决模型集合自适应的问题，提出变结构多模型（Variable Structure Multiple Model，VSMM）算法[13-16]，作为第三代多模型算法，受到了学者的广泛关注并在机动目标跟踪等其他领域得到了快速应用[17]。第三代多模型方法不仅继承了第二代方法中有效的内部合作和第一代方法中的输出结果综合，而且在模型集的选择上，通过实时的滤波器引入与删除，利用当前时刻以前的信息，对模型集进行自适应调整。

上述多模型算法都假设系统中的量测噪声序列和过程噪声序列是相互独立的。然而，在现实环境中，往往存在量测噪声序列和过程噪声序列相关情况[18]。Wang 等考虑了单模型意义下的非线性系统在相关噪声下高斯滤波器的设计，通过两步预测的状态后验密度的高斯近似，避免了传统意义下一步预测状态后验密度中过程噪声与量测序列不独立的情况，进而得到了状态后验密度的高斯近似递推形式，并给出了高斯近似的数值积分求解过程[18]。

然而，上述高斯滤波器仅适用于单模型意义下的非线性系统，对于多模型结构而言，若仅仅将上述高斯滤波器作为子滤波器应用于传统的多模型框架中,此时多模型框架中考虑的是状态的一步预测和一步更新,从而对于跳变马尔可夫参数的考虑仅仅是相邻一步。而上述高斯滤波器采取的是两步预测下的高斯假设,此时,该状态后验概率密度中包含相邻两个时刻的跳变马尔可夫参数。综上,上述高斯滤波器并不能直接应用于传统的多模型框架中。

在本章中,针对噪声相关时考虑了状态的两步预测,给出了更加一般意义下的多模型框架,在新的框架中,定义了由相邻两个时刻不同跳变马尔可夫参数的取值构成的可能假设,在此基础上,重新给出了多模型框架的推导。另外,针对每个假设下的状态后验概率,采取高斯近似,利用数值积分的方法,最终给出了相应的高斯和滤波器的递推实现。

5.2 问题形成

考虑离散时间噪声相关跳变马尔可夫非线性系统如下所示

$$\boldsymbol{x}_{k+1}=\boldsymbol{f}(\boldsymbol{x}_k,\Theta_{k+1})+\boldsymbol{w}_k \tag{5-2-1}$$

$$\boldsymbol{z}_k=h(\boldsymbol{x}_k,\Theta_k)+\boldsymbol{v}_k \tag{5-2-2}$$

式中,$\boldsymbol{x}_k\in\mathbb{R}^{n_x}$ 和 $\boldsymbol{z}_k\in\mathbb{R}^{n_z}$ 分别为系统状态向量和量测向量。Θ_k 为离散时间、有限空间 $\{1,\cdots,M\}$ 的马尔可夫链,转移概率矩阵 $\boldsymbol{P}_t=[\lambda_{ij}]$ 且 $\lambda_{ij}=P\{\Theta_{k+1}=i\mid\Theta_k=j\}$ 。过程噪声 $\boldsymbol{w}_k\in\mathbb{R}^{n_x}$ 和量测噪声 $\boldsymbol{v}_k\in\mathbb{R}^{n_z}$ 皆为零均值高斯噪声,且

$$E(\boldsymbol{w}_k\boldsymbol{w}_l^{\mathrm{T}})=\boldsymbol{Q}_{kl}\delta_{kl} \tag{5-2-3}$$

$$E(\boldsymbol{v}_k\boldsymbol{v}_l^{\mathrm{T}})=\boldsymbol{R}_{kl}\delta_{kl} \tag{5-2-4}$$

$$E(\boldsymbol{w}_k\boldsymbol{v}_l^{\mathrm{T}})=\boldsymbol{C}_{kl}\delta_{kl} \tag{5-2-5}$$

这里,δ_{kl} 为狄拉克函数,当 $k=l$ 时,$\delta_{kl}=1$;当 $k\neq l$ 时,$\delta_{kl}=0$。且 $\boldsymbol{Q}_k$、$\boldsymbol{R}_k$ 和 $\boldsymbol{C}_k$ 为相应的二阶矩。初始状态被假设服从均值为 $\hat{\boldsymbol{x}}_{0|0}$,协方差 $\boldsymbol{P}_{0|0}$ 的高斯分布,且与过程噪声 $\boldsymbol{w}_k$ 和量测噪声 $\boldsymbol{v}_k$ 相互独立。

在许多实际系统中,噪声相关广泛存在,并存在系列文献讨论系统不同非线性程度下相应滤波器的设计。然而,对于更加广义的相关噪声下具有跳变马尔可夫转移参数的非线性系统的状态估计问题,并没有文献进行讨论。可以明显看出,本书模型在 $\boldsymbol{C}_{kl}=O$(即不存在过程噪声与量测噪声相关)下等价于一般意义下的具有跳变马尔可夫转移参数的非线性系统模型。同时,本书模型在 $M=1$(即系统仅包含单模型)下等价于噪声相关下单模型非线性系统的模型[18]。综上,本书考虑了一种更加一般意义下的噪声相关跳变马尔可夫非线性系统的高斯和滤波器(Gaussian sum filter, GSF)的设计。

5.3 高斯和滤波器设计

我们的目的是设计一种新的高斯和滤波器来进行相关噪声跳变马尔可夫非线性系统的状态估计。这里由于系统具有模式不确定性,采取高斯和来近似逼近后验状态密度,每一个高斯分量代表相应的不同模型的后验概率密度。

记 $\boldsymbol{Z}_{1:k}$ 代表量测序列 $\{\boldsymbol{z}_1,\boldsymbol{z}_2,\cdots,\boldsymbol{z}_k\}$ 。对于量测噪声和过程噪声不相关时,单模型非线

性系统，采用高斯近似状态后验概率密度，则在状态后验概率的一步递推和更新中，有如下近似：

$$p(\boldsymbol{x}_{k+1} \mid \boldsymbol{Z}_{1:k}) \approx \mathcal{N}(\boldsymbol{x}_{k+1};\hat{\boldsymbol{x}}_{k+1|k},\boldsymbol{P}_{k+1|k})$$

$$p(\boldsymbol{x}_{k+1} \mid \boldsymbol{Z}_{1:k+1}) \approx \mathcal{N}(\boldsymbol{x}_{k+1};\hat{\boldsymbol{x}}_{k+1|k+1},\boldsymbol{P}_{k+1|k+1})$$

其中，$\hat{\boldsymbol{x}}_{k+1|k} := E(\boldsymbol{x}_{k+1} \mid \boldsymbol{Z}_{1:k})$，$\boldsymbol{P}_{k+1|k} := \mathrm{Cov}(\boldsymbol{x}_{k+1} \mid \boldsymbol{Z}_{1:k})$，

$\hat{\boldsymbol{x}}_{k+1|k+1} := E(\boldsymbol{x}_{k+1} \mid \boldsymbol{Z}_{1:k+1})$，$\boldsymbol{P}_{k+1|k+1} := \mathrm{Cov}(\boldsymbol{x}_{k+1} \mid \boldsymbol{Z}_{1:k+1})$。

这里，

$$p(\boldsymbol{x}_{k+1} \mid \boldsymbol{Z}_{1:k}) = p(\boldsymbol{f}(\boldsymbol{x}_k) + \boldsymbol{w}_k \mid \boldsymbol{Z}_{1:k}) = p(\boldsymbol{f}(\boldsymbol{x}_k) \mid \boldsymbol{Z}_{1:k}) + p(\boldsymbol{w}_k \mid \boldsymbol{Z}_{1:k}).$$

然而，当过程噪声 $\boldsymbol{w}_k$ 与量测噪声 $\boldsymbol{v}_k$ 相关时，上述等式无法成立。此时，考虑 $\boldsymbol{w}_k$ 和 $\boldsymbol{v}_k(\boldsymbol{Z}_{1:k})$ 的相关性，在状态后验概率的一步预测中，由于过程噪声和量测噪声相关，引起了与相应的量测序列的相关。此时，需要假设状态后验概率的两步预测可以采取高斯分布近似表示，即

$$p(\boldsymbol{x}_{k+1} \mid \boldsymbol{Z}_{1:k-1}) = p(\boldsymbol{f}(\boldsymbol{x}_k) \mid \boldsymbol{Z}_{1:k-1}) + p(\boldsymbol{w}_k \mid \boldsymbol{Z}_{1:k-1}) \approx \mathcal{N}(\boldsymbol{x}_{k+1};\hat{\boldsymbol{x}}_{k+1|k-1},\boldsymbol{P}_{k+1|k-1})$$

其中 $\hat{\boldsymbol{x}}_{k+1|k-1} := E(\boldsymbol{x}_{k+1} \mid \boldsymbol{Z}_{1:k-1})$，$\boldsymbol{P}_{k+1|k-1} := \mathrm{Cov}(\boldsymbol{x}_{k+1} \mid \boldsymbol{Z}_{1:k-1})$。之后，通过贝叶斯公式，可以依次求出状态后验概率的一步预测 $\hat{\boldsymbol{x}}_{k+1|k}$ 和 $\boldsymbol{P}_{k+1|k}$，以及状态后验概率的一步更新 $\hat{\boldsymbol{x}}_{k+1|k+1}$ 和 $\boldsymbol{P}_{k+1|k+1}$。

此时，考虑多模态系统一种直接方法即在每一时刻求取每个模态下的状态后验概率高斯近似，之后进行输出综合。然而，针对 $k+1$ 时刻的每一个模态，并不是直接求取状态后验概率的一步预测，而是通过求取相应的两步预测而获得一步预测，进而得到当前时刻的状态后验密度函数。

定义 5.1　依据相邻两时刻的跳变马尔可夫参数取值，定义新假设如下所示：

$$H_{ij,k+1} := \{\Theta_{k+1} = i, \Theta_k = j\}, i,j = 1,\cdots,M \tag{5-3-1}$$

令 $p(\boldsymbol{x}_k \mid H_{ij,l},\boldsymbol{Z}_{1:t})$ 代表在假设 $H_{ij,l}$ 以及量测序列 $\boldsymbol{Z}_{1:t}$ 下状态 $\boldsymbol{x}_k$ 的后验概率密度，$p(H_{ij,l} \mid \boldsymbol{Z}_{1:t})$ 代表相应的假设概率，这里时刻 $k,t,l = 1,2,\cdots$。

定理 5.1　后验状态概率 $p(\boldsymbol{x}_{k+1} \mid \boldsymbol{Z}_{1:k+1})$ 的全概率展开如下所示

$$p(\boldsymbol{x}_{k+1} \mid \boldsymbol{Z}_{1:k+1}) = \sum_{i=1}^{M}\sum_{j=1}^{M} p(\boldsymbol{x}_{k+1} \mid H_{ij,k+1},\boldsymbol{Z}_{1:k+1})\,p(H_{ij,k+1} \mid \boldsymbol{Z}_{1:k+1}) \tag{5-3-2}$$

这里

$$p(H_{ij,k+1} \mid \boldsymbol{Z}_{1:k+1}) = \frac{p(\boldsymbol{z}_{k+1} \mid H_{ij,k+1},\boldsymbol{Z}_{1:k})\,p(H_{ij,k+1} \mid \boldsymbol{Z}_{1:k})}{\sum_{i=1}^{M}\sum_{j=1}^{M} p(\boldsymbol{z}_{k+1} \mid H_{ij,k+1},\boldsymbol{Z}_{1:k})\,p(H_{ij,k+1} \mid \boldsymbol{Z}_{1:k})} \tag{5-3-3}$$

$$p(\boldsymbol{x}_{k+1} \mid H_{ij,k+1},\boldsymbol{Z}_{1:k+1}) \leftarrow p(\boldsymbol{x}_{k+1} \mid H_{ij,k+1},\boldsymbol{Z}_{1:k}) \leftarrow p(\boldsymbol{x}_{k+1} \mid H_{ij,k+1},\boldsymbol{Z}_{1:k-1}) \leftarrow p(\boldsymbol{x}_k \mid H_{ij,k+1},\boldsymbol{Z}_{1:k-1})$$

同时

$$p(H_{ij,k+1} \mid \boldsymbol{Z}_{1:k}) = \sum_{m=1}^{M} \lambda_{ij}\, p(H_{jm,k} \mid \boldsymbol{Z}_{1:k}\}$$

$$p(\boldsymbol{x}_k \mid H_{ij,k+1},\boldsymbol{Z}_{1:k-1}) = \sum_{m=1}^{M} p(\boldsymbol{x}_k \mid H_{jm,k},\boldsymbol{Z}_{1:k-1}) \cdot p(H_{jm,k} \mid H_{ij,k+1},\boldsymbol{Z}_{1:k-1})$$

$$p(H_{jm,k} \mid H_{ij,k+1},\boldsymbol{Z}_{1:k-1})=\frac{\lambda_{ij}\sum_{n=1}^{M}\lambda_{jm}p(H_{mn,k-1} \mid \boldsymbol{Z}_{1:k-1})}{\sum_{m=1}^{M}\lambda_{ij}\sum_{n=1}^{M}\lambda_{jm}p(H_{mn,k-1} \mid \boldsymbol{Z}_{1:k-1})}$$

这里，由于噪声相关的影响，在单个假设的状态后验概率密度传递过程中，通过贝叶斯公式，由

$$p(\boldsymbol{x}_{k+1} \mid H_{ij,k+1},\boldsymbol{Z}_{1:k-1})$$

经过一步预测和一步更新，求取最终的状态后验概率 $p(\boldsymbol{x}_{k+1} \mid H_{ij,k+1},\boldsymbol{Z}_{1:k+1})$。而对于 $p(\boldsymbol{x}_{k+1} \mid H_{ij,k+1},\boldsymbol{Z}_{1:k-1})$，可以通过 $p(\boldsymbol{x}_{k} \mid H_{ij,k+1},\boldsymbol{Z}_{1:k-1})$ 由动态方程直接求取。

证明　根据全概率公式，状态 $\boldsymbol{x}_k$ 的条件后验概率可以展开如下

$$\begin{aligned}p(\boldsymbol{x}_{k+1} \mid \boldsymbol{Z}_{1:k+1})&=\sum_{i=1}^{M}\sum_{j=1}^{M}p(\boldsymbol{x}_{k+1},H_{ij,k+1} \mid \boldsymbol{Z}_{1:k+1})\\&=\sum_{i=1}^{M}\sum_{j=1}^{M}p(\boldsymbol{x}_{k+1} \mid H_{ij,k+1},\boldsymbol{Z}_{1:k+1})p(H_{ij,k+1} \mid \boldsymbol{Z}_{1:k+1})\end{aligned}$$

这里，最终的条件后验概率 $p(\boldsymbol{x}_{k+1} \mid \boldsymbol{Z}_{1:k+1})$ 可以通过每个假设下的条件后验概率 $p(\boldsymbol{x}_{k+1} \mid H_{ij,k+1},\boldsymbol{Z}_{1:k+1})$ 和假设概率 $p(H_{ij,k+1} \mid \boldsymbol{Z}_{1:k+1})$ 综合获得，$i,j=1,\cdots,M$。

其中，假设概率 $p(H_{ij,k+1} \mid \boldsymbol{Z}_{1:k+1})$ 可计算如下

$$\begin{aligned}p(H_{ij,k+1} \mid \boldsymbol{Z}_{1:k+1})&=\frac{p(H_{ij,k+1},\boldsymbol{z}_{k+1} \mid \boldsymbol{Z}_{1:k})}{p(\boldsymbol{z}_{k+1} \mid \boldsymbol{Z}_{1:k})}\\&=\frac{p(\boldsymbol{z}_{k+1} \mid H_{ij,k+1},\boldsymbol{Z}_{1:k})p(H_{ij,k+1} \mid \boldsymbol{Z}_{1:k})}{\sum_{i=1}^{M}\sum_{j=1}^{M}p(\boldsymbol{z}_{k+1},H_{ij,k+1} \mid \boldsymbol{Z}_{1:k})}\\&=\frac{p(\boldsymbol{z}_{k+1} \mid H_{ij,k+1},\boldsymbol{Z}_{1:k})p(H_{ij,k+1} \mid \boldsymbol{Z}_{1:k})}{\sum_{i=1}^{M}\sum_{j=1}^{M}p(\boldsymbol{z}_{k+1} \mid H_{ij,k+1},\boldsymbol{Z}_{1:k})p(H_{ij,k+1} \mid \boldsymbol{Z}_{1:k})}\end{aligned}$$

$$\begin{aligned}p(H_{ij,k+1} \mid \boldsymbol{Z}_{1:k})&=\sum_{m=1}^{M}p(H_{ij,k+1},H_{jm,k} \mid \boldsymbol{Z}_{1:k})\\&=\sum_{m=1}^{M}p(\boldsymbol{\Theta}_{k+1}=i \mid H_{jm,k},\boldsymbol{Z}_{1:k})p(H_{jm,k} \mid \boldsymbol{Z}_{1:k})\\&=\sum_{m=1}^{M}p(\boldsymbol{\Theta}_{k+1}=i \mid \boldsymbol{\Theta}_{k}=j)p(H_{jm,k} \mid \boldsymbol{Z}_{1:k})\\&=\sum_{m=1}^{M}\lambda_{ij}p(H_{jm,k} \mid \boldsymbol{Z}_{1:k})\end{aligned}$$

假设 $H_{ij,k+1}$ 下的条件状态后验概率密度函数可通过如下概率密度转移计算获得

$k\to k+1$ 时刻贝叶斯更新：

$$p(\boldsymbol{x}_{k+1} \mid H_{ij,k+1},\boldsymbol{Z}_{1:k+1})\leftarrow p(\boldsymbol{x}_{k+1} \mid H_{ij,k+1},\boldsymbol{Z}_{1:k}),$$

$k-1\to k$ 时刻贝叶斯更新：

$$p(\boldsymbol{x}_{k+1} \mid H_{ij,k+1},\boldsymbol{Z}_{1:k})\leftarrow p(\boldsymbol{x}_{k+1} \mid H_{ij,k+1},\boldsymbol{Z}_{1:k-1}),$$

$k\to k+1$ 时刻一步预测：

$$p(\boldsymbol{x}_{k+1} \mid H_{ij,k+1},\boldsymbol{Z}_{1:k-1})\leftarrow p(\boldsymbol{x}_{k} \mid H_{ij,k+1},\boldsymbol{Z}_{1:k-1}),$$

条件后验概率 $p(\boldsymbol{x}_k \mid H_{ij,k+1},\boldsymbol{Z}_{1:k-1})$ 通过跳变马尔可夫参数转移 $p(\boldsymbol{x}_k \mid H_{jm,k},\boldsymbol{Z}_{1:k-1})$ 递推如下所示

$$\begin{aligned} p(\boldsymbol{x}_k \mid H_{ij,k+1},\boldsymbol{Z}_{1:k-1}) &= \sum_{m=1}^{M} p(\boldsymbol{x}_k, H_{jm,k} \mid H_{ij,k+1},\boldsymbol{Z}_{1:k-1}) \\ &= \sum_{m=1}^{M} p(\boldsymbol{x}_k \mid H_{jm,k},\boldsymbol{Z}_{1:k-1}) P(H_{jm,k} \mid H_{ij,k+1},\boldsymbol{Z}_{1:k-1}) \end{aligned}$$

且

$$\begin{aligned} & p(H_{jm,k} \mid H_{ij,k+1},\boldsymbol{Z}_{1:k-1}) \\ &= \frac{p(H_{ij,k+1} \mid H_{jm,k},\boldsymbol{Z}_{1:k-1}) p(H_{jm,k} \mid \boldsymbol{Z}_{1:k-1})}{p(H_{ij,k+1} \mid \boldsymbol{Z}_{1:k-1})} \\ &= \frac{\lambda_{ij} \sum_{n=1}^{M} p(H_{jm,k} \mid H_{mn,k-1},\boldsymbol{Z}_{1:k-1}) p(H_{mn,k-1} \mid \boldsymbol{Z}_{1:k-1})}{\sum_{m=1}^{M} p(H_{ij,k+1} \mid H_{jm,k},\boldsymbol{Z}_{1:k-1}) \sum_{n=1}^{M} p(H_{jm,k} \mid H_{mn,k-1},\boldsymbol{Z}_{1:k-1}) p(H_{mn,k-1} \mid \boldsymbol{Z}_{1:k-1})} \\ &= \frac{\lambda_{ij} \sum_{n=1}^{M} \lambda_{jm} p(H_{mn,k-1} \mid \boldsymbol{Z}_{1:k-1})}{\sum_{m=1}^{M} \lambda_{ij} \sum_{n=1}^{M} \lambda_{jm} p(H_{mn,k-1} \mid \boldsymbol{Z}_{1:k-1})} \text{。} \end{aligned}$$

综上，定理 5.1 得证。

由定理 5.1 知，在每个可能假设都为高斯近似的情况下，即状态后验概率密度在高斯近似下进行递推，可以得到该系统的高斯和滤波器的递推结构，故作如下假设。

假设 5.1　在可能假设 $H_{ij,k+1}$ 和量测序列 $\boldsymbol{Z}_{1:k+1}$ 下，状态 $\boldsymbol{x}_{k+1}$ 的后验概率密度是高斯近似的，即

$$p(\boldsymbol{x}_{k+1} \mid H_{ij,k+1},\boldsymbol{Z}_{1:k+1}\}) \approx \mathcal{N}(\boldsymbol{x}_{k+1}; \hat{\boldsymbol{x}}_{k+1,H_{ij,k+1}|k+1}, \boldsymbol{P}_{k+1,h_{ij,k+1}|k+1}) \tag{5-3-4}$$

其中

$$\hat{\boldsymbol{x}}_{k+1,H_{ij,k+1}|k+1} := E(\boldsymbol{x}_{k+1} \mid H_{ij,k+1},\boldsymbol{Z}_{1:k+1}) \tag{5-3-5}$$

$$\boldsymbol{P}_{k+1,H_{ij,k+1}|k+1} := \mathrm{cov}(\boldsymbol{x}_{k+1} \mid H_{ij,k+1},\boldsymbol{Z}_{1:k+1}) \tag{5-3-6}$$

假设 5.2　在可能假设 $H_{ij,k+1}$ 和量测序列 $\boldsymbol{Z}_{1:k}$ 下，量测 $\boldsymbol{Z}_{k+1}$ 的后验概率密度是高斯近似的，即

$$p(\boldsymbol{z}_{k+1} \mid H_{ij,k+1},\boldsymbol{Z}_{1:k}\}) \approx \mathcal{N}(\boldsymbol{z}_{k+1}; \hat{\boldsymbol{z}}_{k+1,h_{ij,k+1}|k}, \boldsymbol{S}_{k+1,H_{ij,k+1}|k}) \tag{5-3-7}$$

其中

$$\hat{\boldsymbol{z}}_{k+1,H_{ij,k+1}|k} := E(\boldsymbol{z}_{k+1} \mid H_{ij,k+1},\boldsymbol{Z}_{1:k}) \tag{5-3-8}$$

$$S_{k+1,H_{ij,k+1}|k} := \mathrm{cov}(\boldsymbol{z}_{k+1} \mid H_{ij,k+1},\boldsymbol{Z}_{1:k}) \tag{5-3-9}$$

假设 5.3　在可能假设 $H_{ij,k+1}$ 和量测序列 $\boldsymbol{Z}_{1:k-1}$ 下，状态 $\boldsymbol{x}_k$ 的后验概率密度是高斯近似的，即

$$p(\boldsymbol{x}_k \mid H_{ij,k+1},\boldsymbol{Z}_{1:k-1}) \approx \mathcal{N}(\boldsymbol{x}_k; \hat{\boldsymbol{x}}_{k,H_{ij,k+1}|k-1}, \boldsymbol{P}_{k,H_{ij,k+1}|k-1}) \tag{5-3-10}$$

其中

$$\hat{\boldsymbol{x}}_{k,H_{ij,k+1}|k-1} := E(\boldsymbol{x}_k \mid H_{ij,k+1}, \boldsymbol{Z}_{1:k-1}) \tag{5-3-11}$$

$$\boldsymbol{P}_{k,H_{ij,k+1}|k-1} := \mathrm{cov}(\boldsymbol{x}_k \mid H_{ij,k+1}, \boldsymbol{Z}_{1:k-1}) \tag{5-3-12}$$

标记量测 $\boldsymbol{Z}_{1:l}$ 下假设 $H_{ij,k}$ 概率为 $\hat{\pi}_{ij,k|l} := p(H_{ij,k} \mid \boldsymbol{Z}_{1:l})$，且

$$\hat{\pi}_{H_{jm,k}|H_{ij,l},t} := p(H_{jm,k} \mid H_{ij,l}, \boldsymbol{z}_t)。$$

状态的估计值和协方差分别为 $\hat{\boldsymbol{x}}_{k|l} := E(\boldsymbol{x}_k \mid \boldsymbol{Z}_{1:l})$ 和 $\boldsymbol{P}_{k|l} := \mathrm{cov}(\boldsymbol{x}_k \mid \boldsymbol{Z}_{1:l})$。

算法 5.1 在 k 时刻，$H_{jm,k}$ 下状态一步预测后验概率 $\mathcal{N}(\boldsymbol{x}_k; \hat{\boldsymbol{x}}_{k,H_{jm,k}|k-1}, \boldsymbol{P}_{k,H_{jm,k}|k-1})$，相应的可能假设概率记为 $\pi_{jm,k|k}$，状态的一步递推如下

(1)假设概率递推

$$\hat{\pi}_{H_{jm,k}|H_{ij,k+1},k-1} = \frac{\lambda_{ij}\sum_{n=1}^{M}\lambda_{jm}\hat{\pi}_{H_{mn,k-1}|k-1}}{\sum_{m=1}^{M}\lambda_{ij}\sum_{n=1}^{M}\lambda_{jm}\hat{\pi}_{H_{mn,k-1}|k-1}}$$

(2)假设概率预测

$$\hat{\pi}_{H_{ij,k+1}|k} = \sum_{m=1}^{M}\lambda_{ij}\hat{\pi}_{H_{jm,k}|k}$$

(3)基于假设 5.3，在可能假设 $H_{ij,k+1}$ 和量测序列 $\boldsymbol{Z}_{1:k-1}$ 下，有

$$\hat{\boldsymbol{x}}_{k|H_{ij,k+1},k-1} = \sum_{m=1}^{M}\hat{\pi}_{H_{jm,k}|H_{ij,k+1},k-1}\hat{\boldsymbol{x}}_{k|H_{jm,k},k-1}$$

$$\boldsymbol{P}_{k|H_{ij,k+1},k-1} = \sum_{m=1}^{M}\hat{\pi}_{H_{jm,k}|H_{ij,k+1},k-1}(\boldsymbol{P}_{k|H_{jm,k},k-1} + $$

$$(\hat{\boldsymbol{x}}_{k|H_{jm,k},k-1} - \hat{\boldsymbol{x}}_{k|H_{ij,k+1},k-1})(\hat{\boldsymbol{x}}_{k|H_{jm,k},k-1} - \hat{\boldsymbol{x}}_{k|H_{ij,k+1},k-1})^{\mathrm{T}});$$

(4)在可能假设 $H_{ij,k+1}$ 和量测序列 $\boldsymbol{Z}_{1:k+1}$ 下，后验状态密度高斯近似的一、二阶矩更新如下

$$\hat{\boldsymbol{x}}_{k+1|H_{ij,k+1},k+1} = \hat{\boldsymbol{x}}_{k+1|H_{ij,k+1},k} + \boldsymbol{K}_{k+1|h_{ij,k+1}}(\boldsymbol{z}_{k+1} - \hat{\boldsymbol{z}}_{k+1|H_{ij,k+1},k})$$

$$\boldsymbol{P}_{k+1|H_{ij,k+1},k+1} = \boldsymbol{P}_{k+1|H_{ij,k+1},k} - \boldsymbol{K}_{k+1|H_{ij,k+1}}\boldsymbol{S}_{k+1|H_{ij,k+1},k}\boldsymbol{K}^{\mathrm{T}}_{k+1|H_{ij,k+1}}$$

$$\boldsymbol{K}^{\mathrm{T}}_{k+1|H_{ij,k+1}} = \boldsymbol{P}^{xz}_{k+1|H_{ij,k+1},k}\boldsymbol{S}^{-1}_{k+1|H_{ij,k+1},k}$$

式中，$\boldsymbol{K}^{\mathrm{T}}_{k+1|H_{ij,k+1}}$ 代表增益矩阵，且

$$\hat{\boldsymbol{z}}_{k+1|H_{ij,k+1},k} = \int \boldsymbol{h}(\boldsymbol{x}_{k+1}, \boldsymbol{\Theta}_{k+1} = i)\mathcal{N}(\boldsymbol{x}_{k+1}; \hat{\boldsymbol{x}}_{\mathrm{k+1|H_{ij,k+1},k}}, \boldsymbol{P}_{k+1|H_{ij,k+1},k})\mathrm{d}\boldsymbol{x}_{k+1}$$

$$\boldsymbol{S}_{k+1|H_{ij,k+1},k} = \int \boldsymbol{h}(\boldsymbol{x}_{k+1}, \boldsymbol{\Theta}_{k+1} = i)\boldsymbol{h}^{\mathrm{T}}(\boldsymbol{x}_{k+1}, \boldsymbol{\Theta}_{k+1} = i)\mathcal{N}(\boldsymbol{x}_{k+1}; \hat{\boldsymbol{x}}_{k+1|H_{ij,k+1},k}, \boldsymbol{P}_{k+1|H_{ij,k+1},k})\mathrm{d}\boldsymbol{x}_{k+1} -$$

$$\hat{\boldsymbol{x}}_{k+1|H_{ij,k+1},k}\hat{\boldsymbol{x}}^{\mathrm{T}}_{k+1|H_{ij,k+1},k} + \boldsymbol{R}_{k+1}$$

$$\boldsymbol{P}^{xz}_{k+1|H_{ij,k+1},k} = \int \boldsymbol{x}_{k+1}\boldsymbol{h}(\boldsymbol{x}_{k+1}, \boldsymbol{\Theta}_{k+1} = i)\mathcal{N}(\boldsymbol{x}_{k+1}; \hat{\boldsymbol{x}}_{k+1|H_{ij,k+1},k}, \boldsymbol{P}_{k+1|H_{ij,k+1},k})\mathrm{d}\boldsymbol{x}_{k+1} -$$

$$\hat{\boldsymbol{x}}_{k+1|H_{ij,k+1},k}\hat{\boldsymbol{z}}^{\mathrm{T}}_{k+1|H_{ij,k+1},k}$$

这里

$$\hat{\boldsymbol{x}}_{k+1|H_{ij,k+1},k} = \hat{\boldsymbol{x}}_{k+1|H_{ij,k+1},k-1} + \boldsymbol{G}_{k|H_{ij,k+1}}(\boldsymbol{z}_k - \hat{\boldsymbol{z}}_{k|H_{ij,k+1},k-1})$$

$$\boldsymbol{P}_{k+1|H_{ij,k+1},k}=\boldsymbol{P}_{k+1|H_{ij,k+1},k-1}-\boldsymbol{G}_{k|H_{ij,k+1}}\boldsymbol{S}_{k|H_{ij,k+1},k-1}\boldsymbol{G}_{k|H_{ij,k+1}}^{\mathrm{T}}$$

$$\boldsymbol{G}_{k|H_{ij,k+1}}=\boldsymbol{P}_{k+1,k|H_{ij,k+1},k-1}^{xz}\boldsymbol{S}_{k|H_{ij,k+1},k-1}^{-1}$$

式中，$\boldsymbol{G}_{k|H_{ij,k+1}}$ 代表增益矩阵，且

$$\hat{\boldsymbol{x}}_{k+1|H_{ij,k+1},k-1}=\int \boldsymbol{f}(\boldsymbol{x}_k,\boldsymbol{\Theta}_{k+1}=i)\mathcal{N}(\boldsymbol{x}_k;\hat{\boldsymbol{x}}_{k|H_{ij,k+1},k-1},\boldsymbol{P}_{k|H_{ij,k+1},k-1})\mathrm{d}\boldsymbol{x}_k$$

$$\boldsymbol{P}_{k+1|H_{ij,k+1},k-1}=\int \boldsymbol{f}(\boldsymbol{x}_k,\boldsymbol{\Theta}_{k+1}=i)\boldsymbol{f}^{\mathrm{T}}(\boldsymbol{x}_k,\boldsymbol{\Theta}_{k+1}=i)\mathcal{N}(\boldsymbol{x}_k;\hat{\boldsymbol{x}}_{k|H_{ij,k+1},k-1},\boldsymbol{P}_{k|H_{ij,k},k-1})\mathrm{d}\boldsymbol{x}_k$$
$$-\hat{\boldsymbol{x}}_{k+1|H_{ij,k+1},k-1}\hat{\boldsymbol{x}}_{k+1|H_{ij,k+1},k-1}^{\mathrm{T}}+\boldsymbol{Q}_k$$

$$\hat{\boldsymbol{z}}_{k|H_{ij,k+1},k-1}=\int \boldsymbol{h}(\boldsymbol{x}_k,\boldsymbol{\Theta}_k=j)\mathcal{N}(\boldsymbol{x}_k;\hat{\boldsymbol{x}}_{k|H_{ij,k+1},k-1},\boldsymbol{P}_{k|H_{ij,k+1},k-1})\mathrm{d}\boldsymbol{x}_k$$

$$\boldsymbol{S}_{k|H_{ij,k+1},k-1}=\int \boldsymbol{h}(\boldsymbol{x}_k,\boldsymbol{\Theta}_k=j)\boldsymbol{h}^{\mathrm{T}}(\boldsymbol{x}_k,\boldsymbol{\Theta}_k=j)\mathcal{N}(\boldsymbol{x}_k;\boldsymbol{P}_{k|H_{ij,k+1},k-1})\mathrm{d}\boldsymbol{x}_k$$
$$-\hat{\boldsymbol{z}}_{k|H_{ij,k+1},k-1}\hat{\boldsymbol{z}}_{k|H_{ij,k+1},k-1}^{\mathrm{T}}+\boldsymbol{R}_k$$

$$\boldsymbol{P}_{k+1,k|H_{ij,k+1},k-1}^{xz}=\int \boldsymbol{f}(\boldsymbol{x}_k,\boldsymbol{\Theta}_{k+1}=i)\boldsymbol{h}^{\mathrm{T}}(\boldsymbol{x}_k,\boldsymbol{\Theta}_k=j)\mathcal{N}(\boldsymbol{x}_k;\hat{\boldsymbol{x}}_{k|H_{ij,k+1},k-1},\boldsymbol{P}_{k|H_{ij,k+1},k-1})\mathrm{d}\boldsymbol{x}_k$$
$$-\hat{\boldsymbol{x}}_{k|H_{ij,k+1},k-1}\hat{\boldsymbol{z}}_{k|H_{ij,k+1},k-1}^{\mathrm{T}}+\boldsymbol{C}_k$$

(5)可能假设概率更新；

(6)输出

$$\hat{\boldsymbol{x}}_{k+1|k+1}=\sum_{i=1}^{M}\sum_{j=1}^{M}\hat{\pi}_{H_{ij,k+1}|k+1}\hat{x}_{k+1|H_{ij,k+1},k+1}$$

$$\boldsymbol{P}_{k+1|k+1}=\sum_{i=1}^{M}\sum_{j=1}^{M}\hat{\pi}_{H_{ij,k+1}|k+1}(\boldsymbol{P}_{k+1|H_{ij,k+1},k+1}+(\hat{\boldsymbol{x}}_{k+1|H_{ij,k+1},k+1}-\hat{\boldsymbol{x}}_{k+1|k+1})\cdot$$
$$(\hat{\boldsymbol{x}}_{k+1|H_{ij,k+1},k+1}-\hat{\boldsymbol{x}}_{k+1|k+1}\})^{\mathrm{T}})$$

对于上述算法中的高斯和滤波器，一个关键问题就是计算高斯积分。利用诸如无迹变换[19]等数值积分方法，可以直接给出高斯和滤波器的数值递推计算形式。

5.4　数值仿真

考虑基于双模式的离散时间噪声相关下离散时间跳变马尔可夫非线性系统，模型集中包含下述两个典型的一维非线性系统模型。

模型 1

$$\begin{cases}\boldsymbol{x}_k=0.5\boldsymbol{x}_{k-1}+\sin(0.04\pi k)+1+\boldsymbol{w}_{k-1}\\ \boldsymbol{z}_k=(\boldsymbol{x}_k)2/5+\boldsymbol{v}_k\end{cases}\tag{5-4-1}$$

模型 2

$$\begin{cases}\boldsymbol{x}_k=0.5\boldsymbol{x}_{k-1}+\dfrac{25\boldsymbol{x}_{k-1}}{1+(\boldsymbol{x}_{k-1})^2}+8\cdot\cos(1.2(k-1))+\boldsymbol{w}_{k-1}\\ \boldsymbol{z}_k=(\boldsymbol{x}_k)^2/20+\boldsymbol{v}_k\end{cases}\tag{5-4-2}$$

式中，$\boldsymbol{w}_k$ 和 $\boldsymbol{v}_k$ 为零均值、协方差 $\boldsymbol{Q}_k=1$ 和 $\boldsymbol{R}_k=2.5$ 的高斯白噪声，且相关系数为 $\boldsymbol{C}_k$ 。系统仿真时间为 40 拍，在前 15 拍，状态按照模型 1 进行衍化，在 16～30 拍，状态按照模型 2 进行衍化，在剩余 10 拍，状态又按照模型 1 进行衍化。初始状态 $\boldsymbol{x}_0 \sim \mathcal{N}(0,5)$ ，任意产生。

所提高斯和算法与传统的交互式多模型无味卡尔曼滤波(Interacting Multiple Model Unscented Kalman Filter，IMMUKF)算法相比，在 GSF 和 IMM 的子滤波中，皆采取无味变换来计算数值积分。针对两种算法，取模型转移概率 $\lambda_{11}=\lambda_{22}=0.98$，初始模型转移概率皆为 0.5，状态估计初值及其协方差为 $\hat{\boldsymbol{x}}_{0|0}=0$，$\boldsymbol{P}_{0|0}=5$。

针对不同 $\boldsymbol{C}_k$ 取值，图 5-4-1 至图 5-4-3 给出了 1000 次蒙特卡罗仿真下两种算法的 RMSE 曲线。当 $\boldsymbol{C}_k=0$，即过程噪声 $\boldsymbol{w}_k$ 与量测噪声 $\boldsymbol{v}_k$ 不相关时，所提的高斯和滤波器和 IMMUKF 算法 RMSE 曲线基本一致。随着 $\boldsymbol{C}_k$ 的增大，特别当相关系数 $\boldsymbol{\rho}_k=\boldsymbol{C}_k\boldsymbol{\Xi}_k^{-1}(\boldsymbol{\Xi}_k\boldsymbol{\Xi}_k^{\mathrm{T}}=\boldsymbol{Q}_k\boldsymbol{R}_k)$逐渐趋于 1 时，所提的高斯和滤波器的精度远远优于 IMMUKF 算法。综上，从仿真结果中可以看出，随着过程噪声和量测噪声的相关度越来越高，即相关系数越来越趋于 1，所提的高斯和滤波算法的滤波精度优于传统的 IMMUKF 算法。

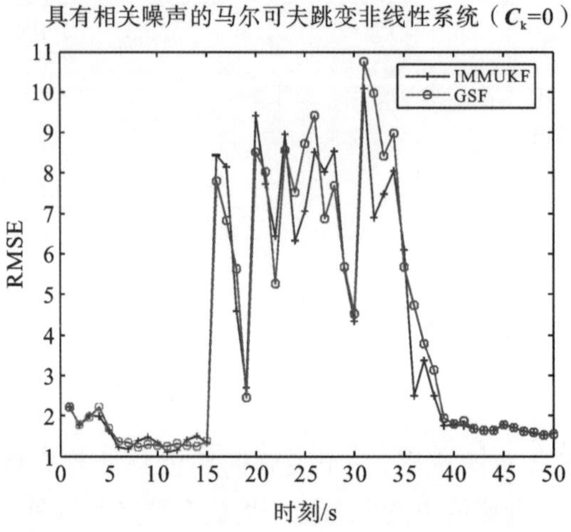

图 5-4-1　状态估计 RMSE 曲线($\boldsymbol{C}_k=0$)

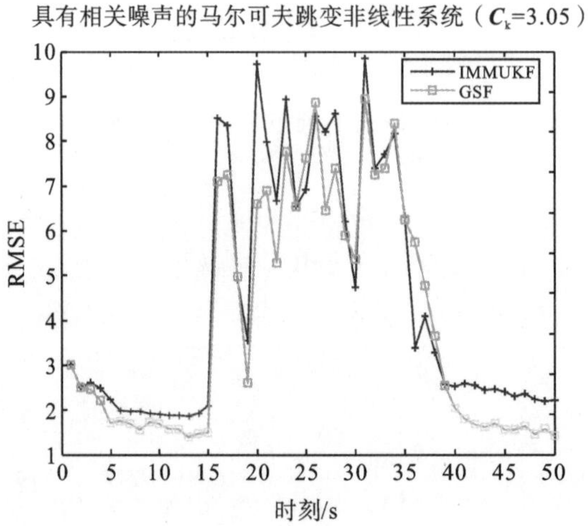

图 5-4-2　状态估计 RMSE 曲线($\boldsymbol{C}_k=3.05$)

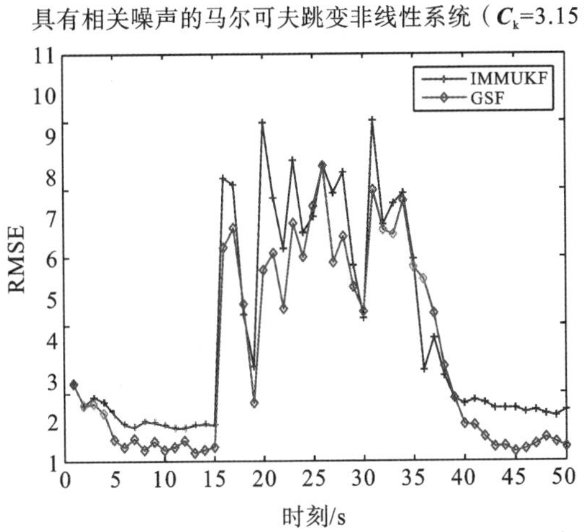

图 5-4-3　状态估计 RMSE 曲线（ C_k = 3.15 ）

参考文献

[1] LIN Z, LIU J, ZHANG W, et al. Stabilization of interconnected nonlinear stochastic Markovian jump systems via dissipativity approach [J]. Automatica, 2011, 47: 2796 - 2800.

[2] COSTA O L V, FRAGOSO M D. Discrete - time LQ - optimal control problems for infinite Markov jump parameter systems [J]. IEEE Trans. Autom. Control, 1995, 40 (12): 2076 - 2088.

[3] JOHNSTON L A, KRISHNAMURTHY V. An improvement to the interacting multiple model (IMM) algorithm[J]. IEEE Trans. Signal Proc. , 2001, 49 (12): 2909 - 2923.

[4] YANG Y, LIANG Y, YANG F, et al. Linear minimum - mean - square error estimation of Markovian jump linear systems with randomly delayed measurements [J]. IET Signal Process, 2014, 8(6): 658 - 667.

[5] RU J, LI X. Variable - structure multiple - model approach to fault detection, identification and estimation [J]. IEEE Trans. Control Syst. Technol. , 2008, 16 (5): 1029 - 1038.

[6] YANG Y, LIANG Y, YANG F, et al. Linear minimum - mean - square error estimation of Markovian jump linear systems with stochastic coefficient matrices [J]. IET Control Theory Appl. , 2014, 8 (12):1112 - 1126.

[7] LI X R, JILKOV V P. Survey of Maneuvering Target Tracking. Part V: Multiple - Model Methods [J]. IEEE Trans. Aerospace Electron. Syst. , Oct. 2005, 41 (4):1255 - 1321.

[8] LI X R. Engineer's guide to variable - structure multiple - model estimation for tracking. In Y. Bar - Sholm and W. D. Blair (Eds.), Multitarget - Multisensor Tracking: Applications and Advances, Vol. III, Boston, MA: Artech House, 2000, chapter. 10, 499 - 567.

[9] BLOM H A P, BAR - SHALOM Y. The interacting multiple model algorithm for systems with Markovian switching coefficients [J]. IEEE Trans. Automat. Control, Aug. 1988, 33(8): 780 - 783.

[10] MAZOR E, AVERBUCH A, BAR - SHALOM Y, et al. Interacting Multiple Model Methods in Target Tracking: A Survey [J]. IEEE Trans. Aerospace Electron Syst., Jan. 1998. 34(1): 103 - 123.

[11] JOHNSTON L A, KRISHNAMURTHY V. An Improvement to the Interacting Multiple Model(IMM) Algorithm [J]. IEEE Trans. Signal Process, Dec. 2001, 49(12): 2909 - 2923.

[12] LI X R, BAR - SHALOM Y. Multiple - Model Estimation with Variable Structure [J]. IEEE Trans. Automat. Control, Apr. 1996, 41(4):478 - 493.

[13] LI X R. Multiple - Model Estimation with Variable Structure—Part II: Model - Set Adaptation [J]. IEEE Trans. Automat. Control, Nov. 2000, 45 (11):2047 - 2060.

[14] LI X R, ZHI X R. ZHANG Y M. Multiple - model estimation with variance structure—Part III: Model - group switching algorithm [J]. IEEE Trans. Aerospace. Electron. Syst., Jan. 1999, 35: 225 - 241.

[15] LI X R, ZHANG Y M, ZHI X R. Multiple - model estimation with variable structure—Part IV: Design and evaluation of model - group switching algorithm [J]. IEEE Trans. Aerospace. Electron. Syst., Jan. 1999, 35: 242 - 254.

[16] LI X R, ZHANG Y M. Multiple - model estimation with variance structure—Part V: Likely - model set algorithm [J]. IEEE Trans. Aerospace. Electron. Syst., Apr. 2000, 36:448 - 466.

[17] LAN J, LI X R, MU C. Best Model Augmentation for Variable - Structure Multiple - Model Estimation [J]. IEEE Trans. Aerospace Electron Syst., Jul. 2011, 47(3):2008 - 2025.

[18] WANG X, LIANG Y, PAN Q, et al. A Gaussian approximation recursive filter for nonlinear systems with correlated noises [J]. Automatica, 2012, 48:2290 - 2297.

[19] JULIER S J, UHLMANN J K. Unscented Filtering and Nonlinear Estimatio [J]. Proceedings of the IEEE, 2004, 92(3): 401 - 422 .

第 6 章　非线性系统分布式融合

6.1　有色量测噪声非线性系统的有限时间分布式块分解信息滤波器

6.1.1　引　　言

自 20 世纪 60 年代，著名的卡尔曼滤波器首次被提出以来，由于其在自动控制[1-2]，导航[3-4]，目标跟踪[5-7]，故障检测与诊断[8-9]，统计信号处理[10-11]等各种实际工程中的成功应用，动态系统的滤波问题受到了广泛关注。对于含高斯白噪声的线性系统，在最小均方误差准则[4][6]下推导出的递归贝叶斯滤波框架下卡尔曼滤波是最优的。线性模型是理想的，更一般模型是考虑非线性[12-15]。对于非线性模型，递归贝叶斯滤波的解析解不可能得到[16]，另一种方法是发展卡尔曼型点滤波器（如扩展卡尔曼滤波器，无迹卡尔曼滤波器，容积卡尔曼滤波器，高斯-埃尔米特滤波器等）[6][12-14]和粒子密度滤波器（如重要性重采样滤波器，辅助重要性重采样滤波器，正则化粒子滤波器，盒粒子滤波等）[15][17]。实际上，除了模型非线性，系统噪声也并不总是白噪声，特别是来自传感器量测噪声[6][18-19]。事实上，实际系统噪声往往是时间相关的，以白噪声驱动的一阶自回归过程建模的所谓有色量测噪声就是一个典型的代表[20-25]。

目前，针对有色量测噪声的自回归处理方法主要有两种，即状态扩维法和量测差法，以弥补类卡尔曼点滤波器[6][19][21-23]，该方法也可以直接推广到类粒子滤波器。状态扩维法是一种直观的方法，它通过扩维原系统状态和有色量测噪声作为新的状态向量[6]，使得重构的量测模型不包含量测噪声。然后，理论上可以将卡尔曼滤波应用到重写后的系统中。然而，在数值实现方面，由于更新后的状态估计误差协方差在稳态收敛到一个奇异矩阵[19]，滤波器的更新是困难的。针对这一问题，人们提出了两种新的状态扩维算法，即吉洪诺夫-卡夫曼（Tikhonov - Kalman）滤波算法和 perturb - p 算法[19]，其中前者对增益矩阵进行正则化处理，后者在状态估计误差协方差矩阵的对角元素上添加少量正量，以克服状态扩维方法存在的奇异性问题。

作为一种替代方案，对于考虑的不同形式的系统，量测差方法更为常见，通过运行当前和相邻前一时刻的原始量测模型的差来重建一个具有非相关白噪声的新量测模型[6][20-22][25-27]。从系统结构角度出发，该方法重构了一种新的包含白噪声的量测模型，且不改变系统状态的动态演化。从而避免了状态扩维方法中存在的协方差奇异性问题。然而，在这种方法中，重构的量测模型中会同时存在当前系统状态和相邻的前一个系统状态。利用三种方法来设计递归滤波器，总结如下。在第一种方法中，基于动态模型将当前系统状态替换为相邻前一时刻的状态，并利用过程噪声与等效量测噪声节相关的特性进一步设计后续滤波器。该方法提供单滞后平滑估计，通过简单的一步状态传播[20]得到实时滤波估计。而在第二种方法中，在保证状态转移矩阵的逆存在的前提下，将前一时刻的系统状态替换为当前时刻的系统状态，从而使所设计的滤波器直接得到最终的滤波估计[21]。与上述两种方法不同，第三种方法计算了当前系统状态与前一系统状态之间的互相关，这为残差滤波器的设计提供了一个前提[22]。同时，在文献[22]的工作中，也从理论上分析了这三种方法的等价性。

上述状态扩维和量测差方法都是针对线性系统的。然而，在实际应用中，线性系统总是比较理想的。目前，借助量测差法，针对不同类型的系统结构进行滤波设计，以解决有色量测噪声问题，主要研究对象为非线性系统和马尔可夫跳变系统。针对含有色量测噪声的非线性系统，利用高斯分布递归逼近后验概率密度[28]，设计了一种退化为高斯滤波器的非线性高斯平滑器。此外，基于交互式多模型算法联合估计有色量测噪声的状态参数和自回归过程参数，实现对机动目标的跟踪[29]。然后，在均方误差最小意义下设计了含有色量测噪声的马尔可夫跳变线性系统的最优滤波器，并通过高斯假设剪枝提出了一种次优算法，该算法维数有限，且不随时间增加计算和存储负荷[27]。同时，将所考虑的系统[27]扩展到含有有色模态相关量测噪声的马尔可夫跳变线性系统，并在均方误差最小意义下给出了相应的最优滤波器和次优滤波器[30]。此外，针对有色量测噪声服从非线性自回归过程的马尔可夫跳变非线性系统，推导了一种基于 Alpha(或 Beta)散度的自适应高斯混合滤波器[25]。此外，考虑到其他一些复杂的性质，如乘性噪声，通信约束，多速率采样等，也有相应文献讨论了基于量测差法的不同递归滤波设计[26][31-32]。

然而，现有的处理有色量测噪声的递归滤波算法都局限于以下假设，即仅适用于单传感器或多传感器集中式融合结构。除了基于递归计算滤波误差协方差上界的事件触发多速率融合估计[32]，从多传感器融合的角度看，它既不是贝叶斯滤波，也不是最优的。事实上，考虑到大规模的传感系统或传感器网络，分布式滤波总是必要的[33-36]，这是一个重要的和热点的话题，特别是当模型非线性满足分布式融合框架时[37-41]。然而，目前还没有关于传感器网络中带有有色量测噪声的非线性系统的分布式递归贝叶斯滤波设计的研究。这是一个重要但仍未解决的问题。基于上述考虑，本节研究了有色量测噪声非线性系统服从非线性自回归过程(NSCNP)的分布式递归贝叶斯滤波问题，并在研究过程中克服了以下两个主要困难。首先，有色量测噪声和非线性的共存使得即使采用量测差分方法，在设计滤波时也需要考虑状态扩维。这将引发数值不稳定，并且在多传感器融合中由于多个传感器的积累而加剧。其次，由于基于线性模型和高斯白噪声的分布式信息滤波器可以在最小均方误差准则下获得最优估计融合，因此在考虑非线性和有色噪声的情况下，设计一种新的信息滤波器并给出相应的分布式实现是另一个挑战。

本节的技术贡献如下。首先，从新的角度提出了一种新的 NSCNP 信息过滤器(IFCN)，借助块矩阵求逆运算实现高维块矩阵分解；该方法直接递推估计系统状态的信息向量和信息矩阵，使所提出的滤波器具有良好的数值稳定性。同时，针对动态模型，量测模型和有色量测噪声模型三种非线性共存的情况，采用统计线性回归方法进行滤波器设计。其次，提出了有限时间分布式实现的 IFCN(简称 DIFCN)，通过保证每个传感器节点通过有限次平均一致性迭代直接获得传感器网络中共享变量的平均值，在最小均方误差准则下是最优的，即在每个传感器节点内的最终滤波估计与集中式滤波结果一致。在统计线性回归处理模型非线性和高斯后验概率密度逼近的基础上，推导了后验 Cramér - Rao 下界，表明所提出的 DIFCN 达到了最优的理论性能上界。

6.1.2　问题描述

考虑以下具有有色量测噪声的离散时间非线性系统服从非线性自回归过程

$$\boldsymbol{x}_k = \boldsymbol{f}_{k-1}(\boldsymbol{x}_{k-1}) + \boldsymbol{w}_{k-1} \tag{6-1-1}$$

$$\boldsymbol{z}_{i,k} = \boldsymbol{h}_{i,k}(\boldsymbol{x}_k) + \boldsymbol{v}_{i,k}, i = 1,\cdots,N \tag{6-1-2}$$

$$\boldsymbol{v}_{i,k} = \boldsymbol{\psi}_{i,k-1}(\boldsymbol{v}_{i,k-1}) + \boldsymbol{\tau}_{i,k-1} \tag{6-1-3}$$

式中，$\boldsymbol{x}_k \in \mathbb{R}^{n_x}$ 和 $\boldsymbol{z}_{i,k} \in \mathbb{R}^{n_z}$ 分别表示系统状态和来自 i^{th} 传感器节点的可用量测(下标 i 表示全文中的 i^{th} 传感器节点)。传感器 $i = 1,\cdots,N$ 构成一个传感器网络，用一个无向图 $G = (V,E)$ 表示，顶点 $i \in V$ 表示传感器节点，边 $e_{ij} \in E := \{e_{ij} \mid i,j \in V\}$ 表示传感器 i 和 j 可以相互共享信息。同时，假设每个传感器节点只与其邻居节点直接通信，图 G 连通。来自 i^{th} 传感器节点量测噪声 $\boldsymbol{v}_{i,k}$ 被着色，如式(6 - 1 - 3)所示，带有非线性映射 $\boldsymbol{\psi}_{i,k-1}(\cdot)$ 和添加驱动噪声 $\boldsymbol{\tau}_{i,k-1}$。在这里，过程噪声 $\boldsymbol{w}_{k-1}$ 和 $\boldsymbol{\tau}_{i,k-1}$ 都是零均值的高斯白噪声，满足以下统计特性：

$$E(\boldsymbol{w}_k \boldsymbol{w}_l^{\mathrm{T}}) = \boldsymbol{Q}_k \delta_{kl}, E(\boldsymbol{\tau}_{i,k} \boldsymbol{\tau}_{j,l}^{\mathrm{T}}) = \boldsymbol{R}_{i,k} \delta_{ij} \delta_{kl}, E(\boldsymbol{w}_k \boldsymbol{\tau}_{i,l}^{\mathrm{T}}) = \boldsymbol{O}, i,j = 1,\cdots,N ,$$

式中，δ_{kl} 是克罗内克函数，当 $k = l$ 时等于 1，否则等于 0。此外，假设 $\boldsymbol{Q}_k$ 和 $\boldsymbol{R}_{i,k}$ 都是正定的。此外，初始状态 $\boldsymbol{x}_0$ 是一个均值为 $\bar{\boldsymbol{x}}_0$、协方差为 $\boldsymbol{P}_0$ 的随机高斯向量，与 $\{\boldsymbol{w}_k, k \geqslant 1\}$ 和 $\{\boldsymbol{\tau}_{i,k}, k \geqslant 1\}$ 不相关。

考虑到分布式传感器部署具有通信带宽低、可扩展性强、对传感器故障鲁棒性强等优点[16][38][41-43]，本节的目的是在贝叶斯滤波框架下设计一个分布式递归滤波器，以同时处理有色量测噪声和模型非线性。在这里，三种模型非线性(即来自动力学模型、量测模型和有色量测噪声模型)共存。实际上，如果量测噪声是白色的，即 $\boldsymbol{\psi}_{i,k-1}(\cdot) = \boldsymbol{0}$，借助平均一致性[38][43]，通过对式(6 - 1 - 1)和式(6 - 1 - 2)应用一阶泰勒展开或统计线性回归处理模型非线性[44-45]，利用信息滤波得到相应的分布式滤波器，这是类卡尔曼结构。然而，在类卡尔曼滤波中，由于有色量测噪声违背了系统噪声在不同时刻相互独立的基本条件，即使不考虑模型的非线性，也难以直接递归实现信息分布式滤波。

因此，本节将为所考虑的系统式(6 - 1 - 1)至式(6 - 1 - 3)设计一个新的信息滤波器，并采用相应的分布式实现。

在对三种模型非线性进行统计线性回归处理的基础上，采用量测差法处理有色量测噪声，建立“线性”形式，实现信息滤波器。

由于重构的量测模型中同时存在当前和前一时刻的状态，信息滤波器设计中存在高维矩阵运算，不利于分布式融合。因此，通过分块矩阵求逆运算实现高维分块矩阵分解，可以直接估计原系统状态而不是估计扩维系统状态，具有良好的数值稳定性。

有限时间平均一致性使得传感器网络中每个传感器节点仅通过有限次迭代即可直接获得共享中间变量的平均值，从而在分布式融合中实现全局最优的滤波结果，确保所提出的分布式信息滤波器实现快速有效的融合。

6.1.3　含有色量测噪声非线性系统的块分解信息滤波器设计

针对含有色量测噪声的非线性系统，提出一种新的集中式信息滤波器(CIFCN)，借助高维矩阵分解，直接估计系统的原始状态。首先，基于统计线性回归方法处理有色量测噪声自回归过程中的非线性问题，以及线性化后处理有色量测噪声的量测模型和量测差方法，重构出一种新的线性形式的量测模型；其次，利用重构量测模型中当前状态和前一时刻状态共存的特性，设计了基于扩维状态估计的高维信息滤波器；然后，通过相应的块矩阵求逆运算（即高维矩阵分解）推导出一种新的块分解信息滤波器，从而直接估计原始系统状态，而不是估计高维扩维状态。

对于非线性自回归过程式(6-1-3)，表示 $\boldsymbol{R}_{i,k-1}:=\boldsymbol{\psi}_{i,k-1}(\boldsymbol{v}_{i,k-1})$。然后，通过使用统计线性回归[44]，我们有

$$\boldsymbol{R}_{i,k-1}=\boldsymbol{\psi}_{i,k-1}(\boldsymbol{v}_{i,k-1})=\boldsymbol{A}_{i,k-1}\boldsymbol{v}_{i,k-1}+\bar{\boldsymbol{\phi}}_{i,k-1}+\boldsymbol{e}_{i,k-1} \tag{6-1-4}$$

$\boldsymbol{A}_{i,k-1}:=(\boldsymbol{P}^{vr}_{i,k-1})^{\mathrm{T}}(\boldsymbol{P}^{vv}_{i,k-1})^{-1}$，$\bar{\boldsymbol{\phi}}_{i,k-1}:=\bar{\boldsymbol{r}}_{i,k-1}-\boldsymbol{A}_{i,k-1}\bar{\boldsymbol{v}}_{i,k-1}$ 和 $\boldsymbol{e}_{i,k-1}:=\boldsymbol{R}_{i,k-1}-\boldsymbol{A}_{i,k-1}\boldsymbol{v}_{i,k-1}-\bar{\boldsymbol{\phi}}_{i,k-1}$。这里，$\boldsymbol{P}^{vr}_{i,k-1}:=E(\tilde{\boldsymbol{v}}_{i,k-1}\tilde{\boldsymbol{r}}^{\mathrm{T}}_{i,k-1})$，$\boldsymbol{P}^{vv}_{i,k-1}:=E(\tilde{\boldsymbol{v}}_{i,k-1}\tilde{\boldsymbol{v}}^{\mathrm{T}}_{i,k-1})$，$\bar{\boldsymbol{v}}_{i,k-1}:=E(\boldsymbol{v}_{i,k-1})$ 和 $\bar{\boldsymbol{r}}_{i,k-1}:=E(\boldsymbol{R}_{i,k-1})$ 与 $\tilde{\boldsymbol{v}}_{i,k-1}:=\boldsymbol{v}_{i,k-1}-\bar{\boldsymbol{v}}_{i,k-1}$ 和 $\tilde{\boldsymbol{r}}_{i,k-1}:=\boldsymbol{R}_{i,k-1}-\bar{\boldsymbol{r}}_{i,k-1}$。同时，$\boldsymbol{e}_{i,k-1}$ 与 $\boldsymbol{v}_{i,k-1}$ 不相关，且满足以下统计特性：

$$E(\boldsymbol{e}_{i,k-1})=\boldsymbol{0},\boldsymbol{\Omega}_{i,k-1}:=\mathrm{cov}(\boldsymbol{e}_{i,k-1})=\boldsymbol{P}^{rr}_{i,k-1}-\boldsymbol{A}_{i,k-1}\boldsymbol{P}^{vv}_{i,k-1}\boldsymbol{A}^{\mathrm{T}}_{i,k-1}$$

其中，$\boldsymbol{P}^{rr}_{i,k-1}:=E(\tilde{\boldsymbol{r}}_{i,k-1}\tilde{\boldsymbol{r}}^{\mathrm{T}}_{i,k-1})$。

由于非线性的影响，即使 $\boldsymbol{v}_{i,k-1}$ 是高斯分布，$\boldsymbol{R}_{i,k-1}$ 也不应该是高斯分布。然而，考虑到高斯分布具有以下优点：

(1)仅用前两阶矩，即均值和协方差，就可以完全描述它；

(2)高斯族在线性变换和条件下是封闭的，使得相应的高斯递归是解析的，在实际应用中总是具有良好的效益和理想的精度[16][25][46]。

此外，为了方便后续信息滤波器的设计，还需要近似计算 $\boldsymbol{R}_{i,k-1}$ 的前两阶矩。基于上述考虑，假设 $\boldsymbol{R}_{i,k-1}$ 是高斯分布。同时，由于 $\boldsymbol{\tau}_{i,k-1}$ 也是高斯分布，$\boldsymbol{v}_{i,k}$ 也应该是高斯分布。在此假设下，可以有效地得到 $\boldsymbol{R}_{i,k}$ 和 $\boldsymbol{v}_{i,k}$ 的高斯递归。此外，通过利用无迹变换，球面径向容积规则或高斯-厄米特积分规则来解决相应的高斯积分，如 Yang 等工作中讨论的[25] $\boldsymbol{P}^{vr}_{i,k-1}$、$\boldsymbol{P}^{vv}_{i,k-1}$、$\boldsymbol{P}^{rr}_{i,k-1}$、$\bar{\boldsymbol{r}}_{i,k-1}$ 和 $\bar{\boldsymbol{v}}_{i,k-1}$ 在等式(6-1-4)中可以进行数值计算和递归。

得到线性形式的式(6-1-4)，随后采用量测差法对有色量测噪声进行白化处理，进而重构出线性形式的新量测模型。表示

$$\boldsymbol{h}'_{i,k}(\boldsymbol{x}_k,\boldsymbol{x}_{k-1}):=\boldsymbol{h}_{i,k}(\boldsymbol{x}_k)-\boldsymbol{A}_{i,k-1}\boldsymbol{h}_{i,k-1}(\boldsymbol{x}_{k-1})。$$

我们有

$$\boldsymbol{y}_{i,k}=\boldsymbol{h}'_{i,k}(\boldsymbol{x}_k,\boldsymbol{x}_{k-1})+\bar{\boldsymbol{\phi}}_{i,k-1}+\boldsymbol{e}_{i,k-1}+\boldsymbol{\tau}_{i,k-1} \tag{6-1-5}$$

其中 $\boldsymbol{y}_{i,k}:=\boldsymbol{z}_{i,k}-\boldsymbol{A}_{i,k-1}\boldsymbol{z}_{i,k-1}$。

表示 $\boldsymbol{\xi}_k:=(\boldsymbol{x}^{\mathrm{T}}_k,\boldsymbol{x}^{\mathrm{T}}_{k-1})^{\mathrm{T}}$，在式(6-1-5)中对 $\boldsymbol{h}'_{i,k}:=\boldsymbol{h}'_{i,k}(\boldsymbol{x}_k,\boldsymbol{x}_{k-1})$ 应用统计线性回归，我们有

$$\boldsymbol{y}_{i,k}=[\boldsymbol{H}_{i,1,k}\quad \boldsymbol{H}_{i,2,k}]\boldsymbol{\xi}_k+\bar{\boldsymbol{u}}_{i,k}+\boldsymbol{\sigma}_{i,k}+\bar{\boldsymbol{\phi}}_{i,k-1}+\boldsymbol{e}_{i,k-1}+\boldsymbol{\tau}_{i,k-1} \tag{6-1-6}$$

其中，$[\boldsymbol{H}_{i,1,k}\quad \boldsymbol{H}_{i,2,k}]:=(\boldsymbol{P}^{\xi h'}_{i,k})^{\mathrm{T}}(\boldsymbol{P}^{\xi\xi}_{k})^{-1}$，$\boldsymbol{H}_{i,1,k}$ 和 $\boldsymbol{H}_{i,2,k}$ 的行数与 $\boldsymbol{x}_k$ 相同。

$$\bar{\boldsymbol{u}}_{i,k}:=\bar{\boldsymbol{h}}'_{i,k}-[\boldsymbol{H}_{i,1,k}\quad \boldsymbol{H}_{i,2,k}]\bar{\boldsymbol{\xi}}_k,\sigma_{i,k}:=\boldsymbol{h}'_{i,k}-[\boldsymbol{H}_{i,1,k}\quad \boldsymbol{H}_{i,2,k}]\boldsymbol{\xi}_k-\bar{\boldsymbol{u}}_{i,k}$$

这里，$\boldsymbol{P}_{i,k}^{\xi h'} := E(\tilde{\boldsymbol{\xi}}_k(\tilde{\boldsymbol{h}}'_{i,k})^{\mathrm{T}})$、$\boldsymbol{P}_k^{\xi\xi} := E(\tilde{\boldsymbol{\xi}}_k\tilde{\boldsymbol{\xi}}_k^{\mathrm{T}})$、$\bar{\boldsymbol{h}}'_{i,k} := E(\boldsymbol{h}'_{i,k}(\boldsymbol{x}_k,\boldsymbol{x}_{k-1}))$、$\bar{\boldsymbol{\xi}}_k := E(\boldsymbol{\xi}_k)$ $\tilde{\boldsymbol{\xi}}_k := \boldsymbol{\xi}_k - \bar{\boldsymbol{\xi}}_k$、$\tilde{\boldsymbol{h}}'_{i,k} := \boldsymbol{h}'_{i,k}(\cdot) - \bar{\boldsymbol{h}}'_{i,k}$。同时，$\boldsymbol{\sigma}_{i,k}$ 与 $\boldsymbol{\xi}_k$ 具有以下统计特征

$$E(\boldsymbol{\sigma}_{i,k}) = \boldsymbol{0}, \boldsymbol{T}_{i,k} := \mathrm{cov}(\sigma_{i,k}) = \boldsymbol{P}_{i,k}^{h'h'} - [\boldsymbol{H}_{i,1,k} \quad \boldsymbol{H}_{i,2,k}]\boldsymbol{P}_k^{\xi\xi}[\boldsymbol{H}_{i,1,k} \quad \boldsymbol{H}_{i,2,k}]^{\mathrm{T}}$$

这里，$\boldsymbol{P}_{i,k}^{h'h'} := E(\tilde{\boldsymbol{h}}'_{i,k}(\tilde{\boldsymbol{h}}'_{i,k})^{\mathrm{T}})$。$\boldsymbol{P}_{i,k}^{\xi h'}$、$\boldsymbol{P}_k^{\xi\xi}$、$\bar{\boldsymbol{u}}_{i,k}$、$\bar{\boldsymbol{h}}_{i,k}$ 和 $\boldsymbol{P}_{\mathrm{i,k}}^{h'h'}$ 的详细计算将在后续的滤波器设计中体现出来。

表示

$$\boldsymbol{y}_k := \mathrm{col}\{\boldsymbol{y}_{1,k},\cdots,\boldsymbol{y}_{N,k}\}, \boldsymbol{H}_{1,k} := [\boldsymbol{H}_{1,1,k}^{\mathrm{T}} \quad \cdots \quad \boldsymbol{H}_{N,1,k}^{\mathrm{T}}]^{\mathrm{T}},$$

$$\boldsymbol{H}_{2,k} := [\boldsymbol{H}_{1,2,k}^{\mathrm{T}} \quad \cdots \quad \boldsymbol{H}_{N,2,k}^{\mathrm{T}}]^{\mathrm{T}}, \bar{\boldsymbol{u}}_k := [\bar{\boldsymbol{u}}_{1,k}^{\mathrm{T}} \quad \cdots \quad \bar{\boldsymbol{u}}_{N,k}^{\mathrm{T}}]^{\mathrm{T}}, \boldsymbol{\sigma}_k := [\boldsymbol{\sigma}_{1,k}^{\mathrm{T}} \quad \cdots \quad \boldsymbol{\sigma}_{N,k}^{\mathrm{T}}]^{\mathrm{T}},$$

$$\bar{\boldsymbol{\phi}}_{k-1} := [\bar{\boldsymbol{\phi}}_{1,k-1}^{\mathrm{T}} \quad \cdots \quad \bar{\boldsymbol{\phi}}_{N,k-1}^{\mathrm{T}}]^{\mathrm{T}}, \boldsymbol{e}_{k-1} := [\boldsymbol{e}_{1,k-1}^{\mathrm{T}} \quad \cdots \quad \boldsymbol{e}_{N,k-1}^{\mathrm{T}}]^{\mathrm{T}}, \boldsymbol{\tau}_{k-1} := [\boldsymbol{\tau}_{1,k-1}^{\mathrm{T}} \quad \cdots \quad \boldsymbol{\tau}_{N,k-1}^{\mathrm{T}}]^{\mathrm{T}}。$$

我们有集中式重构的量测模型，其线性形式为

$$\boldsymbol{y}_k = [\boldsymbol{H}_{1,k} \quad \boldsymbol{H}_{2,k}]\boldsymbol{\xi}_k + \bar{\boldsymbol{u}}_k + \boldsymbol{\sigma}_k + \bar{\boldsymbol{\phi}}_{k-1} + \boldsymbol{e}_{k-1} + \boldsymbol{\tau}_{k-1} \tag{6-1-7}$$

式中，$\boldsymbol{\tau}_{k-1}$ 是零均值的高斯白噪声，其协方差为 $\boldsymbol{R}_{k-1} := \mathrm{diag}\{\boldsymbol{R}_{1,k-1},\cdots,\boldsymbol{R}_{N,k-1}\}$。假设 $\boldsymbol{\sigma}_k$ 和 $\boldsymbol{e}_{k-1}$ 都是高斯分布，协方差分别为

$$\boldsymbol{T}_k := \mathrm{diag}\{\boldsymbol{T}_{1,k},\cdots,\boldsymbol{T}_{N,k}\}, \boldsymbol{\Omega}_{k-1} := \mathrm{diag}\{\boldsymbol{\Omega}_{1,k-1},\cdots,\boldsymbol{\Omega}_{N,k-1}\}$$

那么，$\{\sigma_k + \boldsymbol{e}_{k-1} + \boldsymbol{\tau}_{k-1}, k \geqslant 1\}$ 显然与 $\{\boldsymbol{w}_{k-1}, k \geqslant 1\}$ 不相关，因为 $\boldsymbol{\sigma}_k$ 与 $\boldsymbol{\xi}_k$ 不相关。

设 $\boldsymbol{Y}_{1:k} := \{\boldsymbol{y}_1,\cdots,\boldsymbol{y}_k\}$ 为所有传感器的量测序列。用 $\tilde{\boldsymbol{x}}_{k|l} := \boldsymbol{x}_k - \hat{\boldsymbol{x}}_{k|l}$ 定义

$$\hat{\boldsymbol{x}}_{k|l} := E(\boldsymbol{x}_k \mid \boldsymbol{Y}_{1:l}), \boldsymbol{P}_{k|l} := E(\tilde{\boldsymbol{x}}_{k|l}\tilde{\boldsymbol{x}}_{k|l}^{\mathrm{T}})\boldsymbol{P}_{k_1,k_2|l} := E(\tilde{\boldsymbol{x}}_{k_1|l}\tilde{\boldsymbol{x}}_{k_2|l}^{\mathrm{T}})$$

同时，表示 $\hat{\boldsymbol{\xi}}_{k|l} := E(\boldsymbol{\xi}_k \mid \boldsymbol{Y}_{1:l}) = (\hat{\boldsymbol{x}}_{k|l}^{\mathrm{T}}, \hat{\boldsymbol{x}}_{k-1|l}^{\mathrm{T}})^{\mathrm{T}}$ 和 $\boldsymbol{\Phi}_{k|l} := E(\tilde{\boldsymbol{\xi}}_{k|l}\tilde{\boldsymbol{\xi}}_{k|l}^{\mathrm{T}}) = \begin{bmatrix} \boldsymbol{P}_{k|l} & \boldsymbol{P}_{k,k-1|l} \\ \boldsymbol{P}_{k,k-1|l}^{\mathrm{T}} & \boldsymbol{P}_{k-1|l} \end{bmatrix}$，

其中 $\tilde{\boldsymbol{\xi}}_{k|l} := \boldsymbol{\xi}_k - \hat{\boldsymbol{\xi}}_{k|l}$。对于所考虑的系统式(6－1－1)和式(6－1－7)，对应的类卡尔曼信息滤波器为

$$\boldsymbol{\Phi}_{k|k}^{-1}\hat{\boldsymbol{\xi}}_{k|k} = \boldsymbol{\Phi}_{k|k-1}^{-1}\hat{\boldsymbol{\xi}}_{k|k-1} + [\boldsymbol{H}_{1,k} \quad \boldsymbol{H}_{2,k}]^{\mathrm{T}}\mathfrak{R}_k^{-1}(\boldsymbol{y}_k - \bar{\boldsymbol{u}}_k - \bar{\boldsymbol{\phi}}_{k-1}) \tag{6-1-8}$$

$$\boldsymbol{\Phi}_{k|k}^{-1} = \boldsymbol{\Phi}_{k|k-1}^{-1} + [\boldsymbol{H}_{1,k} \quad \boldsymbol{H}_{2,k}]^{\mathrm{T}}\mathfrak{R}_k^{-1}[\boldsymbol{H}_{1,k} \quad \boldsymbol{H}_{2,k}] \tag{6-1-9}$$

其中，$\mathfrak{R}_k := \boldsymbol{R}_k + \boldsymbol{T}_k + \boldsymbol{\Omega}_{k-1} := \mathrm{diag}\{\mathfrak{R}_{i,k}, i = 1,\cdots,N\}$，$\mathfrak{R}_{i,k} = \boldsymbol{R}_{i,k} + \boldsymbol{T}_{i,k} + \boldsymbol{\Omega}_{i,k-1}$

虽然 $\hat{\boldsymbol{x}}_{k|k}$ 可以通过使用上述信息滤波器[即式(6－1－8)和式(6－1－9)]递推得到，根据 $\boldsymbol{\xi}_k$ 的定义，即 $\hat{\boldsymbol{x}}_{k|k} = [\boldsymbol{I}_{n_x \times n_x} \quad \boldsymbol{O}]\hat{\boldsymbol{\xi}}_{k|k}$，它是基于高维过滤递归实现的。显然，这不可避免地引入了高维矩阵求逆运算。理论上，这种高维矩阵求逆运算在滤波器实现上没有问题。但在实际运行中往往会加剧数值不稳定可能性。此外，因为式(6－1－8)和式(6－1－9)都是基于高维扩维状态，后续的分布式滤波也会涉及高维向量和矩阵的平均一致性迭代，这无疑会在传感器网络中需要更多的通信成本和计算成本。因此，不建议直接使用式(6－1－8)和式(6－1－9)进一步设计相应的分布式滤波器。

基于上述讨论，我们将推导出一种新的分块信息滤波器，通过下面的分块矩阵求逆操作，直接估计原始系统状态，而不是估计扩维状态。

首先，通过对 $\boldsymbol{f}_{k-1} := \boldsymbol{f}(\boldsymbol{x}_{k-1})$ 应用统计线性回归得到线性动力学模型，有

$$x_k = F_{k-1} x_{k-1} + \bar{\gamma}_{k-1} + \rho_{k-1} + w_{k-1} \tag{6-1-10}$$

其中 $F_{k-1} := (P_{k-1}^{xf})^{\mathrm{T}} (P_{k-1}^{xx})^{-1}$、$\bar{\gamma}_{k-1} := \bar{f}_{k-1} - F_{k-1}\bar{x}_{k-1}$ 和 $\rho_{k-1} := f_{k-1} - F_{k-1}x_{k-1} - \bar{\gamma}_{k-1}$。这里，$P_{k-1}^{xf} := E(\tilde{x}_{k-1}\tilde{f}_{k-1}^{\mathrm{T}})$、$P_{k-1}^{xx} := E(\tilde{x}_{k-1}\tilde{x}_{k-1}^{\mathrm{T}})$，$\bar{f}_{k-1} := E(f_{k-1}(x_{k-1}))$ 和 $\bar{x}_{k-1} = E(x_{k-1})$，$\tilde{f}_{k-1} = f_{k-1}(\cdot) - \bar{f}_{k-1}$，$\tilde{x}_{k-1} := x_{k-1} - \bar{x}_{k-1}$。同时，$\rho_{k-1}$ 与 x_{k-1} 不相关，其统计特征如下：$E(\rho_{k-1}) = 0$，$\Pi_{k-1} := \mathrm{cov}(\rho_{k-1}) = P_{k-1}^{ff} - F_{k-1}P_{k-1}^{xx}F_{k-1}^{\mathrm{T}}$，其中 $P_{k-1}^{ff} := E(\tilde{f}_{k-1}\tilde{f}_{k-1}^{\mathrm{T}})$。类似式(6-1-6)，$P_{k-1}^{xf}$、$P_{k-1}^{xx}$、$\bar{f}_{k-1}$、$\bar{x}_{k-1}$ 和 P_{k-1}^{ff} 也将在剩余的过滤器设计中进行数值计算。其次，根据以下引理 6.1.1，我们开始推导新的分块分解信息过滤器。

引理 6.1.1[47]　设 $m \times m$ 矩阵 A 和 $n \times n$ 矩阵 D 可逆。然后，我们有

$$\begin{bmatrix} A & B \\ C & D \end{bmatrix}^{-1} = \begin{bmatrix} \Gamma^{-1} & -\Gamma^{-1}BD^{-1} \\ -D^{-1}C\Gamma^{-1} & \Theta \end{bmatrix} \tag{6-1-11}$$

式中，$\Gamma := A - BD^{-1}C$ 和 $\Theta := D^{-1} + D^{-1}C\Gamma^{-1}BD^{-1}$（假设 Γ 是可逆的）。

对于原始系统状态，表示 $\hat{\vartheta}_{k|l} := P_{k|l}^{-1}\hat{x}_{k|l}$ 和 $I_{k|l} := P_{k|l}^{-1}$ 分别为信息向量和矩阵。与此同时，$I_{k_1,k_2|l} := P_{k_1,k_2|l}^{-1}$。

此外，对于式(6-1-8)和式(6-1-9)，表示 $\Delta_{11,k} := H_{1,k}^{\mathrm{T}}\Re_k^{-1}H_{1,k}$、$\Delta_{12,k} := H_{1,k}^{\mathrm{T}}\Re_k^{-1}H_{2,k}$ 和 $\Delta_{22,k} := H_{2,k}^{\mathrm{T}}\Re_k^{-1}H_{2,k}$，即

$$\begin{bmatrix} \Delta_{11,k} & \Delta_{12,k} \\ \Delta_{12,k}^{\mathrm{T}} & \Delta_{22,k} \end{bmatrix} = [H_{1,k} \quad H_{2,k}]^{\mathrm{T}}\Re_k^{-1}[H_{1,k} \quad H_{2,k}] \tag{6-1-12}$$

表示

$$\eta_{1,k} := H_{1,k}^{\mathrm{T}}\Re_k^{-1}(y_k - \bar{u}_k - \bar{\phi}_{k-1}),\ \eta_{2,k} := H_{2,k}^{\mathrm{T}}\Re_k^{-1}(y_k - \bar{u}_k - \bar{\phi}_{k-1})$$

即

$$(\eta_{1,k}^{\mathrm{T}}, \eta_{2,k}^{\mathrm{T}})^{\mathrm{T}} = [H_{1,k} \quad H_{2,k}]^{\mathrm{T}}\Re_k^{-1}(y_k - \bar{u}_k - \bar{\phi}_{k-1}) \tag{6-1-13}$$

基于式(6-1-10)和式(6-1-7)，我们提出了以下定理，通过直接估计原始系统状态来展示一种新的分块分解的信息滤波器，与式(6-1-8)和式(6-1-9)的信息滤波器相比，它是低维的。

定理 6.1.1　对于所考虑的系统式(6-1-1)至式(6-1-3)，即 CIFCN，新的集中式块分解低维信息过滤器具有以下递归实现：

$$\hat{\vartheta}_{k|k} = (\tilde{Q}_{k-1}^{-1}F_{k-1} - \Delta_{12,k})Y_k^{-1}(\hat{\vartheta}_{k-1|k-1} - F_{k-1}^{\mathrm{T}}\tilde{Q}_{k-1}^{-1}\bar{\gamma}_{k-1} + \eta_{2,k}) + \tilde{Q}_{k-1}^{-1}\bar{\gamma}_{k-1} + \eta_{1,k} \tag{6-1-14}$$

$$\mathcal{I}_{k|k} = \tilde{Q}_{k-1}^{-1} + \Delta_{11,k} - (\tilde{Q}_{k-1}^{-1}F_{k-1} - \Delta_{12,k})Y_k^{-1}(F_{k-1}^{\mathrm{T}}\tilde{Q}_{k-1}^{-1} - \Delta_{12,k}^{\mathrm{T}}) \tag{6-1-15}$$

其中

$$Y_k := I_{k-1|k-1} + F_{k-1}^{\mathrm{T}}\tilde{Q}_{k-1}^{-1}F_{k-1} + \Delta_{22,k} \tag{6-1-16}$$

$$\tilde{Q}_{k-1} := Q_{k-1} + \Pi_{k-1} \tag{6-1-17}$$

证明　考虑动态模型式(6-1-10)重写为线性形式，我们有

$$\hat{x}_{k|k-1} = \mathcal{F}_{k-1}\hat{x}_{k-1|k-1} + \bar{\gamma}_{k-1},\ P_{k|k-1} = \mathcal{F}_{k-1}P_{k-1|k-1}\mathcal{F}_{k-1}^{\mathrm{T}} + Q_{k-1} + \Pi_{k-1},\ P_{k,k-1|k-1} = \mathcal{F}_{k-1}P_{k-1|k-1}$$

然后，利用引理 6.1.1，我们得到

$$\boldsymbol{\Phi}_{k|k-1}^{-1}=\begin{bmatrix}\boldsymbol{P}_{k|k-1} & \boldsymbol{P}_{k,k-1|k-1}\\ \boldsymbol{P}_{k,k-1|k-1}^{\mathrm{T}} & \boldsymbol{P}_{k-1|k-1}\end{bmatrix}^{-1}=\begin{bmatrix}\widetilde{\mathcal{Q}}_{k-1}^{-1} & -\widetilde{\mathcal{Q}}_{k-1}^{-1}\mathcal{F}_{k-1}\\ -\mathcal{F}_{k-1}^{\mathrm{T}}\widetilde{\mathcal{Q}}_{k-1}^{-1} & \boldsymbol{A}_{k-1|k-1}\end{bmatrix}$$

其中 $\boldsymbol{A}_{k-1|k-1}:=\boldsymbol{P}_{k-1|k-1}^{-1}+\mathcal{F}_{k-1}^{\mathrm{T}}\widetilde{\mathcal{Q}}_{k-1}^{-1}\mathcal{F}_{k-1}$。将上述方程代入式(6－1－8)，得

$$\boldsymbol{\Phi}_{k|k}^{-1}\hat{\boldsymbol{\xi}}_{k|k}=\begin{bmatrix}\widetilde{\boldsymbol{Q}}_{k-1}^{-1} & -\widetilde{\boldsymbol{Q}}_{k-1}^{-1}\boldsymbol{F}_{k-1}\\ -\boldsymbol{F}_{k-1}^{\mathrm{T}}\widetilde{\boldsymbol{Q}}_{k-1}^{-1} & \boldsymbol{A}_{k-1|k-1}\end{bmatrix}\begin{bmatrix}\hat{\boldsymbol{x}}_{k|k-1}\\ \hat{\boldsymbol{x}}_{k-1|k-1}\end{bmatrix}+\begin{bmatrix}\boldsymbol{\eta}_{1,k}\\ \boldsymbol{\eta}_{2,k}\end{bmatrix}=\begin{bmatrix}\widetilde{\boldsymbol{Q}}_{k-1}^{-1}\bar{\boldsymbol{\gamma}}_{k-1}+\boldsymbol{\eta}_{1,k}\\ \hat{\boldsymbol{\vartheta}}_{k-1|k-1}-\boldsymbol{F}_{k-1}^{\mathrm{T}}\widetilde{\boldsymbol{Q}}_{k-1}^{-1}\bar{\boldsymbol{\gamma}}_{k-1}+\boldsymbol{\eta}_{2,k}\end{bmatrix}$$

且

$$\begin{bmatrix}\hat{\boldsymbol{x}}_{k|k}\\ \hat{\boldsymbol{x}}_{k-1|k}\end{bmatrix}=\begin{bmatrix}\boldsymbol{P}_{k|k} & \boldsymbol{P}_{k,k-1|k}\\ \boldsymbol{P}_{k,k-1|k}^{\mathrm{T}} & \boldsymbol{P}_{k-1|k}\end{bmatrix}\begin{bmatrix}\widetilde{\boldsymbol{Q}}_{k-1}^{-1}\bar{\boldsymbol{\gamma}}_{k-1}+\boldsymbol{\eta}_{1,k}\\ \hat{\boldsymbol{\vartheta}}_{k-1|k-1}-\boldsymbol{F}_{k-1}^{\mathrm{T}}\widetilde{\boldsymbol{Q}}_{k-1}^{-1}\bar{\boldsymbol{\gamma}}_{k-1}+\boldsymbol{\eta}_{2,k}\end{bmatrix}$$

在上述方程的上子块两侧左乘 $\boldsymbol{P}_{k|k}^{-1}$，得到

$$\hat{\boldsymbol{\vartheta}}_{k|k}=\widetilde{\mathcal{Q}}_{k-1}^{-1}\bar{\boldsymbol{\gamma}}_{k-1}+\boldsymbol{\eta}_{1,k}+\boldsymbol{P}_{k|k}^{-1}\boldsymbol{P}_{k,k-1|k}(\hat{\boldsymbol{\vartheta}}_{k-1|k-1}-\mathcal{F}_{k-1}^{\mathrm{T}}\widetilde{\mathcal{Q}}_{k-1}^{-1}\bar{\boldsymbol{\gamma}}_{k-1}+\boldsymbol{\eta}_{2,k})$$

将 $\boldsymbol{\Phi}_{k|k-1}^{-1}$ 代入式(6－1－9)，得到 $\boldsymbol{\Phi}_{k|k}^{-1}=\begin{bmatrix}\widetilde{\boldsymbol{Q}}_{k-1}^{-1}+\boldsymbol{\Delta}_{11,k} & -\widetilde{\boldsymbol{Q}}_{k-1}^{-1}\boldsymbol{F}_{k-1}+\boldsymbol{\Delta}_{12,k}\\ -\boldsymbol{F}_{k-1}^{\mathrm{T}}\widetilde{\boldsymbol{Q}}_{k-1}^{-1}+\boldsymbol{\Delta}_{12,k}^{\mathrm{T}} & \boldsymbol{A}_{k-1|k-1}+\boldsymbol{\Delta}_{22,k}\end{bmatrix}$。这样，利用引理 6.1.1，得到 $\boldsymbol{P}_{k|k}=((\widetilde{\boldsymbol{Q}}_{k-1}^{-1}+\boldsymbol{\Delta}_{11,k})-(\widetilde{\boldsymbol{Q}}_{k-1}^{-1}\boldsymbol{F}_{k-1}-\boldsymbol{\Delta}_{12,k})\boldsymbol{Y}_k^{-1}(\boldsymbol{F}_{k-1}^{\mathrm{T}}\widetilde{\boldsymbol{Q}}_{k-1}^{-1}-\boldsymbol{\Delta}_{12,k}^{\mathrm{T}}))^{-1}$，其中 $\boldsymbol{Y}_k:=\boldsymbol{A}_{k-1|k-1}+\boldsymbol{\Delta}_{22,k}$。通过对上述方程进行逆运算，我们得到 $\mathcal{I}_{k|k}$，如式(6－1－15)所示。同时，将 $\boldsymbol{P}_{k,k-1|k}=\boldsymbol{P}_{k|k}(\widetilde{\mathcal{Q}}_{k-1}^{-1}\mathcal{F}_{k-1}-\boldsymbol{\Delta}_{12,k})\boldsymbol{Y}_k^{-1}$ 代入上述估计信息向量的递归公式中，由 $\hat{\boldsymbol{\vartheta}}_{k-1|k-1}$ 得到 $\hat{\boldsymbol{\vartheta}}_{k|k}$，如式(6－1－14)所示。

现在，实现所提出的 CIFCN 的最后一点是关于式(6－1－6)和式(6－1－10)中统计线性回归的这些确定矩阵和向量的计算。它们将借助相关变量的相应后验概率密度。然而，由于模型的非线性，贝叶斯滤波的最优递归解析解几乎是不可能的。因此，一种典型的方法是用高斯分布来近似后验概率密度[12-14]以获得对应后验概率密度的高斯递归，即实现类卡尔曼高斯滤波。

考虑到重构的量测模型式(6－1－6)，由于已经执行了状态预测，我们使用后验概率密度 $p(\boldsymbol{\xi}_k \mid \boldsymbol{Y}_{1:k-1})$ 来计算相应的前两阶统计矩，将用于式(6－1－6)中的静态线性回归。假设扩维状态 $\boldsymbol{\xi}_k$ 的一步预测后验概率密度为高斯分布，即

$$p(\boldsymbol{\xi}_k \mid \boldsymbol{Y}_{1:k-1})=\mathcal{N}(\boldsymbol{\xi}_k;\hat{\boldsymbol{\xi}}_{k|k-1},\boldsymbol{\Phi}_{k|k-1}) \tag{6－1－18}$$

其中 $\hat{\boldsymbol{\xi}}_{k|k-1}=(\hat{\boldsymbol{x}}_{k|k-1}^{\mathrm{T}},\hat{\boldsymbol{x}}_{k-1|k-1}^{\mathrm{T}})^{\mathrm{T}}$ 和 $\boldsymbol{\Phi}_{k|k-1}=\begin{bmatrix}\boldsymbol{P}_{k|k-1} & \boldsymbol{P}_{k,k-1|k-1}\\ \boldsymbol{P}_{k,k-1|k-1}^{\mathrm{T}} & \boldsymbol{P}_{k-1|k-1}\end{bmatrix}$。我们有

$$\bar{\boldsymbol{\xi}}_k=E(\boldsymbol{\xi}_k \mid \boldsymbol{Y}_{1:k-1})=\hat{\boldsymbol{\xi}}_{k|k-1},\boldsymbol{P}_k^{\xi\xi}=\mathrm{cov}(\boldsymbol{\xi}_k \mid \boldsymbol{Y}_{1:k-1})=\boldsymbol{\Phi}_{k|k-1}$$

且

$$\boldsymbol{P}_{i,k}^{\xi h'}=\int\boldsymbol{\xi}_k\boldsymbol{h}'_{i,k}(\boldsymbol{\xi}_k)p(\boldsymbol{\xi}_k \mid \boldsymbol{Y}_{1:k-1})\mathrm{d}\boldsymbol{\xi}_k-\hat{\boldsymbol{\xi}}_{k|k-1}\hat{\boldsymbol{h}}'_{i,k|k-1}$$

$$\bar{\boldsymbol{u}}_{i,k}=\hat{\boldsymbol{h}}'_{i,k|k-1}-[\boldsymbol{H}_{i,1,k}\quad \boldsymbol{H}_{i,2,k}]\hat{\boldsymbol{\xi}}_{k|k-1}$$

$$\boldsymbol{P}_{i,k}^{h'h'}=\int\boldsymbol{h}'(\boldsymbol{\xi}_k)(\boldsymbol{h}'(\boldsymbol{\xi}_k))^{\mathrm{T}}p(\boldsymbol{\xi}_k\mid \boldsymbol{Y}_{1:k-1})\mathrm{d}\boldsymbol{\xi}_k-\hat{\boldsymbol{h}}'_{i,k|k-1}(\hat{\boldsymbol{h}}'_{i,k|k-1})^{\mathrm{T}}$$

$$\hat{\boldsymbol{h}}'_{i,k|k-1}=\int\boldsymbol{h}'(\boldsymbol{x}_k,\boldsymbol{x}_{k-1})\boldsymbol{p}(\boldsymbol{\xi}_k\mid \boldsymbol{Y}_{1:k-1})\mathrm{d}\boldsymbol{\xi}_k$$

其中相关的高斯积分可以通过无迹变换、球径向容积规则或高斯-厄米特积分规则数值近似得到[12-14]。

同样，考虑动态模型式(6－1－10)重写为线性形式，因为 $\hat{\boldsymbol{x}}_{k-1|k-1}$ 和 $\boldsymbol{P}_{k-1|k-1}$ 在起始 k 时刻已知，我们使用 $p(\boldsymbol{x}_{k-1}\mid \boldsymbol{Y}_{1:k-1})$ 来计算相关的前两阶统计矩，用于式(6－1－10)的静态线性回归。假设后验概率密度 $p(\boldsymbol{x}_{k-1}\mid \boldsymbol{Y}_{1:k-1})$ 也是高斯分布的，即

$$p(\boldsymbol{x}_{k-1}\mid \boldsymbol{Y}_{1;k-1}):=\mathcal{N}(\boldsymbol{x}_{k-1};\hat{\boldsymbol{x}}_{k-1|k-1},\boldsymbol{P}_{k-1|k-1})\tag{6－1－19}$$

我们有 $\bar{\boldsymbol{x}}_{k-1}=E(\boldsymbol{x}_{k-1}\mid \boldsymbol{Y}_{1:k-1})=\hat{\boldsymbol{x}}_{k-1|k-1}$，$\boldsymbol{P}_{k-1}^{xx}=\mathrm{cov}(\boldsymbol{x}_{k-1}\mid \boldsymbol{Y}_{1:k-1})=\boldsymbol{P}_{k-1|k-1}$，同时

$$\boldsymbol{P}_{k-1}^{xf}=\int\boldsymbol{x}_{k-1}\boldsymbol{f}_{k-1}^{\mathrm{T}}(\boldsymbol{x}_{k-1})p(\boldsymbol{x}_{k-1}\mid \boldsymbol{Y}_{1:k-1})\mathrm{d}\boldsymbol{x}_{k-1}-\hat{\boldsymbol{x}}_{k-1|k-1}\hat{\boldsymbol{f}}_{k-1|k-1}^{\mathrm{T}}$$

$$\bar{\boldsymbol{\gamma}}_{k-1}=\hat{\boldsymbol{f}}_{k-1|k-1}^{\mathrm{T}}-\boldsymbol{F}_{k-1}\hat{\boldsymbol{x}}_{k-1|k-1}$$

$$\boldsymbol{P}_{k-1}^{ff}=\int\boldsymbol{f}_{k-1}(\boldsymbol{x}_{k-1})\boldsymbol{f}_{k-1}^{\mathrm{T}}(\cdot)p(\boldsymbol{x}_{k-1}\mid \boldsymbol{Y}_{1:k-1})\mathrm{d}\boldsymbol{x}_{k-1}-\hat{\boldsymbol{f}}_{k-1|k-1}\hat{\boldsymbol{f}}_{k-1|k-1}^{\mathrm{T}}$$

$$\hat{\boldsymbol{f}}_{k-1|k-1}=\int\boldsymbol{f}_{k-1}(\boldsymbol{x}_{k-1})p(\boldsymbol{x}_{k-1}\mid \boldsymbol{Y}_{1:k-1})\mathrm{d}\boldsymbol{x}_{k-1}$$

其中相关的高斯积分也通过无迹变换、球径向容积规则或高斯-厄米特积分规则数值上近似得到[12-14]。

此外，基于动力学模型式(6－1－1)或式(6－1－10)，一步预测后验概率密度 $p(\boldsymbol{\xi}_k\mid \boldsymbol{Y}_{1:k-1})=\mathcal{N}(\boldsymbol{\xi}_k;\hat{\boldsymbol{\xi}}_{k|k-1},\boldsymbol{\Phi}_{k|k-1})$，由 $p(\boldsymbol{x}_{k-1}\mid \boldsymbol{Y}_{1:k-1})=\mathcal{N}(\boldsymbol{x}_{k-1};\hat{\boldsymbol{x}}_{k-1|k-1},\boldsymbol{P}_{k-1|k-1})$（即一步状态预测）推导如下

$$\hat{\boldsymbol{x}}_{k|k-1}=\int\boldsymbol{f}_{k-1}(\boldsymbol{x}_{k-1})p(\boldsymbol{x}_{k-1}\mid \boldsymbol{Y}_{1:k-1})\mathrm{d}\boldsymbol{x}_{k-1}$$

$$\boldsymbol{P}_{k,k-1|k-1}=\int\boldsymbol{f}_{k-1}(\boldsymbol{x}_{k-1})\boldsymbol{x}_{k-1}^{\mathrm{T}}p(\boldsymbol{x}_{k-1}\mid \boldsymbol{Y}_{1:k-1})\mathrm{d}\boldsymbol{x}_{k-1}-\hat{\boldsymbol{x}}_{k|k-1}\hat{\boldsymbol{x}}_{k-1|k-1}^{\mathrm{T}}$$

$$\boldsymbol{P}_{k|k-1}=\int\boldsymbol{f}_{k-1}(\boldsymbol{x}_{k-1})\boldsymbol{f}_{k-1}^{\mathrm{T}}(\cdot)p(\boldsymbol{x}_{k-1}\mid \boldsymbol{Y}_{1:k-1})\mathrm{d}\boldsymbol{x}_{k-1}+\boldsymbol{Q}_{k-1}-\hat{\boldsymbol{x}}_{k|k-1}\hat{\boldsymbol{x}}_{k|k-1}^{\mathrm{T}}$$

其中上述高斯积分通过无迹变换、球径向容积规则或高斯-厄米特积分规则在数值近似得到[12-14]。

对于式(6－1－10)和式(6－1－6)，通过以上一步状态预测和统计线性回归计算，我们得到完全递归的信息滤波器，如定理 6.1.1 所示。

定理 6.1.1 中提出的 CIFCN 实际上是基于以下结构高斯滤波框架[13][14][28]。首先，利用估计的 $(k-1)$ 时刻的信息向量和矩阵 $\hat{\boldsymbol{\vartheta}}_{k-1|k-1}$ 和 $\boldsymbol{I}_{k-1|k-1}$ 构造高斯后验概率密度 $\mathcal{N}(\boldsymbol{x}_{k-1};\boldsymbol{I}_{k-1|k-1}^{-1}\hat{\boldsymbol{\vartheta}}_{k-1|k-1},\boldsymbol{I}_{k-1|k-1}^{-1})$，然后利用统计线性回归进一步计算 $\boldsymbol{F}_{k-1}$、$\bar{\boldsymbol{\gamma}}_{k-1}$ 和 $\boldsymbol{\Pi}_{k-1}$，构成线性形式的动态模型式(6－1－10)。同时，基于相同的高斯后验概率密度 $\boldsymbol{x}_{k-1}$ 实现一步状态预测，构

造高斯分布 $\mathcal{N}(\boldsymbol{\xi}_k;\hat{\boldsymbol{\xi}}_{k|k-1},\boldsymbol{\Phi}_{k|k-1})$。其次，通过式(6-1-6)的统计线性回归，利用 $\mathcal{N}(\boldsymbol{\xi}_k;\hat{\boldsymbol{x}}_{k|k-1},\boldsymbol{\Phi}_{k|k-1})$ 计算出 $\boldsymbol{H}_{i,1,k}$、$\boldsymbol{H}_{i,2,k}$、$\bar{\boldsymbol{u}}_{i,k}$ 和 $\boldsymbol{T}_{i,k}$，以此为前提，建立线性形式的重构量测模型式(6-1-10)。第三，由于假设状态和量测的一步预测后验概率密度都是高斯分布，更新后的状态后验概率密度仍然是高斯分布，如高斯滤波[13-14][28]框架中讨论的那样。最后利用定理 6.1.1 将原系统状态的信息向量和矩阵代替扩维系统状态的信息向量和矩阵从 $(k-1)$ 时刻递归更新到 k 时刻。

推导出 CIFCN 后，下面通过有限时间平均一致性来获得快速和全局最优融合，在传感器网络中给出相应的分布式实现。对于第 i 个传感器节点，标记

$$\begin{aligned}
\boldsymbol{\Delta}_{i,11,k} &:= \boldsymbol{H}_{i,1,k}^{\mathrm{T}}\Re_{i,k}^{-1}\boldsymbol{H}_{i,1,k}\\
\boldsymbol{\Delta}_{i,12,k} &:= \boldsymbol{H}_{i,1,k}^{\mathrm{T}}\Re_{i,k}^{-1}\boldsymbol{H}_{i,2,k}\\
\boldsymbol{\Delta}_{i,22,k} &:= \boldsymbol{H}_{i,2,k}^{\mathrm{T}}\Re_{i,k}^{-1}\boldsymbol{H}_{i,2,k}\\
\boldsymbol{\eta}_{i,1,k} &:= \boldsymbol{H}_{i,1,k}^{\mathrm{T}}\Re_{i,k}^{-1}(\boldsymbol{y}_{i,k}-\bar{\boldsymbol{u}}_{i,k}-\bar{\boldsymbol{\phi}}_{i,k-1})\\
\boldsymbol{\eta}_{i,2,k} &:= \boldsymbol{H}_{i,2,k}^{\mathrm{T}}\Re_{i,k}^{-1}(\boldsymbol{y}_{i,k}-\bar{\boldsymbol{u}}_{i,k}-\bar{\boldsymbol{\phi}}_{i,k-1})
\end{aligned}$$

根据 $\boldsymbol{\Delta}_{11,k}$ 的定义[如式(6-1-12)所示]，我们有

$$\begin{aligned}
\boldsymbol{\Delta}_{11,k} &= \boldsymbol{H}_{1,k}^{\mathrm{T}}\Re_k^{-1}\boldsymbol{H}_{1,k} = ([\boldsymbol{H}_{1,1,k}^{\mathrm{T}}\ \cdots\ \boldsymbol{H}_{N,1,k}^{\mathrm{T}}]^{\mathrm{T}})^{\mathrm{T}}\begin{bmatrix}\Re_{1,k}^{-1} & \boldsymbol{O} & \boldsymbol{O}\\ \boldsymbol{O} & \ddots & \boldsymbol{O}\\ \boldsymbol{O} & \boldsymbol{O} & \Re_{N,k}^{-1}\end{bmatrix}\begin{bmatrix}\boldsymbol{H}_{1,1,k}\\ \vdots\\ \boldsymbol{H}_{N,1,k}\end{bmatrix}\\
&= \sum_{i=1}^{N}\boldsymbol{H}_{i,1,k}^{\mathrm{T}}\Re_{i,k}^{-1}\boldsymbol{H}_{i,1,k} = \sum_{i=1}^{N}\boldsymbol{\Delta}_{i,11,k}
\end{aligned}$$

类似地，我们有 $\boldsymbol{\Delta}_{12,k}=\sum_{i=1}^{N}\boldsymbol{\Delta}_{i,12,k}$ 和 $\boldsymbol{\Delta}_{22,k}=\sum_{i=1}^{N}\boldsymbol{\Delta}_{i,22,k}$。同时，根据式(6-1-13)对 $\boldsymbol{\eta}_{1,k}$ 的定义，我们有

$$\begin{aligned}
\boldsymbol{\eta}_{1,k} &= \boldsymbol{H}_{1,k}^{\mathrm{T}}\Re_k^{-1}(\boldsymbol{y}_k-\bar{\boldsymbol{u}}_k-\bar{\boldsymbol{\phi}}_{k-1})\\
&= ([\boldsymbol{H}_{1,1,k}^{\mathrm{T}}\ \cdots\ \boldsymbol{H}_{N,1,k}^{\mathrm{T}}]^{\mathrm{T}})^{\mathrm{T}}\begin{bmatrix}\Re_{1,k}^{-1} & \boldsymbol{O} & \boldsymbol{O}\\ \boldsymbol{O} & \ddots & \boldsymbol{O}\\ \boldsymbol{O} & \boldsymbol{O} & \Re_{N,k}^{-1}\end{bmatrix}\begin{bmatrix}\boldsymbol{y}_{1,k}-\bar{\boldsymbol{u}}_{1,k}-\bar{\boldsymbol{\phi}}_{1,k-1}\\ \vdots\\ \boldsymbol{y}_{N,k}-\bar{\boldsymbol{u}}_{N,k}-\bar{\boldsymbol{\phi}}_{N,k-1}\end{bmatrix}\\
&= \sum_{i=1}^{N}\boldsymbol{H}_{i,1,k}^{\mathrm{T}}\Re_{i,k}^{-1}(\boldsymbol{y}_{i,k}-\bar{\boldsymbol{u}}_{i,k}-\bar{\boldsymbol{\phi}}_{i,k-1}) = \sum_{i=1}^{N}\boldsymbol{\eta}_{i,1,k}
\end{aligned}$$

同样，$\boldsymbol{\eta}_{2,k}=\sum_{i=1}^{N}\boldsymbol{\eta}_{i,2,k}$。

此外，我们有

$$\boldsymbol{\Delta}_{11,k}=N\bar{\boldsymbol{\Delta}}_{11,k},\boldsymbol{\Delta}_{12,k}=N\bar{\boldsymbol{\Delta}}_{12,k},\boldsymbol{\Delta}_{22,k}=\sum_{i=1}^{N}\boldsymbol{\Delta}_{i,22,k}=N\bar{\boldsymbol{\Delta}}_{22,k},\boldsymbol{\eta}_{1,k}=N\bar{\boldsymbol{\eta}}_{1,k},\boldsymbol{\eta}_{2,k}=N\bar{\boldsymbol{\eta}}_{2,k}$$

这里，

$$\bar{\boldsymbol{\Delta}}_{11,k}:=\frac{\sum_{i=1}^{N}\boldsymbol{\Delta}_{i,11,k}}{N},\ \bar{\boldsymbol{\Delta}}_{12,k}:=\frac{\sum_{i=1}^{N}\boldsymbol{\Delta}_{i,12,k}}{N},\ \bar{\boldsymbol{\Delta}}_{22,k}:=\frac{\sum_{i=1}^{N}\boldsymbol{\Delta}_{i,22,k}}{N},$$

$$\bar{\boldsymbol{\eta}}_{1,k} := \frac{\sum_{i=1}^{N} \bar{\boldsymbol{\eta}}_{i,1,k}}{N}, \bar{\boldsymbol{\eta}}_{2,k} := \frac{\sum_{i=1}^{N} \bar{\boldsymbol{\eta}}_{i,2,k}}{N}。$$

分别为对应矩阵和向量的均值。

在定理 6.1.1 上提出了递归 CIFCN，被重写为以下等式

$$\hat{\boldsymbol{\vartheta}}_{k|k} = (\tilde{\boldsymbol{Q}}_{k-1}^{-1}\boldsymbol{F}_{k-1} - N\bar{\boldsymbol{\Delta}}_{12,k})\boldsymbol{Y}_k^{-1}(\hat{\boldsymbol{\vartheta}}_{k-1|k-1} - \boldsymbol{F}_{k-1}^{\mathrm{T}}\tilde{\boldsymbol{Q}}_{k-1}^{-1}\bar{\boldsymbol{\gamma}}_{k-1} + N\bar{\boldsymbol{\eta}}_{2,k}) + \tilde{\boldsymbol{Q}}_{k-1}^{-1}\bar{\boldsymbol{\gamma}}_{k-1} + N\bar{\boldsymbol{\eta}}_{1,k} \tag{6-1-20}$$

$$\boldsymbol{I}_{k|k} = \tilde{\boldsymbol{Q}}_{k-1}^{-1} + N\bar{\boldsymbol{\Delta}}_{11,k} - (\tilde{\boldsymbol{Q}}_{k-1}^{-1}\boldsymbol{F}_{k-1} - N\bar{\boldsymbol{\Delta}}_{12,k})\boldsymbol{Y}_k^{-1}(\boldsymbol{F}_{k-1}^{\mathrm{T}}\tilde{\boldsymbol{Q}}_{k-1}^{-1} - N\bar{\boldsymbol{\Delta}}_{12,k}^{\mathrm{T}}) \tag{6-1-21}$$

$$\boldsymbol{Y}_k := \boldsymbol{I}_{k-1|k-1} + \boldsymbol{F}_{k-1}^{\mathrm{T}}\tilde{\boldsymbol{Q}}_{k-1}^{-1}\boldsymbol{F}_{k-1} + N\bar{\boldsymbol{\Delta}}_{22,k} \tag{6-1-22}$$

如式(6-1-20)至式(6-1-22)所示，集中式状态估计 $\hat{\boldsymbol{\vartheta}}_{k|k}$ 和 $\boldsymbol{I}_{k|k}$ 取决于两部分。第一部分是先前的状态估计(即 $\hat{\boldsymbol{\vartheta}}_{k-1|k-1}$ 和 $\boldsymbol{I}_{k-1|k-1}$)，以及通过式(6-1-10)和式(6-1-6)的统计线性回归计算出的系统矩阵/向量。第二部分是中间值 $\bar{\boldsymbol{\Delta}}_{11,k}$、$\bar{\boldsymbol{\Delta}}_{12,k}$、$\bar{\boldsymbol{\Delta}}_{22,k}$、$\bar{\boldsymbol{\eta}}_{1,k}$ 和 $\bar{\boldsymbol{\eta}}_{2,k}$，需要从整个传感器网络中获取。在分布式滤波框架中，状态估计在每个传感器节点上进行。因此，第一部分在每个传感器节点都是已知的，我们只需要得到这些中间矩阵和向量的均值(即 $\bar{\boldsymbol{\Delta}}_{11,k}$、$\bar{\boldsymbol{\Delta}}_{12,k}$、$\bar{\boldsymbol{\Delta}}_{22,k}$$\bar{\boldsymbol{\eta}}_{1,k}$ 和 $\bar{\boldsymbol{\eta}}_{2,k}$)，而不是从所有不同的传感器节点(即 $\boldsymbol{\Delta}_{i,11,k}$、$\boldsymbol{\Delta}_{i,12,k}$、$\boldsymbol{\Delta}_{i,22,k}$、$\boldsymbol{\eta}_{i,1,k}$ 和 $\boldsymbol{\eta}_{i,2,k}$，$i=1,\cdots,N$)得到这些变量的值，以实现每个传感器节点的最终状态更新。

基于上述讨论，有限时间平均共识[48]，是一种有效的分布式实现，这里，对于 $i=1,\cdots,N$，得到第 i 传感器节点的上述均值如下：

$$\bar{\boldsymbol{\Delta}}_{i,11,k}^{\ell+1} = w_{ii}\bar{\boldsymbol{\Delta}}_{i,11,k}^{\ell} + \sum_{j\in N_i} w_{ij}\bar{\boldsymbol{\Delta}}_{j,11,k}^{\ell} \tag{6-1-23}$$

$$\bar{\boldsymbol{\Delta}}_{i,12,k}^{\ell+1} = w_{ii}\bar{\boldsymbol{\Delta}}_{i,12,k}^{\ell} + \sum_{j\in N_i} w_{ij}\bar{\boldsymbol{\Delta}}_{j,12,k}^{\ell} \tag{6-1-24}$$

$$\bar{\boldsymbol{\Delta}}_{i,22,k}^{l+1} = w_{ii}\bar{\boldsymbol{\Delta}}_{i,22,k}^{l} + \sum_{j\hat{I}N_i} w_{ij}\bar{\boldsymbol{\Delta}}_{j,22,k}^{l} \tag{6-1-25}$$

$$\bar{\boldsymbol{\eta}}_{i,1,k}^{\ell+1} = w_{ii}\bar{\boldsymbol{\eta}}_{i,1,k}^{\ell} + \sum_{j\in N_i} w_{ij}\bar{\boldsymbol{\eta}}_{j,1,k}^{\ell} \tag{6-1-26}$$

$$\bar{\boldsymbol{\eta}}_{i,2,k}^{\ell+1} = w_{ii}\bar{\boldsymbol{\eta}}_{i,2,k}^{\ell} + \sum_{j\in N_i} w_{ij}\bar{\boldsymbol{\eta}}_{j,2,k}^{\ell} \tag{6-1-27}$$

式中，$\bar{\boldsymbol{\Delta}}_{i,11,k}^{\ell+1}$、$\bar{\boldsymbol{\Delta}}_{i,12,k}^{\ell+1}$、$\bar{\boldsymbol{\Delta}}_{i,22,k}^{\ell+1}$、$\bar{\boldsymbol{\eta}}_{i,1,k}^{\ell+1}$ 和 $\bar{\boldsymbol{\eta}}_{i,2,k}^{\ell+1}$ 是 k 时刻 $(\ell+1)$ 次迭代值。同时，在 i 传感器节点，$\bar{\boldsymbol{\Delta}}_{i,11,k}^{0}$、$\bar{\boldsymbol{\Delta}}_{i,12,k}^{0}$、$\bar{\boldsymbol{\Delta}}_{i,22,k}^{0}$、$\bar{\boldsymbol{\eta}}_{i,1,k}^{0}$ 和 $\bar{\boldsymbol{\eta}}_{i,2,k}^{0}$ 分别设置为原始 $\boldsymbol{\Delta}_{i,11,k}$、$\boldsymbol{\Delta}_{i,12,k}$、$\boldsymbol{\Delta}_{i,22,k}$、$\boldsymbol{\eta}_{i,1,k}$ 和 $\boldsymbol{\eta}_{i,2,k}$。$N_i$ 表示第 i 个传感器的邻居传感器节点集合，即

$$N_i := \{j \mid e_{ji} \in E, j \in V\}$$

也就是说传感器节点 i 和 j 可以相互共享信息。同时，如果边 $e_{ij'}$ 不存在，则传感器节点 i 和 j' 就不能直接共享信息。对于 $i,j=1,\cdots,N$，权重 w_{ij} 可以采用以下两个规则(即最大度数权重和 Metropolis 权重)[49]，即

$$w_{ij}=\begin{cases}\dfrac{1}{N},j\in N_i\\ 1-\sum_{j^*\in N_i}w_{ij^*},i=j\\ 0,j\notin N_i\end{cases}$$

或

$$w_{ij}=\begin{cases}\dfrac{1}{1+\max\{|N_i|,|N_j|\}},j\in N_i\\ 1-\sum_{j^*\in N_i}w_{ij^*},i=j\\ 0,j\notin N_i\end{cases}$$

式中，$|N_i|$ 表示第 i 个节点的度(即邻居数)。

对于上述等式式(6-1-23)至式(6-1-27)，要获得这些交换变量的最终平均共识值，需要考虑以下两个方面，即如何通过多步迭代计算出最终均值以及需要迭代多少步。正如文献[49]中所讨论的，所考虑的连通传感器网络中的最大度数权重和 Metropolis 权重均满足以下条件：

$$\mathbf{1}^{\mathrm{T}}\boldsymbol{W}=\mathbf{1}^{\mathrm{T}},\boldsymbol{W}\mathbf{1}=\mathbf{1},\rho(\boldsymbol{W}-\mathbf{1}\mathbf{1}^{\mathrm{T}}/N)<1$$

式中，$\rho(\cdot)$ 为矩阵的谱半径，**1** 列向量的所有元素都是 1 而且 $\boldsymbol{W}=[w_{ij}]$ 。

然后，根据桑达拉姆(Sundaram)和哈迪克斯希斯(Hadjicostis)的工作[48]，我们有

$$\lim_{\ell\to\infty}\boldsymbol{\Xi}_{i,k}^{\ell}=\frac{[\boldsymbol{\Xi}_{i,k}^{D}\quad \boldsymbol{\Xi}_{i,k}^{D-1}\quad\cdots\quad \boldsymbol{\Xi}_{i,k}^{0}]\boldsymbol{X}}{[1\quad 1\quad\cdots\quad 1]\boldsymbol{X}}=\frac{1}{N}\sum_{i=1}^{N}\boldsymbol{\Xi}_{i,k},i=1,\cdots,N \qquad (6-1-28)$$

式中，$\boldsymbol{\Xi}_{i,k}^{\ell}$ 表示 ℓ^{th} 步迭代值 $\bar{\boldsymbol{\Delta}}_{i,11,k}^{\ell}$、$\bar{\boldsymbol{\Delta}}_{i,12,k}^{\ell}$、$\bar{\boldsymbol{\Delta}}_{i,22,k}^{\ell}$、$\bar{\boldsymbol{\eta}}_{i,1,k}^{\ell}$ 或 $\bar{\boldsymbol{\eta}}_{i,2,k}^{\ell}$，$\boldsymbol{\Xi}_{i,k}$ 表示原始的 $\boldsymbol{\Delta}_{i,11,k}$、$\boldsymbol{\Delta}_{i,12,k}$、$\boldsymbol{\Delta}_{i,22,k}$、$\boldsymbol{\eta}_{i,1,k}$ 或 $\boldsymbol{\eta}_{i,2,k}$ (即 $\ell=0$)。同时

$$\boldsymbol{X}:=\left[1\quad 1+\alpha_D\quad 1+\alpha_{D-1}+\alpha_D\quad\cdots\quad 1+\sum_{j=1}^{D}\alpha_j\right]$$

式中，$q(t)=t^{D+1}+\alpha_D t^D+\cdots+\alpha_1 t+\alpha_0$ 是矩阵 $\boldsymbol{W}$ 的最小多项式。

此外，桑达拉姆和哈迪克斯希斯的工作证明了这一点[48]，上述平均一致性思想可以推广到更一般的表达式，即假设 $\boldsymbol{W}$ 有一个简单的特征值 μ ，$\boldsymbol{W}\boldsymbol{d}=\mu\boldsymbol{d}$ 且 $\boldsymbol{c}^{\mathrm{T}}\boldsymbol{W}=\mu\boldsymbol{c}^{\mathrm{T}}$ 对于某些列向量 $\boldsymbol{c}$ 和 $\boldsymbol{d}$ ，所有 $\boldsymbol{d}$ 的元素非零，对于第 i 个传感器节点，寻找 $\boldsymbol{\Gamma}_i:=[\gamma_{i,D_i}\quad \gamma_{i,D_{i-1}}\quad\cdots\quad \gamma_{i,0}]$ ，使得 $[\boldsymbol{\Xi}_{i,k}^{D_i}\quad \boldsymbol{\Xi}_{i,k}^{D_i-1}\quad\cdots\quad \boldsymbol{\Xi}_{i,k}^{0}]\boldsymbol{\Gamma}_i^{\mathrm{T}}=\sum_{i=1}^{N}c\boldsymbol{\Xi}_{i,k}$ ，其中 $\boldsymbol{c}:=(c_1,c_2,\cdots,c_N)^{\mathrm{T}}$ ，如果 $\boldsymbol{W}$ 是事先知道的。此外，如果 $\boldsymbol{W}$ 未知，桑达拉姆和哈迪克斯希斯的工作中也讨论了一些其他的方法[48]构造相应的 $\boldsymbol{\Gamma}_i$ 。

令 $\bar{\boldsymbol{\Delta}}_{i,11,k}$、$\bar{\boldsymbol{\Delta}}_{i,12,k}$、$\bar{\boldsymbol{\Delta}}_{i,22,k}$、$\bar{\boldsymbol{\eta}}_{i,1,k}$ 和 $\bar{\boldsymbol{\eta}}_{i,2,k}$ 表示第 i 传感器节点中计算的均值，$i=1,\cdots,N$ ，即 $([\boldsymbol{\Xi}_{i,k}^{D}\quad \boldsymbol{\Xi}_{i,k}^{D-1}\quad\cdots\quad \boldsymbol{\Xi}_{i,k}^{0}]\boldsymbol{X})/([1\quad 1\quad\cdots\quad 1]\boldsymbol{X})$。如式(6-1-23)至式(6-1-27)，共识迭代 D 步后，最后计算均值 $\bar{\boldsymbol{\Delta}}_{i,11,k}$、$\bar{\boldsymbol{\Delta}}_{i,12,k}$、$\bar{\boldsymbol{\Delta}}_{i,22,k}$、$\bar{\boldsymbol{\eta}}_{i,1,k}$ 和 $\bar{\boldsymbol{\eta}}_{i,2,k}$ ，共享变量 $\boldsymbol{\Delta}_{i,11,k}$、$\boldsymbol{\Delta}_{i,12,k}$、$\boldsymbol{\Delta}_{i,22,k}$、$\boldsymbol{\eta}_{i,1,k}$ 和 $\boldsymbol{\eta}_{i,2,k}$ 可以通过迭代一致值的加权和作为等式来实现，如式(6-1-28)一样。同时，$\bar{\boldsymbol{\Delta}}_{i,11,k}$、$\bar{\boldsymbol{\Delta}}_{i,12,k}$、$\bar{\boldsymbol{\Delta}}_{i,22,k}$、$\bar{\boldsymbol{\eta}}_{i,1,k}$ 和 $\bar{\boldsymbol{\eta}}_{i,2,k}$ 等于全局均值 $\bar{\boldsymbol{\Delta}}_{11,k}$、$\bar{\boldsymbol{\Delta}}_{12,k}$、$\bar{\boldsymbol{\Delta}}_{22,k}$、$\bar{\boldsymbol{\eta}}_{1,k}$ 和 $\bar{\boldsymbol{\eta}}_{2,k}$ 。因此，

通过插入 $\bar{\boldsymbol{\Delta}}_{i,11,k}$、$\bar{\boldsymbol{\Delta}}_{i,12,k}$、$\bar{\boldsymbol{\Delta}}_{i,22,k}$、$\bar{\boldsymbol{\eta}}_{i,1,k}$ 和 $\bar{\boldsymbol{\eta}}_{i,2,k}$ 到式(6-1-20)至式(6-1-22)中，第 i 个传感器节点的最终状态估计可以得到，$i=1,\cdots,N$。也就是定理 6.1.1 的分布式实现，即 DIFCN。

虽然在提出的 DIFCN 中有 5 个参数（即 $\boldsymbol{\Delta}_{i,11,k}$、$\boldsymbol{\Delta}_{i,12,k}$、$\boldsymbol{\Delta}_{i,22,k}\boldsymbol{\eta}_{i,1,k}$ 和 $\boldsymbol{\eta}_{i,2,k}$）需要在传感器网络中共享，但它们都是由相应的高维块矩阵分解得出的低维矩阵或向量。这里，$\boldsymbol{\Delta}_{i,11,k}$、$\boldsymbol{\Delta}_{i,12,k}$ 和$\boldsymbol{\Delta}_{i,22,k}$ 是$n_x \times n_x$ 矩阵，而 $\boldsymbol{\eta}_{i,1,k}$ 和 $\boldsymbol{\eta}_{i,2,k}$ 是 $n_x \times 1$ 向量。在迭代一致性过程中，这 5 个参数可以被拉直为一个维数为 $3n_x \times n_x + 2n_x$ 的完整列向量，并在传感器网络中进一步交换。此外，还可以提出一种基于式(6-1-8)和式(6-1-9)的分布式信息滤波器。通过在传感器网络中共享 $\boldsymbol{H}_{i,k}^{\mathrm{T}} \Re_{i,k}^{-1} \boldsymbol{H}_{i,k} = \begin{bmatrix} \boldsymbol{\Delta}_{i,11,k} & \boldsymbol{\Delta}_{i,12,k} \\ \boldsymbol{\Delta}_{i,12,k}^{\mathrm{T}} & \boldsymbol{\Delta}_{i,22,k} \end{bmatrix}$ 和 $\boldsymbol{H}_{i,k}^{\mathrm{T}} \Re_{i,k}^{-1} (\boldsymbol{y}_{i,k} - \bar{\boldsymbol{u}}_{i,k} - \bar{\boldsymbol{\phi}}_{i,k-1}) = (\boldsymbol{\eta}_{i,1,k}^{\mathrm{T}}, \boldsymbol{\eta}_{i,2,k}^{\mathrm{T}})^{\mathrm{T}}$ 并进一步得到相应的均值/一致值，其中 $\boldsymbol{H}_{i,k} := [\mathcal{H}_{i,1,k} \quad \mathcal{H}_{i,2,k}]$ 表示在 i^{th} 个传感器节点中经过统计线性回归后“线性化”量测矩阵。然而，建立在式(6-1-8)和式(6-1-9)上的信息滤波器中，基于状态扩维，交换参数的维度为 $2n_x \times 2n_x + 2n_x$，高于所提出的 DIFCN。对于有限时间一致性算法，为了寻求全局均值，迭代次数只依赖于网络拓扑本身，与交换参数无关。在这种情况下，如果在同一传感器网络中采用相同的有限时间一致性策略，所提出的 DIFCN 参数交换的通信负担和计算复杂度绝对低于式(6-1-8)和式(6-1-9)信息滤波器。

如 Wang 等的工作中所讨论的[28]，在考虑有色量测噪声的多传感器融合时，当可用量测维度远大于感兴趣状态维度时，量测扩维方法的计算复杂度小于状态扩维方法。在这种情况下，每个传感器节点的滤波过程本质上是多传感器融合过程，因为每个节点需要有效地处理来自其所有邻居节点的可用信息以获得高精度的估计，而基于量测差的 DIFCN 是较好的选择。此外，设计的信息滤波在实现中利用了低维矩阵的求逆、乘积求和运算，而不是类卡尔曼滤波实现中高维矩阵的求逆、乘积和求和运算。因此，所提出的 DIFCN 具有更小的计算复杂度。

对于所提出的 DIFCN，由于高斯积分的存在，需要相应的数值实现来给出最终的实现，这就带来了讨论数值稳定性的必要，即协方差矩阵的非奇异性。实际上，DIFCN 中有三个地方需要矩阵求逆，即量测噪声的等价协方差求逆 $\boldsymbol{re}_{i,k}^{-1}$、量测模型的增强状态预测协方差矩阵求逆 $\boldsymbol{\Phi}_{k|k-1}^{-1}$ 和动态模型的定义信息矩阵求逆“线性化”。其中，前两种协方差矩阵求逆操作不仅依赖于量测模型的非线性，还依赖于有色量测噪声，有色量测噪声通过量测差异影响所提 DIFCN 的整体数值的稳定性。另一方面，信息矩阵求逆更依赖于动态模型的非线性，更依赖于状态的直接估计。所提出的 DIFCN 只需计算 $\boldsymbol{x}_k$ 的信息矩阵的逆，然而直接的基于式(6-1-8)和式 (6-1-9)的信息滤波器需要计算由 $\boldsymbol{x}_k$ 和 $\boldsymbol{x}_{k-1}$ 组成的扩维状态 $\boldsymbol{\xi}_k$ 的信息矩阵的逆。这样，当 $\boldsymbol{x}_k$ 和 $\boldsymbol{x}_{k-1}$ 强相关时，扩维态的信息矩阵更容易引起奇异性，除了动力学模型的非线性外，还受到过程噪声协方差的明显影响，这加剧了滤波实现中数值不稳定的可能性。因此，所提出的 DIFCN 具有更好的数值稳定性，因为它直接估计原始系统状态而不是扩维系统状态。

最后，通过无迹变换[12]对所提出的 DIFCN 进行计算的过程如下所示。

步骤 1	初始化。 ①对每一个传感器节点 $i=1,\cdots,N$ ，初始化状态估计 $\hat{\boldsymbol{x}}_{i,0\|0}$、$\boldsymbol{P}_{i,0\|0}$。 ②分别计算相应的初始信息向量和矩阵 $\hat{\boldsymbol{\vartheta}}_{i,0\|0}$ 和 $\mathcal{I}_{i,0\|0}$。
步骤 2	基于第 i 个传感器节点的统计线性回归模型“线性化”。 ①基于 UT 变换，计算 $\hat{\boldsymbol{x}}_{i,k\|k-1}$，$\boldsymbol{P}_{i,k\|k-1}$ 和 $\boldsymbol{P}_{i,k,k-1\|k-1}$。 ②将的动态模型改写为式(6-1-10)的线性形式。 ③基于式(6-1-5)，重构线性形式的新量测模型为方程(6-1-6)。
步骤 3	第 i 个传感器节点的分布式有限时间平均共识。 ①对于 $\ell=1,\cdots,D$ ，根据式(6-1-23)至式(6-1-27)，分别计算 $\bar{\boldsymbol{\Delta}}^{\ell}_{i,11,k}$ 、$\bar{\boldsymbol{\Delta}}^{\ell}_{i,12,k}$ 、$\bar{\boldsymbol{\Delta}}^{\ell}_{i,22,k}$ 、$\bar{\boldsymbol{\eta}}^{\ell}_{i,1,k}$ 和 $\bar{\boldsymbol{\eta}}^{\ell}_{i,2,k}$ 。 ②利用式(6-1-28)得到 $\bar{\boldsymbol{\Delta}}_{i,11,k}$ 、$\bar{\boldsymbol{\Delta}}_{i,12,k}$ 、$\bar{\boldsymbol{\Delta}}_{i,22,k}$ 、$\bar{\boldsymbol{\eta}}_{i,1,k}$ 和 $\bar{\boldsymbol{\eta}}_{i,2,k}$ 。
步骤 4	基于第 i 个传感器节点信息滤波的分布式状态更新。 ①按式(6-1-20)和式(6-1-21)，对于每一个传感器节点，更新 $\hat{\boldsymbol{\vartheta}}_{i,k\|k}$ 和 $\mathcal{I}_{i,k\|k}$ 。 ② $\boldsymbol{P}_{i,k\|k}=\mathcal{I}^{-1}_{i,k\|k}$ ，$\hat{\boldsymbol{x}}_{i,k\|k}=\boldsymbol{P}_{i,k\|k}\hat{\boldsymbol{\vartheta}}_{i,k\|k}$ 。
步骤 5	递推。令 $k-1\leftarrow k$ 返回步骤 2。

令 $\boldsymbol{X}_{1:k}$ 、$\boldsymbol{Z}_{1:k}$ 和 $\boldsymbol{Y}_{1:k}$ 是状态序列 $\{\boldsymbol{x}_1,\cdots,\boldsymbol{x}_k\}$ ，得到的量测序列 $\{\boldsymbol{z}_1,\cdots,\boldsymbol{z}_k\}$ 和重构的量测序列 $\{\boldsymbol{y}_1,\cdots,\boldsymbol{y}_k\}$ 。这里，对于后验 Cramér-Rao 下界分析，在 k 时刻，$\boldsymbol{Y}_{1:k}$ 包含和 $\boldsymbol{Z}_{1:k}$ 相同的可用度量信息。因此，$\boldsymbol{Z}_{1:k}$ 和 $\boldsymbol{Y}_{1:k}$ 是等价的，我们在接下来的部分中将不对它们进行区分。表示 $\boldsymbol{X}_{1:k}$ 和 $\boldsymbol{Z}_{1:k}$ 的联合概率分布为 $p_{1:k}$ ，即

$$p_{1:k}:=p(\boldsymbol{X}_{1:k},\boldsymbol{Z}_{1:k})$$

此外，令 $\boldsymbol{J}_{1:k}$ 为 $\boldsymbol{X}_{1:k}$ 的一个 $kn_x\times kn_x$ 的信息矩阵，由上述联合分布得到，即

$$\boldsymbol{J}_{1:k}:=E\left(-\frac{\partial^2\lg p_{1:k}}{\partial^2\boldsymbol{X}_{1:k}}\right)$$

我们假设 $\boldsymbol{J}_{1:k}$ 存在。根据 Tichavský 等的工作[50]，用于估计 $\boldsymbol{x}_k$ 的信息子矩阵，记为 $\mathcal{J}_k$ ，是 $n_x\times n_x$ 右下子块的逆 $\boldsymbol{J}^{-1}_{1:k}$ 。

基于 $p_{1:k}=p_{1:k-1}p(\boldsymbol{y}_k\mid\boldsymbol{x}_k,\boldsymbol{x}_{k-1})p(\boldsymbol{x}_k\mid\boldsymbol{x}_{k-1})$ 和 $\boldsymbol{X}_{1:k}=(\boldsymbol{X}_{1:k-2},\boldsymbol{x}_{k-1},\boldsymbol{x}_k)$ ，有

$$\boldsymbol{J}_{1:k}=E\left(-\frac{\partial^2(\lg p_{1:k-1}+\lg p(\boldsymbol{y}_k\mid\boldsymbol{x}_k,\boldsymbol{x}_{k-1})+\lg p(\boldsymbol{x}_k\mid\boldsymbol{x}_{k-1}))}{\partial^2((\boldsymbol{X}^{\mathrm{T}}_{1:k-2},\boldsymbol{x}^{\mathrm{T}}_{k-1},\boldsymbol{x}^{\mathrm{T}}_k))^{\mathrm{T}}}\right)=\begin{bmatrix}\boldsymbol{J}_{11,1:k} & \boldsymbol{J}_{12,1:k} & \boldsymbol{J}_{13,1:k}\\ \boldsymbol{J}_{21,1:k} & \boldsymbol{J}_{22,1:k} & \boldsymbol{J}_{23,1:k}\\ \boldsymbol{J}_{31,1:k} & \boldsymbol{J}_{32,1:k} & \boldsymbol{J}_{33,1:k}\end{bmatrix} \tag{6-1-29}$$

这里，

$$\boldsymbol{J}_{11,1:k}:=E\left(-\frac{\partial^2\lg p_{1:k-1}}{\partial^2\boldsymbol{X}_{1:k-2}}\right),\ \boldsymbol{J}_{12,1:k}:=E\left(-\frac{\partial^2\lg p_{1:k-1}}{\partial\boldsymbol{X}_{1:k-2}\partial\boldsymbol{x}_{k-1}}\right),$$

$$J_{13,1:k}=O\ ,\ J_{21,1:k}:=E\left(-\frac{\partial^2 \lg p_{1:k-1}}{\partial x_{k-1}\partial X_{1:k-2}}\right)=J_{12,1:k}^{\mathrm{T}}\ ,$$

$$J_{22,1:k}:=E\left(-\frac{\partial^2 \lg p_{1:k-1}}{\partial^2 x_{k-1}}\right)+E\left(-\frac{\partial^2 \lg p(y_k \mid x_k,x_{k-1})}{\partial^2 x_{k-1}}\right)$$
$$+E\left(-\frac{\partial^2 \lg p(x_k \mid x_{k-1})}{\partial^2 x_{k-1}}\right)\ ,$$

$$J_{23,1:k}:=E\left(-\frac{\partial^2 \lg p(y_k \mid x_k,x_{k-1})}{\partial x_{k-1}\partial x_k}\right)+E\left(-\frac{\partial^2 \lg p(x_k \mid x_{k-1})}{\partial x_{k-1}\partial x_k}\right)\ ,J_{31,1:k}=O=J_{13,1:k}^{\mathrm{T}}\ ,$$

$$J_{32,1:k}:=E\left(-\frac{\partial^2 \lg p(y_k \mid x_k,x_{k-1})}{\partial x_k\partial x_{k-1}}\right)+E\left(-\frac{\partial^2 \lg p(x_k \mid x_{k-1})}{\partial x_k\partial x_{k-1}}\right)=J_{23,1:k}^{\mathrm{T}}\ ,$$

$$J_{33,1:k}:=E\left(-\frac{\partial^2 \lg p(y_k \mid x_k,x_{k-1})}{\partial^2 x_k}\right)+E\left(-\frac{\partial^2 \lg p(x_k \mid x_{k-1})}{\partial^2 x_k}\right)\ 。$$

由于信息子矩阵 J_k 是 $n_x\times n_x$ 的右下子块的逆 $J_{1:k}^{-1}$,我们有

$$\begin{aligned}J_k&=J_{33,1:k}-\begin{bmatrix}J_{31,1:k} & J_{32,1:k}\end{bmatrix}\begin{bmatrix}J_{11,1:k} & J_{12,1:k}\\ J_{21,1:k} & J_{22,1:k}\end{bmatrix}\begin{bmatrix}J_{13,1:k}\\ J_{23,1:k}\end{bmatrix}\\&=J_{33,1:k}-J_{32,1:k}(J_{22,1:k}-J_{21,1:k}J_{11,1:k}^{-1}J_{12,1:k})^{-1}J_{23,1:k}\end{aligned}\tag{6-1-30}$$

另一方面,考虑到信息矩阵 $J_{1:k-1}$ 的 $X_{1:k-1}=(X_{1:k-2}^{\mathrm{T}},x_{k-1}^{\mathrm{T}})^{\mathrm{T}}$,我们有

$$J_{1:k-1}=\begin{bmatrix}E\left(-\frac{\partial^2 \lg p_{1:k-1}}{\partial^2 X_{1:k-2}}\right) & E\left(-\frac{\partial^2 \lg p_{1:k-1}}{\partial X_{1:k-2}\partial x_{k-1}}\right)\\ E\left(-\frac{\partial^2 \lg p_{1:k-1}}{\partial x_{k-1}\partial X_{1:k-2}}\right) & E\left(-\frac{\partial^2 \lg p_{1:k-1}}{\partial^2 x_{k-1}}\right)\end{bmatrix}=\begin{bmatrix}J_{11,1:k} & J_{12,1:k}\\ J_{21,1:k} & J_{22,1:k-1}\end{bmatrix}\tag{6-1-31}$$

其中, $J_{22,1:k-1}:=E\left(-\frac{\partial^2 \lg p_{1:k-1}}{\partial^2 x_{k-1}}\right)$ 。

显然,信息息子矩阵 J_{k-1} 是 $n_x\times n_x$ 的右下子块的逆 $J_{1:k-1}^{-1}$,我们有

$$J_{k-1}=J_{22,1:k-1}-J_{21,1:k}J_{11,1:k}^{-1}J_{12,1:k}\tag{6-1-32}$$

表示 $A_k:=E\left(-\frac{\partial^2 \lg p(y_k \mid x_k,x_{k-1})}{\partial^2 x_{k-1}}\right)$ 和 $B_k:=E\left(-\frac{\partial^2 \lg p(x_k \mid x_{k-1})}{\partial^2 x_{k-1}}\right)$ 。然后,

$$J_{22,1:k}=J_{22,1:k-1}+A_k+B_k\ 。$$

这样,把式(6-1-32)插入式(6-1-30)。我们有

$$J_k=J_{33,1:k}-J_{32,1:k}(A_k+B_k+J_{k-1})^{-1}J_{23,1:k}\tag{6-1-33}$$

根据 $J_{33,1:k}$ 、$J_{32,1:k}$ 、A_k 、B_k 和 $J_{23,1:k}$ 的定义我们发现这些变量的计算取决于动态模型或量测模型,即 $p(x_k \mid x_{k-1})$ 和 $p(y_k \mid x_k,x_{k-1})$ 。与前面提出的信息滤波器的推导一致,假设非线性动态和量测模型的统计线性回归是有效的,状态的后验概率密度为高斯。然后,基于重写的系统式(6-1-10)和式(6-1-6),我们有

$$p(x_k \mid x_{k-1})=\mathcal{N}(x_k-F_{k-1}x_{k-1}-\bar{\gamma}_{k-1};0,\tilde{\mathcal{Q}}_{k-1})$$
$$p(y_k \mid x_k,x_{k-1})=\mathcal{N}(y_k-H_{1,k}x_k-H_{2,k}x_{k-1};0,\Re_{\mathrm{k}})$$

这样，

$$E\left(-\frac{\partial^2 \lg p(\boldsymbol{x}_k \mid \boldsymbol{x}_{k-1})}{\partial^2 \boldsymbol{x}_k}\right)=\widetilde{\mathcal{Q}}_{k-1}^{-1}, E\left(-\frac{\partial^2 \lg p(\boldsymbol{y}_k \mid \boldsymbol{x}_k, \boldsymbol{x}_{k-1})}{\partial^2 \boldsymbol{x}_k}\right)=\boldsymbol{H}_{1,k}^{\mathrm{T}} \Re_{\mathrm{k}}^{-1} \boldsymbol{H}_{1,k},$$

$$E\left(-\frac{\partial^2 \lg p(\boldsymbol{x}_k \mid \boldsymbol{x}_{k-1})}{\partial \boldsymbol{x}_k \partial \boldsymbol{x}_{k-1}}\right)=\widetilde{\mathcal{Q}}_{k-1}^{-1} \boldsymbol{F}_{k-1}, E\left(-\frac{\partial^2 \lg p(\boldsymbol{y}_k \mid \boldsymbol{x}_k, \boldsymbol{x}_{k-1})}{\partial \boldsymbol{x}_k \partial \boldsymbol{x}_{k-1}}\right)=-\boldsymbol{H}_{1,k}^{\mathrm{T}} \Re_{\mathrm{k}}^{-1} \boldsymbol{H}_{2,k},$$

$$E\left(-\frac{\partial^2 \lg p(\boldsymbol{y}_k \mid \boldsymbol{x}_k, \boldsymbol{x}_{k-1})}{\partial^2 \boldsymbol{x}_{k-1}}\right)=\boldsymbol{H}_{2,k}^{\mathrm{T}} \Re_{\mathrm{k}}^{-1} \boldsymbol{H}_{2,k}=\boldsymbol{\Delta}_{22,k}, E\left(-\frac{\partial^2 \lg p(\boldsymbol{x}_k \mid \boldsymbol{x}_{k-1})}{\partial^2 \boldsymbol{x}_{k-1}}\right)=\boldsymbol{F}_{k-1}^{\mathrm{T}} \widetilde{\mathcal{Q}}_{k-1}^{-1} \boldsymbol{F}_{k-1}$$

因此，

$$\boldsymbol{J}_{33,1:k}=\boldsymbol{H}_{1,k}^{\mathrm{T}} \Re_{\mathrm{k}}^{-1} \boldsymbol{H}_{1,k}+\widetilde{\mathcal{Q}}_{k-1}^{-1}=\boldsymbol{\Delta}_{11,k}+\widetilde{\mathcal{Q}}_{k-1}^{-1}$$

$$\boldsymbol{J}_{32,1:k}=\boldsymbol{J}_{23,1:k}^{\mathrm{T}}=-\boldsymbol{H}_{1,k}^{\mathrm{T}} \Re_{\mathrm{k}}^{-1} \boldsymbol{H}_{2,k}+\widetilde{\mathcal{Q}}_{k-1}^{-1} \boldsymbol{F}_{k-1}=-\boldsymbol{\Delta}_{12,k}+\widetilde{\mathcal{Q}}_{k-1}^{-1} \boldsymbol{F}_{k-1}$$

$$\boldsymbol{A}_k=\boldsymbol{H}_{2,k}^{\mathrm{T}} \Re_{\mathrm{k}}^{-1} \boldsymbol{H}_{2,k}=\boldsymbol{\Delta}_{22,k}, \boldsymbol{B}_k=\boldsymbol{F}_{k-1}^{\mathrm{T}} \widetilde{\mathcal{Q}}_{k-1}^{-1} \boldsymbol{F}_{k-1}$$

将这些变量插入方程式(6-1-33)，我们得到

$$\boldsymbol{J}_k=\boldsymbol{\Delta}_{11,k}+\widetilde{\mathcal{Q}}_{k-1}^{-1}-(\widetilde{\mathcal{Q}}_{k-1}^{-1} \boldsymbol{F}_{k-1}-\boldsymbol{\Delta}_{12,k})(\boldsymbol{\Delta}_{22,k}+\boldsymbol{F}_{k-1}^{\mathrm{T}} \widetilde{\mathcal{Q}}_{k-1}^{-1} \boldsymbol{F}_{k-1}+\boldsymbol{J}_{k-1})^{-1}(\widetilde{\mathcal{Q}}_{k-1}^{-1} \boldsymbol{F}_{k-1}-\boldsymbol{\Delta}_{12,k})^{\mathrm{T}} \tag{6-1-34}$$

显然，如果将 $\boldsymbol{J}_k$ 和 $\boldsymbol{J}_{k-1}$ 分别替换为 $\boldsymbol{I}_{k|k}$ 和 $\boldsymbol{I}_{k-1|k-1}$，则式(6-1-34)与定理6.1.1中所设计的信息滤波器的信息矩阵递归公式(6-1-15)是一致的。设 $\hat{\boldsymbol{x}}$ 为 $\boldsymbol{x}$ 的无偏估计，$\boldsymbol{P}$ 为相应的估计误差协方差，$\boldsymbol{J}$ 表示费希尔信息矩阵，估计误差的后验 Cramér-Rao 下界形式为 $\boldsymbol{P}:=E(\hat{\boldsymbol{x}}-\boldsymbol{x})(\hat{\boldsymbol{x}}-\boldsymbol{x})^{\mathrm{T}} \geqslant \boldsymbol{J}^{-1}$，其中“$\geqslant$”表示差值 $\boldsymbol{P}-\boldsymbol{J}^{-1}$ 是一个正半定矩阵[50]。考虑提出的 DIFCN 中每个传感器节点的最终滤波估计与前面所证明的集中滤波结果是一致的。如果对于每个传感器节点 $\boldsymbol{I}_{0|0}=\boldsymbol{P}_{0|0}^{-1}$，则 DIFCN 中原始系统状态 $\boldsymbol{x}_k$ 的递归计算估计误差协方差矩阵 $\boldsymbol{I}_{k|k}^{-1}$ 达到后验 Cramér-Rao 下界，其中 $\hat{\boldsymbol{x}}_{k|k}=\boldsymbol{I}_{k|k}^{-1}\hat{\boldsymbol{\vartheta}}_{k|k}$ 对于考虑的系统式(6-1-10)和式(6-1-6)是无偏的。也就是说，在采用统计线性回归和高斯后验概率密度近似的情况下，从后验 Cramér-Rao 下界的角度来看，所提出的 DIFCN 获得了最好的估计精度。

6.1.4　仿真分析

在本部分中，通过传感器网络中带有彩色量测噪声的目标跟踪示例验证了所提出的 DIFCN，如图6-1-1所示。有 $N=15$ 个传感器节点。在笛卡儿坐标系 $o-\zeta\varphi$ 中，目标状态是 $\boldsymbol{x}_k=(\zeta_k, \dot{\zeta}_k, \varphi_k, \dot{\varphi}_k)^{\mathrm{T}}$。存在一个匀速运动，即 $\boldsymbol{x}_{k+1}=\boldsymbol{F}_k \boldsymbol{x}_k+\boldsymbol{w}_k$，$\boldsymbol{F}_k=\boldsymbol{I}_2 \otimes \begin{bmatrix} 1 & T \\ 0 & 1 \end{bmatrix}$，$\boldsymbol{Q}_k=q\boldsymbol{I}_2 \otimes \begin{bmatrix} \frac{T^5}{20} & \frac{T^4}{8} \\ \frac{T^4}{8} & \frac{T^3}{3} \end{bmatrix}$。$T=0.25$ 表示采样周期，$q=0.001$。初始状态 $\boldsymbol{x}_0$ 设为 $(1200,15,1000,20)^{\mathrm{T}}$。这个系统运行的时间是150时刻。

在每个传感器节点 i 中，$i=1,\cdots,N$，距离和方位角为

$$\boldsymbol{z}_{i,k}=(\boldsymbol{r}_{i,k}, \boldsymbol{\theta}_{i,k})^{\mathrm{T}}=\begin{bmatrix} \sqrt{(\boldsymbol{\zeta}_k-\boldsymbol{\zeta}_{i,s})^2+(\varphi_k-\varphi_{i,s})^2} \\ \arctan^{-1}((\varphi_k-\varphi_{i,s})/(\boldsymbol{\zeta}_k-\boldsymbol{\zeta}_{i,s})) \end{bmatrix}+\boldsymbol{v}_{i,k}$$

其中 $(\zeta_{i,s},\varphi_{i,s})$ 表示第 i 个传感器的位置，如图 6－1－2 所示。量测噪声 $\boldsymbol{v}_{i,k}$ 用式(6－1－3)表示，有以下两种情况：

情形 1 线性自回归过程 $\boldsymbol{v}_{i,k}=\psi\boldsymbol{v}_{i,k-1}+\boldsymbol{\tau}_{i,k-1}$，$\psi=0.75$；

情形 2 非线性自回归过程 $\boldsymbol{v}_{i,k}^{j}=\psi(1+0.9e^{-|c^{j}\boldsymbol{v}_{i,k-1}^{j}|})\boldsymbol{v}_{i,k-1}^{j}+\boldsymbol{\tau}_{i,k-1}^{j}$，上标 j 表示第 j 个元素，$j=1,2$，其中 $c^{1}=0.05$，$c^{2}=200$ 和 $\psi=0.75$，这里，

$$\boldsymbol{R}_{i,k}=\mathrm{diag}\{20^{2},0.005^{2}\}$$

仿真使用 MATLAB 2019a 在 Intel(R) Core(TM) i7－9700 CPU @ 3.00GHz 配置的计算机上运行。同时，在 MATLAB 中结合“tic”和“toc”函数对运行时间进行量测。

我们将提出的 DIFCN 与无迹卡尔曼滤波器(简记为 UKF)[12]、带有色量测噪声的 UKF[其中公式(6－1－4)用于处理有色量测噪声(简记为 UKFCN)[28]]、定理 6－1－1 中单传感器节点信息滤波器(简记为 SIFCN)、定理 6.1.1 中的 CIFCN，所讨论的通过状态扩维实现有限时间平均共识的基于式(6－1－8)和式(6－1－9)的分布式信息滤波器(简记为 ADIFCN)，以及如式(6－1－20)至式(6－1－22)所描述的具有平均共识的式(6－1－23)至式(6－1－27)的分布式信息滤波器(简记为 conDIFCN)进行了比较。

在所有比较滤波器中，初始状态估计 $\hat{\boldsymbol{x}}_{0|0}=\boldsymbol{x}_{0}+\tilde{\boldsymbol{x}}_{0}$ 和 $\boldsymbol{P}_{0|0}=\mathrm{diag}\{100,5,100,5\}$ 相同，其中 $\tilde{\boldsymbol{x}}_{0}=(15,1.2,18,1.0)^{\mathrm{T}}$ 是随机选择的。同时，conDIFCN 中的共识迭代终止为 $\|\bar{\boldsymbol{\eta}}_{i,1,k}^{\ell+1}-\bar{\boldsymbol{\eta}}_{i,1,k}^{\ell}\|<\kappa$ 或 $\ell+1>\ell_{\max}$，这与 Yang 等[16][41]工作中使用的平均共识策略一致，其中 $\kappa=10^{-6}$ 和 $\ell_{\max}=50$。

通过 1000 次蒙特卡罗实现，其中所有结果都来自第 1 个传感器节点。如图 6－1－3 和图 6－1－4 所示，无论在线性还是非线性情况下，由于考虑了有色量测噪声，UKFCN 和 SIFCN 的 RMSEs 都比 UKF 的 RMSEs 小。同时，SIFCN 的均方根误差与 UKFCN 的均方根误差相同，验证了定理 6.1.1 中所提出的信息滤波器理论推导的正确性。此外，由于多个传感器提供了更多的可用量测信息，在情形 1 和情形 2 中，CIFCN、ADIFCN、conDIFCN 和 DIFCN 的 RMSEs 均小于 UKFCN 和 SIFCN，而 UKFCN 和 SIFCN 的 RMSEs 远小于 UKF。此外，ADIFCN、conDIFCN 和 DIFCN 的 RMSEs 与 CIFCN 的 RMSEs 基本相同，表明采用分布式融合结构是可取的。

此外，在情形 1 和情形 2 下，我们对提出的 DIFCN 在不同的传感器节点上的 RMSEs 进行了比较，即选择第 1 个，第 5 个，第 10 个，以及第 15 个传感器节点为代表，如图 6－1－5 和图 6－1－6 所示，分别通过 1000 次蒙特卡罗仿真实现。显然，从图 6－1－5 和图 6－1－6 中都可以看出（即情形 1 和 2)，所提出的来自这四个传感器节点的 DIFCN 的均方根均相同，因为所采用的有限时间平均共识使得交换变量的均值(即 $\bar{\Delta}_{i,11,k}$、$\bar{\Delta}_{i,12,k}\bar{\Delta}_{i,22,k}$、$\bar{\eta}_{i,1,k}$ 和 $\bar{\eta}_{i,2,k}$，$i=1,\cdots,N$)分别等于真实均值。同时，需要指出的是，在某些情况下，情形 1 和情形 2 中，针对所提出的 DIFCN 算法，来自剩余的传感器节点的均方根值也与图 6－1－5 和图 6－1－6 中四个节点的均方根值相同。

为了对 conDIFCN、ADIFCN 和 DIFCN 的滤波性能进行全面比较，图 6－1－7 给出了情形 1 和情形 2 下，通过 1000 次蒙特卡罗仿真的每次蒙特卡罗实现的平均运行时间和平均共识迭代次数。

如图6-1-7(a)、(c)所示，在情形1和情形2下，ADIFCN和DIFCN的每个采样时刻的平均运行时间都远小于conDIFCN。同样，如图6-1-7(b)、(d)所示，在情形1和情形2两种情形下，ADIFCN和DIFCN每个采样时间的平均共识迭代次数也远小于conDIFCN。在这里，采用式(6-1-28)所示的有限时间平均共识策略来计算DIFCN和ADIFCN中传感器网络中交换变量的相应平均值，而一般平均共识策略为方程。式(6-1-23)至式(6-1-27)用于通过在conDIFCN中进行充分的迭代来近似相应的平均值。结果证明，在分布式传感器网络中寻求共享变量的平均值时，有限时间平均共识策略比一般平均共识策略更有效，如图6-1-1所示。同时，由于DIFCN和ADIFCN都采用了有限时间平均共识策略，因此两种方法每个采样历元的平均共识迭代次数相同，平均运行时间也近似一致。

对于情形1和情形2两种情形，数值稳定性比(成功蒙特卡罗实现的数量与蒙特卡罗实现的总数之比)以及ψ和过程噪声参数q的增加如图6-1-8所示。图6-1-8(a)、(c)显示了这些比较方法的数值稳定性比，其中ψ从0.6到0.81不等，采样间隔为0.01，对于情形1和2，过程噪声参数为$q=10^{-3}$。在这里，我们可以看到DIFCN和conDIFCN的数值稳定性比ADIFCN好，特别是当ψ较大时，即有色量测噪声的相关性较强，因为DIFCN和conDIFCN都采用了分块矩阵分解(与ADIFCN相比)，将高维矩阵运算转化为相应的低维矩阵运算，避免了数值不稳定性的恶化。同时，图6-1-8(b)、(d)显示了两种比较方法的数值稳定性比，其中过程噪声参数$\sqrt{q}$在0.01到0.10变化，采样间隔为0.01，有色量测噪声参数为$\psi=0.8$。同样，DIFCN和conDIFCN的数值稳定性比也优于ADIFCN，特别是当q较小时，即当前状态与相邻前一状态强相关时。由于在ADIFCN中计算增广状态的高维信息矩阵的逆，而在DIFCN和conDIFCN中计算原始状态的低维信息矩阵的逆，从而避免了数值不稳定性的恶化。因此，就前面所讨论的平均运行时间/平均共识迭代次数，以及此处的数值稳定性而言，所提出的DIFCN具有令人满意的实现优势。

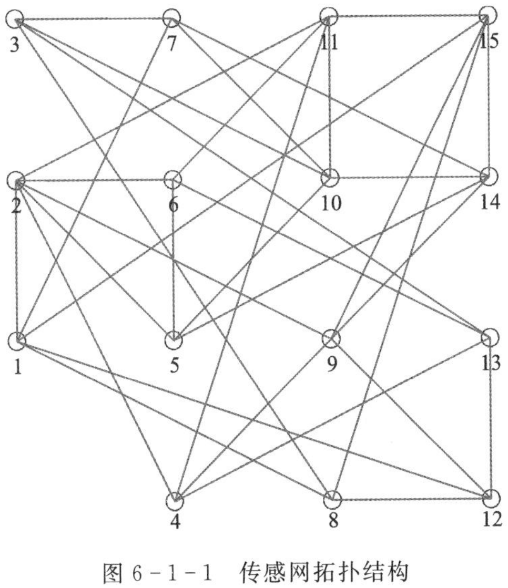

图6-1-1　传感网拓扑结构

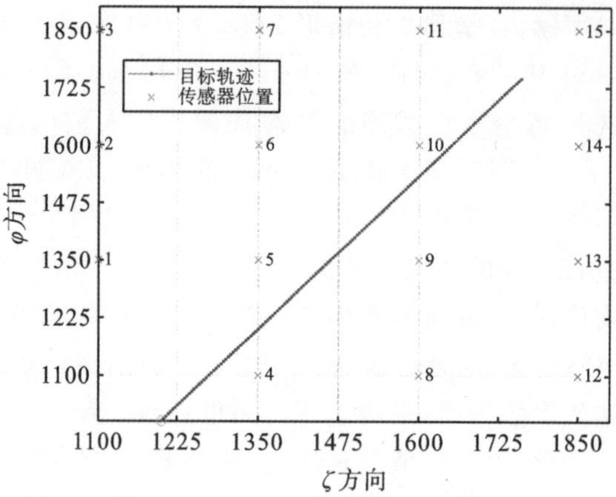

图 6-1-2　传感器节点位置分布

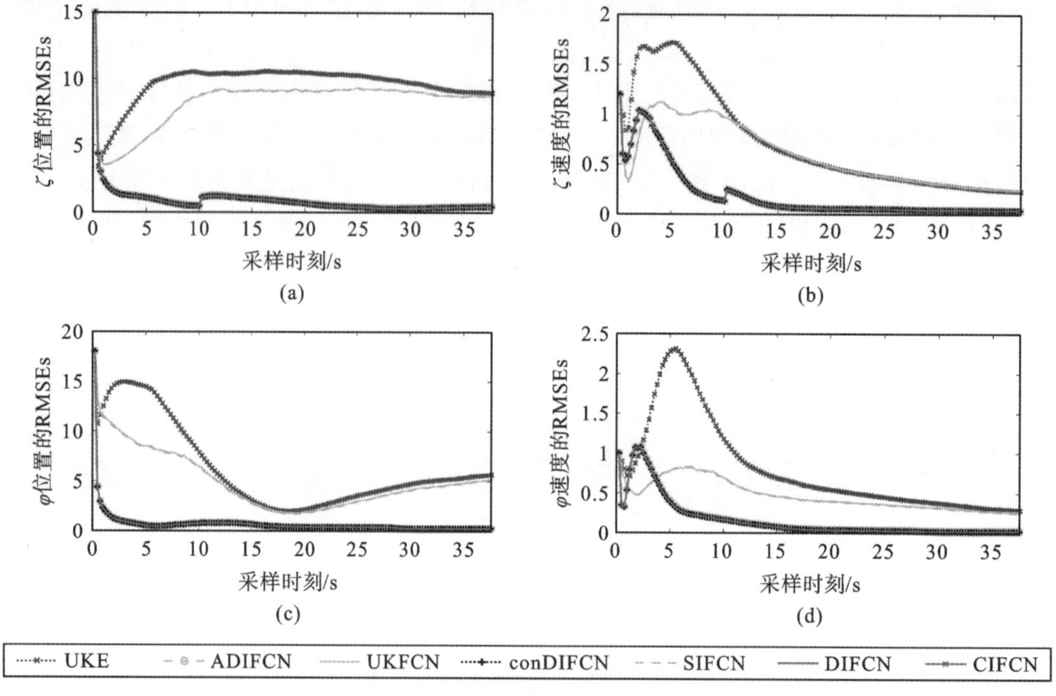

图 6-1-3　情形 1 下的所提算法和对比算法的 RMSEs

图 6-1-3 至图 6-1-8 彩图

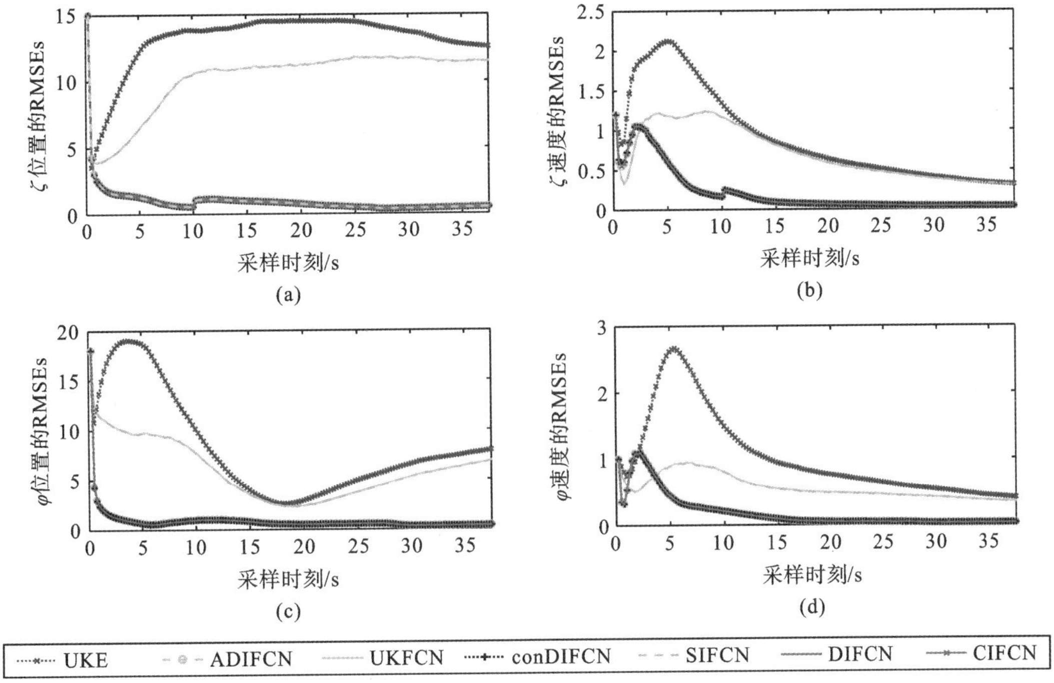

图 6-1-4　情形 2 下的所提算法和对比算法的 RMSEs

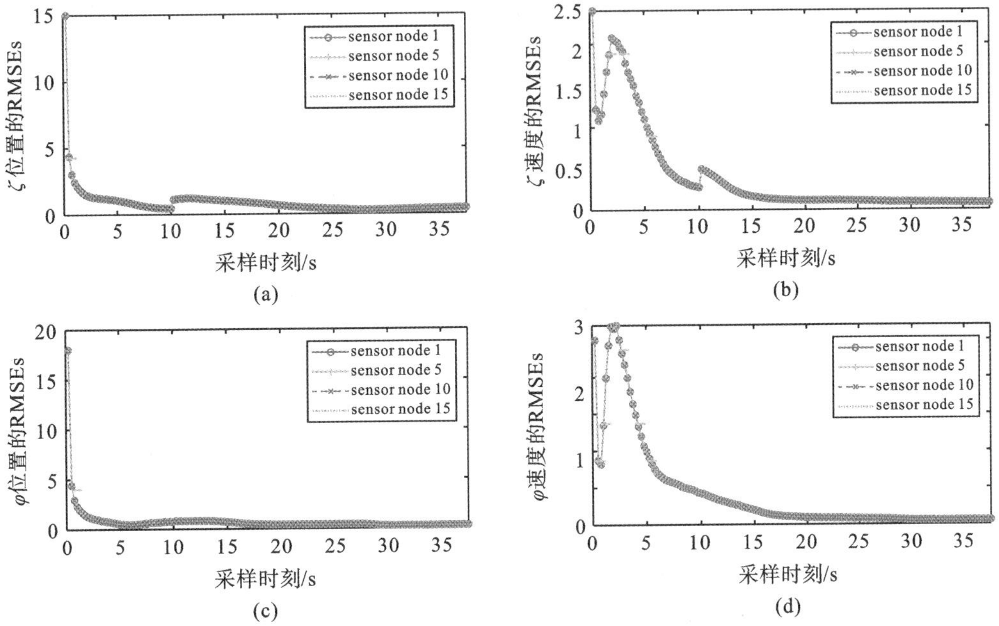

图 6-1-5　情形 1 下的不同传感器节点 DIFCN 的 RMSEs

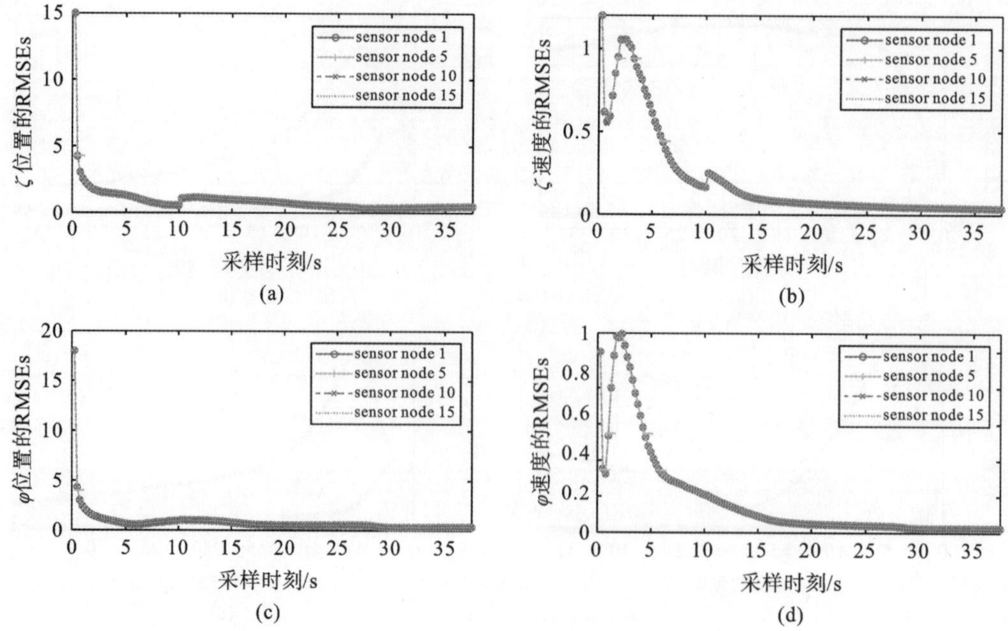

图 6-1-6　情形 2 下的不同传感器节点 DIFCN 的 RMSEs

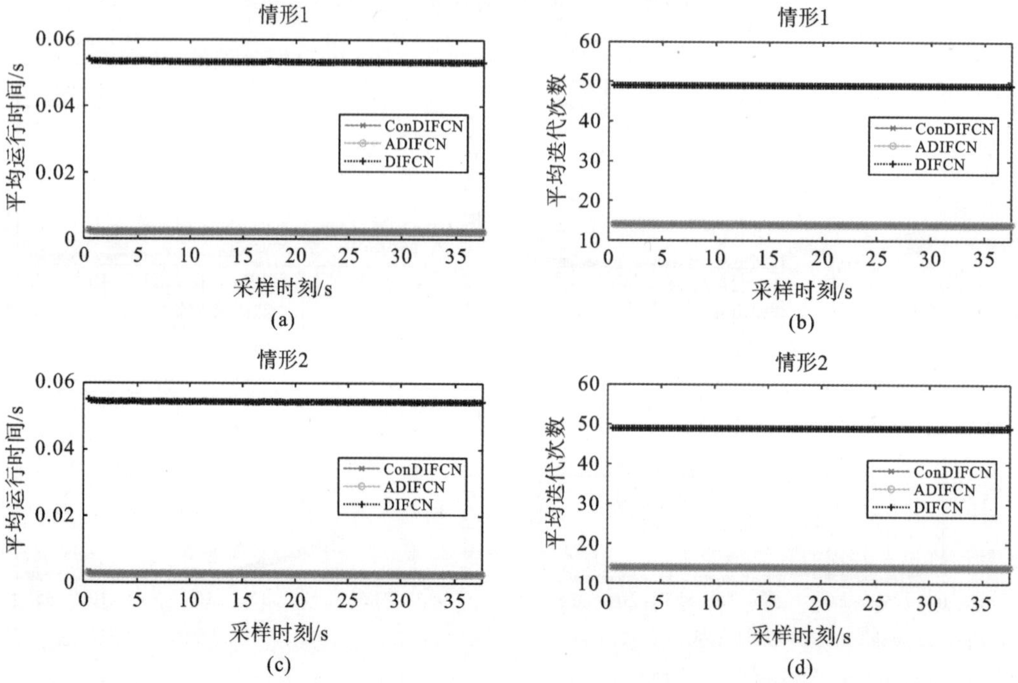

图 6-1-7　情形 1 和 2 下 conDIFCN、ADIFCN 和 DIFCN 的平均运行时间和一致迭代次数

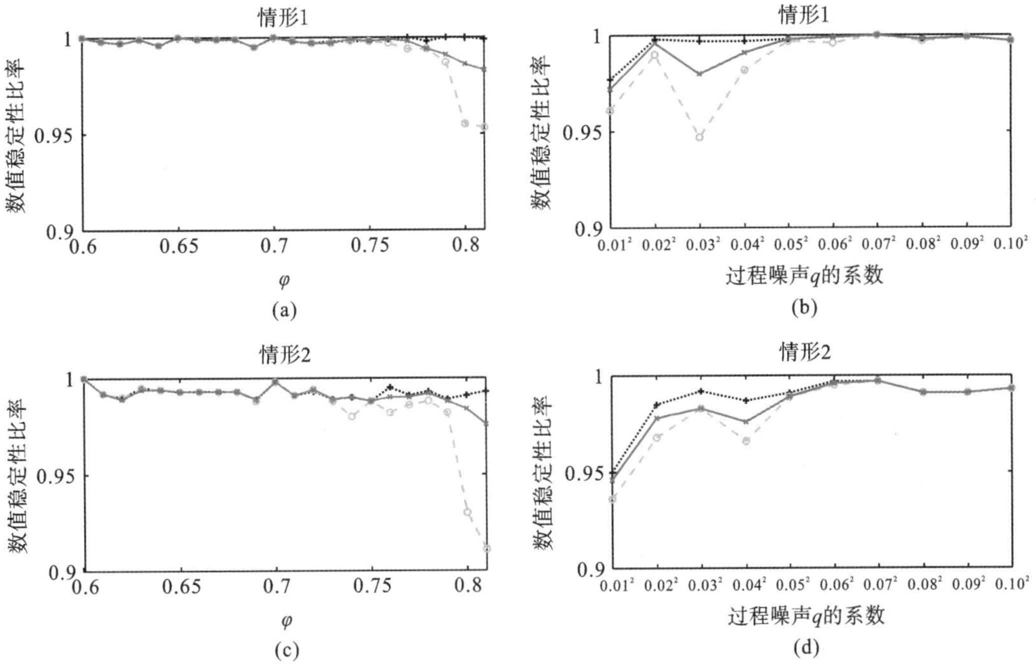

图 6-1-8　情形 1 和 2 下 conDIFCN、ADIFCN 和 DIFCN 的数值稳定性比率

6.2　具有乘性参数和随机时延非线性不确定系统的分布式融合

6.2.1　引　　言

离散非线性动态系统的滤波问题由于其在统计信号处理[51-52]、非线性系统控制[53-54]、组合导航[55]、目标跟踪与融合[56]等方面广泛又实际的应用而备受关注。从贝叶斯滤波的角度来看,它总是难以获得一个解析的最优递归解,以最小化估计误差协方差(或均方误差)的轨迹,因此研究主要集中在近似策略,以实现高成效的滤波器[16]。目前,在贝叶斯滤波框架下设计可执行非线性滤波器的近似策略主要有两种。第一种是函数逼近,旨在利用分段时变线性函数或其他典型函数来逼近非线性的动态和量测模型,如泰勒展开的扩展卡尔曼滤波器和基于插值多项式的差分滤波器[6][57]。一般来说,这种滤波器计算有效,但对线性化误差或差分操作敏感。第二种策略是基于后验概率密度近似,根据数值积分计算的不同,现有的方法主要可以归纳为两个子类。第一类是基于蒙特卡罗的方法,即粒子滤波器及其导出的滤波器,通过利用大量的加权采样粒子来近似后验概率密度[15]。粒子滤波具有较高的估计精度,但计算量较大。另一类是高斯/高斯混合滤波器,其中后验概率密度近似为高斯/高斯混合分布[58-59]。一般情况下,高斯/高斯混合滤波器通过合理选择若干固定的采样点并赋予相应的权值,利用数值高斯积分进一步计算估计的前两阶矩,从而在估计精度和计算代价之间取得折中。此外,由于高斯混合可以用适当的分量[25]尽可能接近地逼近任何概率分布,因此高斯混合滤波器进一步削弱了高斯概率密度假设。然而,上述非线性滤波器都假设系统仅受加性噪声干扰,且当

前量测值应及时到达。实际上，在大规模网络化的多传感器传感系统中，动态模型和量测模型不仅具有固有的非线性，而且存在由多个随机参数（乘性参数或噪声）调制的非线性未知输入[42][60-61]。例如，在实际应用中，距离或信号强度方面的量测精度往往取决于感兴趣目标与传感器之间的相对距离[62]，这将导致量测模型中存在乘性参数/噪声。同时，由于带宽限制或地理位置偏远的路由，在传输量测数据时经常会出现随机延迟[16][63-66]。也就是说，上述乘性参数和随机延迟将不可避免地共存，导致系统复杂，具有多重非线性和多重随机性。虽然已有一些关于乘性参数或随机延迟滤波器设计的研究，但从未考虑上述多重非线性与随机性共存的情况，本节从以下三个方面进行讨论。

首先，对于具有乘性参数的滤波器设计，在二阶统计量计算（即递归计算估计误差协方差或二阶矩矩阵）时，往往需要考虑乘性参数与状态之间的耦合效应。在文献[67]中，提出了具有随机状态转移和量测矩阵的离散线性系统的线性最小方差递推估计器。在此基础上，进一步将随机系数矩阵卡尔曼滤波应用于多目标与传感器跟踪关联问题[68]，该问题在均方误差意义下是次优的，因为它破坏了关于最优性的一些条件。此外，针对同时含有加性噪声和乘性噪声的离散时变不确定系统，我们设计了一种鲁棒有限时域卡尔曼滤波器，以保证允许的不确定性状态估计误差协方差的上界[69]。

其次，对于随机延迟量测的滤波器设计，由于实际量测来自当前或之前采样周期的理想量测，这导致了一种新的量测预测和新息计算形式，进而影响状态更新。针对互联电力系统，全部或部分维度量测延迟，文献[70]提出了一种随机扩展卡尔曼滤波器。针对具有一步随机量测时延[63]的非线性随机系统，推导了扩展无迹卡尔曼滤波器，并利用高斯分布逼近后验概率密度[71]，递推推导了此类系统更一般的高斯滤波器。此外，通过扩维状态噪声和量测噪声，发展了一种新的无迹滤波器，以处理多步随机量测延迟[64]。考虑时延可能依赖于前一时刻时延[72-73]，针对传感器网络中具有服从一阶马尔可夫链的多步随机量测时延非线性系统[16]，提出了高斯一致滤波器。

第三，对于随机时滞耦合乘性参数的滤波器设计，现有研究仅考虑线性系统感兴趣状态的前两阶矩的递推，不适用于非线性系统，也无法推广。同时，它们没有在贝叶斯过滤框架中实现。在文献[61]中，应用重建新息方法，推导了具有乘性噪声和随机量测延迟的线性系统的两个黎卡提差分方程和一个李雅普诺夫差分方程的有限时域滤波器。在文献[74]中，通过状态扩维，导出了具有乘性噪声，随机延迟和多包丢失的线性系统的最优估计。

如上所述，这三种滤波方法均不适用于具有多重非线性和随机性的系统，即具有乘性参数和随机时延的非线性不确定系统。同时，除高斯一致滤波器[16]外，现有滤波器均仅适用于单传感器/节点情况或集中式多传感器情况。事实上，在大规模的网络化传感系统或传感器网络中，分布式结构是必不可少的，这也是一个热点和有趣的研究课题[16][42][44][66][75]。另一方面，对于具有多种非线性和随机性的随机系统，包括传感器网络中的乘性参数、随机延迟和加性噪声，从贝叶斯滤波的角度来看，状态的条件后验概率密度肯定是非高斯的。然而，现有的研究不仅没有考虑这些非线性和随机性的共存，而且主要遵循高斯滤波框架。由于高斯混合可以尽可能接近任意概率密度，基于高斯混合实现的分布式滤波器设计是一个重要但仍然开放的问题。基于上述事实，本节针对传感器网络中具有乘性参数和随机时延的非线性不确定系统，提出了一种基于高斯混合实现的分布式信息滤波融合方法。首先，通过对原始量测模型进行统计线性回归，重构新的量测模型，为后续信息滤波器设计提供基础；其次，提出一种基于高斯混合近似的信息滤波器（CGMIF）实现集中式融合；然后，通过平均一致性实现 CGMIF 的分布式实现，以追求渐近一致的估计，并分布式更新相应的高斯分量权重。需要强调的是，所提出的 DGMIF 不仅获得了渐近一致的估计，而且保证了后验概率密度高斯混合近似在每个处理单元中渐近一致。同时，需要指出的是，在提出的滤波方法的基础上，还进行了 d 阶跃滞后的状态平滑，以进一步提高估计精度，其中时变 d 为随机延迟的最大步长。

6.2.2　问题描述

在大规模网络化感知系统中，动态模型和量测模型不仅具有固有的非线性，而且存在由多个随机参数（即非线性乘性参数或噪声[60-61]）调制的非线性未知输入。一个常见的例子是传感器量测的精度取决于目标和传感器之间的相对位置，这将导致乘性参数的存在[62]。同时，一系列传感器簇对感兴趣的状态进行检测和观测，到达每个处理单元的量测值包含传感器网络中数据传输引起的随机延迟[16][64]。这种系统是典型的非线性和非高斯的，在分布式结构中包括乘性参数、随机延迟和加性噪声。因此，设计适用于这种复杂不确定系统的分布式融合方法是必要和重要的。

基于上述考虑，n^{th} 处理单元中的动态模型和理想量测模型描述如下

$$\boldsymbol{x}_{k+1}=\boldsymbol{f}(x_k)+\sum_{i=1}^{M}\alpha_{i,k}\boldsymbol{f}_i(\boldsymbol{x}_k)+\boldsymbol{w}_k \tag{6-2-1}$$

$$\boldsymbol{z}_{n,k}=\boldsymbol{h}_n(x_k)+\sum_{i=1}^{M}\beta_{n,i,k}\boldsymbol{h}_{n,i}(\boldsymbol{x}_k)+\boldsymbol{v}_{n,k} \tag{6-2-2}$$

式中，$\boldsymbol{x}_k\in\mathbb{R}^{n_x}$ 和 $\boldsymbol{z}_{n,k}\in\mathbb{R}^{n_z}$ 分别表示系统状态和理想量测。本地处理单元构成分布式处理网络，表示为无向图 $G=(V,E)$，顶点 $n\in V:=\{1,\cdots,N\}$ 表示 n^{th} 处理单元，边 $\boldsymbol{e}_{mn}\in E:=\{e_{mn},m,n\in\boldsymbol{V}\}$ 表示 m^{th} 和 n^{th} 处理单元可以相互共享信息。加性噪声 $\boldsymbol{w}_k$ 和 $\boldsymbol{v}_{n,k}$ 都是零均值的白噪声，其协方差分别为 $\boldsymbol{Q}_k$ 和 $\boldsymbol{R}_{n,k}$。这里，基本函数 $\boldsymbol{f}_1(\cdot),\cdots,\boldsymbol{f}_M(\cdot)$ 与相应的随机权 $\alpha_{1,k},\cdots,\alpha_{M,k}$ 共同构成了动力学模型中的一系列乘性不确定性。同样，$\boldsymbol{h}_{n,1}(\cdot),\cdots,\boldsymbol{h}_{n,M}(\cdot)$ 和 $\beta_{n,1,k},\cdots,\beta_{n,M,k}$ 代表了传感器量测中的一系列乘性不确定性。$\alpha_{i,k}$ 和 $\beta_{n,i,k}$ 也是零均值的白噪声，满足以下统计特性

$$E(\alpha_{i,k}\alpha_{j,l})=\sigma_{ij,k}^2\delta_{kl},E(\alpha_{i,k}\boldsymbol{w}_l^{\mathrm{T}})=\boldsymbol{J}_{i,k}\delta_{kl},E(\beta_{n,i,k}\beta_{n,j,l})=c_{n,ij,k}^2\delta_{kl},E(\beta_{n,i,k}\boldsymbol{v}_{n,l}^{\mathrm{T}})=\boldsymbol{L}_{n,i,k}\delta_{kl}$$

式中，δ_{kl} 是狄拉克函数，当 $k=l$ 时等于 1，否则等于 0。此外，初始状态 $\boldsymbol{x}_0$ 是一个均值为 $\bar{\boldsymbol{x}}_0$，协方差为 $\boldsymbol{P}_0$ 的随机向量。

在理想状态下，$\boldsymbol{z}_{n,k}$ 将被传输到相应的缓冲区，然后取出并用于在本地处理单元中更新状态。然而，传感器可能远离缓冲区或缓冲区可能远离估计器，并且经常发生由于数据传输和中继造成的量测随机延迟[63][71]。假设随机延迟不大于 d 个采样周期，我们在 n^{th} 处理单元实际收到的量测为

$$\boldsymbol{y}_{n,k}=\gamma_{n,k}^1\boldsymbol{z}_{n,k}+\gamma_{n,k}^2\boldsymbol{z}_{n,k-1}+\cdots+\gamma_{n,k}^{d+1}\boldsymbol{z}_{n,k-d},d\geqslant 1 \tag{6-2-3}$$

其中随机延迟 $\gamma_{n,k}^j,j=1,\cdots,(d+1)$ 满足

$$\gamma_{n,k}^1=1-\gamma_{n,k}^{*1}$$
$$\gamma_{n,k}^2=\gamma_{n,k}^{*1}(1-\gamma_{n,k}^{*2})$$

$$\gamma_{n,k}^{3}=\gamma_{n,k}^{*1}\gamma_{n,k}^{*2}(1-\gamma_{n,k}^{*3})$$

$$\cdots\cdots$$

$$\gamma_{n,k}^{d}=\gamma_{n,k}^{*1}\gamma_{n,k}^{*2}\cdots\gamma_{n,k}^{*(d-1)}(1-\gamma_{n,k}^{*d})$$

$$\gamma_{n,k}^{d+1}=\gamma_{n,k}^{*1}\gamma_{n,k}^{*2}\cdots\gamma_{n,k}^{*(d-1)}\gamma_{n,k}^{*d}$$

$\gamma_{n,k}^{*j'}$是一个0—1二元伯努利变量，即$P(\gamma_{n,k}^{*j'})=\mu_{n,k}^{*j'}$，$P(1-\gamma_{n,k}^{*j'})=1-\mu_{n,k}^{*j'}$，$j'=1,\cdots,d$。这里，$\gamma_{n,k}^{*j'}$与$\gamma_{n,k}^{*j''}$不相关，$j''=1,\cdots,d$，$j'\neq j''$。显然，$\sum_{j=1}^{d+1}\gamma_{n,k}^{j}=1$。这意味着实际量测是并且仅是来自单个采样周期的理想量测。特别是，如果$k=1$，没有延迟，即$y_{n,1}=z_{n,1}$。$\{\gamma_{n,k}^{j}\}$、$\{\alpha_{i,k}\}$、$\{\beta_{n,i,k}\}$、$\{\boldsymbol{w}_k\}$、$\{\boldsymbol{v}_{n,k}\}$与$\boldsymbol{x}_0$都互不相关。同时，这些来自不同处理单元的随机变量或向量也是不相关的。

显然，在每个处理单元中，如果$\sigma_{ij,k}^{2}=0$和$c_{n,ij,k}^{2}=0$，即没有乘性参数，所考虑的系统式(6-2-1)至式(6-2-3)退化为具有d-步随机延迟量测的非线性系统，如果$d=2$，则为两步随机延迟的非线性系统[64]，若$d=1$，则为一步随机延迟非线性系统[63][71]。如果$\gamma_{n,k}^{j}=0$，$j=2,\cdots,d+1$，即不存在时滞，则所考虑的系统是传感器网络中具有乘性噪声的常见非线性系统。从这个角度来看，所考虑的系统式(6-2-1)至式(6-2-3)更一般。

对于所考虑的系统式(6-2-1)至式(6-2-3)，存在来自模型非线性和非线性乘性不确定性的多重非线性，包括乘性参数，随机延迟和加性噪声的多重随机性，以及分布式结构。前两类不确定性特征的耦合导致需要设计一种新的滤波框架来适应非高斯后验概率密度，而后一类特征则需要考虑一种有效的分布式融合策略。因此，本研究提出了一种基于高斯混合实现的分布式信息滤波融合方法，并解决了以下难点。

在利用高斯混合分布近似非高斯后验概率密度以进一步设计分布式融合时，每个处理单元中的高斯混合应近似一致，这促使人们设计一种新的信息滤波器来满足这一要求。

信息滤波器只适用于线性系统，而所考虑的系统具有多重非线性和多重随机性。因此，将统计线性回归应用于原量测模型，重构一个新的等价的具有线性形式的量测模型，为实现基于高斯混合的信息滤波奠定基石。

6.2.3 利用高斯混合实现基于信息滤波的集中式融合

在此基础上，针对不确定系统式(6-2-1)至式(6-2-3)提出了一种基于递推信息滤波的集中式融合算法(CGMIF)。首先，将统计线性回归应用于原始模型(6-2-3)，提出一种新的等效量测模型；其次，在条件后验概率密度近似为S高斯分量的前提下，推导出信息类型滤波，递归更新每个分量；特别需要强调的是，该滤波框架还实现了d阶滞后状态平滑，进一步提高了估计精度。最后，基于矩匹配原理更新最终的状态估计值和相应的协方差。

标记$\boldsymbol{Y}_{n,1:k}:=\{\boldsymbol{y}_{n,1},\cdots,\boldsymbol{y}_{n,k}\}$和$\boldsymbol{Y}_{1:k}:=(\boldsymbol{Y}_{1,1:k}^{\mathrm{T}},\cdots,\boldsymbol{Y}_{N,1:k}^{\mathrm{T}})^{\mathrm{T}}$。考虑$n^{\text{th}}$处理单元中$q^{\text{th}}$高斯分量，记$\hat{\boldsymbol{\psi}}_{q,n,k|l}:=E_q(\boldsymbol{\psi}_{n,k}|\boldsymbol{Y}_{n,1:l})$，$\tilde{\boldsymbol{\psi}}_{q,n,k|l}:=\boldsymbol{\psi}_{n,k}-\hat{\boldsymbol{\psi}}_{q,n,k|l}$和$\boldsymbol{P}_{q,n,k,t|l}^{\psi\vartheta}:=E_q(\tilde{\boldsymbol{\psi}}_{q,n,k|l}\tilde{\boldsymbol{\vartheta}}_{q,n,t|l}^{\mathrm{T}})$，其中$E_q(\cdot)$表示$q^{\text{th}}$分量的期望。对于$n^{\text{th}}$处理单元，记$\hat{\boldsymbol{\psi}}_{n,k|l}:=E(\boldsymbol{\psi}_{n,k}|\boldsymbol{Y}_{n,1:l})$，$\tilde{\boldsymbol{\psi}}_{n,k|l}:=\boldsymbol{\psi}_k-\hat{\boldsymbol{\psi}}_{n,k|l}$和$\boldsymbol{P}_{n,k,t|l}^{\psi\vartheta}:=E(\tilde{\boldsymbol{\psi}}_{n,k|l}\tilde{\boldsymbol{\vartheta}}_{n,t|l}^{\mathrm{T}})$。分别表示$\hat{\boldsymbol{\psi}}_{k|l}=E(\boldsymbol{\psi}_k|\boldsymbol{Y}_{1:l})$、$\tilde{\boldsymbol{\psi}}_{k|l}:=\boldsymbol{\psi}_k-\hat{\boldsymbol{\psi}}_{k|l}$和

$\boldsymbol{P}_{k,t|l}^{\psi\vartheta} := E(\widetilde{\boldsymbol{\psi}}_{k|l}\widetilde{\vartheta}_{t|l}^{\mathrm{T}})$ 。当 $k=l$ 时，$\boldsymbol{P}_{q,n,k,t|l}^{\psi\vartheta}$ 、$\boldsymbol{P}_{n,k,t|l}^{\psi\vartheta}$ 、$\boldsymbol{P}_{k,t|l}^{\psi\vartheta}$ 分别简化为 $\boldsymbol{P}_{q,n,k|l}^{\psi\vartheta}$ 、$\boldsymbol{P}_{n,k|l}^{\psi\vartheta}$ 、$\boldsymbol{P}_{k|l}^{\psi\vartheta}$ 。这里，$\boldsymbol{\psi}$ 和 $\boldsymbol{\vartheta}$ 表示感兴趣的向量或变量。

定义 $\boldsymbol{r}_{n,k} :=(\boldsymbol{z}_{n,k}^{\mathrm{T}},\boldsymbol{z}_{n,k-1}^{\mathrm{T}},\cdots,\boldsymbol{z}_{n,k-d}^{\mathrm{T}})^{\mathrm{T}}$ 和 $\boldsymbol{\xi}_k :=(\boldsymbol{x}_k^{\mathrm{T}},\boldsymbol{x}_{k-1}^{\mathrm{T}},\cdots,\boldsymbol{x}_{k-d}^{\mathrm{T}})^{\mathrm{T}}$ 。通过将统计线性回归[31]应用于式(6-2-2)，$\boldsymbol{r}_{n,k}$ 被重写为

$$\boldsymbol{r}_{n,k}=\boldsymbol{H}_{n,k}\boldsymbol{\xi}_k+\hat{\boldsymbol{\eta}}_{n,k}+\boldsymbol{e}_{n,k} \tag{6-2-4}$$

式中，$\boldsymbol{H}_{n,k} :=(\boldsymbol{P}_{n,k|k-1}^{\xi r})^{\mathrm{T}}(\boldsymbol{P}_{k|k-1}^{\xi\xi})^{-1}$，$\hat{\boldsymbol{\eta}}_{n,k} :=\hat{\boldsymbol{r}}_{n,k|k-1}-\boldsymbol{H}_{n,k}\hat{\boldsymbol{\xi}}_{k|k-1}$。同时，

$E(\boldsymbol{e}_{n,k}\mid \boldsymbol{Y}_{n,1:k-1})=\boldsymbol{0}$，$\boldsymbol{P}_{n,k|k-1}^{ee}=\mathrm{cov}(\boldsymbol{e}_{n,k}\mid \boldsymbol{Y}_{n,1:k-1})=\boldsymbol{P}_{n,k|k-1}^{rr}-\boldsymbol{H}_{n,k}\boldsymbol{P}_{k|k-1}^{\xi\xi}\boldsymbol{H}_{n,k}^{\mathrm{T}}$ ，$\boldsymbol{e}_{n,k}$ 与 $\boldsymbol{Y}_{n,1:k-1}$ 条件下的 $\boldsymbol{\xi}_k$ 不相关。

记

$$\boldsymbol{\Gamma}_{n,k} :=[\gamma_{n,k}^{1}\boldsymbol{I}\quad \gamma_{n,k}^{2}\boldsymbol{I}\quad \cdots\quad \gamma_{n,k}^{d+1}\boldsymbol{I}]，\mu_{n,k}^{j} :=E(\gamma_{n,k}^{j})，j=1,\cdots,d+1$$

$$\bar{\boldsymbol{\Gamma}}_{n,k} :=E(\boldsymbol{\Gamma}_{n,k})=[\mu_{n,k}^{1}\boldsymbol{I}\quad \mu_{n,k}^{2}\boldsymbol{I}\quad \cdots\quad \mu_{n,k}^{d+1}\boldsymbol{I}]，\widetilde{\boldsymbol{\Gamma}}_{n,k} :=\boldsymbol{\Gamma}_{n,k}-\bar{\boldsymbol{\Gamma}}_{n,k}$$

将实际量测模型式(6-2-3)改写为

$$\boldsymbol{y}_{n,k}=\bar{\boldsymbol{\Gamma}}_{n,k}\boldsymbol{H}_{n,k}\boldsymbol{\xi}_k+\widetilde{\boldsymbol{\Gamma}}_{n,k}\boldsymbol{H}_{n,k}\boldsymbol{\xi}_k+\boldsymbol{\Gamma}_{n,k}\hat{\boldsymbol{\eta}}_{n,k}+\boldsymbol{\Gamma}_{n,k}\boldsymbol{e}_{n,k} \tag{6-2-5}$$

最后，将上述式(6-2-5)重新排列为

$$\boldsymbol{y}_{n,k}^{*}=\boldsymbol{H}_{n,k}\boldsymbol{\xi}_k+\boldsymbol{\phi}_{n,k} \tag{6-2-6}$$

式中，$\boldsymbol{y}_{n,k}^{*} := \boldsymbol{y}_{n,k}-\bar{\boldsymbol{\Gamma}}_{n,k}\hat{\boldsymbol{\eta}}_{n,k}$ ，$\boldsymbol{H}_{n,k} := \bar{\boldsymbol{\Gamma}}_{n,k}\boldsymbol{H}_{n,k}$ ，$\boldsymbol{\phi}_{n,k} := \widetilde{\boldsymbol{\Gamma}}_{n,k}\boldsymbol{H}_{n,k}\boldsymbol{\xi}_k+\widetilde{\boldsymbol{\Gamma}}_{n,k}\hat{\boldsymbol{\eta}}_{n,k}+\boldsymbol{\Gamma}_{n,k}\boldsymbol{e}_{n,k}$ 。

将新的量测模型式(6-2-6)与原来的式(6-2-3)进行比较，可以看出 $\boldsymbol{y}_{n,k}^{*}$ 包含了与 $\boldsymbol{y}_{n,k}$ 相同的量测信息。方程(6-2-6)由线性投影 $\boldsymbol{H}_{n,k}\boldsymbol{\xi}_k$ 和等效量测噪声 $\boldsymbol{\phi}_{n,k}$ 两部分组成。这里，$\boldsymbol{H}_{n,k}$ 是以 $\boldsymbol{Y}_{n,1:k-1}$ 或 $\boldsymbol{Y}_{n,1:k-1}^{*} :=\{\boldsymbol{y}_{n,1}^{*},\cdots,\boldsymbol{y}_{n,k-1}^{*}\}$ 为条件的计算矩阵，$\boldsymbol{\phi}_{n,k}$ 是乘法噪声和加性噪声的组合。所谓乘性噪声是量测时延，原始乘性参数和感兴趣状态之间耦合作用的结果。此外，相应的加性噪声不仅包括传感器本身的原始加性量测噪声，还包括应用统计线性回归后量测模型非线性的线性化误差。

$\boldsymbol{\phi}_{n,k}$ 的前两阶统计特征即均值和协方差，由下面的定理6.2.1给出。

定理6.2.1　在 n^{th} 处理单元，以 $\boldsymbol{Y}_{n,1:k-1}$ 为条件等效量测噪声 $\boldsymbol{\phi}_{n,k}$ 的均值和协方差

$$E(\boldsymbol{\phi}_{n,k}\mid \boldsymbol{Y}_{n,1:k-1})=\boldsymbol{0} \tag{6-2-7}$$

$$\Re_{n,k} := \mathrm{cov}(\boldsymbol{\phi}_{n,k}\mid \boldsymbol{Y}_{n,1:k-1})=\sum_{j_1=1}^{d+1}\sum_{j_2=1}^{d+1}\boldsymbol{\Delta}_{n,k}(j_1,j_2)\boldsymbol{\Omega}_{n,k}(j_1,j_2)+\sum_{j_1=1}^{d+1}\boldsymbol{\Lambda}_{n,k}(j_1,j_1)\boldsymbol{P}_{n,k|k-1}^{ee}(j_1,j_1) \tag{6-2-8}$$

式中，$\boldsymbol{\Omega}_{n,k} :=\boldsymbol{H}_{n,k}(\hat{\boldsymbol{\xi}}_{k|k-1}\hat{\boldsymbol{\xi}}_{k|k-1}^{\mathrm{T}}+\boldsymbol{P}_{k|k-1}^{\xi\xi})\boldsymbol{H}_{n,k}^{\mathrm{T}}+\boldsymbol{H}_{n,k}\hat{\boldsymbol{\xi}}_{k|k-1}\hat{\boldsymbol{\eta}}_{n,k}^{\mathrm{T}}+\hat{\boldsymbol{\eta}}_{n,k}\hat{\boldsymbol{\xi}}_{k|k-1}^{\mathrm{T}}\boldsymbol{H}_{n,k}^{\mathrm{T}}+\hat{\boldsymbol{\eta}}_{n,k}\hat{\boldsymbol{\eta}}_{n,k}^{\mathrm{T}}$ ；$\boldsymbol{\Delta}_{n,k}$ 是 $(d+1)\times(d+1)$ 块矩阵；当 $j_1=j_2$ 时，其 $(j_1,j_2)^{\mathrm{th}}$ 子块是 $\mu_{n,k}^{j_1}(1-\mu_{n,k}^{j_1})\boldsymbol{I}_{n_z\times n_z}$ ，当 $j_1\neq j_2$ 时，其 $(j_1,j_2)^{\mathrm{th}}$ 子块是 $-\mu_{n,k}^{j_1}\mu_{n,k}^{j_2}\boldsymbol{I}_{n_z\times n_z}$ ；$\boldsymbol{\Lambda}_{n,k}$ 也是一个 $(d+1)\times(d+1)$ 块矩阵，当 $j_1=j_2$ 时，其 $(j_1,j_2)^{\mathrm{th}}$ 子块是 $\mu_{n,k}^{j_1}\boldsymbol{I}_{n_z\times n_z}$ ，当 $j_1\neq j_2$ 时，其 $(j_1,j_2)^{\mathrm{th}}$ 子块是 $\boldsymbol{O}_{n_z\times n_z}$ ，$j_1,j_2=1,\cdots,d+1$。

证明　利用 $E(\boldsymbol{e}_{n,k}\mid \boldsymbol{Y}_{n,1:k-1})=0$ 和 $E(\widetilde{\boldsymbol{\Gamma}}_{n,k})=\boldsymbol{O}$ ，我们可以直接得到方程(6-2-7)。因

为在 $\boldsymbol{Y}_{n,1:k-1}$ 条件下 $\boldsymbol{e}_{n,k}$ 与 $\boldsymbol{\xi}_k$ 是不相关的，我们有

$$\Re_{n,k}=E(\widetilde{\boldsymbol{\Gamma}}_{n,k}\boldsymbol{H}_{n,k}\boldsymbol{\xi}_k\boldsymbol{\xi}_k^{\mathrm{T}}\boldsymbol{H}_{n,k}^{\mathrm{T}}\widetilde{\boldsymbol{\Gamma}}_{n,k}^{\mathrm{T}})+E(\widetilde{\boldsymbol{\Gamma}}_{n,k}\boldsymbol{H}_{n,k}\boldsymbol{\xi}_k\hat{\boldsymbol{\eta}}_{n,k}^{\mathrm{T}}\widetilde{\boldsymbol{\Gamma}}_{n,k}^{\mathrm{T}})+$$
$$E(\widetilde{\boldsymbol{\Gamma}}_{n,k}\hat{\boldsymbol{\eta}}_{n,k}\boldsymbol{\xi}_k^{\mathrm{T}}\boldsymbol{H}_{n,k}^{\mathrm{T}}\widetilde{\boldsymbol{\Gamma}}_{n,k}^{\mathrm{T}})+E(\widetilde{\boldsymbol{\Gamma}}_{n,k}\hat{\boldsymbol{\eta}}_{n,k}\hat{\boldsymbol{\eta}}_{n,k}^{\mathrm{T}}\widetilde{\boldsymbol{\Gamma}}_{n,k}^{\mathrm{T}})+E(\boldsymbol{\Gamma}_{n,k}\boldsymbol{e}_{n,k}\boldsymbol{e}_{n,k}^{\mathrm{T}}\boldsymbol{\Gamma}_{n,k}^{\mathrm{T}})$$

其中

$$E(\widetilde{\boldsymbol{\Gamma}}_{n,k}\boldsymbol{H}_{n,k}\boldsymbol{\xi}_k\boldsymbol{e}_{n,k}^{\mathrm{T}}\boldsymbol{\Gamma}_{n,k}^{\mathrm{T}})=\boldsymbol{O}\ ,\ E(\widetilde{\boldsymbol{\Gamma}}_{n,k}\hat{\boldsymbol{\eta}}_{n,k}\boldsymbol{e}_{n,k}^{\mathrm{T}}\boldsymbol{\Gamma}_{n,k}^{\mathrm{T}})=\boldsymbol{O}$$
$$E(\boldsymbol{\Gamma}_{n,k}\boldsymbol{e}_{n,k}\boldsymbol{\xi}_k^{\mathrm{T}}\boldsymbol{H}_{n,k}^{\mathrm{T}}\widetilde{\boldsymbol{\Gamma}}_{n,k}^{\mathrm{T}})=\boldsymbol{O}\ ,\ E(\boldsymbol{\Gamma}_{n,k}\boldsymbol{e}_{n,k}\hat{\boldsymbol{\eta}}_{n,k}^{\mathrm{T}}\widetilde{\boldsymbol{\Gamma}}_{n,k}^{\mathrm{T}})=\boldsymbol{O}$$

由于随机延迟 $\gamma_{n,k}^{j}$ 与其他随机变量不相关，标记

$$\boldsymbol{\Delta}_{n,k}:=E(\widetilde{\boldsymbol{\Gamma}}_{n,k}\widetilde{\boldsymbol{\Gamma}}_{n,k}^{\mathrm{T}})\ ,\ \boldsymbol{\Lambda}_{n,k}:=E(\boldsymbol{\Gamma}_{n,k}\boldsymbol{\Gamma}_{n,k}^{\mathrm{T}})$$

$$\boldsymbol{\Omega}_{n,k}:=E(\boldsymbol{H}_{n,k}\boldsymbol{\xi}_k\boldsymbol{\xi}_k^{\mathrm{T}}\boldsymbol{H}_{n,k}^{\mathrm{T}})+E(\boldsymbol{H}_{n,k}\boldsymbol{\xi}_k\hat{\boldsymbol{\eta}}_{n,k}^{\mathrm{T}})+E(\hat{\boldsymbol{\eta}}_{n,k}\boldsymbol{\xi}_k^{\mathrm{T}}\boldsymbol{H}_{n,k}^{\mathrm{T}})+E(\hat{\boldsymbol{\eta}}_{n,k}\hat{\boldsymbol{\eta}}_{n,k}^{\mathrm{T}})$$

得到公式(6－2－8)。这里，对于 $j_1,j_2=1,\cdots,d+1$，如果 $j_1=j_2$，

$$E(\gamma_{n,k}^{j_1}-\mu_{n,k}^{j_1})(\gamma_{n,k}^{j_2}-\mu_{n,k}^{j_2})=\mu_{n,k}^{j_1}(1-\mu_{n,k}^{j_1})$$

否则，结果为 $-\mu_{n,k}^{j_1}\mu_{n,k}^{j_2}$；如果 $j_1=j_2$，$E(\gamma_{n,k}^{j_1}\gamma_{n,k}^{j_2})=\mu_{n,k}^{j_1}$，否则为 0。

由于来自不同处理单元的 $\boldsymbol{v}_{n,k}$ 和 $\beta_{n,i,k}$ 是不相关的，因此误差 $\boldsymbol{e}_{n,k}$ 与来自其他处理单元的误差也是不相关的，例如，对于任何 $n\neq m$，$E(\boldsymbol{e}_{n,k}\boldsymbol{e}_{m,k}^{\mathrm{T}}\mid\boldsymbol{Y}_{1:k-1})=\boldsymbol{O}$。此外，$E(\widetilde{\boldsymbol{\Gamma}}_{n,k}\boldsymbol{\Gamma}_{m,k}^{\mathrm{T}})=\boldsymbol{O}$ 和 $E(\widetilde{\boldsymbol{\Gamma}}_{n,k}\widetilde{\boldsymbol{\Gamma}}_{m,k}^{\mathrm{T}})=\boldsymbol{O}$，以及 $\boldsymbol{e}_{n,k}$ 和 $\gamma_{n,k}^{j}$ 都与 $\boldsymbol{\xi}_k$ 不相关。因此，

$$E(\boldsymbol{\phi}_{n,k}\boldsymbol{\phi}_{m,k}^{\mathrm{T}}\mid\boldsymbol{Y}_{1:k-1})=\boldsymbol{O},n,m=1,\cdots,N,n\neq m$$

记 $\boldsymbol{y}_k^{*}:=((\boldsymbol{y}_{1,k}^{*})^{\mathrm{T}},\cdots,(\boldsymbol{y}_{N,k}^{*})^{\mathrm{T}})^{\mathrm{T}}$，$\boldsymbol{H}_k:=[\boldsymbol{H}_{1,k}^{\mathrm{T}}\cdots\boldsymbol{H}_{N,k}^{\mathrm{T}}]^{\mathrm{T}}$，$\boldsymbol{\phi}_k:=(\boldsymbol{\phi}_{1,k}^{\mathrm{T}},\cdots,\boldsymbol{\phi}_{N,k}^{\mathrm{T}})^{\mathrm{T}}$。通过量测扩维，我们有

$$\boldsymbol{y}_k^{*}=\boldsymbol{H}_k\boldsymbol{\xi}_k+\boldsymbol{\phi}_k \tag{6-2-9}$$

在 $\boldsymbol{Y}_{1:k-1}^{*}:=\{\boldsymbol{y}_1^{*},\cdots,\boldsymbol{y}_{k-1}^{*}\}$ 条件下，$E(\boldsymbol{\phi}_k\mid\boldsymbol{Y}_{1:k-1}^{*})=\boldsymbol{0}$，$\mathrm{cov}(\boldsymbol{\phi}_k\mid\boldsymbol{Y}_{1:k-1}^{*})=\mathrm{diag}\{\Re_{1,k},\cdots,\Re_{N,k}\}$。

由于多元非线性和随机性并存，感兴趣变量的后验概率密度不可避免地是非高斯的。因此，利用包含 $\mathcal{S}$ 分量的高斯混合来近似对应的后验概率密度。

需要强调的是，并不是直接利用高斯混合近似来获取各个处理单元的状态估计和相应的协方差来进一步设计集中式信息型滤波器，因为这将导致不同处理单元之间的高斯混合分布出现意外的不一致。相反，本研究将提出对每个具有信息滤波类型的高斯分量进行集中式融合，并通过一系列权重进一步得到最终的后验概率密度高斯混合近似。这样既能合理有效地利用来自不同处理单元的所有量测信息，又能保证对应的高斯混合在每个处理单元内保持一致。

定义

$$\boldsymbol{\beta}_{n,k}:=(\beta_{n,1,k},\cdots,\beta_{n,M,k})^{\mathrm{T}}\ ,\ \boldsymbol{\zeta}_{n,k}:=(\boldsymbol{x}_k^{\mathrm{T}},\boldsymbol{\beta}_{n,k}^{\mathrm{T}},\boldsymbol{v}_{n,k}^{\mathrm{T}})^{\mathrm{T}}$$

对于 $j=1,\cdots,d$，$j_1,j_2=0,1,\cdots,d$，$j_1\neq j_2$，定义

$$\boldsymbol{\rho}_k^{j}:=(\boldsymbol{x}_k^{\mathrm{T}},\boldsymbol{x}_{k-j}^{\mathrm{T}})^{\mathrm{T}}\ ,\ \boldsymbol{\theta}_{n,k}^{j_1j_2}:=(\boldsymbol{\zeta}_{n,k-j_1}^{\mathrm{T}},\boldsymbol{\zeta}_{n,k-j_2}^{\mathrm{T}})^{\mathrm{T}}$$

$\mathcal{Z}_{n,k}$ 表示为公式 $\boldsymbol{h}_n(\boldsymbol{x}_k)+\sum_{i=1}^{M}\boldsymbol{\beta}_{n,i,k}\boldsymbol{h}_{n,i}(\boldsymbol{x}_k)+\boldsymbol{v}_{n,k}$。$G_{q,k|l}(\vartheta_{n,k})$ 表示 n^{th} 处理单元中的 q^{th} 高斯分量 $\mathcal{N}(\vartheta_{n,k};\hat{\vartheta}_{q,n,k|l},\boldsymbol{P}_{q,n,k|l}^{\vartheta\vartheta})$。集中融合时，用一个不带下标的变量 n 表示相关项。

假设 6.2.1　ξ_{k-1} 在 $(k-1)^{\text{th}}$ 时刻以 $Y_{1:k-1}^*$ 为条件的条件后验概率密度是高斯混合，即

$$p(\boldsymbol{\xi}_{k-1} \mid \boldsymbol{Y}_{1:k-1}^*) := \sum_{q=1}^{S} \hat{\omega}_{q,k-1} \mathcal{N}(\boldsymbol{\xi}_{k-1}; \hat{\boldsymbol{\xi}}_{q,k-1|k-1}, \boldsymbol{P}_{q,k-1|k-1}^{\xi\xi}) \tag{6-2-10}$$

式中，$\hat{\omega}_{q,k-1}$ 表示相应的权重。

从假设 6.2.1，可得 $p(\boldsymbol{x}_{k-1} \mid \boldsymbol{Y}_{1:k-1}^*) := \sum_{q=1}^{S} \hat{\omega}_{q,k-1} \mathcal{N}(\boldsymbol{x}_{k-1}; \hat{\boldsymbol{x}}_{q,k-1|k-1}, \boldsymbol{P}_{q,k-1|k-1}^{xx})$。

假设 6.2.2　$\boldsymbol{\xi}_k$ 和 $\boldsymbol{y}_k^*$ 以 $\boldsymbol{Y}_{1:k-1}^*$ 为条件的一步预测后验概率密度都是高斯混合，即

$$p(\boldsymbol{\xi}_k \mid \boldsymbol{Y}_{1:k-1}^*) := \sum_{q=1}^{S} \hat{\omega}_{q,k-1} \mathcal{N}(\boldsymbol{\xi}_k; \hat{\boldsymbol{x}}_{q,k|k-1}, \boldsymbol{P}_{q,k|k-1}^{\xi\xi}) \tag{6-2-11}$$

$$p(\boldsymbol{y}_k^* \mid \boldsymbol{Y}_{1:k-1}^*) := \sum_{q=1}^{S} \hat{\omega}_{q,k-1} \mathcal{N}(\boldsymbol{y}_k^*; \boldsymbol{y}_{q,k|k-1}^*, \boldsymbol{P}_{q,k|k-1}^{yy*}) \tag{6-2-12}$$

在假设 6.2.2 中，$p(\boldsymbol{\xi}_k \mid \boldsymbol{Y}_{1:k-1}^*)$ 的高斯分量逐个对应于 $p(\boldsymbol{y}_k^* \mid \boldsymbol{Y}_{1:k-1}^*)$ 的分量。因此，$p(\boldsymbol{\xi}_k \mid \boldsymbol{Y}_{1:k}^*)$ 仍将更新为高斯混合。也就是说，考虑到 q^{th} 分量，由于以 $\boldsymbol{Y}_{1:k-1}^*$ 为条件的 $(\boldsymbol{\xi}_k^{\mathrm{T}}, (\boldsymbol{y}_k^*)^{\mathrm{T}})^{\mathrm{T}}$ 是联合高斯分布，以 $\boldsymbol{Y}_{1:k}^*$ 为条件的 $\boldsymbol{\xi}_k$ 的分布也将近似为高斯分布，如公共高斯滤波器[71][76]所示。

在使用式(6-2-6)之前，应该事先知道 $\boldsymbol{H}_{n,k}$。因此，我们做出以下假设。

假设 6.2.3　对于 $j=0,1,\cdots,d$，$\boldsymbol{z}_{n,k-j}$ 和 $\boldsymbol{\zeta}_{n,k-j}$ 以 $\boldsymbol{Y}_{n,1:k-1}^*$ 为条件的后验概率密度都是高斯混合，即

$$p(\boldsymbol{z}_{n,k-j} \mid \boldsymbol{Y}_{n,1:k-1}^*) := \sum_{q=1}^{S} \hat{\omega}_{q,k-1} \mathcal{N}(\boldsymbol{z}_{n,k-j}; \hat{\boldsymbol{z}}_{q,n,k-j|k-1}, \boldsymbol{P}_{q,n,k-j|k-1}^{zz}) \tag{6-2-13}$$

$$p(\boldsymbol{\zeta}_{n,k-j} \mid \boldsymbol{Y}_{n,1:k-1}^*) = \sum_{q=1}^{S} \hat{\omega}_{q,k-1} \mathcal{N}(\boldsymbol{\zeta}_{n,k-j}; \hat{\boldsymbol{\zeta}}_{n,k-j|k-1}, \boldsymbol{P}_{q,n,k-j|k-1}^{\zeta\zeta}) \tag{6-2-14}$$

q^{th} 分量，表示信息向量和矩阵 $\hat{\boldsymbol{\chi}}_{q,k|l} := \mathcal{A}_{q,k|l} \hat{\boldsymbol{\xi}}_{q,k|l}$，$\mathcal{A}_{q,k|l} = (\boldsymbol{P}_{q,k|l}^{\xi\xi})^{-1}$。这里，应该根据 q^{th} 分量所有相关向量和矩阵来重构新的量测模型式(6-2-6)。也就是说，$\mathcal{H}_{q,n,k}$，$\mathfrak{R}_{q,n,k}$ 和 $\boldsymbol{y}_{q,n,k}^*$ 将取代 $\mathcal{H}_{n,k}$，$\mathfrak{R}_{n,k}$ 和 $\boldsymbol{y}_{n,k}^*$，分别为

$$\mathcal{H}_{q,n,k} = \bar{\boldsymbol{\Gamma}}_{n,k} \boldsymbol{H}_{q,n,k}, \boldsymbol{y}_{q,n,k}^* = \boldsymbol{y}_{n,k} - \bar{\boldsymbol{\Gamma}}_{n,k} \hat{\boldsymbol{\eta}}_{q,n,k}$$

$$\mathfrak{R}_{q,n,k} = \sum_{j_1=1}^{d+1} \sum_{j_2=1}^{d+1} \boldsymbol{\Delta}_{n,k}(j_1, j_2) \boldsymbol{\Omega}_{q,n,k}(j_1, j_2) + \sum_{j_1=1}^{d+1} \boldsymbol{\Lambda}_{n,k}(j_1, j_1) \boldsymbol{P}_{q,n,k|k-1}^{ee}(j_1, j_1)$$

其中，

$$\boldsymbol{H}_{q,n,k} = (\boldsymbol{P}_{q,n,k|k-1}^{\xi r})^{\mathrm{T}} (\boldsymbol{P}_{q,k|k-1}^{\xi\xi})^{-1}$$

$$\hat{\boldsymbol{\eta}}_{q,n,k} = \hat{\boldsymbol{r}}_{q,n,k|k-1} - \boldsymbol{H}_{q,n,k} \hat{\boldsymbol{\xi}}_{q,k|k-1}$$

$$\boldsymbol{P}_{q,n,k|k-1}^{ee} = \boldsymbol{P}_{q,n,k|k-1}^{rr} - \boldsymbol{H}_{q,n,k} \boldsymbol{P}_{k|k-1}^{\xi\xi} \boldsymbol{H}_{q,n,k}^{\mathrm{T}}$$

$$\boldsymbol{\Omega}_{q,n,k} = \boldsymbol{H}_{q,n,k} (\hat{\boldsymbol{\xi}}_{k|k-1} \hat{\boldsymbol{\xi}}_{k|k-1}^{\mathrm{T}} + \boldsymbol{P}_{k|k-1}^{\xi\xi}) \boldsymbol{H}_{q,n,k}^{\mathrm{T}} + \boldsymbol{H}_{q,n,k} \hat{\boldsymbol{\xi}}_{k|k-1} \hat{\boldsymbol{\eta}}_{q,n,k}^{\mathrm{T}} + \hat{\boldsymbol{\eta}}_{q,n,k} \hat{\boldsymbol{\xi}}_{k|k-1}^{\mathrm{T}} \boldsymbol{H}_{q,n,k}^{\mathrm{T}} + \hat{\boldsymbol{\eta}}_{q,n,k} \hat{\boldsymbol{\eta}}_{q,n,k}^{\mathrm{T}}$$

下面的定理 6.2.2 中给出了相应的集中式信息滤波器。

定理 6.2.2　对于 q^{th} 分量，集中式信息滤波递归，即 CGMIF，实现如下

$$\hat{\boldsymbol{\chi}}_{q,k|k} = \hat{\boldsymbol{\chi}}_{q,k|k-1} + \sum_{n=1}^{N} \mathcal{H}_{q,n,k}^{\mathrm{T}} \mathfrak{R}_{q,n,k}^{-1} \boldsymbol{y}_{q,n,k}^{*} \tag{6-2-15}$$

$$\boldsymbol{A}_{q,k|k} = \boldsymbol{A}_{q,k|k-1} + \sum_{n=1}^{N} \mathcal{H}_{q,n,k}^{\mathrm{T}} \mathfrak{R}_{\mathrm{q,n,k}}^{-1} \mathcal{H}_{q,n,k} \tag{6-2-16}$$

其中，

$$\hat{\boldsymbol{\chi}}_{q,k|k-1} = \mathcal{A}_{q,k|k-1} (\hat{\boldsymbol{x}}_{q,k|k-1}^{\mathrm{T}}, \hat{\boldsymbol{x}}_{q,k-1|k-1}^{\mathrm{T}}, \cdots, \hat{\boldsymbol{x}}_{q,k-d|k-1}^{\mathrm{T}})^{\mathrm{T}} \tag{6-2-17}$$

$$\boldsymbol{A}_{q,k|k-1} = \begin{bmatrix} \boldsymbol{P}_{q,k|k-1}^{xx} & \boldsymbol{P}_{q,k,k-1|k-1}^{xx} & \cdots & \boldsymbol{P}_{q,k,k-d|k-1}^{xx} \\ \boldsymbol{P}_{q,k-1,k|k-1}^{xx} & \boldsymbol{P}_{q,k-1|k-1}^{xx} & \cdots & \boldsymbol{P}_{q,k-1,k-d|k-1}^{xx} \\ \vdots & \vdots & \ddots & \vdots \\ \boldsymbol{P}_{q,k-d,k|k-1}^{xx} & \boldsymbol{P}_{q,k-d,k-1|k-1}^{xx} & \cdots & \boldsymbol{P}_{q,k-d|k-1}^{xx} \end{bmatrix}^{-1} \tag{6-2-18}$$

$$\hat{\boldsymbol{x}}_{q,k|k-1} = \int \boldsymbol{f}(\boldsymbol{x}_{k-1}) \boldsymbol{G}_{q,k-1|k-1}(\boldsymbol{x}_{k-1}) \mathrm{d}\boldsymbol{x}_{k-1} \tag{6-2-19}$$

$$\begin{aligned} \boldsymbol{P}_{q,k|k-1}^{xx} = & \int (\boldsymbol{f}(\boldsymbol{x}_{k-1}) \boldsymbol{f}^{\mathrm{T}}(\cdot) + \sum_{i_1=1}^{M} \sum_{i_2=1}^{M} \sigma_{i_1 i_2,k-1}^{2} \boldsymbol{f}_{i_1}(\cdot) \boldsymbol{f}_{i_2}^{\mathrm{T}}(\cdot)) \boldsymbol{G}_{q,k-1|k-1}(\boldsymbol{x}_{k-1}) \mathrm{d}\boldsymbol{x}_{k-1} + \\ & \sum_{i=1}^{M} (\ell_{q,i,k|k-1} + \ell_{q,i,k|k-1}^{\mathrm{T}}) + \boldsymbol{Q}_{k-1} - \hat{\boldsymbol{x}}_{q,k|k-1} \hat{\boldsymbol{x}}_{\mathrm{q,k|k-1}}^{T} \end{aligned} \tag{6-2-20}$$

$$\boldsymbol{P}_{q,k,k-1|k-1}^{xx} = \int \boldsymbol{f}(\boldsymbol{x}_{k-1}) \boldsymbol{x}_{k-1}^{\mathrm{T}} \boldsymbol{G}_{q,k-1|k-1}(\boldsymbol{x}_{k-1}) \mathrm{d}\boldsymbol{x}_{k-1} - \hat{\boldsymbol{x}}_{q,k|k-1} \hat{\boldsymbol{x}}_{q,k-1|k-1}^{\mathrm{T}} \tag{6-2-21}$$

$$\boldsymbol{P}_{q,k,k-j|k-1}^{xx} = \int \boldsymbol{f}(\boldsymbol{x}_{k-1}) \boldsymbol{x}_{k-j}^{\mathrm{T}} \boldsymbol{G}_{q,k-1|k-1}(\boldsymbol{\rho}_{k-1}^{j-1}) \mathrm{d}\boldsymbol{\rho}_{k-1}^{j-1} - \hat{\boldsymbol{x}}_{q,k|k-1} \hat{\boldsymbol{x}}_{q,k-j|k-1}^{\mathrm{T}} \tag{6-2-22}$$

这里，对于 $i=1,\cdots,M$ ，$\boldsymbol{l}_{q,i,k|k-1} = \int \boldsymbol{f}_i(\boldsymbol{x}_{k-1}) \boldsymbol{G}_{q,k-1|k-1}(\boldsymbol{x}_{k-1}) \mathrm{d}\boldsymbol{x}_{k-1} \boldsymbol{J}_{i,k-1}$ 。对于 $j=1,\cdots,d$ ，$\boldsymbol{G}_{q,k-1|k-1}(\rho_{k-1}^{j-1})$ 从 $\boldsymbol{G}_{q,k-1|k-1}(\boldsymbol{\xi}_{k-1})$ 中获得。

证明 对于 $n,m=1,\cdots,N$ ，$n \neq m$ ，可得 $E(\boldsymbol{\phi}_{n,k}\boldsymbol{\phi}_{m,k}^{\mathrm{T}} \mid \boldsymbol{Y}_{1:k-1}^{*}) = \boldsymbol{O}$ 。在 q^{th} 分量递归过程中，结合重构的量测模型式(6-2-6)，利用信息滤波形式[44]，得到式(6-2-15)和式(6-2-16)。这里，$\mathcal{H}_{q,n,k}$、$\boldsymbol{y}_{q,n,k}^{*}$ 和 $\mathfrak{R}_{q,n,k}$ 的计算方法与式(6-2-6)和式(6-2-8)中的相关项类似。

此外，由 $\chi_{q,k|l}$ 和 $\mathcal{A}_{q,k|l}$ 的定义，我们得到式(6-2-17)和式(6-2-18)。由于 $\boldsymbol{w}_{k-1}$ 和 $\alpha_{i,k-1}$ 与 $\boldsymbol{Y}_{1:k-1}^{*}$ 不相关，根据假设 6.2.2 和相应的协方差，我们得到式(6-2-19)至式(6-2-22)，其中 $E(\alpha_{i,k-1}\boldsymbol{w}_{k-1}^{\mathrm{T}} \mid \boldsymbol{Y}_{1:k-1}^{*}) = \boldsymbol{J}_{i,k-1}$ ，$i=1,\cdots,M$ 。

当使用集中式量测模型时[式(6-2-9)]，为了获得定理 6.2.2 中的滤波器，需要事先知道一些与统计线性回归有关的额外量，在以下推论中计算。

推论 6.2.1 （计算 $\hat{\boldsymbol{r}}_{q,n,k|k-1}$ 和 $\boldsymbol{P}_{q,n,k|k-1}^{rr}$）对于 q^{th} 高斯分量，

$$\hat{\boldsymbol{r}}_{q,n,k|k-1} = (\hat{\boldsymbol{z}}_{q,n,k|k-1}^{\mathrm{T}}, \hat{\boldsymbol{z}}_{q,n,k-1|k-1}^{\mathrm{T}}, \cdots, \hat{\boldsymbol{z}}_{q,n,k-d|k-1}^{\mathrm{T}})^{\mathrm{T}}$$

$\boldsymbol{P}_{q,n,k|k-1}^{rr}$ 是分块矩阵，如果$j_1=j_2$，则它的$(j_1,j_2)^{\mathrm{th}}$子块是$\boldsymbol{P}_{q,n,k-j_1|k-1}^{zz}$；否则为$\boldsymbol{P}_{q,n,k-j_1,k-j_2|k-1}^{zz}$，$j_1,j_2=0,1,\cdots,d$ 。此外，

$$\hat{\boldsymbol{z}}_{q,n,k|k-1} = \int \boldsymbol{h}_n(\boldsymbol{x}_k) \boldsymbol{G}_{q,k|k-1}(\boldsymbol{x}_k) \mathrm{d}\boldsymbol{x}_k$$

$$\hat{\boldsymbol{z}}_{q,n,k-j|k-1}=\int \mathcal{Z}_{n,k-j}\boldsymbol{G}_{q,k-j|k-1}(\boldsymbol{\zeta}_{n,k-j})\mathrm{d}\boldsymbol{\zeta}_{n,k-j}$$

$$\boldsymbol{P}_{q,n,k|k-1}^{zz}=\int(\boldsymbol{h}_n(\boldsymbol{x}_k)\boldsymbol{h}_n^{\mathrm{T}}(\cdot)+\sum_{i_1=1}^{M}\sum_{i_2=1}^{M}c_{n,i_1i_2,k}^2\boldsymbol{h}_{n,i_1}(\boldsymbol{x}_k)\boldsymbol{h}_{n,i_2}^{\mathrm{T}}(\cdot))\boldsymbol{G}_{q,k|k-1}(\boldsymbol{x}_k)\mathrm{d}\boldsymbol{x}_k+$$
$$\sum_{i=1}^{M}(\boldsymbol{\lambda}_{q,n,i,k}\boldsymbol{L}_{n,i,k}+\boldsymbol{L}_{n,i,k}^{\mathrm{T}}\boldsymbol{\lambda}_{q,n,i,k}^{\mathrm{T}})+\boldsymbol{R}_{n,k}-\hat{\boldsymbol{z}}_{q,n,k|k-1}\hat{\boldsymbol{z}}_{q,n,k|k-1}^{\mathrm{T}}$$

$$\boldsymbol{P}_{q,n,k-j|k-1}^{zz}=\int \mathcal{Z}_{n,k-j}\mathcal{Z}_{n,k-j}^{\mathrm{T}}\boldsymbol{G}_{q,k-j|k-1}(\boldsymbol{\zeta}_{n,k-j})\mathrm{d}\boldsymbol{z}_{n,k-j}-\hat{\boldsymbol{z}}_{n,k-j|k-1}\hat{\boldsymbol{z}}_{n,k-j|k-1}^{\mathrm{T}}$$

$$\boldsymbol{P}_{q,n,k,k-j|k-1}^{zz}=\int \boldsymbol{h}_n(\boldsymbol{x}_k)\mathcal{Z}_{n,k-j}^{\mathrm{T}}\boldsymbol{G}_{q,k|k-1}(\boldsymbol{\theta}_{n,k}^{0j})\mathrm{d}\boldsymbol{\theta}_{n,k}^{0j}-\hat{\boldsymbol{z}}_{n,k|k-1}\hat{\boldsymbol{z}}_{n,k-j|k-1}^{\mathrm{T}}$$

$$\boldsymbol{P}_{q,n,k-1-j',k-1-j^*|k-1}^{zz}=\int \mathcal{Z}_{n,k-1-j'}\mathcal{Z}_{n,k-1-j^*}^{\mathrm{T}}\boldsymbol{G}_{q,k-1|k-1}(\boldsymbol{\theta}_{n,k-1}^{j'j^*})\mathrm{d}\boldsymbol{\theta}_{n,k-1}^{j'j^*}-\hat{\boldsymbol{z}}_{n,k-1-j'|k-1}\hat{\boldsymbol{z}}_{n,k-1-j^*|k-1}^{\mathrm{T}}$$

其中

$$\boldsymbol{\lambda}_{q,n,i,k}:=\int \boldsymbol{h}_{n,i}(\boldsymbol{x}_k)\boldsymbol{G}_{q,k|k-1}(\boldsymbol{x}_k)\mathrm{d}\boldsymbol{x}_k,i=1,\cdots,M$$

$$j=1,\cdots,d,j',j^*=0,1,\cdots,d-1,j'\neq j^*$$

推论 6.2.2　（计算 $\boldsymbol{P}_{q,n,k|k-1}^{\xi r}$）对于 q^{th} 高斯分量，很容易知道 $\boldsymbol{P}_{q,n,k|k-1}^{\xi r}$ 是分块矩阵，如果 $j_1=j_2$，它的 $(j_1,j_2)^{\mathrm{th}}$ 子块是 $\boldsymbol{P}_{q,n,k-j_1|k-1}^{xz}$，否则为 $\boldsymbol{P}_{q,n,k-j_1,k-j_2|k-1}^{xz}$，$j_1,j_2=0,1,\cdots,d$ 。此外，

$$\boldsymbol{P}_{q,n,k|k-1}^{xz}=\int \boldsymbol{x}_k\boldsymbol{h}_n^{\mathrm{T}}(\boldsymbol{x}_k)\boldsymbol{G}_{q,k|k-1}(\boldsymbol{x}_k)\mathrm{d}\boldsymbol{x}_k-\hat{\boldsymbol{x}}_{q,k|k-1}\hat{\boldsymbol{z}}_{q,n,k|k-1}^{\mathrm{T}}$$

$$\boldsymbol{P}_{q,n,k-j|k-1}^{xz}=\int \boldsymbol{x}_{k-j}\mathcal{Z}_{n,k-j}^{\mathrm{T}}\boldsymbol{G}_{q,k-j|k-1}(\boldsymbol{\zeta}_{n,k-j})\mathrm{d}\boldsymbol{\zeta}_{n,k-j}-\hat{\boldsymbol{x}}_{q,k-j|k-1}\hat{\boldsymbol{z}}_{q,n,k-j|k-1}^{\mathrm{T}}$$

$$\boldsymbol{P}_{q,n,k-j,k|k-1}^{xz}=\int \boldsymbol{x}_{k-j}\boldsymbol{h}_n^{\mathrm{T}}(\boldsymbol{x}_k)\boldsymbol{G}_{q,k|k-1}(\boldsymbol{\rho}_k^j)\mathrm{d}\boldsymbol{\rho}_k^j-\hat{\boldsymbol{x}}_{k-j|k-1}\hat{\boldsymbol{z}}_{k|k-1}^{\mathrm{T}}$$

$$\boldsymbol{P}_{q,n,k,k-1|k-1}^{xz}=\int \boldsymbol{f}(\boldsymbol{x}_{k-1})\mathcal{Z}_{n,k-1}^{\mathrm{T}}\boldsymbol{G}_{q,k-1|k-1}(\boldsymbol{\zeta}_{n,k-1})\mathrm{d}\boldsymbol{\zeta}_{n,k-1}-\hat{\boldsymbol{x}}_{k|k-1}\hat{\boldsymbol{z}}_{k-1|k-1}^{\mathrm{T}}$$

$$\boldsymbol{P}_{q,n,k,k-1-j^*|k-1}^{xz}=\int \boldsymbol{f}(\boldsymbol{x}_{k-1})\mathcal{Z}_{n,k-1-j^*}^{\mathrm{T}}\boldsymbol{G}_{q,k-1|k-1}(\boldsymbol{\theta}_{n,k-1}^{0j^*})\mathrm{d}\boldsymbol{\theta}_{n,k-1}^{0j^*}-\hat{\boldsymbol{x}}_{k|k-1}\hat{\boldsymbol{z}}_{k-1-j^*|k-1}^{\mathrm{T}}$$

$$\boldsymbol{P}_{q,n,k-1-j',k-1-j''|k-1}^{xz}=\int \boldsymbol{x}_{k-1-j'}\mathcal{Z}_{n,k-1-j''}^{\mathrm{T}}\boldsymbol{G}_{q,k-1|k-1}(\boldsymbol{\theta}_{n,k-1}^{j'j''})\mathrm{d}\boldsymbol{\theta}_{n,k-1}^{j'j''}-\hat{\boldsymbol{x}}_{k-1-j'|k-1}\hat{\boldsymbol{z}}_{k-1-j''|k-1}^{\mathrm{T}}$$

$j=1,\cdots,d$，$j^*=1,\cdots,d-1,j'$，$j''=0,1,\cdots,d-1$，$j'\neq j''$。同时 $\boldsymbol{G}_{q,k|k-1}(\boldsymbol{x}_k)$ 和 $\boldsymbol{G}_{q,k|k-1}(\boldsymbol{\rho}_k^j)$ 是从 $\boldsymbol{G}_{q,k|k-1}(\boldsymbol{\xi}_k)$ 中得到。

如推论 6.2.1 和 6.2.2 所示，如果我们想计算 $\hat{\boldsymbol{z}}_{q,n,k-j|k-1}$、$\boldsymbol{P}_{q,n,k-j_1,k-j_2|k-1}^{zz}$ 和 $\boldsymbol{P}_{q,n,k-j_1,k-j_2|k-1}^{xz}$，获得 $\boldsymbol{P}_{q,n,k|k-1}^{rr}$ 和 $\boldsymbol{P}_{q,n,k|k-1}^{\xi r}$，在 $\boldsymbol{Y}_{n,1:k-1}^*$ 条件下 $\zeta_{n,k-j}$ 的后验概率密度必须事先知道，$j=0,1,\cdots,d-1$。

定理 6.2.3　基于假设 6.2.1 至假设 6.2.3，从 $(k-1)^{\mathrm{th}}$ 到 k^{th} 时刻，n^{th} 处理单元中的 $p(\boldsymbol{\zeta}_{n,k-j}\mid \boldsymbol{Y}_{n,1:k}^*)$ 也是高斯混合，$j=0,1,\cdots,d-1$，其中 q^{th} 分量的均值和协方差为

$$\hat{\boldsymbol{\zeta}}_{q,n,k-j|k}=\hat{\boldsymbol{\zeta}}_{q,n,k-j|k-1}+\boldsymbol{K}_{q,n,k-j,k}^{\zeta}(\boldsymbol{y}_{q,n,k}^*-\hat{\boldsymbol{y}}_{q,n,k|k-1}^*)\tag{6-2-23}$$

$$\boldsymbol{P}_{q,n,k-j|k}^{\zeta\zeta}=\boldsymbol{P}_{q,n,k-j|k-1}^{\zeta\zeta}-\boldsymbol{K}_{q,n,k-j,k}^{\zeta}\boldsymbol{P}_{q,n,k|k-1}^{yy*}(\boldsymbol{K}_{q,n,k-j,k}^{\zeta})^{\mathrm{T}}\tag{6-2-24}$$

其中

$$\hat{\boldsymbol{y}}^{*}_{q,n,k|k-1}=\mathcal{H}_{q,n,k}\hat{\boldsymbol{\xi}}_{q,k|k-1}\ ,\ \boldsymbol{P}^{yy*}_{q,n,k|k-1}=\mathcal{H}_{q,n,k}\boldsymbol{P}^{\xi\xi}_{q,k|k-1}\mathcal{H}^{\mathrm{T}}_{q,n,k}+\Re_{q,n,k}$$

$$\hat{\boldsymbol{\zeta}}_{q,n,k|k-1}=(\hat{\boldsymbol{x}}^{\mathrm{T}}_{q,k|k-1},\boldsymbol{0}^{\mathrm{T}},\cdots,\boldsymbol{0}^{\mathrm{T}},\boldsymbol{0}^{\mathrm{T}})^{\mathrm{T}}\ ,\ \boldsymbol{P}^{\zeta\zeta}_{q,n,k|k-1}=\begin{bmatrix}\boldsymbol{P}^{xx}_{q,k|k-1} & \boldsymbol{O} & \boldsymbol{O}\\ \boldsymbol{O} & \boldsymbol{C}^{2}_{n,k} & \boldsymbol{L}_{n,k}\\ \boldsymbol{O} & \boldsymbol{L}^{\mathrm{T}}_{n,k} & \boldsymbol{R}_{n,k}\end{bmatrix}$$

这里 $\boldsymbol{C}^{2}_{n,k}:=\begin{bmatrix}c^{2}_{n,11} & \cdots & c^{2}_{n,1M}\\ \vdots & \ddots & \vdots\\ c^{2}_{n,M1} & \cdots & c^{2}_{n,MM}\end{bmatrix}$ 和 $\boldsymbol{L}^{\mathrm{T}}_{n,k}=(\boldsymbol{L}^{\mathrm{T}}_{n,1,k},\cdots,\boldsymbol{L}^{\mathrm{T}}_{n,M,k})^{\mathrm{T}}$ 。同时，

$$\begin{aligned}\boldsymbol{K}^{\zeta}_{q,n,k-j,k}&:=[(\boldsymbol{K}^{x}_{q,n,k-j,k})^{\mathrm{T}},(\boldsymbol{K}^{\beta}_{q,n,k-j,k})^{\mathrm{T}},(\boldsymbol{K}^{v}_{q,n,k-j,k})^{\mathrm{T}}]^{\mathrm{T}}\\&:=[(\boldsymbol{P}^{xy*}_{q,n,k-j,k|k-1})^{\mathrm{T}},(\boldsymbol{P}^{\beta y*}_{q,n,k-j,k|k-1})^{\mathrm{T}},(\boldsymbol{P}^{vy*}_{q,n,k-j,k|k-1})^{\mathrm{T}}]^{\mathrm{T}}(\boldsymbol{P}^{yy*}_{q,n,k|k-1})^{-1}\end{aligned}\tag{6-2-25}$$

$$\boldsymbol{P}^{xy*}_{q,n,k-j,k|k-1}=[(\boldsymbol{P}^{xx}_{q,n,k-j,k|k-1})^{\mathrm{T}},\cdots,(\boldsymbol{P}^{xx}_{q,n,k-j,k-d|k-1})^{\mathrm{T}}]\mathcal{H}^{\mathrm{T}}_{q,n,k}\tag{6-2-26}$$

$$\boldsymbol{P}^{\beta y*}_{q,n,k|k-1}=\mu^{1}_{n,k}(\sum_{i=1}^{M}c^{2}_{n,1i,k}\boldsymbol{\lambda}^{\mathrm{T}}_{q,n,i,k},\cdots,\sum_{i=1}^{M}c^{2}_{n,Mi,k}\boldsymbol{\lambda}^{\mathrm{T}}_{q,n,i,k})^{\mathrm{T}}+\mu^{1}_{n,k}\boldsymbol{L}_{n,k}\tag{6-2-27}$$

$$\boldsymbol{P}^{vy*}_{q,n,k|k-1}=\mu^{1}_{n,k}\sum_{i=1}^{M}\boldsymbol{L}^{\mathrm{T}}_{n,i,k}\boldsymbol{\lambda}^{\mathrm{T}}_{q,n,i,k}+\mu^{1}_{n,k}\boldsymbol{R}_{n,k}\tag{6-2-28}$$

$$\boldsymbol{P}^{\beta y*}_{q,n,k-j',k|k-1}=\sum_{j=0}^{d}\mu^{j+1}_{n,k}\int\boldsymbol{\beta}_{n,k-j'}\mathcal{Z}^{\mathrm{T}}_{n,k-j}\boldsymbol{G}_{q,k|k-1}(\boldsymbol{\theta}^{j'j}_{n,k})\mathrm{d}\boldsymbol{\theta}^{j'j}_{n,k}-\hat{\boldsymbol{\beta}}_{q,n,k-j'|k-1}(\hat{\boldsymbol{y}}^{*}_{q,n,k|k-1})^{\mathrm{T}}\tag{6-2-29}$$

$$\boldsymbol{P}^{vy*}_{q,n,k-j',k|k-1}=\sum_{j=0}^{d}\mu^{j+1}_{n,k}\int\boldsymbol{v}_{n,k-j'}\mathcal{Z}^{\mathrm{T}}_{n,k-j}\boldsymbol{G}_{q,k|k-1}(\boldsymbol{\theta}^{j'j}_{n,k})\mathrm{d}\boldsymbol{\theta}^{j'j}_{n,k}-\hat{\boldsymbol{v}}_{q,n,k-j'|k-1}(\hat{\boldsymbol{y}}^{*}_{q,n,k|k-1})^{\mathrm{T}}\tag{6-2-30}$$

$j'=1,\cdots,d-1$ 。

证明 从方程(6-2-12)和方程(6-2-14)中，很容易知道 $p(\boldsymbol{\zeta}_{n,k-j}\mid\boldsymbol{Y}^{*}_{n,1:k-1})$ 和 $p(\boldsymbol{y}^{*}_{n,k}\mid\boldsymbol{Y}^{*}_{n,1:k-1})$ 都是含有 $\mathcal{S}$ 分量的高斯混合，$j=0,1,\cdots,d-1$。同时，由于 $p(\boldsymbol{\zeta}_{n,k-j}\mid\boldsymbol{Y}^{*}_{n,1:k-1})$ 中的每个分量对应于 $p(\boldsymbol{y}^{*}_{n,k}\mid\boldsymbol{Y}^{*}_{n,1:k-1})$ 中的相关分量，因此 $p(\boldsymbol{\zeta}_{n,k-j}\mid\boldsymbol{Y}^{*}_{n,1:k})$ 也更新为与 S 分量的混合密度。考虑 q^{th} 分量，以 $\boldsymbol{Y}^{*}_{n,1:k-1}$ 为条件的关于 $[\boldsymbol{\zeta}^{\mathrm{T}}_{n,k-j},(\boldsymbol{y}^{*}_{n,k})^{\mathrm{T}}]^{\mathrm{T}}$ 的联合后验密度也是高斯分布，即

$$p_{q}(\zeta_{n,k},\boldsymbol{y}^{*}_{n,k}\mid\boldsymbol{Y}_{n,1:k-1})=\frac{\exp\{-\tilde{\varepsilon}^{\mathrm{T}}_{q,n,k}\boldsymbol{\Phi}_{q,n,k}\tilde{\varepsilon}_{q,n,k}/2\}}{(2\pi)^{(n_x+n_z+M)/2}\left|\boldsymbol{P}^{\zeta\zeta}_{q,n,k|k}\right|^{1/2}}p_{q}(\boldsymbol{y}^{*}_{n,k}\mid\boldsymbol{Y}^{*}_{n,1:k-1})$$

其中 $p_{q}(\cdot)$ 为 q^{th} 分量对应的概率密度，

$$\tilde{\varepsilon}_{q,n,k}:=(\boldsymbol{\zeta}^{\mathrm{T}}_{n,k-j},(\boldsymbol{y}^{*}_{n,k})^{\mathrm{T}})^{\mathrm{T}}-(\hat{\boldsymbol{\zeta}}^{\mathrm{T}}_{q,n,k-j|k-1},(\hat{\boldsymbol{y}}^{*}_{q,n,k|k-1})^{\mathrm{T}})^{\mathrm{T}}$$

$$\boldsymbol{\Phi}_{q,n,k}:=\mathrm{cov}^{-1}(\tilde{\varepsilon}_{q,n,k})-\begin{bmatrix}\boldsymbol{O} & \boldsymbol{O}\\ \boldsymbol{O} & (\boldsymbol{P}^{yy*}_{q,n,k|k-1})^{-1}\end{bmatrix}$$

根据贝叶斯法则，我们有 $p_{q}(\boldsymbol{\zeta}_{n,k-j}\mid\boldsymbol{Y}^{*}_{n,1:k})=p_{q}(\boldsymbol{\zeta}_{n,k-j},\boldsymbol{y}^{*}_{n,k}\mid\boldsymbol{Y}^{*}_{n,1:k-1})/p_{q}(\boldsymbol{y}^{*}_{n,k}\mid\boldsymbol{Y}^{*}_{n,1:k-1})$ 。因此，$p_{q}(\boldsymbol{\zeta}_{n,k}\mid\boldsymbol{Y}^{*}_{n,1:k})$ 被更新为高斯分布，其均值和协方差如等式(6-2-23)和等式(6-2-24)所示。同时，相应的增益 $\boldsymbol{K}^{\zeta}_{q,n,k-j,k}$ 如式(6-2-25)所示。根据式(6-2-6)和定理 6.2.1，可得定理 6.2.3 中的 $\hat{\boldsymbol{y}}^{*}_{q,n,k|k-1}$ 和 $\boldsymbol{P}^{yy*}_{q,n,k|k-1}$。由 $\boldsymbol{\zeta}_{q,n,k}$ 和 $\boldsymbol{P}^{\zeta\zeta}_{q,n,k|k-1}$ 的定义进一步得到定理 6.2.3 中

的 $\hat{\boldsymbol{\zeta}}_{q,n,k|k-1}$ 和 $\boldsymbol{P}^{\zeta\zeta}_{q,n,k|k-1}$。

另外，通过式(6－2－6)，$\boldsymbol{P}^{xy*}_{q,n,k-j,k|k-1}=E(\tilde{\boldsymbol{x}}_{q,n,k-j|k-1}\tilde{\boldsymbol{\xi}}^{\mathrm{T}}_{q,k|k-1})\mathcal{H}^{\mathrm{T}}_{q,n,k}$，由此得到方程(6－2－26)。然后，计算 $\tilde{\boldsymbol{\beta}}_{q,n,k-j|k-1}$、$\tilde{\boldsymbol{v}}_{q,n,k-j|k-1}$ 和 $\tilde{\boldsymbol{y}}^{*}_{q,n,k|k-1}$ 的耦合效应。对于 $i=1,\cdots,M$，从以 $\boldsymbol{Y}^{*}_{n,1:k-1}$ 为条件的 $\boldsymbol{\beta}_{n,i,k}$ 和 $\boldsymbol{v}_{n,k}$ 的统计特征中，我们得到

$$\boldsymbol{P}^{\beta y*}_{q,n,k|k-1}=E(\boldsymbol{\gamma}^{1}_{n,k})\left[\sum_{i=1}^{M}E(\boldsymbol{\beta}_{n,k}\boldsymbol{\beta}_{n,i,k})\boldsymbol{h}^{\mathrm{T}}_{n,i}(\boldsymbol{x}_k)+E(\boldsymbol{\beta}_{n,k}\boldsymbol{v}^{\mathrm{T}}_{n,k})\right]$$

$$\boldsymbol{P}^{vy*}_{q,n,k|k-1}=E(\boldsymbol{\gamma}^{1}_{n,k})\left[\sum_{i=1}^{M}E(\boldsymbol{v}_{n,k}\boldsymbol{\beta}_{n,i,k})\boldsymbol{h}^{\mathrm{T}}_{n,i}(\boldsymbol{x}_k)+E(\boldsymbol{v}_{n,k}\boldsymbol{v}^{\mathrm{T}}_{n,k})\right]$$

因此我们得到式(6－2－27)和式(6－2－28)。此外，对于 $j'=1,\cdots,d-1$，由 $\boldsymbol{P}^{\beta y*}_{q,n,k-j',k|k-1}$ 和 $\boldsymbol{P}^{vy*}_{q,n,k-j',k|k-1}$ 的定义可知，式(6－2－29)和式(6－2－30)分别由对应的高斯积分得到。

在定理 6.2.3 中，我们需要知道 $\boldsymbol{G}_{q,k|k-1}(\boldsymbol{\theta}^{j'j}_{n,k})$。根据相关定义，$\boldsymbol{\theta}^{j'j}_{n,k}$ 和 $\boldsymbol{G}_{q,k|k-1}(\boldsymbol{\theta}^{j'j}_{n,k})$ 分别等于 $\boldsymbol{\theta}^{(j'-1)(j-1)}_{n,k-1}$ 和 $\boldsymbol{G}_{q,k-1|k-1}(\boldsymbol{\theta}^{(j'-1)(j-1)}_{n,k-1})$，$j',j\geqslant 1$。因此，我们只需要计算 $\boldsymbol{G}_{q,k|k-1}(\boldsymbol{\theta}^{0j'}_{n,k})$，即

$$\hat{\boldsymbol{\theta}}^{0j'}_{q,n,k|k-1}=(\hat{\boldsymbol{\zeta}}^{\mathrm{T}}_{q,n,k|k-1},\hat{\boldsymbol{\zeta}}^{\mathrm{T}}_{q,n,k-j'|k-1})^{\mathrm{T}}，\boldsymbol{P}^{\theta^{0j'}\theta^{0j'}}_{q,n,k|k-1}=\begin{bmatrix}\boldsymbol{P}^{\zeta\zeta}_{q,n,k|k-1} & \boldsymbol{P}^{\zeta\zeta}_{q,n,k,k-j'|k-1}\\ \boldsymbol{P}^{\zeta\zeta}_{q,n,k-j',k|k-1} & \boldsymbol{P}^{\zeta\zeta}_{q,n,k-j'|k-1}\end{bmatrix}$$

相应的更新如以下推论所示。

推论 6.2.3　基于假设 6.2.1 至假设 6.2.4，对于 $j_1,j_2=0,1,\cdots,d-1,j_1\neq j_2$，从 $(k-1)^{\mathrm{th}}$ 到 k^{th} 时刻，第 n^{th} 处理单元中的 $p(\boldsymbol{\theta}^{j_1j_2}_{n,k})$ 仍然是高斯混合，q^{th} 分量的均值和协方差为

$$\hat{\boldsymbol{\theta}}^{j_1j_2}_{q,n,k|k}:=(\hat{\boldsymbol{\zeta}}^{\mathrm{T}}_{q,n,k-j_1|k},\hat{\boldsymbol{\zeta}}^{\mathrm{T}}_{q,n,k-j_2|k})^{\mathrm{T}}$$

$$\boldsymbol{P}^{\theta^{j_1j_2}\theta^{j_1j_2}}_{q,n,k|k}:=\begin{bmatrix}\boldsymbol{P}^{\zeta\zeta}_{q,n,k-j_1|k} & \boldsymbol{P}^{\zeta\zeta}_{q,n,k-j_1,k-j_2|k}\\ \boldsymbol{P}^{\zeta\zeta}_{q,n,k-j_2,k-j_1|k} & \boldsymbol{P}^{\zeta\zeta}_{q,n,k-j_2|k}\end{bmatrix}$$

其中

$$\boldsymbol{P}^{\zeta\zeta}_{q,n,k-j_1,k-j_2|k}=\boldsymbol{P}^{\zeta\zeta}_{q,n,k-j_1,k-j_2|k-1}-\boldsymbol{K}^{\zeta}_{q,n,k-j_1,k}\boldsymbol{P}^{yy*}_{q,n,k|k-1}(\boldsymbol{K}^{\zeta}_{q,n,k-j_2,k})^{\mathrm{T}}$$

$$\boldsymbol{P}^{\zeta\zeta}_{q,n,k,k-j_2|k-1}=\begin{bmatrix}\boldsymbol{P}^{xx}_{q,k,k-j_2|k-1} & \boldsymbol{P}^{x\beta}_{q,k,k-j_2|k-1} & \boldsymbol{P}^{xv}_{q,k,k-j_2|k-1}\\ \boldsymbol{O} & \boldsymbol{O} & \boldsymbol{O}\\ \boldsymbol{O} & \boldsymbol{O} & \boldsymbol{O}\end{bmatrix}$$

同时，

$$\boldsymbol{P}^{x\beta}_{q,k,k-1|k-1}=\int\boldsymbol{f}(\boldsymbol{x}_{k-1})\boldsymbol{\beta}^{\mathrm{T}}_{k-1}\boldsymbol{G}_{q,k-1|k-1}(\boldsymbol{\zeta}_{n,k-1})\mathrm{d}\boldsymbol{\zeta}_{n,k-1}-\hat{\boldsymbol{x}}_{q,k|k-1}\hat{\boldsymbol{\beta}}^{\mathrm{T}}_{q,k-1|k-1}$$

$$\boldsymbol{P}^{x\beta}_{q,k,k-j_2|k-1}=\int\boldsymbol{f}(\boldsymbol{x}_{k-1})\boldsymbol{\beta}^{\mathrm{T}}_{k-j_2}\boldsymbol{G}_{q,k-1|k-1}(\boldsymbol{\theta}^{0j_2}_{n,k-1})\mathrm{d}\boldsymbol{\theta}^{0j_2}_{n,k-1}-\hat{\boldsymbol{x}}_{q,k|k-1}\hat{\boldsymbol{\beta}}^{\mathrm{T}}_{q,k-j_2|k-1},j_2>1$$

$$\boldsymbol{P}^{xv}_{q,k,k-1|k-1}=\int\boldsymbol{f}(\boldsymbol{x}_{k-1})\boldsymbol{v}^{\mathrm{T}}_{k-1}\boldsymbol{G}_{q,k-1|k-1}(\boldsymbol{\zeta}_{n,k-1})\mathrm{d}\boldsymbol{\zeta}_{n,k-1}-\hat{\boldsymbol{x}}_{q,k|k-1}\hat{\boldsymbol{v}}^{\mathrm{T}}_{q,k-1|k-1}$$

$$\boldsymbol{P}^{xv}_{q,k,k-j_2|k-1}=\int\boldsymbol{f}(\boldsymbol{x}_{k-1})\boldsymbol{v}^{\mathrm{T}}_{k-j_2}\boldsymbol{G}_{q,k-1|k-1}(\boldsymbol{\theta}^{0j_2}_{n,k-1})\mathrm{d}\boldsymbol{\theta}^{0j_2}_{n,k-1}-\hat{\boldsymbol{x}}_{q,k|k-1}\hat{\boldsymbol{v}}^{\mathrm{T}}_{q,k-j_2|k-1},j_2>1$$

实际上，我们可以用一些较好的低维高斯分量代替 $\boldsymbol{G}_{q,k|k-1}(\boldsymbol{\theta}_{n,k}^{j_1j_2})$ 进一步得到理论上相同结果的相关协方差计算，以降低计算代价。例如在计算 $\boldsymbol{P}_{q,n,k-j_1,k-j_2|k-1}^{xz}$ 时，我们可以使用 $(\boldsymbol{x}_{k-j_1}^{\mathrm{T}},\boldsymbol{\zeta}_{n,k-j_2}^{\mathrm{T}})^{\mathrm{T}}$ 的 q^{th} 联合高斯分量，可以直接从 $\boldsymbol{G}_{q,k|k-1}(\boldsymbol{\theta}_{n,k}^{j_1j_2})$ 中提取，而不是 $\theta_{n,k}^{j_1j_2}$ 来求解对应的高斯积分。

现在，根据 $\hat{\boldsymbol{\chi}}_{q,k|l}$ 和 $\mathcal{A}_{q,k|l}$ 的定义，我们得到

$$\hat{\boldsymbol{\xi}}_{q,k|k}=\mathcal{A}_{q,k|k}\hat{\chi}_{q,k|k},\boldsymbol{P}_{q,k|k}^{\xi\xi}=\mathcal{A}_{q,k|k}^{-1}$$

基于定理 6.2.2、定理 6.2.3 和推论 6.2.1 至推论 6.2.3，$p(\boldsymbol{\xi}_k\mid\boldsymbol{Y}_{1:k}^*)$ 的第 q^{th} 高斯分量从 $p(\boldsymbol{\xi}_{k-1}\mid\boldsymbol{Y}_{1:k-1}^*)$ 递归推导出。

根据更新的 $p(\boldsymbol{\xi}_k\mid\boldsymbol{Y}_{1:k}^*)=\sum_{q=1}^{S}\hat{\omega}_{q,k}N(\boldsymbol{\xi}_k;\hat{\boldsymbol{\xi}}_{q,k|k},\boldsymbol{P}_{q,k|k}^{\xi\xi})$，我们有

$$\hat{\boldsymbol{\xi}}_{k|k}=\sum_{q=1}^{S}\hat{\omega}_{q,k}\hat{\boldsymbol{\xi}}_{q,k|k},\boldsymbol{P}_{k|k}^{\xi\xi}=\sum_{q=1}^{S}\hat{\omega}_{q,k}(\boldsymbol{P}_{q,k|k}^{\xi\xi}+(\hat{\boldsymbol{\xi}}_{q,k|k}-\hat{\boldsymbol{\xi}}_{k|k})(\cdot)^{\mathrm{T}})$$

此外，通过对 $\hat{\boldsymbol{\xi}}_{q,k|k}$ 应用配置条件[76]，q^{th} 高斯分量的集中权重更新为

$$\hat{\omega}_{q,k}=\hat{\omega}_{q,k-1}\frac{|\boldsymbol{P}_{q,k|k}^{\xi\xi}|^{1/2}}{|\boldsymbol{P}_{q,k|k-1}^{\xi\xi}|^{1/2}}\exp\{\frac{-\boldsymbol{Y}_{q,k}}{2}\}\exp\{\frac{-\sum_{n=1}^{N}(\tilde{\boldsymbol{y}}_{q,n,k}^*)^{\mathrm{T}}\mathfrak{R}_{q,n,k}^{-1}\tilde{\boldsymbol{y}}_{q,n,k}^*}{2}\}\tag{6-2-31}$$

其中 $\tilde{\boldsymbol{y}}_{q,n,k}^*:=\boldsymbol{y}_{q,n,k}^*-\mathcal{H}_{q,n,k}\hat{\boldsymbol{\xi}}_{q,k|k}$，$\boldsymbol{Y}_{q,k}:=\bar{\boldsymbol{\xi}}_{q,k|k}^{\mathrm{T}}(\boldsymbol{P}_{q,k|k}^{\xi\xi})^{-1}\bar{\boldsymbol{\xi}}_{q,k|k}$，$\bar{\boldsymbol{\xi}}_{q,k|k}:=\hat{\boldsymbol{\xi}}_{q,k|k}-\hat{\boldsymbol{\xi}}_{q,k|k-1}$。

最后，得到原始状态估计及其协方差 $\hat{\boldsymbol{x}}_{k-j|k}=\mathcal{I}_j\hat{\boldsymbol{\xi}}_{k|k},\boldsymbol{P}_{k-j|k}^{xx}=\mathcal{I}_j\boldsymbol{P}_{k|k}^{\xi\xi}\mathcal{I}_j^{\mathrm{T}}$，其中 $\mathcal{I}_j$ 是 $(d+1)\times1$ 块矩阵，其 $(j+1)^{\mathrm{th}}$ 子块为 $\boldsymbol{I}_{n_x\times n_x}$，$j=0,1,\cdots,d$。也就是说，在 k^{th} 时刻，我们在 $j=0$ 时获得最终的滤波 $\hat{\boldsymbol{x}}_{k|k}$ 和 $\boldsymbol{P}_{k|k}^{xx}$，并在 $j>0$ 时使用 j -步滞后平滑 $\hat{\boldsymbol{x}}_{k-j|k}$ 和 $\boldsymbol{P}_{k-j|k}^{xx}$。

在推导了用于集中式融合估计的 CGMIF 后，本节提出了相应的分布式实现，因为传感器集群分散部署的实际需求和分布式实现的优势包括低通信带宽，可扩展性和对传感器故障的鲁棒性[16][42][75]。

定义

$$\varsigma_{q,n,k}:=\boldsymbol{H}_{q,n,k}^{\mathrm{T}}\mathfrak{R}_{q,n,k}^{-1}\boldsymbol{y}_{q,n,k}^*,\boldsymbol{\Delta}_{q,n,k}:=\boldsymbol{H}_{q,n,k}^{\mathrm{T}}\mathfrak{R}_{q,n,k}^{-1}\boldsymbol{H}_{q,n,k},\boldsymbol{\Pi}_{q,n,k}:=(\tilde{\boldsymbol{y}}_{q,n,k}^*)^{\mathrm{T}}\mathfrak{R}_{q,n,k}^{-1}\tilde{\boldsymbol{y}}_{q,n,k}^*$$

对于集中式融合，式(6-2-15)、式(6-2-16)和式(6-2-31)中的 q^{th} 高斯分量的信息向量、信息矩阵以及相应的权值分别改写为

$$\hat{\boldsymbol{\chi}}_{q,k|k}=\hat{\boldsymbol{\chi}}_{q,k|k-1}+N\bar{\varsigma}_{q,k}\tag{6-2-32}$$

$$\mathcal{A}_{q,k|k}=\mathcal{A}_{q,k|k-1}+N\bar{\boldsymbol{\Delta}}_{q,k}\tag{6-2-33}$$

$$\hat{\omega}_{q,k}=\hat{\omega}_{q,k-1}\frac{|\boldsymbol{P}_{q,k|k}^{\xi\xi}|^{1/2}}{|\boldsymbol{P}_{q,k|k-1}^{\xi\xi}|^{1/2}}\exp\{\frac{-\boldsymbol{Y}_{q,k}}{2}\}\exp\{\frac{-N\bar{\boldsymbol{\Pi}}_{q,k}}{2}\}\tag{6-2-34}$$

这里，$\bar{\varsigma}_{q,k}:=\frac{\sum_{n=1}^{N}\varsigma_{q,n,k}}{N},\bar{\boldsymbol{\Delta}}_{q,k}:=\frac{\sum_{n=1}^{N}\boldsymbol{\Delta}_{q,n,k}}{N},\bar{\boldsymbol{\Pi}}_{q,k}:=\frac{\sum_{n=1}^{N}\boldsymbol{\Pi}_{q,n,k}}{N}$。

在上面的等式(6-2-32)和等式(6-2-34)中，每个高斯分量的更新和相应的权重依赖

于 $\bar{\varsigma}_{q,k}$、$\bar{\boldsymbol{\Delta}}_{q,k}$ 和 $\bar{\boldsymbol{\Pi}}_{q,k}$ 的均值，而不是所有原始的 $\varsigma_{q,n,k}$、$\boldsymbol{\Delta}_{q,n,k}$ 和 $\boldsymbol{\Pi}_{q,n,k}$，$n=1,\cdots,N$。同时，式(6-2-32)至式(6-2-34)中剩下的统计数据，即 $\hat{\boldsymbol{\chi}}_{q,k|k-1}$、$\mathcal{A}_{q,k|k-1}$、$\hat{\omega}_{q,k-1}$、$\boldsymbol{P}^{\xi\xi}_{q,k|k-1}$ 和 $\boldsymbol{Y}_{q,k}$ 每个处理单元可以独立获取。也就是说，我们只需要在整个处理网络中共享 $\varsigma_{q,n,k}$、$\boldsymbol{\Delta}_{q,n,k}$ 和 $\boldsymbol{\Pi}_{q,n,k}$ 来追求它们的平均值，而不是从不同的处理单元收集所有这些值，以便进一步实现最终的一致融合估计。因此，本研究采用一种著名且有效的分布式方法——平均一致性策略[16][42][75]，通过获取 n^{th} 处理单元中 q^{th} 组件的中间平均值，给出分布式高斯混合信息滤波器的实现，使每个处理单元中的高斯混合近似一致，即 DGMIF，具体如下

$$\bar{\varsigma}^{\tau+1}_{q,n,k}=\bar{\varsigma}^{\tau}_{q,n,k}+\epsilon\sum_{m\in N_n}(\bar{\varsigma}^{\tau}_{q,m,k}-\bar{\varsigma}^{\tau}_{q,n,k})+\epsilon\sum_{m\in N_n^*}(\bar{\varsigma}_{q,m,k}-\bar{\varsigma}^{\tau}_{q,n,k}) \tag{6-2-35}$$

$$\bar{\boldsymbol{\Delta}}^{\tau+1}_{q,n,k}=\bar{\boldsymbol{\Delta}}^{\tau}_{q,n,k}+\epsilon\sum_{m\in N_n}(\bar{\boldsymbol{\Delta}}^{\tau}_{q,m,k}-\bar{\boldsymbol{\Delta}}^{\tau}_{q,n,k})+\epsilon\sum_{m\in N_n^*}(\bar{\boldsymbol{\Delta}}_{q,m,k}-\bar{\boldsymbol{\Delta}}^{\tau}_{q,n,k}) \tag{6-2-36}$$

$$\bar{\boldsymbol{\Pi}}^{\tau+1}_{q,n,k}=\bar{\boldsymbol{\Pi}}^{\tau}_{q,n,k}+\epsilon\sum_{m\in N_n}(\bar{\boldsymbol{\Pi}}^{\tau}_{q,m,k}-\bar{\boldsymbol{\Pi}}^{\tau}_{q,n,k})+\epsilon\sum_{m\in N_n^*}(\bar{\boldsymbol{\Pi}}_{q,m,k}-\bar{\boldsymbol{\Pi}}^{\tau}_{q,n,k}) \tag{6-2-37}$$

式中，$\bar{\varsigma}^{\tau+1}_{q,n,k}$，$\bar{\boldsymbol{\Delta}}^{\tau+1}_{q,n,k}$ 和 $\bar{\boldsymbol{\Pi}}^{\tau+1}_{q,n,k}$ 是在 k^{th} 时刻的 $(\tau+1)^{\text{th}}$ 迭代中对应的平均值。ϵ是迭代步骤。$\bar{\varsigma}^{0}_{q,n,k}$、$\bar{\boldsymbol{\Delta}}^{0}_{q,n,k}$ 和 $\bar{\boldsymbol{\Pi}}^{0}_{q,n,k}$ 分别设置为输入值 $\boldsymbol{\theta}_{q,n,k}$、$\boldsymbol{I}_{q,n,k}$ 和 $\boldsymbol{\Pi}_{q,n,k}$。$\mathcal{N}_n$ 表示 n^{th} 处理单元与 $\mathcal{N}_n^*:=\mathcal{N}_n\cup\{n\}$ 相邻单元的集合。迭代终止条件是 $\|\bar{\varsigma}^{\tau+1}_{q,n,k}-\bar{\varsigma}^{\tau}_{q,n,k}\|\leqslant\kappa$（或 $\|\bar{\boldsymbol{\Delta}}^{\tau+1}_{q,n,k}-\bar{\boldsymbol{\Delta}}^{\tau}_{q,n,k}\|\leqslant\kappa$ 或 $\|\bar{\boldsymbol{\Pi}}^{\tau+1}_{q,n,k}-\bar{\boldsymbol{\Pi}}^{\tau}_{q,n,k}\|\leqslant\kappa$）或 $\tau+1>\tau_{\max}$，其中 κ 是一个足够小的正阈值（$0<\kappa\ll1$），$\tau_{\max}$ 是最大迭代步长。

下面给出了所提 DIMIF 的计算过程。

步骤 1　初始化。

对于 $q=1,\cdots,\mathcal{S}$，针对每一个处理单元，设置 $\hat{\boldsymbol{x}}_{q,0|0}$、$\boldsymbol{P}^{xx}_{q,0|0}$ 和 $\hat{\omega}_{q,0}$。

步骤 2　第 q 个分量的信息滤波递推。

①根据定理 6.2.2 中的式(6-2-17)和式(6-2-18)计算 $\hat{\boldsymbol{\chi}}_{q,n,k|k-1}$、$\mathcal{A}^{xx}_{q,n,k|k-1}$。

②根据定理 6.2.3，基于推论 6.2.1 至推论 6.2.3，计算 $\hat{\boldsymbol{y}}^*_{q,n,k|k-1}$、$\boldsymbol{P}^{yy*}_{q,n,k|k-1}$。

③根据定理 6.2.3 中的式(6-2-23)和式(6-2-24)计算 $\hat{\boldsymbol{\zeta}}_{q,n,k|k}$、$\boldsymbol{P}^{\zeta\zeta}_{q,n,k|k}$。

步骤 3　第 q 个分量的分布式信息滤波。

①根据定理 6.2.1，基于推论 6.2.1 至推论 6.2.3，利用式(6-2-8)得到 $\Re_{q,n,k}$。

②由式(6-2-35)和式(6-2-36)计算 $\bar{\varsigma}_{q,n,k}$，$\bar{\boldsymbol{\Delta}}_{q,n,k}$。

③由式(6-2-32)和式(6-2-33)计算 $\hat{\boldsymbol{\chi}}_{q,n,k|k}$、$\mathcal{A}_{q,n,k|k}$。

步骤 4　第 q 个分量的分布式权重更新。

①利用 $\hat{\boldsymbol{\xi}}_{q,n,k|k}$、$\boldsymbol{P}^{\xi\xi}_{q,n,k|k}$ 计算 $\boldsymbol{\Pi}_{q,n,k}$，根据式(6-2-37)得到 $\bar{\boldsymbol{\Pi}}_{q,n,k}$。

②根据(6-2-34)得到 $\hat{\omega}_{q,n,k}$。

③通过匹配原则，计算 $\hat{\boldsymbol{\xi}}_{n,k|k}$、$\boldsymbol{P}^{\xi\xi}_{n,k|k}$，进一步得到 $\hat{\boldsymbol{x}}_{n,k|k}$、$\boldsymbol{P}^{xx}_{n,k|k}$。

步骤 5　递推。令 $k-1 \leftarrow k$ 返回步骤 2。

6.2.4　仿真分析

在本节中，考虑图 6-2-1 中具有 10 个处理单元(即 $N=10$)的网络。提出的 DGMIF 通过以下单变量非平稳增长模型验证，在系统式(6-2-1)和式(6-2-3)中

$$f(x_k)=0.5x_k+\frac{25x_k}{1+x_k^2}+8\cos(1.2k),h(x_k)=10x_k+0.2\cos\left(\frac{x_k^2}{1+x_k^2}\right)$$

其中 $f_1(x_k)=10\sin(x_k)$、$f_2(x_k)=10\cos(x_k)$、$h_1(x_k)=12\sin(x_k)$、$h_2(x_k)=12\cos(x_k)$。这里，$M=2$。x_0 是一个随机高斯变量，具有 $\bar{x}_0=0$ 和 $P_0=10$。w_k、$\alpha_{1,k}$ 和 $\alpha_{2,k}$ 均为高斯噪声，其中 $Q_k=10$、$\sigma_{11,k}^2=0.7^2$、$\sigma_{22,k}^2=0.8^2$、$\sigma_{12,k}^2=\rho_\sigma\sigma_{11,k}\sigma_{22,k}$、$J_{1,k}=\rho_{J_1}\sigma_{11,k}Q_k^{1/2}$ 和 $J_{2,k}=\rho_{J_2}\sigma_{22,k}Q_k^{1/2}$，$\rho_\sigma=0.5$、$\rho_{J_1}=0.6$ 和 $\rho_{J_2}=0.5$ 均为高斯噪声。系统运行周期为 200 时刻。

在每一个处理单元，$h_n(\cdot)$、$h_{n,1}(\cdot)$、$h_{n,2}(\cdot)$ 和 $h(\cdot)$、$h_1(\cdot)$、$h_2(\cdot)$ 相同。

同时，$v_{n,k}$、$\beta_{n,1,k}$、$\beta_{n,2,k}$ 是高斯噪声，其中 $R_{n,k}=1$、$c_{n,11,k}^2=0.8^2$、$c_{n,22,k}^2=0.9^2$、$c_{n,12,k}^2=\rho_c c_{n,11,k}c_{n,22,k}$、$L_{n,1,k}=\rho_{L_1}c_{n,11,k}R_{n,k}^{1/2}$、$L_{n,2,k}=\rho_{L_2}c_{n,22,k}R_{n,k}^{1/2}$、$\rho_c=0.6$、$\rho_{L_1}=0.3$、$\rho_{L_2}=0.8$。

在接下来的仿真中，我们将考虑两种不同的量测随机延迟，即一步随机延迟和两步随机延迟。不同处理单元对应的延迟概率如表 6-2-1 所示。在每个表单元格中，第一个值是 $\mu_{n,k}^1$，第二个值是 $\mu_{n,k}^2$。显然，一步随机延迟发生在采样时刻 51～100，两步随机延迟发生在其余时刻。

表 6-2-1　每个处理单元(PU)的时变延迟概率 ($\mu_{n,k}^1,\mu_{n,k}^2$)

时间间隔	[1,50]	[51,100]	[101,150]	[151,200]
PU1	0.92，0.95	0.65，0	0.85，0.64	0.71，0.81
PU2	0.97，0.98	0.66，0	0.97，0.79	0.91，0.66
PU3	0.76，0.96	0.91，0	0.86，0.61	0.93，0.96
PU4	0.86，0.90	0.89，0	0.86，0.68	0.88，0.61
PU5	0.71，0.62	0.64，0	0.87，0.72	0.97，0.61
PU6	0.77，0.75	0.90，0	0.67，0.79	0.77，0.85
PU7	0.88，0.89	0.71，0	0.86，0.66	0.65，0.79
PU8	0.97，0.73	0.83，0	0.89，0.70	0.80，0.87
PU9	0.95，0.97	0.81，0	0.66，0.70	0.93，0.70
PU10	0.92 0.69	0.96，0	0.68，0.70	0.84，0.78

在单个处理单元情况下，即 10th 处理单元，将提出的具有 $N=1$ 的 CGMIF(简化为 GMIF)与 UKF[58]，具有一步随机延迟测量的 UKF (OSUKF)[63][71]，具有两步随机延迟测量的 UKF (TSUKF)[64]和具有估计延迟概率的高斯滤波器(GEDPF)[16]进行比较。在传感网情况下，将所提出的 DGMIF 与协方差交叉融合的集中式 OSUKF (CI-OSUKF)，协方差交叉融合的集中式 TSUKF (CI-TSUKF)，高斯共识滤波器(GCF)[16]，CGMIF 和 GMIF 进行了

比较。这里，CI－OSUKF、CI－TSUKF 和 CGMIF 收集来自所有处理单元的可用量测数据，以获得最终的集中融合。同时，由于加性/乘性测量噪声和随机延迟都与其他处理单元的测量噪声和随机延迟不相关，在协方差交叉融合中，来自不同处理单元的局部估计不相关。

在 UKF、OSUKF、TSUKF、GEDPF、CI－OSUKF、CI－TSUKF 和 GCF 中，初始状态估计均为高斯分布，分别为 $\hat{x}_{0|0}=\bar{x}_0$ 和 $P_{0|0}^{xx}=P_0$。同时，在 GMIF、CGMIF 和 DGMIF 中，初始状态估计都是与 $\hat{x}_{0|0}\sim\sum_{q=1}^{3}\hat{\omega}_{q,0}\mathcal{N}(x_0;\bar{x}_0,P_{q,0|0}^{xx})$ 的高斯混合，其中 $P_{1,0|0}=P_0-2.5$、$P_{2,0|0}=P_0$ 和 $P_{3,0|0}=P_0+2.5$ 与 $\hat{\omega}_{q,0}=1/3$ 的高斯混合。在所有比较的方法中，都采用无迹变换对高斯积分进行数值求解。此外，当在 DGMIF 中使用共识策略时，$\epsilon=0.1$、$\kappa=10^{-6}$ 和 $\tau_{\max}=50$（分别对应于 GCF 中的 $\varepsilon=0.1$、$\hbar=10^{-6}$ 和 $\ell_{\max}=50$）。

通过 1000 蒙特卡罗实现，单个处理单元中比较方法的均方根误差（RMSEs）如图 6－2－2 所示，整个处理网络中比较方法的均方根误差（RMSEs）如图 6－2－3 所示（我们也选择第 10 个处理单元的结果作为输出）。同时，在单个处理单元和处理网络两种情况下，比较方法的均方根误差对应的平均值见表 6－2－2。

表 6－2－2　算法的 RMSEs 的平均值比较

方法	UKF	OSUKF	TSUKF	GEDPF	**GMIF**
均值	13.4149	11.3270	10.5807	10.3940	**10.1779**
方法	CI－OSUKF	CI－TSUKF	GCF	CGMIF	**DGMIF**
均值	9.9254	9.7037	9.8106	8.5101	**8.8712**

显然，在单个处理单元的情况下，由于 GMIF 可以同时处理乘法参数和随机延迟，而 GEDPF 和 TSUKF 只考虑随机延迟，因此，所提出的 GMIF 比 GEDPF 和 TSUKF 得到更准确的估计，如图 6－2－2 和表 6－2－2 所示。同时，由于 OSUKF 只适用于一步随机延迟情况，GMIF、GEDPF 和 TSUKF 的估计精度都优于 OSUKF。在随机时延和参数相乘条件下，UKF 的估计精度最差。

另一方面，在多传感器融合情况下，如图 6－2－3 和表 6－2－2 所示，所提出的 DGMIF 优于 CI－OSUKF、CI－TSUKF 和 GCF，但其估计精度略低于集中式融合结构的 CGMIF。同时，由于 CI－TSUKF 和 GCF 考虑了两步随机延迟，它们都比 CI－OSUKF 获得了更好的滤波精度，而 CI－OSUKF 只适用于一步随机延迟情况。这里，GCF 的估计精度略低于 CI－TSUKF，这是因为 GCF 得到的是分布式融合，而 CI－TSUKF 实现的是集中式融合。

此外，通过 1000 蒙特卡罗实现，所提出的 DGMIF 在不同高斯分量数（即 $\mathcal{S}=1,3,5$）下的 RMSE 比值（RRMSEs）如图 6－2－4 所示，其中以 $\mathcal{S}=5$ 的 DGMIF 的 RMSE 作为基准。相应的均方根误差平均值如表 6－2－3 所示。

表 6－2－3　DGMIF 在不同分量数下的 RMSEs 的平均值

分量数	$\mathcal{S}=1$	$\mathcal{S}=3$	$\mathcal{S}=5$
均值	**8.9038**	8.8712	8.8526

详细的初始状态估计如下。

对于 $\mathcal{S}=1$，$\hat{x}_{0|0}\sim\mathcal{N}(\bar{x}_0,P_0)$。

对于 $\mathcal{S}=3$，$\hat{x}_{0|0}\sim\sum_{q=1}^{3}\hat{\omega}_{q,0}\mathcal{N}(\bar{x}_0,P_{q,0})$，$P_{1,0}=P_0-2.5$，$P_{2,0}=P_0$，$P_{3,0}=P_0+2.5$ 和 $\hat{\omega}_{q,0}=1/3$。

对于 $\mathcal{S}=5$，$\hat{x}_{0|0}\sim\sum_{q=1}^{5}\hat{\omega}_{q,0}\mathcal{N}(\bar{x}_0,P_{q,0})$，$P_{1,0}=P_0-5$，$P_{2,0}=P_0-2.5$，$P_{3,0}=P_0$，$P_{4,0}=P_0+2.5$，$P_{5,0}=P_0+5$ 和 $\hat{\omega}_{q,0}=1/5$。

从图 6-2-4 和表 6-2-3 中可以看出，RMSE 随着高斯分量数的增加而减小，说明随着高斯分量数的增加，DGMIF 得到的后验概率密度越来越接近实际。因此，相应的估计精度也在逐步提高。

为了比较 DGMIF 和 GCF[16] 对应的分布式融合结构的估计精度，图 6-2-5 通过 1000 次蒙特卡罗实现给出了 GEDPF、GMIF、GCF 和 DGMIF 的均方根误差。这里只考虑如表 6-2-1 所示的随机延迟，对于 $i=1,2$ 和 $n=1,\cdots,10$，$\alpha_{i,k}=\beta_{n,i,k}=0$。同时，在 GMIF 和 DGMIF 中只有一个高斯分量递推。所有方法的初始状态估计都是相同的，即 $\hat{x}_{0|0}=\bar{x}_0$ 和 $P_{0|0}^{xx}=P_0$。从图 6-2-5 可以看出，虽然 GMIF 和 GEDPF 的均方根误差几乎一致，但 DGMIF 的均方根误差远小于 GCF。这表明基于信息过滤的 DGMIF 分布式融合结构比 GCF 中基于直接平均共识的分布式融合结构更有效。

将 GMIF 与单个处理单元中的高斯混合信息平滑(GMIS)进行比较，并将 DGMIF 与传感网络中相应的分布式 GMIS (DGMIS)进行比较，以验证所提出的方法。所有初始状态估计都与 $\hat{x}_{0|0}\sim\sum_{q=1}^{3}\hat{\omega}_{q,0}\mathcal{N}(\bar{x}_0,P_{q,0})$，$P_{1,0}=P_0-2.5$，$P_{2,0}=P_0$，$P_{3,0}=P_0+2.5$ 和 $\hat{\omega}_{q,0}=1/3$ 相同。GMIF，一步滞后 GMIS(即 $d=1$)和两步滞后 GMIS(即 $d=2$)的均方根误差通过 1000 蒙特卡罗实现如图 6-2-6 所示。同时，通过 1000 蒙特卡罗实现，DGMIF，一步滞后 DGMIS 和两步滞后 DGMIS 的均方根误差如图 6-2-7 所示。这里，在 51st 到 100th 采样时刻，只有一步随机延迟，因此在此期间不考虑两步滞后状态平滑。

如图 6-2-6 和图 6-2-7 所示。无论在单个处理单元还是分布式多传感器融合的情况下，所提出的平滑方法(即 GMIS 和 DGMIS)的估计精度都优于滤波方法(即 GMIF 和 DGMIF)。此外，两步滞后平滑的精度也优于一步滞后平滑。这表明了所提方法的有效性。

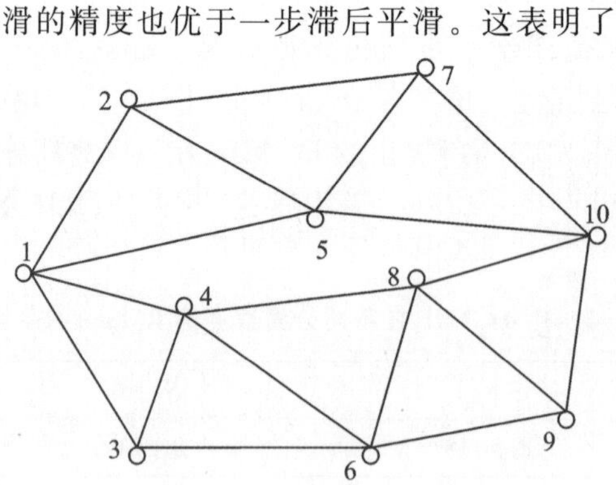

图 6-2-1　传感网节点分布图

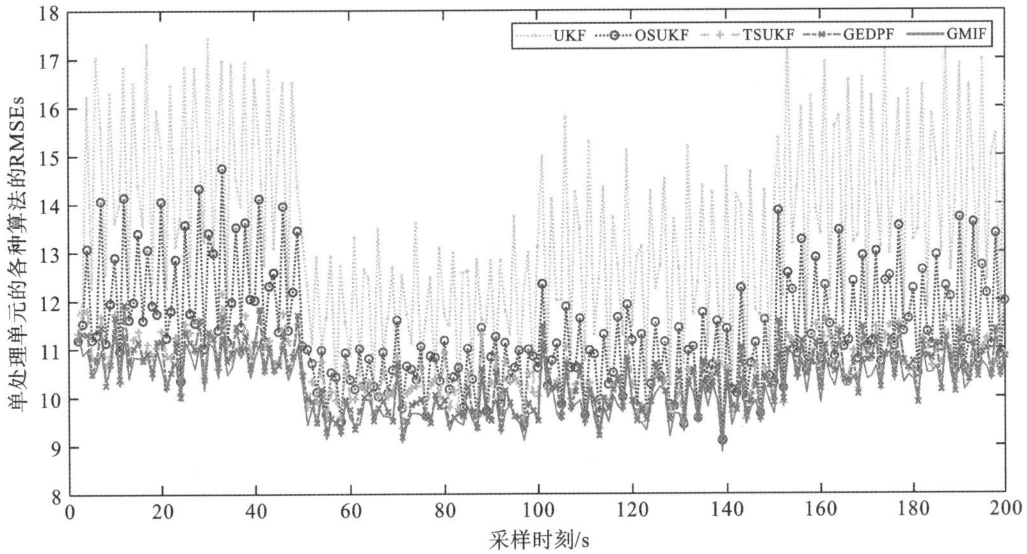

图 6-2-2　第 10 个处理单元的 RMSEs 比较

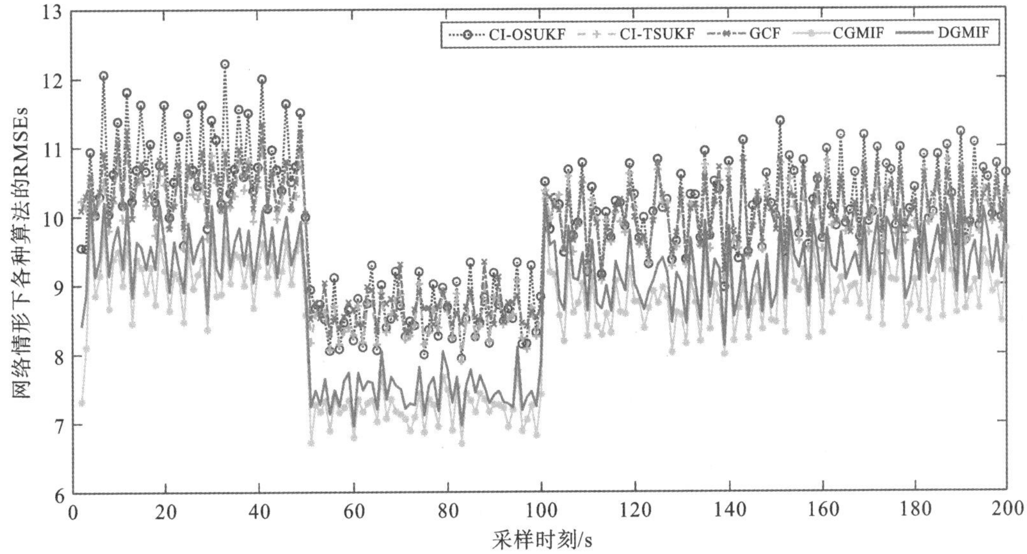

图 6-2-3　不同算法的 RMSEs 比较

图 6-2-2 至图 6-2-7 彩图

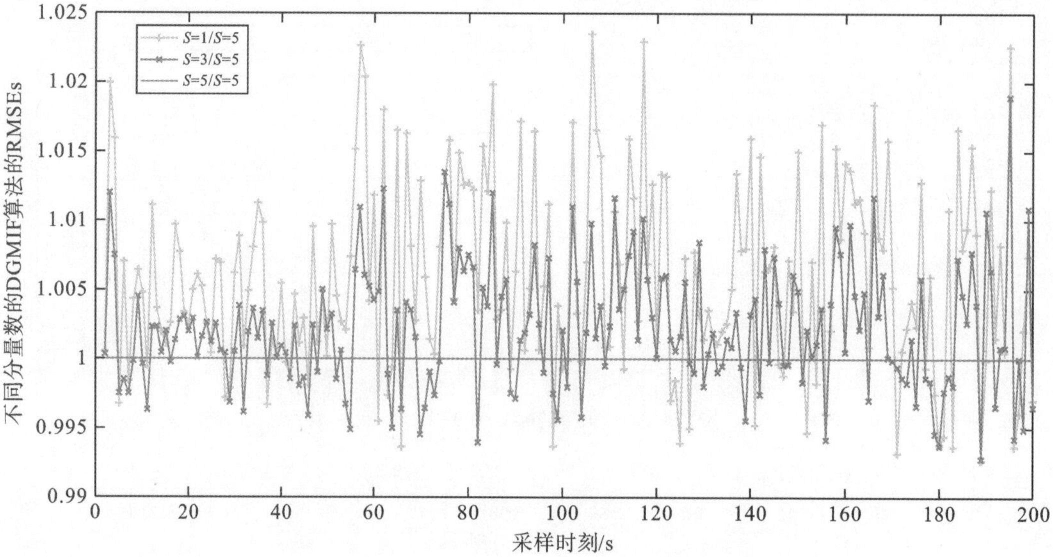

图 6-2-4　不同高斯分量数的 DGMIF 的 RRMSEs

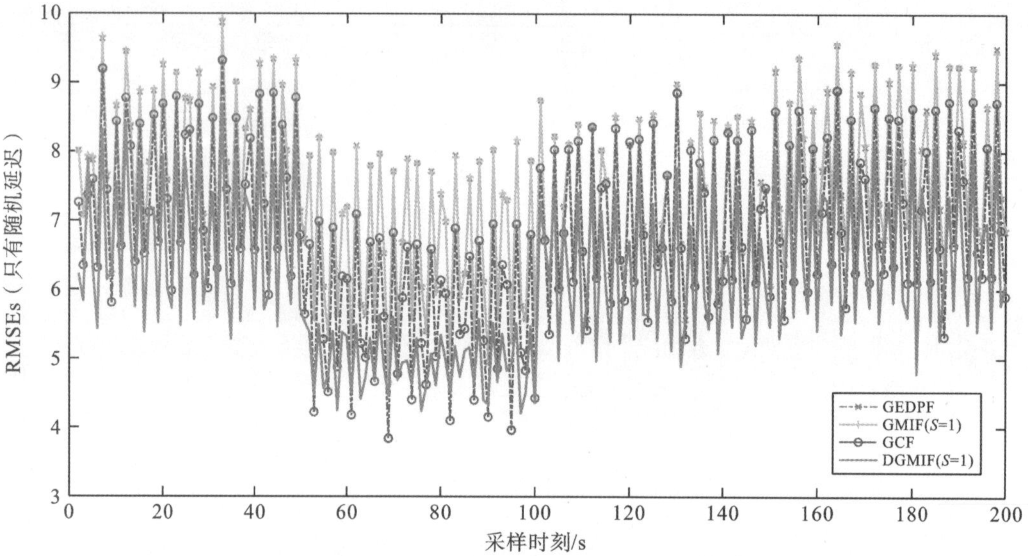

图 6-2-5　只有随机延迟的系统的 DGMIF 和 GCF 算法的 RMSEs 比较

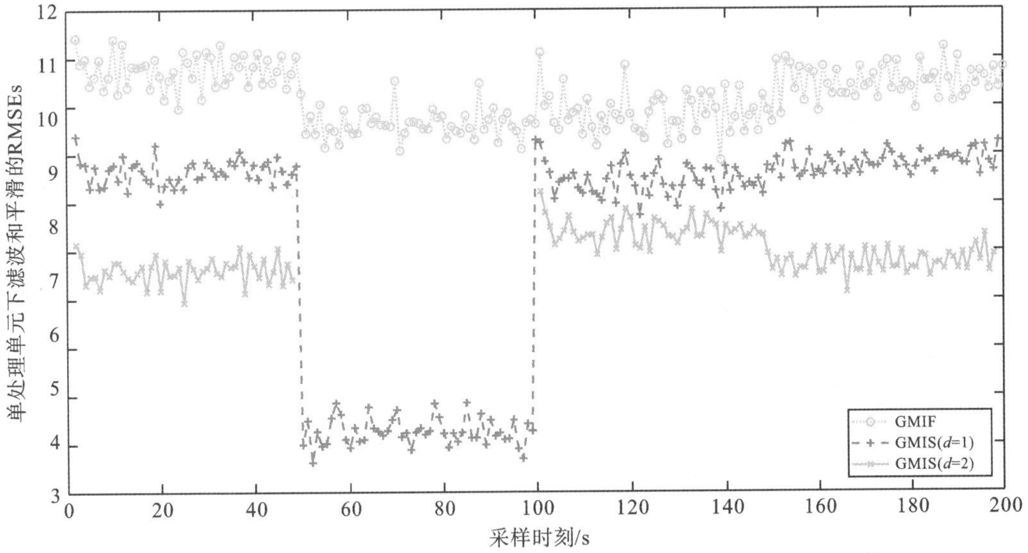

图 6-2-6　第 10 个处理单元所提的 GMIF 和 GMIS 算法的 RMSEs 比较

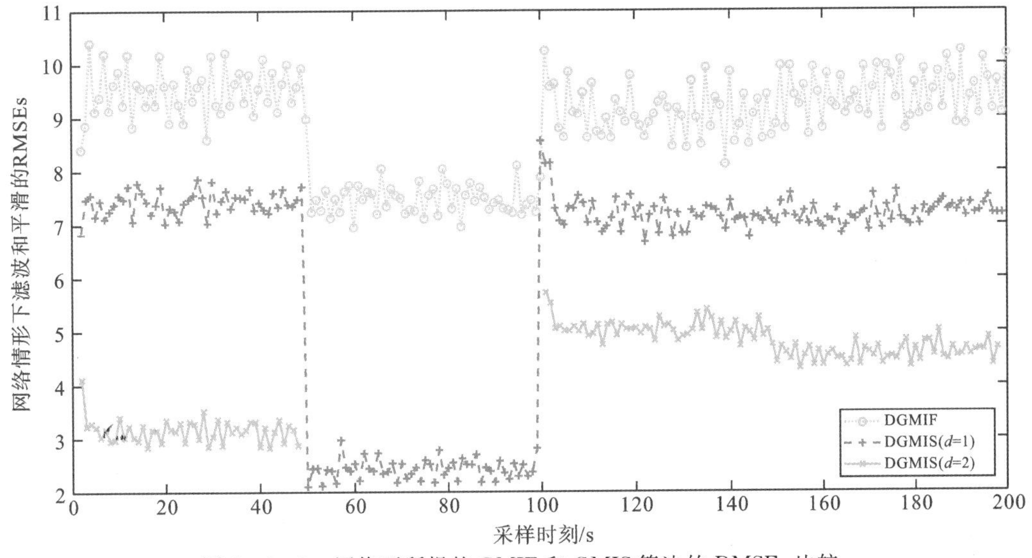

图 6-2-7　网络下所提的 GMIF 和 GMIS 算法的 RMSEs 比较

参考文献

[1] STOJANOVIC V, NEDIC N. Robust Kalman filtering for nonlinear multivariable stochastic systems in the presence of non Gaussian noise[J]. International Journal of Robust and Nonlinear Control, 2015, 26(3): 445-460.

[2] GU Z, YANG G, ZHU C, et al. Design of the multi-objective constrained nonlinear robust excitation controller with extended Kalman filter estimates of all state variables

[J]. International Journal of Robust and Nonlinear Control, 2015, 25(6): 791 - 808.

[3] CHEN S Y. Kalman filter for robot vision: a survey[J]. IEEE Transactions On Industrial Electronics, 2012, 59(11): 4409 - 4420.

[4] GREWAL M S, ANDREWS A P. Applications of Kalman filtering in aerospace 1960 to the present [historical perspectives][J]. IEEE Control Systems Magazine, 2010, 30(3): 69 - 78.

[5] SMITH D, SINGH S. Approaches to multisensor data fusion in target tracking: A survey[J]. IEEE transactions on knowledge and data engineering, 2006, 18(12): 1696 - 1710.

[6] SIMON D. Optimal state estimation: Kalman, H infinity, and nonlinear approaches [M]. John Wiley & Sons, 2006.

[7] YANG Y, MORAN B, WANG X, et al. Experimental analysis of a game - theoretic formulation of target tracking[J]. Automatica, 2020, 114: 1 - 10.

[8] WANG Y, PUIG V, CEMBRANO G. Robust fault estimation based on zonotopic Kalman filter for discrete - time descriptor systems[J]. International Journal of Robust and Nonlinear Control, 2018, 28(16): 5071 - 5086.

[9] PALLETI V R, CHONG T Y, SAMAVEDHAM L. A mechanistic fault detection and isolation approach using Kalman filter to improvethe security of cyber physical systems [J]. Journal of Process Control, 2018, 68: 160 - 170.

[10] ZOUBIR A M, KOIVUNEN V, CHAKHCHOUKH Y, et al. Robust estimation in signal processing: a tutorial - style treatment of fundamental concepts[J]. IEEE Signal Processing Magazine, 2012, 29(4): 61 - 80.

[11] LIM J, SHIN M, HWANG W. Variants of extended Kalman filtering approaches for Bayesian tracking[J]. International Journal of Robust and Nonlinear Control, 2017, 27(2): 319 - 346.

[12] XIONG K, ZHANG H Y, CHAN C W. Performance evalution of UKF - based nonlinear filtering[J]. Automatica. 2006, 42: 261 - 270.

[13] ARASARATNAM I, HAYKIN S. Cubature Kalman filters[J]. IEEE Transactions on Automatic Control, 2009, 54(6): 1254 - 1269.

[14] ARASARATNAM I, HAYKIN S, ELLIOTT R J. Discrete - time nonlinear filtering algorithms using Gauss - Hermite quadrature[J]. Proceedings of the IEEE, 2007, 95(5): 953 - 977.

[15] ARULAMPALAM M S, MASKELL S, GORDON N, et al. A tutorial on particle filters for online nonlinear/non - Gaussian Bayesian tracking[J]. IEEE Transactions on Signal Processing, 2002, 50(2): 174 - 188.

[16] YANG Y, LIANG Y, PAN Q, et al. Gaussian - consensus filter for nonlinear systems with randomly delayed measurements in sensor networks[J]. Information Fusion, 2016, 30: 91 - 102.

[17] ABDALLAH F, GNING A, BONNIFAIT P. Box particle filtering for nonlinear state

estimation using interval analysis[J]. Automatica,2008, 44(3): 807 - 815.

[18] BRYSON A, JOHANSEN D. Linear filtering for time - varying systems using measurements containing colored noise[J]. IEEE Transactions on Automatic Control, 1965, 10(1): 4 - 10.

[19] WANG K, LI Y, RIZOS C. Practical approaches to Kalman filtering with time - correlated measurement errors[J]. IEEE Transactions on Aerospace and Electronic Systems, 2012, 48(2): 1669 - 1681.

[20] BRYSON JR A E, HENRIKSON L J. Estimation using sampled data containing sequentially correlated noise[J]. Journal of Spacecraft and Rockets, 1968, 5(6): 662 - 665.

[21] PETOVELLO M G, O'KEEFE K, LACHAPELLE G, et al. Consideration of time - correlated errors in a Kalman filter applicable to GNSS[J]. Journal of Geodesy, 2009, 83: 51 - 56.

[22] CHANG G. On Kalman filter for linear system with colored measurement noise[J]. Journal of Geodesy, 2014, 88(12): 1163 - 1170.

[23] LAMBERT H C. Cramér - Rao bounds for target tracking problems involving colored measurement noise[J]. IEEE Transactions on Aerospace and Electronic Systems, 2012, 48(1): 620 - 636.

[24] MIHAYLOVA L, ANGELOVA D, BULL D R, et al. Localization of mobile nodes in wireless networks with correlated in time measurement noise[J]. IEEE Transactions on Mobile Computing, 2011, 10(1): 44 - 53.

[25] YANG Y, LIANG Y, PAN Q, et al. Adaptive Gaussian mixture filter for Markovian jump nonlinear systems with colored measurement noises[J]. ISA Transactions, 2018, 80: 111 - 126.

[26] LIU W. Optimal estimation for discrete - time linear systems in the presence of multiplicative and time - correlated additive measurement noises[J]. IEEE Transactions on Signal Processing, 2015, 63(17): 4583 - 4593.

[27] LIU W. State estimation for discrete - time Markov jump linear systems with time - correlated measurement noise[J]. Automatica, 2017, 76: 266 - 276.

[28] WANG X, LIANG Y, PAN Q, et al. Nonlinear Gaussian smoother with colored measurement noise[J]. IEEE Transactions on Automatic Control, 2015, 60(3): 870 - 876.

[29] WU W, CHANG D. Maneuvering target tracking with colored noise[J]. IEEE Transactions on Aerospace and Electronic Systems, 1996, 32(4): 1311 - 1320.

[30] LIU W, SHI P, PAN J, State estimation for discrete - time Markov jump linear systems with time - correlated and mode - dependent measurement noise[J]. Automatica, 2017, 85: 9 - 21.

[31] ZHOU J, XU Y, LI J Y, et al. Robust state estimation for discrete time systems with colored noises and communication constraints[J]. Journal of the Franklin Institute, 2018, 355(13): 5790 - 5810.

[32] TAN H, SHEN B, LIU Y, Alsaedi A, Ahmad B. Event - triggered multi - rate fusion estimation for uncertain system with stochastic nonlinearities and colored measurement noises[J]. Information Fusion, 2017, 36: 313 - 320.

[33] YANG Y, QIN Y, PAN Q, et al. Distributed information filter for linear systems with colored measurement noise[C]//2019 22th International Conference on Information Fusion (FUSION). IEEE, 2019: 1 - 7.

[34] GE X, HAN Q L, ZHANG X M, et al. Distributed event - triggered estimation over sensor networks: a survey[J]. IEEE Transactions on Cybernetics, 2020, 50(3): 1306 - 1320.

[35] GE X, HAN Q L, WANG Z. A threshold - parameter - dependent approach to designing distributed event - triggered H_∞ consensus filters over sensor networks[J]. IEEE Transactions on Cybernetics, 2018, 49(4): 1148 - 1159.

[36] SUN S. Distributed optimal linear fusion predictors and filters for systems with random parameter matrices and correlated noises[J]. IEEE Transactions on Signal Processing, 2020, 68: 1064 - 1074.

[37] KHALEGHI B, KHAMIS A, KARRAY FO, et al. Multisensor data fusion: a review of the state - of - the - art[J]. Information fusion, 2013, 14(1): 28 - 44.

[38] OLFATI - SABER R. Distributed Kalman filter with embedded consensus filters[C]// Proceedings of the 44th IEEE Conference on Decision and Control, 2005:8179 - 8184.

[39] RASHEDI M, LIU J, HUANG B. Distributed adaptive high - gain extended Kalman filtering for nonlinear systems[J]. International Journal of Robust and Nonlinear Control, 2017, 27(18): 4873 - 4902.

[40] YANG Y, PAN Q, LIANG Y, et al. Distributed estimation for nonlinear systems with correlated multiplicative noises and randomly delayed measurements[J]. IET Control Theory and Applications, 2016, 33(11): 1431 - 1441.

[41] YANG Y, QIN Y, PAN Q, et al. Distributed fusion for nonlinear uncertain systems with multiplicative parameters and random delay[J]. Signal Processing, 2019, 157: 198 - 212.

[42] YANG Y, LIANG Y, PAN Q, et al. Distributed fusion estimation with square - root array implementation for Markovian jump linear systems with random parameter matrices and cross - correlated noises [J] . Information Science, 2016, 370 - 371: 446 - 462.

[43] OLFATI - SABER R, FAX J A, MURRAY R M. Consensus and cooperation in networked multi - agent systems[J]. Proceedings of the IEEE, 2007, 95(1): 215 - 233.

[44] VERCAUTEREN T, WANG X. Decentralized sigma - point information filters for target tracking in collaborative sensor networks[J]. IEEE Transactions on Signal Processing, 2005, 53(8): 2997 - 3009.

[45] LEE D J. Nonlinear estimation and multiple sensor fusion using unscented information filtering[J]. IEEE Signal Processing Letters, 2008, 15: 861 - 864.

[46] WANG X, LIANG Y, PAN Q, et al. Gaussian filter for nonlinear systems with one－step randomly delayed measurements[J]. Automatica, 2013, 49: 976－986.

[47] LU T T, SHIOU S H. Inverses of 2× 2 block matrices[J]. Computers & Mathematics with Applications, 2002, 43(1－2): 119－129.

[48] SUNDARAM S, HADJICOSTIS C N. Finite－time distributed consensus in graphs with time－invariant topologies[C]//2007 American Control Conference. IEEE, 2007: 711－716.

[49] XIAO L, BOYD S, LALL S. A scheme for robust distributed sensor fusion based on average consensus[C]//Fourth International Symposium on Information Processing in Sensor Networks, 2005: 63－70.

[50] TICHAVSKÝ P, MURAVCHIK CH, NEHORAI A. Posterior Cramér－Rao bounds for discrete－time nonlinear filtering[J]. IEEE Transactions on Signal Processing, 1998, 46(5): 1386－1396.

[51] RAITOHARJU M, GARCÍA－FERNÁNDEZ Á F, PICHÉ R. Kullback－Leibler divergence approach to partitioned update Kalman filter[J]. Signal Processing, 2017, 130: 289－298.

[52] DUNÍK J, STRAKA O. State estimate consistency monitoring in Gaussian filtering framework[J]. Signal Processing, 2018, 148: 145－156.

[53] RIGATOS G G. A derivative－free Kalman filtering approach to state estimation－based control of nonlinear systems[J]. IEEE transactions on industrial electronics, 2011, 59(10): 3987－3997.

[54] JIA B, XIN M, CHENG Y. Sparse－grid quadrature nonlinear filtering[J]. Automatica, 2012, 48(2): 327－341.

[55] FANG J, GONG X. Predictive iterated Kalman filter for INS/GPS integration and its application to SAR motion compensation[J]. IEEE Transactions on Instrumentation and Measurement, 2009, 59(4): 909－915.

[56] BATTISTELLI G, CHISCI L. Stability of consensus extended Kalman filter for distributed state estimation[J]. Automatica, 2016, 68: 169－178.

[57] NØRGAARD M, POULSEN N K, RAVN O. New developments in state estimation for nonlinear systems[J]. Automatica, 2000, 36(11): 1627－1638.

[58] JULIER S J, UHLMANN J K. Unscented filtering and nonlinear estimation[J]. Proceedings of the IEEE, 2004, 92(3): 401－422.

[59] MOHAMMADI A, PLATANIOTIS K N. Complex－valued Gaussian sum filter for nonlinear filtering of non－Gaussian/non－circular noise[J]. IEEE Signal Processing Letters, 2014, 22(4): 440－444.

[60] MIN L, YINGCHUN Z, YUNHAI G, et al. Robust nonlinear filter for nonlinear systems with multiplicative noise uncertainties, unknown external disturbances, and packet dropouts[J]. International Journal of Robust and Nonlinear Control, 2017, 27(18):

4846－4872.

[61] SONG X, PARK J H. Linear optimal estimation for discrete－time measurement delay systems with multichannel multiplicative noise[J]. IEEE Transactions on Circuits and Systems II: Express Briefs, 2016, 64(2): 156－160.

[62] YANG Z, SHI X, CHEN J. Optimal coordination of mobile sensors for target tracking under additive and multiplicative noises[J]. IEEE Transactions on Industrial Electronics, 2013, 61(7): 3459－3468.

[63] HERMOSO－CARAZO A, LINARES－PÉREZ J. Extended and unscented filtering algorithms using one－step randomly delayed observations[J]. Applied Mathematics and Computation, 2007, 190(2): 1375－1393.

[64] HERMOSO－CARAZO A, LINARES－PÉREZ J. Unscented filtering algorithm using two－step randomly delayed observations in nonlinear systems[J]. Applied Mathematical Modelling, 2009, 33(9): 3705－3717.

[65] YANG Y, LIANG Y, YANG F, et al. Linear minimum - mean - square error estimation of Markovian jump linear systems with randomly delayed measurements[J]. IET Signal Processing, 2014, 8(6): 658－667.

[66] MA J, SUN S. Distributed fusion filter for networked stochastic uncertain systems with transmission delays and packet dropouts[J]. Signal Processing, 2017, 130: 268－278.

[67] DE KONING W L. Optimal estimation of linear discrete－time systems with stochastic parameters[J]. Automatica, 1984, 20(1): 113－115.

[68] LUO Y, ZHU Y, SHEN X, et al. Novel data association algorithm based on integrated random coefficient matrices Kalman filtering[J]. IEEE transactions on aerospace and electronic systems, 2012, 48(1): 144－158.

[69] YANG F, WANG Z, HUNG Y S. Robust Kalman filtering for discrete time－varying uncertain systems with multiplicative noises. IEEE Transactions on Automatic Control, 2002, 47(7):1179－1183.

[70] SU C L, LU C N. Interconnected network state estimation using randomly delayed measurements[J]. IEEE Transactions on Power Systems, 2001, 16(4): 870－878.

[71] WANG X, LIANG Y, PAN Q, et al. Gaussian filter for nonlinear systems with one－step randomly delayed measurements[J]. Automatica, 2013, 49(4): 976－986.

[72] HE X, WANG Z, JI Y D, et al. Network-based fault detection for discrete-time state-delay systems: A new measurement model[J]. International Journal of Adaptive Control and Signal Processing, 2008, 22(5): 510－528.

[73] WU J, SHI Y. Consensus in multi－agent systems with random delays governed by a Markov chain[J]. Systems & Control Letters, 2011, 60(10): 863－870.

[74] LI M, ZHANG L, CHU D. Optimal estimation for systems with multiplicative noises, random delays and multiple packet dropouts[J]. IET Signal Processing, 2016, 10(8):

880 - 887.

[75] LI W，JIA Y. Consensus - based distributed multiple model UKF for jump Markov nonlinear systems[J]. IEEE Transactions on Automatic Control，2011，57(1)：227 - 233.

[76] ITO K，XIONG K. Gaussian filters for nonlinear filtering problems[J]. IEEE transactions on automatic control，2000，45(5)：910 - 927.